丛书总主编　陈宜瑜
丛书副总主编　于贵瑞　何洪林

中国生态系统定位观测与研究数据集

草地与荒漠生态系统卷

内蒙古呼伦贝尔站

（2009—2015）

闫瑞瑞　辛晓平　陈宝瑞　唐华俊　主编

中国农业出版社

北京

中国生态系统定位观测与研究数据集

丛书指导委员会

顾　　问　孙鸿烈　蒋有绪　李文华　孙九林
主　　任　陈宜瑜
委　　员　方精云　傅伯杰　周成虎　邵明安　于贵瑞　傅小峰　王瑞丹
　　　　　王树志　孙　命　封志明　冯仁国　高吉喜　李　新　廖方宇
　　　　　廖小罕　刘纪远　刘世荣　周清波

丛书编委会

主　　编　陈宜瑜
副 主 编　于贵瑞　何洪林
编　　委　（按照拼音顺序排列）
　　　　　白永飞　曹广民　曾凡江　常瑞英　陈德祥　陈　隽　陈　欣
　　　　　戴尔阜　范泽鑫　方江平　郭胜利　郭学兵　何志斌　胡　波
　　　　　黄　晖　黄振英　贾小旭　金国胜　李　华　李新虎　李新荣
　　　　　李玉霖　李　哲　李中阳　林露湘　刘宏斌　潘贤章　秦伯强
　　　　　沈彦俊　石　蕾　宋长春　苏　文　隋跃宇　孙　波　孙晓霞
　　　　　谭支良　田长彦　王安志　王　兵　王传宽　王国梁　王克林
　　　　　王　堃　王清奎　王希华　王友绍　吴冬秀　项文化　谢　平
　　　　　谢宗强　辛晓平　徐　波　杨　萍　杨自辉　叶　清　于　丹
　　　　　于秀波　占车生　张会民　张秋良　张硕新　赵　旭　周国逸
　　　　　周　桔　朱安宁　朱　波　朱金兆

中国生态系统定位观测与研究数据集
草地与荒漠生态系统卷·内蒙古呼伦贝尔站

编 委 会

主　编　闫瑞瑞　辛晓平　陈宝瑞　唐华俊

编　委　王　旭　徐丽君　张保辉　杨桂霞

　　　　闫玉春　徐大伟　张　宇　王　淼

　　　　田晓宇

进入 20 世纪 80 年代以来，生态系统对全球变化的反馈与响应、可持续发展成为生态系统生态学研究的热点，通过观测、分析、模拟生态系统的生态学过程，可为实现生态系统可持续发展提供管理与决策依据。长期监测数据的获取与开放共享已成为生态系统研究网络的长期性、基础性工作。

国际上，美国长期生态系统研究网络（US LTER）于 2004 年启动了 Eco Trends 项目，依托美国 LTER 站点积累的观测数据，发表了生态系统（跨站点）长期变化趋势及其对全球变化响应的科学研究报告。英国环境变化网络（UK ECN）于 2016 年在 *Ecological Indicators* 发表专辑，系统报道了英国 ECN 的 20 年长期联网监测数据推动了生态系统稳定性和恢复力研究，并发表和出版了系列的数据集和数据论文。长期生态监测数据的开放共享、出版和挖掘越来越重要。

在国内，国家生态系统观测研究网络（National Ecosystem Research Network of China，简称 CNERN）及中国生态系统研究网络（Chinese Ecosystem Research Network，简称 CERN）的各野外站在长期的科学观测研究中积累了丰富的科学数据，这些数据是生态系统生态学研究领域的重要资产，特别是 CNERN/CERN 长达 20 年的生态系统长期联网监测数据不仅反映了中国各类生态站水分、土壤、大气、生物要素的长期变化趋势，同时也能为生态系统过程和功能动态研究提供数据支撑，为生态学模型的验证和发展、遥感产品地面真实性检验提供数据支撑。通过集成分析这些数据，CNERN/CERN 内外的科研人员发表了很多重要科研成果，支撑了国家生态文明建设的重大需求。

近年来，数据出版已成为国内外数据发布和共享，实现"可发现、可访问、可理解、可重用"（即 FAIR）目标的重要手段和渠道。CNERN/CERN 继 2011 年出版《中国生态系统定位观测与研究数据集》丛书后再次出版新一期数据集丛书，旨在以出版方式提升数据质量、明确数据知识产权，推动融合专业理论或知识的更高层级的数据产品的开发挖掘，促进 CNERN/CERN 开放共享由数据服务向知识服务转变。

该丛书包括农田生态系统、草地与荒漠生态系统、森林生态系统以及湖泊湿地海湾生态系统共 4 卷、51 册以及森林生态系统图集 1 册，各册收集了野外台站的观测样地与观测设施信息，水分、土壤、大气和生物联网观测数据以及特色研究数据。本次数据出版工作必将促进 CNERN/CERN 数据的长期保存、开放共享，充分发挥生态长期监测数据的价值，支撑长期生态学以及生态系统生态学的科学研究工作，为国家生态文明建设提供支撑。

2021 年 7 月

　　科学数据是科学发现和知识创新的重要依据与基石。大数据时代，科技创新越来越依赖于科学数据综合分析。2018 年 3 月，国家颁布了《科学数据管理办法》，提出要进一步加强和规范科学数据管理，保障科学数据安全，提高开放共享水平，更好地为国家科技创新、经济社会发展提供支撑，标志着我国正式在国家层面加强和规范科学数据管理工作。

　　随着全球变化、区域可持续发展等生态问题的日趋严重以及物联网、大数据和云计算技术的发展，生态学进入"大科学、大数据时代"，生态数据开放共享已经成为推动生态学科发展创新的重要动力。

　　国家生态系统观测研究网络（National Ecosystem Research Network of China，简称 CNERN）是一个数据密集型的野外科技平台，各野外台站在长期的科学研究中，积累了丰富的科学数据。2011 年，CNERN 组织出版了"中国生态系统定位观测与研究数据集"丛书。该丛书共 4 卷、51 册，系统收集整理了 2008 年以前的各野外台站元数据、观测样地信息与水分、土壤、大气和生物监测数据以及相关研究成果的数据。该套丛书的出版，拓展了 CNERN 生态数据资源共享模式，为我国生态系统研究、资源环境的保护利用与治理以及农、林、牧、渔业相关生产活动提供了重要的数据支撑。

　　2009 以来，CNERN 又积累了 10 年的观测与研究数据，同时国家生态科学数据中心于 2019 年正式成立。中心以 CNERN 野外台站为基础，生态系统观测研究数据为核心，拓展部门台站、专项观测网络、科技计划项目、科研团队等数据来源渠道，推进生态科学数据开放共享、产品加工和分析应用。为了开发特色数据资源产品、整合与挖掘生态数据，国家生态科学数据中心立足国家野外生态观测台站长期监测数据，组织开展了新一版的观测与研究数据集的出版工作。

　　本次出版的数据集主要围绕"生态系统服务功能评估""生态系统过程与变化"等主题进行了指标筛选，规范了数据的质控、处理方法，并参考数据论文的体例进行编写，以详实地展现数据产生过程，拓展数据的应用范围。

　　该丛书包括农田生态系统、草地与荒漠生态系统、森林生态系统以及湖泊湿地海湾生态系统共 4 卷（51 册）以及图集 1 本，各册收集了野外台站的观测样地与观测设施信息，水分、土壤、大气和生物联网观测数据以及特色研究数据。该套丛书的再一次出版，必将更好地发挥野外台站长期观测数据的价值，推动我国生态科学数据的开放共享和科研范式的转变，为国家生态文明建设提供支撑。

2021 年 8 月

　　呼伦贝尔草原位于内蒙古草原的最北部，是欧亚大陆东端草甸草原的核心区域，是目前我国草原植物物种多样性最丰富、最具特色的区域。由于呼伦贝尔草原占有独特的地理环境和生态条件，其气候、植被、自然地理上的过渡性，拥有更丰富的植物种类多样性，形成了草甸草原和森林草原景观，构成了呼伦贝尔草原地区景观多样性和生态交替性的地理格局，是研究草原生态系统各种自然过程以及人类活动影响、开展草业生态和生产综合研究最理想的综合生态单元。

　　1955 年开始，北京大学李继侗（科学院院士）带领李博（科学院院士）、刘钟龄（内蒙古大学），开展谢尔塔拉种畜场的植被调查研究。

　　1997 年，由李博（科学院院士）、唐华俊（工程院院士）共同倡议，中国农业科学院农业资源与农业区划研究所建立了呼伦贝尔站，在内蒙古大学刘钟龄先生的指导下，逐步规范了常规观测内容、指标与技术。自 2005 年以来，呼伦贝尔草原生态系统国家野外科学观测研究站成为国家站，每年开展大量的植被和土壤观测，有大批科学家依托台站开展草原生态学研究。

　　2006 年以来，呼伦贝尔站系统整理了 50 年来不同时期开展的草原生态系统观测和调查，建立了呼伦贝尔草原生态系统观测历史数据库；收集、整理了呼伦贝尔地区不同时期各类专题图、遥感资料和社会经济统计数据，建立了监测背景数据库。同时，根据国家生态野外台站网络中心统一下发的《草地生态系统长期监测指标体系》，呼伦贝尔站对观测样地、观测项目进行了调整和规范，开展了草甸草原生态系统的规范化观测。

多年积累的长期序列资料是草原生态系统基础理论研究、前沿问题研究的重要基础，也是呼伦贝尔站最宝贵的财富。基于台站长期定位观测研究工作，2009 年出版了《中国生态系统定位观测与研究数据集·草地和荒漠生态系统卷·内蒙古呼伦贝尔站 2006—2008》数据集；2019 年出版了《呼伦贝尔草原植物图鉴》。为了充分发挥其对草地科学建设和国家生态系统评估的重要支撑作用，呼伦贝尔站对现有数据集进行了评估，并将其中 2009—2015 年观测数据和实验数据集出版，希望能够对开展呼伦贝尔草甸草原生态系统研究的专家有所帮助。

编　者

2021 年 9 月

CONTENTS
目 录

第1章

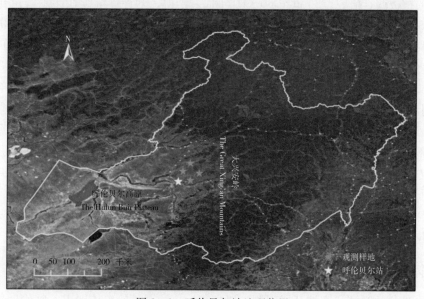

台站介绍

1.1 台站代表性及建设意义

呼伦贝尔草原位于内蒙古高原东翼，地理坐标位于 $47°41'$—$50°11'$N，$115°39'$—$121°05'$E 之间，总面积约 8.8 万 km²，是我国目前原生植被保存较好的草原生态系统类型之一。从宏观生态地理格局看，呼伦贝尔草原位于冬季风由西伯利亚入侵我国东北的大通道上，与大兴安岭森林共同构成了我国东北地区西侧的一道强大的生态防护带，大大减缓了西北寒流与严酷气候的侵袭，在我国东北的地理格局中具有不可取代的生态功能。呼伦贝尔草原位于温性北部草甸草原和典型草原亚地带；按照国家主体功能规划，呼伦贝尔草原是防风固沙和水源涵养生态功能极重要区。同时，呼伦贝尔草原是重要的草原畜牧业基地，具有突出的草地资源优势和气候环境优势（图 1-1）。

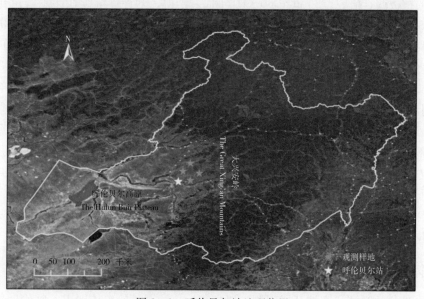

图 1-1 呼伦贝尔站地理位置

从区域和生态系统代表性上看，内蒙古呼伦贝尔草原生态系统国家野外科学观测研究站（以下简称呼伦贝尔站）所在区域是欧亚大陆温性草甸草原分布最集中、最具代表性的地区。地处东部季风区与西北干旱区的交汇处，同时受到东北—西南走向的大兴安岭对气候的影响，造就了呼伦贝尔草原复杂的气候与地形条件，兼以额尔古纳河水系对地形纵横切割，形成多样的景观生态类型，发育了丰富的植物区系，是北方草原中景观生态类型和生物多样性最丰富的区域。呼伦贝尔草原东侧与大兴安岭森林区相连，在大兴安岭西麓山前地带的波状丘陵地貌上发育了多种不同类型的草甸草原生态系统；从东到西经由草甸草原逐渐进入半干旱气候的典型草原地带，随气候干燥度形成了自东向西递变的生态地理梯度（图 1-2）。

图1-2 呼伦贝尔草甸草原生态系统特征

　　呼伦贝尔草原独特的地理区域特征、典型的生态系统特征、相对先进集约的生产经营方式以及相对保存完好的原生自然环境，是研究草原生态系统各种自然过程以及人类活动影响、开展草业生态和生产综合研究最理想的综合生态单元。在呼伦贝尔草原区尤其是草甸草原区开展生态系统长期定位观测研究，不仅对于草地生态学长期研究具有重要意义，对于我国北方生态环境建设和畜牧业生产发展也有重要的科学支持作用。

　　呼伦贝尔站1997年，在李博院士、唐华俊院士的共同倡议下，中国农业科学院资源区划所正式建立了呼伦贝尔站。其研究历史可以追溯到1956年，北京大学李继侗院士带领李博、刘钟龄开展谢尔塔拉种畜场的植被调查研究。20世纪60—70年代，李博、刘钟龄继续在谢尔塔拉开展植被生态学研究，并于1983—1996年开展了定位监测。2005年获批农业部重点野外试验站，并联合海拉尔农垦获批国家野外科学观测研究站。进入国家站序列以来，呼伦贝尔站进入发展快车道，2008年入选"国家牧草产业体系综合试验站"；2011年成为"内蒙古草产业体系综合实验站"；2013年列入"全国遥感网"地面验证场；2015年入选国防科工委"高分遥感地面站"；2016年获批农业部草牧业学科群"草地资源监测评价与创新利用重点实验室"和中国农业科学院呼伦贝尔综合试验基地。2018年列入美国宇航局与欧空局"Landsat & Sentinal-2"联合验证站、以色列"VENμS"卫星地面验证点、中国资源卫星地面定标站，牵头"国家草原监测与数字草业国家创新联盟"。2019年进入"农业农村部第二批国家农业科学观测实验站"。2012年获得中央国家机关"青年文明号"称号，2018年获得"全国青年文明号"称号，并在国家野外科学观测研究站评估中获得优秀。

1.2　目标与研究方向

1.2.1　总体目标

　　遵循国家野外科学观测研究站开展观测、研究、示范和服务的总体要求，呼伦贝尔站的目标和定位是面向国家科技创新和区域可持续发展需求，开展草原生态系统长期定位观测，获取呼伦贝尔生态系统变化的第一手资料，认识自然与人为干扰下草地生态系统响应规律，着力推进学科建设，补齐学科短板，强化特色方向，使草地生态遥感、草牧业实用技术研究保持国内领先水平，草地监测、生态修复和智能管理等领域成为上级部门与地方政府的技术支撑与依托单位；继续完善科研合作机制，吸引国内外的杰出科学家，通过人才引进、合作共建等多种途径，优化呼伦贝尔站人才团队，扩大学术圈；面向国家和区域草原生态产业发展需求，开展观测体系和数据系统升级、完善实验研究平台、加强互联网研究，加强呼伦贝尔地区、蒙古高原地区生态系统研究的协同创新，提高对外交流与合作能力，扩大台站学术影响力。通过上述建设，全面提升呼伦贝尔站的观测、研究、示范、服务水平，力争建成国内一流水平、国际有影响力的草地生态创新研究中心、学术交流中心和人才培养基地。

1.2.2　科学目标

呼伦贝尔站以温性草甸草原为研究对象，立足于现代草地生态学术前沿，引领全国乃至国际同行开展呼伦贝尔草原长期观测研究；作为产业技术站，呼伦贝尔站的任务是面向国家和区域草业发展需求，开展草牧业关键技术创新，为区域草牧业发展提供技术支撑和咨询服务。基于上述任务，呼伦贝尔站的科学目标是建立集野外观测、科学试验、生产咨询、技术传播、人才培养于一体的野外科学实验平台，在草原生态前沿理论、草畜管理关键技术、区域草牧业生产实践方面开展创新攻关，促进区域和国家草业技术进步和草地生态学发展。

1.2.3　研究方向

着眼于现代生态学理论与应用研究的国际学术前沿，结合呼伦贝尔草原生态系统的自然与经济特征以及区域可持续发展对科学基础的需求，呼伦贝尔站确立了 3 个主要的研究方向。

第一，草地长期生态学核心领域，基于呼伦贝尔草原生态系统标准观测样地系统和长期实验平台，揭示呼伦贝尔草原生态系统的结构与功能、过程与格局的长期变化规律，推动草地生态学科理论进展。第二，草地生态遥感核心领域，以草地生态测量方法论创新为目标，开展草地生态遥感关键技术及其应用研究，发展现代草地生态系统监测方法和技术体系。第三，草牧业实用技术核心领域，面向区域草牧业发展和生态恢复中的关键问题，以天然草原改良与生态治理、牧场智能管理为核心，开展技术研发和转化应用，为上级部门与地方政府提供技术支撑（图 1-3）。

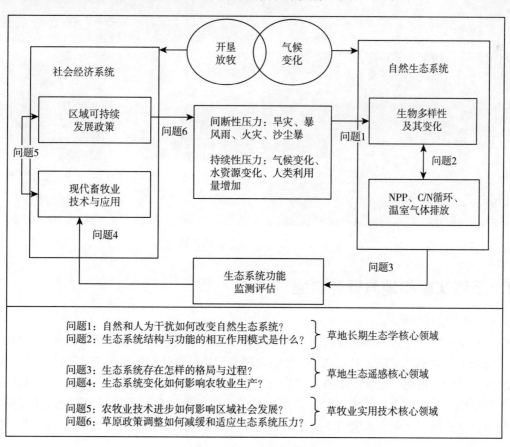

图 1-3　呼伦贝尔站学科框架

1.3　支撑条件

1.3.1　基础设施

　　呼伦贝尔站基础设施完备，拥有生活办公区、综合观测试验场、长期观测标准样地、长期实验平台等不同类型科研活动场地 7 950 亩*，其中生活办公区 38 亩、综合观测实验场 3 210 亩，具有永久土地产权证；长期观测标准样地共 2 952 亩，具有 50 年以上使用权；其他大型实验平台均具有 30 年以上使用权，保证了开展生态系统长期观测和各项实验的场地条件。拥有住宿、办公实验楼 2 座，总面积 6 300 m²。实验室总面积 3 000 m²，能够完成长期观测和实验所需的植物和土壤样品预处理及基本理化分析。办公区包括大型土壤/植物样品标本库、数据资料档案室、学术会议室、网络中心、展示中心、研究生自习室等。生活区包括能够满足 150 人同时在站的餐厅、宿舍、健身和活动场地等，配套生活设施完善；其他附属设施还包括生产试验所需要的畜棚、储草棚、库房等（图 1-4）。

图 1-4　呼伦贝尔站基础设施

1.3.2　观测实验样地与野外实施

1.3.2.1　长期定位科学观测

　　呼伦贝尔站建立了完善的样地观测体系，为开展呼伦贝尔草原生态系统研究创造了优越的实验场地条件。长期定位观测是立站之本，观测样地的合理布设是科学认识生态系统规律的前提，也是观测数据系统性的保证。根据呼伦贝尔草原生态系统的类型与分布特征，呼伦贝尔站建立了包括 5 种草地类型的 7 个长期定位标准样地系统，配备了完善的安全防护设施和先进的草原生态系统观测野外设施，包括植被、土壤、气象、水文等不同生态系统组分的原位采集设备，具备每秒、每时、每日、每

　　*　亩为非法定计量单位，1 亩≈667 m²。

月、每年等不同时间频度草原水、土、气、生数据采集能力，可以开展个体、种群、群落、生态系统到景观等多尺度草原结构功能的观测研究。

1.3.2.2　长期科学实验平台

　　长期实验是发展之源。针对呼伦贝尔位于高纬度地区、受气候变化影响显著，以及生态系统生产力高、利用方式多元的特点，呼伦贝尔站设计了一批国际标准的长期定位科学实验平台。在机理探索方面设置了长期放牧实验平台、长期刈割实验平台、气候变化实验平台，探索气候变化和人类活动对草原生态系统结构功能的影响；在技术创新方面设置了草地改良实验平台、栽培草地实验平台，研究草原实用技术的基础原理和传播途径；在方法论创新方面，利用现代信息技术，建立了天—空—地一体化的大型生态遥感地面验证场，开发新型生态测量技术、促进新型生态测量技术对样地观测在草原生态系统研究中的应用。各实验平台均配备了完善的实验辅助设施，包括气象观测场、地表径流场、控水控温系统、围栏放牧、水肥灌溉、田间道路、供电设备等设施，有效支撑了样地和平台各项试验工作任务。

1.3.3　仪器设备

　　呼伦贝尔站先后购置了各类大中小型仪器设备432台（套），包括草地长期野外观测、实验理化分析、科学实验调查等方面的仪器设备，如：标准气象观测系统、小气候及能量平衡系统、土壤水分原位监测系统、Watchdog等长期气候气象要素自动监测设备；LAS大孔径闪烁仪、涡度相关碳通量塔群（5套）、群落光合观测系统、土壤碳通量观测系统、植物光合作用仪等监测碳循环过程的生理生态野外监测设备；草地地基感测网络（48节点）、便携式地物光谱仪、太阳光度计、冠层分析仪、ACCUPAR、冠层相机、叶绿素测量仪和叶面积仪等地基遥感技术观测设备；化学流动分析仪、激光粒度分析仪、紫外分光光度计、凯氏定氮仪、原子吸收仪和气相色谱仪等实验室土壤、植物、气体样品理化分析设备（表1-1）。通过多年的建设，建立了系统而完善的野外草地观测和实验分析体系，具备了每秒、每时、每日、每月、每年等不同时间频度草原水、土、气、生数据采集能力，可以开展个体、种群、群落、生态系统到景观等多尺度多时效草原结构功能的长期监测和研究。

　　呼伦贝尔站建立了网络与数据管理中心，配备了宽带光纤（500M）、数据服务器、图形工作站、大数据磁盘存储等设备，基于物联网技术、无线通信技术（GPRS、WIFI、微波等）和软硬件集成技术，搭建了呼伦贝尔站自动监测设备的数据传输接收及管理系统平台，可以实现数十套自动监测仪器的实时数据传输、质量检查、故障报警、数据采集、界面展示和统计管理等功能，有效提升了即时监测数据的共享服务时效和能力。

　　仪器设备运转方面，呼伦贝尔站制定了专门的仪器设备管理制度，由专门人员负责维护、保养，及时排除自然灾害（如雷电、雨雪）引起的设备故障，并按照仪器设备操作规范进行定期标定和校准，保障设备运行安全和精准，各项观测设备运转正常（图1-5）。

图1-5　呼伦贝尔站气象观测场和相关野外仪器设施

表 1-1　主要野外观测和室内分析设备

序号	设备名称	数量	主要用途
1	大孔径闪烁仪	1	观测大尺度区域显热潜热通量
2	地基感测系统	1	观测草地环境参数包括温度、水分、辐射等
3	开路式 CH_4/CO_2 涡度相关通量观测系统	5	测量水、二氧化碳和甲烷通量
4	光谱反射传感器	1	监测气溶胶特性、植被和海洋色度、光合有效辐射等
5	全自动化学分析仪	1	分析元素
6	土壤呼吸测定仪	1	测根系和土壤微生物的呼吸
7	植物光合测定仪	2	植物光合作用
8	氧弹式量热仪	1	试验中用于可燃物的发热量的测量
9	能量平衡仪	1	计算出显热通量、潜热通量和二氧化碳通量，副产品有动量通量和摩擦风速等
10	植物冠层仪	1	分析植物冠层面积和其他数值的仪器
11	植物生理监控系统	1	监测植物的生长过程
12	植物光谱分析仪	1	测量植物反射率的仪器
13	TDR 管式土壤水分测定仪	2	土壤容积含水量
14	植物效率分析仪	1	用于快速测定叶绿素荧光诱导曲线
15	叶面积仪	1	测量植物的叶片面积，计算生物量
16	原子吸收分光光度计	1	金属元素分析
17	差分 GPS	1	野外精准定位
18	凯氏定氮仪	1	氮素测定
19	冻干机	1	真空冷冻干燥
20	植物冠层相机	1	冠层盖度测量
21	超低温冰箱	1	土壤生物量实验样品储存使用
22	多光谱相机	1	获取多个通道光谱图像

1.4　观测研究和数据共享

　　呼伦贝尔站的长期观测标准样地系统保证了观测数据的系统性。自进入国家野外站网络以来，建立了稳定、高素质的观测技术队伍，严格遵照网络中心发布的《国家生态站长期监测指标体系》，开展了呼伦贝尔草原生态系统各项观测数据采集，保证了观测数据的可靠性、完整性和连续性。数据库建设方面，依据生态网络中心数据汇交和数据库建设规范，进行了观测数据入库和质量监控，保证了长期观测数据规范性、标准化存储和入库。在这两个方面取得的主要进展如下。

1.4.1　观测数据采集与分类

　　呼伦贝尔站观测数据包括长期生态观测数据和专项实验观测数据。其中长期生态观测数据包括呼伦贝尔主要草原类型的生物、土壤、水分和气象要素观测数据。生物观测方面，基于 5 个草地类型、7 个长期草原生态系统标准观测样地，以半个月为步长，在生长季（5—10 月）每月两次开展群落结构、生物量、牧草养分观测，每周开展优势种和关键物种物候观测；土壤和水分观测方面，与植物群落观测同步，开展土壤理化特性、水质状况等指标观测；气象观测方面，自动气象站每月月底定期下载，人工气象由气象观测员每天按早（8：00）、中（14：00）、晚（20：00）3次进行观测，及时完成电子化，并与自动气象站数据进行对比。根据国家野外站联网观测数据汇交规范，每年汇交生物数据、土壤数据、水分数据和气象数据；建成生物观测、土壤观测、水分观测和气象观测元数据表。

专项实验数据包括草地生态遥感专项观测、碳水循环专项观测、草地利用实验观测和人工草地专项观测，其中草地生态遥感专项观测每16 d进行一次地面遥感同步测量，获取叶面积指数、光合有效辐射吸收比例、优势物种光谱、植被高度、盖度、生物量、气溶胶光学厚度等地基遥感观测数据；碳水循环专项观测测量草地冠层上方的二氧化碳和水汽通量，观测频率为10 Hz，同时可以监测空气和土壤温湿度、土壤热通量、净辐射、降水等气象指标，并生成30 min时间间隔数据表，通过内存卡或者无线传输方式获取观测数据，其原始数据存储量可达20 G/年；草地利用实验观测针对放牧平台、刈割平台、改良平台开展植被、土壤、家畜和温室气体定位测定，其中地上植被、土壤水分和家畜生产观测频率为1次/月，温室气体排放1次/周，地下生物量、牧草品质、土壤养分、土壤微生物特征观测频率1次/年。人工草地专项观测针对区域有代表性的栽培草地，结合牧草生长发育特点进行不同阶段牧草生产性能、营养成分、光合特性、呼吸特性及微生物特性数据测定，产量观测2次/年，营养品质观测1次/年，光合、土壤呼吸与微生物4次/年。

1.4.1.1 国家野外站联网观测—草甸草原生态系统

根据国家野外台站联网观测任务及《国家生态站长期监测指标体系》要求，呼伦贝尔站基于长期观测标准样地系统，开展了草甸草原生态系统水、土、气、生观测，其中植物群落调查步长由1个月调整为半个月，5年做1次面上调查，大气观测增加甲烷指标。每年采集气象数据、土壤数据、水分数据和生物数据上万条。数据采集和分析人员队伍稳定，经过统一培训，保证了数据采集的标准化；数据入库采用自动检查和人工复查相结合的方式，保障数据入库环节的正确性；所有观测数据进入国家生态系统研究网络数据平台，完全对外开放共享，同时进行线下数据共享服务。

1.4.1.2 草原生态遥感专项观测

针对草地生态遥感测量方法创新的数据需求，以生态遥感试验场为核心，开展星-机-地综合实验和多平台测量。自2007年以来，每16 d进行一次地面遥感同步测量，获取叶面积指数、光合有效辐射吸收比例、优势物种光谱、植被高度、盖度、生物量、气溶胶光学厚度等地基遥感观测数据；2013年，建立包含48套地面节点的传感器网络，连续获取草原水热环境和植被冠层参数。2015年，依托"呼伦贝尔草地生态遥感虚拟实验室"，与国内十余个研究团队建立合作关系，通过观测数据共享，为863计划项目"星-机-地综合定量遥感系统与应用示范"、国家科技支撑计划项目"国家生态系统观测评估技术系统集成研究与示范"、国家重点研发计划项目"重大生态工程生态效益监测与评估"、国际合作项目"草地碳收支监测评估技术合作研究"等提供数据支撑。

1.4.1.3 碳水循环专项观测

为研究气候变化和人类活动干扰下，草原生态系统碳循环过程和作用机理，准确评估草地碳收支状况，在呼伦贝尔站附近研究区，设置布局了贝加尔针茅围封样地（长期＋短期）、放牧控制、刈割利用、开垦农田等草地不同利用方式的涡度相关系统塔群（5套）。每个通量观测系统包括1套开路LI-7500红外气体分析仪和CSAT3三维超声风速仪，测量草地冠层上方的二氧化碳和水汽通量，观测频率为10 Hz；同时可以监测空气和土壤温湿度、土壤热通量、净辐射、降水等气象指标，并生成30 min时间间隔数据表，通过内存卡或者无线传输方式获取观测数据，其原始数据存储量可达20 G/年。通量塔周边测量足迹范围内的植被和站点特征（例如土壤和土地利用）按照FLUXNET标准进行测定。根据本项观测，呼伦贝尔站成为中国通量网（ChinaFlux）及中美碳联盟（USCCC）成员站。

1.4.1.4 草地利用实验观测

基于长期控制放牧实验平台和刈割实验平台，开展了放牧和刈割条件下植被、土壤、家畜和温室气体排放定位观测，其中温室气体排放观测 1 次/周，群落数量特征、地上生物量、土壤物理特性、家畜生产性能观测 1 次/月，地下生物量、牧草营养品质、土壤养分、土壤微生物特征观测 1 次/年；根据这些实验观测，提出了呼伦贝尔草甸草原生态系统退化机理与生态恢复机制，为"北方草甸退化草地治理技术与示范"等国家级项目提供了立项依据，为发起"全球放牧系统研究网络"提供了重要支撑。

1.4.1.5 人工草地专项观测

针对呼伦贝尔野生种质资源，以抗寒、高产为目标，开展物候期、生产性能指标观测；针对高产优质牧草品种选育与栽培技术，以抗寒、高产、优质为目标，开展生产性能、营养成分、光合特性、呼吸特性及微生物特性研究。数据采集按照呼伦贝尔国家野外站数据采集标准要求，结合牧草生长发育特点进行不同阶段的数据记录与测定。产量观测 2 次/年，营养品质观测 1 次/年，光合、土壤呼吸与微生物观测 4 次/年，每年提交数据量在 1 000 条左右。依托本项观测，呼伦贝尔站成为农业农村部国家牧草产业体系呼伦贝尔牧草综合试验站。

1.4.2 观测数据质量控制、汇交传输与数据库建设

在观测数据质量控制方面，呼伦贝尔站在《国家生态站长期监测指标体系》的基础上，建立了一套相对完善的大气、植物、土壤、环境的调查、样品取样、监测规范和方法，按固定时间节点进行采集和测定，保证了观测数据的完整性、连续性和系统性；人工观测数据由专业技术人员进行采集、分析和统计，人员均经过严格培训，以确保数据的可靠性；数据入库严格遵照数据质量控制软件自动检查、人工抽检复查二级审核制度，保证了数据的规范性和标准化。

在观测数据汇交与传输方面，呼伦贝尔站在国家站科学数据共享中心的统一规范下，整编和保存数据文件档案，建立了质量规范的长期观测数据库、完整的数据管理文档系统，根据国家生态系统观测研究网络要求，对于观测数据中的生物、水文、土壤、气象要素进行了标准化入库，并按期汇交相关数据到国家生态系统观测研究网络综合中心，可从国家生态系统观测研究网络和台站网站进行查询和数据共享申请（http://hlg.cern.ac.cn）。同时，采用多种形式的备份手段对数据资源进行备份，有力地保障了信息共享网络的高速、稳定运行，设定专门管理人员进行有关台站共享数据的整理、访问反馈和数据汇交等任务，保障各项数据资源及时更新和汇交传输共享。

在数据库建设方面，依据国家生态系统研究网络数据汇交和数据库建设规范，呼伦贝尔站完成了水、土、气、生联网数据库建设。依据数据类型，分别建立专项观测数据库、实验观测数据库和区域背景数据库。在此基础上，研发了数据管理平台，包含数据自动收集、质量控制、存储、挖掘、查询和共享等功能，实现数据的智能管理。

1.5 数据整理出版说明

呼伦贝尔站数据集系统收集整理了近几年的观测研究数据，主要包括植被、土壤、水文、气象等方面的常规生态观测数据和长期定位观测数据。为保证出版数据的真实、可靠、准确和规范性在整理出版过程中专门对这些数据资料进行严格质量控制。呼伦贝尔站数据质量控制主要采用一套从基本观测员、数据录入员、数据管理员、数据使用人员多层控制，逐层监督、层层把关的监督制度和管理措施，可以更全面地监督数据的质量和规范。

数据集的出版得益于呼伦贝尔站全体人员的共同努力和辛勤工作，其他单位或个人需要使用或参考时，请注明数据来源："呼伦贝尔草原生态系统国家野外科学观测研究站数据集"。

第 2 章

□□□□□□□□□□□□□□□□□□□□□□□□□□□

长期观测样地和科学实验平台

2.1 长期观测样地

呼伦贝尔站以陈巴尔虎旗东南部谢尔塔拉牧场为核心，建立了400公顷长期观测标准样地系统，包括5个草甸草原观测样地、2个典型草原观测样地，覆盖了线叶菊草甸草原、贝加尔针茅草甸草原、羊草草甸草原、羊草典型草原、克氏针茅典型草原等5种草原类型。长期观测样地群宏观上呈T形分布，系统地代表了呼伦贝尔草原的生态地理特征。具体包括：①陈巴尔虎旗特尼河牧场11队线叶菊草甸草原观测样地、②谢尔塔拉农牧场11队贝加尔针茅草甸草原观测样地、③鄂温克旗伊敏镇贝加尔针茅草甸草原观测样地、④谢尔塔拉农牧场12队羊草草甸草原观测样地、⑤谢尔塔拉农牧场6队羊草草甸草原退化恢复观测样地、⑥陈巴尔虎旗羊草典型草原观测样地、⑦新巴尔虎右旗克氏针茅典型草原观测样地。

呼伦贝尔站在现有观测样地基础上，建有12个长期观测场，包括1个综合观测场（11队贝加尔针茅草甸草原），2个辅助观测场（11队线叶菊草甸草原、12队羊草草甸草原），4个长期试验观测场（鄂温克旗伊敏镇贝加尔针茅草甸草原、谢尔塔拉农牧场6队羊草草甸草原、陈巴尔虎旗羊草典型草原观测样地和新巴尔虎右旗克氏针茅典型草原），1个短期研究样地（12队撂荒地恢复样地），站区和气象观测场各1个，地表和地下水采样点各1个。采样地主要分布于各观测场内，用于水、土、气、生各组分和背景值的定时定点取样和调查。

2.1.1 综合观测场

综合观测场为贝加尔针茅草甸草原，位于谢尔塔拉11队（49°20′52″—49°21′16″N，120°6′50″—120°7′28″E），2006年围封，占地500亩，样地东南两侧为放牧场，西北两侧为打草场。草场类型为贝加尔针茅＋羊草，伴生种及常见种有日荫菅、多裂叶荆芥、细叶白头翁、囊花鸢尾、扁蓿豆、狭叶沙参、展枝唐松草、寸草苔、糙隐子草等，土壤为暗栗钙土。样地用以进行长期水、土、气、生长期观测和短期科学试验，设置了群落观测取样点、土壤观测采样点和施肥实验观测点。样地内同时布设碳通量观测塔、中子水分仪测定系统和地表径流场，分别用于观测生态系统水碳通量、土壤水分含量和土壤表面径流、水蚀和物质迁移规律（图2-1）。

图 2-1　综合观测场相关图片

2.1.2　辅助观测场

辅助观测场为羊草草甸草原和线叶菊草甸草原（图 2-2），分别位于谢尔塔拉农牧场 12 队（49°19′32″—49°19′51″N，120°2′47″—120°3′36″E）和陈巴尔虎旗特尼河 11 队（49°21′18″—49°37′36″N，120°1′9″—120°1′40″E），各占地约 500 亩。谢尔塔拉农牧场 12 队辅助观测场 2005 年进行围封，样地分为 3 个区域，一部用于固定观测，一部分用于开放实验，另一部分用于刈割实验。植被类型为羊草＋杂草类，伴生种主要有寸草苔、裂叶蒿、细叶白头翁、糙隐子草等，土壤为暗栗钙土。陈巴尔虎旗特尼河 11 队辅助观测场建立于 2002 年，位于特尼河牧场境内，主要优势种为线叶菊，土壤为砾石质暗栗钙，主要进行生物调查、水分和土壤监测等观测任务。

羊草草甸草原　　　　　　　　　　　　　线叶菊草甸草原

图 2-2　辅助观测场相关图片

2.2　长期科学实验平台

呼伦贝尔站创建了 6 个大型长期实验平台（图 2-3），包括控制放牧实验平台、刈割实验平台、气候变化水分控制实验平台、栽培草地实验平台、草地改良实验平台和草地遥感综合实验平台。

1.机理探索
2.牧场管理

控制放牧实验平台

1.机理探索
2.刈割管理

长期刈割实验平台

1.雨量增减
2.格局变化

气候变化水分控制实验平台

1.一个品种
2.两种模式
3.三万亩示范

栽培草地实验平台

1.生态效应
2.生产效果
3.经济效益

打孔+施化肥

草地改良实验平台

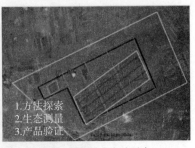

1.方法探索
2.生态测量
3.产品验证

草地遥感综合实验平台

图 2-3　呼伦贝尔长期实验平台

（1）控制放牧实验平台。放牧是北方草原最主要的利用方式。2009 年呼伦贝尔站建立了长期放牧实验平台，试验样地位于谢尔塔拉农牧场场部东 3 km（49°11′—49°31′N，119°47′—120°18′E），占地 1 350 亩，采用随机区组设计，布置 6 个放牧强度（0.00、0.23、0.34、0.46、0.69、0.92AU* hm²），3 个重复，每年 6 月 15 日开始放牧，10 月 15 日终止放牧，为期 120 d。研究区地形为波状起伏的高平原，土壤以黑钙土和暗栗钙土为主，植被类型为羊草＋杂类草草甸草原，主要物种有羊草、贝加尔针茅、日荫菅、蓬子菜等，伴生种有斜茎黄芪、山野豌豆和草地早熟禾等。依托实验平台开展了放牧干扰下植被—土壤—家畜过程的观测和分析，积累了一批重要的基础数据，研究了草甸草原对放牧强度的响应规律和反馈机制，为草地放牧系统管理提供关键技术参数，并结合多平台生态遥感测量建立了智慧牧场示范样板（图 2-4）。

图 2-4　长期控制放牧平台

（2）草地刈割实验平台。刈割是呼伦贝尔草原的主要利用方式之一。呼伦贝尔站 2005 年建立了长期刈割实验平台，占地面积 200 亩。试验样地分别位于谢尔塔拉农牧场十二队（120°2′—49°3′E，49°19′—49°20′N）和鄂温克族自治旗伊敏苏木（119°39′—119°40′E，48°29′—48°30′N）。其中，谢尔塔拉农牧场 12 队为羊草草甸草原，鄂温克族自治旗伊敏苏木为贝加尔针茅草甸草原。刈割实验共设 6 个时间间隔水平，分别为：1 年 1 割、2 年 1 割、3 年 1 割、6 年 1 割、12 年 1 割和无刈割（对照），刈割时间一般为每年 8 月 5 日进行，留茬高度约 7 cm，刈割量为地上生物量的 70% 左右。旨在探讨不同刈割制度对草甸草原生产力、植物土壤养分循环、生态系统结构和功能的影响机理，确定合理利用刈割技术，为草地刈割管理制度的制定提供理论依据。迄今为止，依托刈割实验平台开展了种群、群落到景观尺度的观测分析，积累了一批重要的长期实验数据（图 2-5）。

图 2-5　长期刈割实验平台

---

* 1AU 等于一头 500 kg 成年牛。——编者注

（3）气候变化水分控制实验平台。呼伦贝尔位于高纬度地区，近50年气温升高2.3 ℃，高于北半球及中国温带草原其他区域，以至于降水分布模式改变，极端气候事件频率增加。为研究和探讨草地生态系统对气候变化的响应，呼伦贝尔站2014年布设了草地气候变化实验平台，包括降水控制实验、极端干旱实验和沿着水分梯度分布的通量塔群（图2-6）。降水控制实验设置了不同时期干旱、降水总量增减、降水频率和强度改变等处理。碳水通量观测覆盖了以呼伦贝尔为中心、东起松嫩平原、西至乌兰巴托的11个通量观测塔。2017年，呼伦贝尔站积极参与国际Drought Net联网研究，并推进我国极端干旱联网实验，提高了我国在综合评估全球变化对草原生态系统的影响及其应对方面的能力。

图2-6　气候变化水分控制实验平台

（4）栽培草地实验平台。呼伦贝尔草原曾大面积开垦，后因干旱和风沙原因而大面积退耕，这些开垦草原很难自然恢复。通过人工草地栽培既可以促进植被和土壤恢复，又可以弥补区域饲草资源的不足。2008年，呼伦贝尔站建立了栽培草地实验平台，占地200亩，包括50亩实验小区和150亩大田试验区（图2-7）。依托此平台，筛选和培育了适宜于呼伦贝尔种植的牧草品种，研发了栽培草地高产种植的技术与模式，在海拉尔、额尔古纳、牙克石、陈巴尔虎旗、新巴尔虎左旗等地累计示范面积20万余亩，现已成为区域草牧业技术的重要培训基地和示范平台。

图2-7　栽培草地实验平台

　　（5）草地改良实验平台。草原退化和改良是草原生态学历久弥新的研究课题。呼伦贝尔草原退化原因比较复杂，其中天然打草场退化问题十分突出。呼伦贝尔站自 2008 年开始草原改良研究，2013年建立草原改良实验平台，占地 200 亩（图 2-8），分别设置了切根＋施化肥、切根＋施有机肥、打孔＋施化肥、打孔＋施微肥实验，依托草原改良平台，执行了公益行业专项项目和国家重点研发计划项目，揭示了改良对天然打草场植被—土壤—微生物的影响机制，研究了天然打草场改良培育和收获利用技术，形成了一系列实用技术和相关标准，集成"草甸草原退化打草场改良恢复与可持续利用配套模式"，为呼伦贝尔退化草地修复治理示范应用提供技术支撑，同时在呼伦贝尔牧业四旗示范，可提高天然打草场生产力 30%～500%。

图 2-8　草原改良实验平台

　　（6）草地遥感综合实验平台。呼伦贝尔草原因土地覆盖类型多样、单元面积大、下垫面均一，是开展遥感产品真实性检验、多种参数反演的理想区域。2007 年，呼伦贝尔站建立了草原生态遥感验证场，总体覆盖范围 5 km×12 km，内设 3 km×3 km 的大样地 3 个，分别代表贝加尔针茅、羊草草甸草原和农田（图 2-9）。验证场布设了完善的地基无线传感器网络，并定期开展无人机遥感测量和

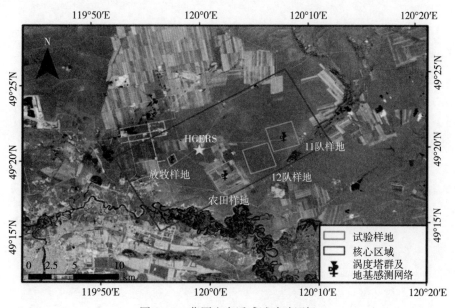

图 2-9　草原生态遥感试验验证场

地面同步测量。于 2014 年建立了"呼伦贝尔草地生态遥感虚拟实验室"，与国内外 10 多个研究团队联合开展技术攻关，研发了一系列草原植被参数反演算法，开发了具有自主知识产权的软硬件技术产品，并陆续成为国防科工委高分真实性验证场网成员、国家民用空间基础设施陆地卫星共性应用支撑平台真实性检验站、中国资源卫星地面定标场以及国内外多种高空间分辨率卫星地面验证站。

第3章

··

长期观测数据

3.1 生物观测数据

3.1.1 植物名录

呼伦贝尔草原位于欧亚大陆东部的草甸草原核心区,属于典型的中温带大陆性干旱气候,四季分明,年平均气温为 −3 ~ −1 ℃,无霜期 100 ~ 110 d,一月最低气温可达 −45 ℃,年积温 1 780 ~ 2 200 ℃;降水集中,年降水量约 250 ~ 520 mm,自东向西逐步递减;地势东高西低,分布广泛,总面积约 8.8 万 km^2,其独特的地理环境和生态条件,形成了丰富的植被多样性。

结合长期的野外观测和样方调查,数据集进一步统计和完善了呼伦贝尔草原区的植被类型,共包含了 68 个科、343 个属、806 个种。其中,蕨类植物 5 种,裸子植物 3 种,双子叶植物 634 种,单子叶植物 164 种,植物种类繁多。具体植物名录见表 3-1。

表 3-1 呼伦贝尔植物名录

科	属	种(中文名)	学名(拉丁名)
卷柏科	卷柏属	西伯利亚卷柏	*Selaginella sibirica*(Milde.)Hieron.
卷柏科	卷柏属	红枝卷柏	*Selaginella sanguinolenta*(L.)Spring
木贼科	木贼属	问荆	*Equisetum arvense* L.
凤尾蕨科	粉背蕨属	银粉背蕨	*Aleuritopteris argentea*(S. G. Gmel.)Fée
岩蕨科	岩蕨属	岩蕨	*Woodsia ilvensis*(L.)R. Br.
麻黄科	麻黄属	草麻黄	*Ephedra sinica* Stapf
麻黄科	麻黄属	单子麻黄	*Ephedra monosperma* Gmel. ex C. A. Mey.
麻黄科	麻黄属	木贼麻黄	*Epheclra equisetina* Bunge
杨柳科	柳属	黄柳	*Salix goruejevii* Y. L. Chang & Skvortzov.
杨柳科	柳属	小穗柳	*Salix microstachya* Turcz. ex Trautv.
榆科	榆属	榆	*Ulmus pumila* var. *pumila*
榆科	榆属	大果榆	*Ulmus macrocarpa* Hance
榆科	榆属	春榆	*Ulmus davidiana* var. *japonica*(Rehder)Nakai
桑科	大麻属	野大麻	*Cannabis sativa* L. f. ruderalis(Janisch.)Chu
荨麻科	荨麻属	麻叶荨麻	*Urtica cannabina* L.
荨麻科	荨麻属	狭叶荨麻	*Urtica angustifolia* Fisch. ex Hornem.
荨麻科	墙草属	小花墙草	*Parietaria micrantha* Ledeb.
檀香科	百蕊草属	长叶百蕊草	*Thesium longifolium* Turcz.

（续）

科	属	种（中文名）	学名（拉丁名）
檀香科	百蕊草属	急折百蕊草	*T. refractum* C. A. Mey.
檀香科	百蕊草属	百蕊草	*T. chinense* Turcz. var. *chinense*
檀香科	百蕊草属	砾地百蕊草	*T. saxatile* Turcz. ex A. DC.
檀香科	百蕊草属	短苞百蕊草	*T. brevibracteatum* P. C. Tam
蓼科	木蓼属	东北木蓼	*Atraphaxis manshurica* Kitag.
蓼科	酸模属	小酸模	*Rumex acetosella* L.
蓼科	酸模属	酸模	*R. acetosa* L.
蓼科	酸模属	酸模	*R. acetosa* L.
蓼科	酸模属	东北酸模	*R. thyrsiflorus* Finjerh.
蓼科	酸模属	皱叶酸模	*R. crispus* L.
蓼科	酸模属	毛脉酸模	*R. gmelinii* Turcz. ex Ledeb.
蓼科	酸模属	长刺酸模	*R. maritimus* L.
蓼科	酸模属	盐生酸模	*R. marschallianus* Rchb.
蓼科	大黄属	波叶大黄	*Polygonum sibiricum* Laxm. var. *sibiricum*
蓼科	蓼属	萹蓄	*P. aviculare* L.
蓼科	蓼属	水蓼	*P. hydropiper* L.
蓼科	蓼属	两栖蓼	*P. amphibium* L.
蓼科	蓼属	柳叶刺蓼	*P. bungeanum* Turcz.
蓼科	蓼属	酸模叶蓼	*P. lapathifolium* L. var. *lapathifolium*
蓼科	蓼属	西伯利亚蓼	*P. sibiricum* Laxm. var. *sibiricum*
蓼科	蓼属	卷茎蓼	*P. convolvulus* L.
蓼科	蓼属	箭叶蓼	*P. sieboldii* Meisn.
蓼科	蓼属	细叶蓼	*P. angussti folium* Pall.
蓼科	蓼属	叉分蓼	*P. divaricatum* L.
蓼科	蓼属	高山蓼	*P. ajanense* (Regel. et Tiling) Grig.
蓼科	蓼属	拳参	*P. bistorta* L.
蓼科	蓼属	狐尾蓼	*P. alopecuroides* Turcz. ex Besser
藜科	盐爪爪属	盐爪爪	*Kalidium foliatum* (Pall.) Moq. - Tandon
藜科	盐爪爪属	细枝盐爪爪	*K. gracile* Fenzl.
藜科	盐爪爪属	尖叶盐爪爪	*K. cuspidatum* (Ung. －Sternb.) Grub. var. *cuspidatum*
藜科	驼绒藜属	驼绒藜	*Krascheninnikovia ceratoides* (L.) Gueld
藜科	盐角草属	盐角草	*Salicornia europaea* L.
藜科	雾冰藜属	雾冰藜	*Bassia dasyphylla* (Fisch. et Mey.) O, Kuntze
藜科	碱蓬属	碱蓬	*Suaeda glauca* (Bunge) Bunge var. *glauca*
藜科	碱蓬属	角果碱蓬	*S. corniculata* (C. A. Mey.) Bunge
藜科	碱蓬属	盐地碱蓬	*S. salsa* (L.) Pall.
藜科	猪毛菜属	猪毛菜	*Salsola collina* Pall.
藜科	猪毛菜属	刺沙蓬	*S. tragus* L.

（续）

科	属	种（中文名）	学名（拉丁名）
藜科	蛛丝蓬属	蛛丝蓬	*Micropeplis arachnoidea*（Moq. －Tandon）Bunge
藜科	地肤属	木地肤	*Kochia prostrata*（L.）Schrad. var. *prostrata*
藜科	地肤属	地肤	*K. scoparia*（L.）Schrad. var. *scoparia*
藜科	地肤属	碱地肤	*K. scoparia*（L.）Schrad. var. sieversiana（Pall.）Ulbr. ex Aschers. et Graebn.
藜科	轴藜属	轴藜	*Axyris amaranthoides* L.
藜科	轴藜属	杂配轴藜	*A. hybrida* L.
藜科	沙蓬属	沙蓬	*Agriophyllum squarrosum*（Bunge.）Korow.
藜科	虫实属	长穗虫实	*Corispermum elongatum* Bunge var. *elongatum*
藜科	虫实属	软毛虫实	*C. puberulum* Iljin var. *puberulum*
藜科	虫实属	辽西虫实	*C. dilutum*（Kitag.）Tsien et C. G. Ma var. *dilutum*
藜科	虫实属	兴安虫实	*C. chinganicum* Iljin var. *chinganicum*
藜科	虫实属	蒙古虫实	*C. mongolicum* Iljin
藜科	滨藜属	滨藜	*Atriplex patens*（Litv.）Iljin
藜科	滨藜属	西伯利亚滨藜	*A. sibirica* L.
藜科	滨藜属	野滨藜	*A. fera*（L.）Bunge var. *fera*
藜科	藜属	灰绿藜	*Chenopodium glaucum* L.
藜科	藜属	菱叶藜	*C. bryoniaefolium* Bunge
藜科	藜属	尖头叶藜	*C. acuminatum* Willd. subsp. *acuminatum*
藜科	藜属	刺藜	*C. aristatum* L.
藜科	藜属	矮藜	*C. minimum* W. Wang et P. Y. Fu
藜科	藜属	杂配藜	*C. hybridum* L.
藜科	藜属	藜	*C. album* L.
苋科	苋属	反枝苋	*Amaranthus retroflexus* L.
苋科	苋属	凹头苋	*A. blitum* L.
苋科	苋属	北美苋	*A. blitoides* S. Watson
苋科	苋属	白苋	*A. albus* L.
马齿苋科	马齿苋属	马齿苋	*Portulaca oleracea* L.
石竹科	牛膝姑草属	牛膝姑草	*Spergularia marina*（L.）Griseb.
石竹科	蚤缀属	卵叶蚤缀	*Arenaria serpyllifolia* L.
石竹科	蚤缀属	灯心草蚤缀	*A. juncea* Bieb. var. *juncea*
石竹科	蚤缀属	毛梗蚤缀	*A. capillaris* Poir.
石竹科	种阜草属	种阜草	*Moehringia lateriflora*（L.）Fenzl
石竹科	繁缕属	垂梗繁缕	*Stellaria radians* L.
石竹科	繁缕属	繁缕	*S. media*（L.）Villars
石竹科	繁缕属	兴安繁缕	*S. cherleriae*（Fisch. ex Ser.）F. N. Williams
石竹科	繁缕属	叉歧繁缕	*S. dichotoma* L.
石竹科	繁缕属	银柴胡	*S. lanceolata*（Bunge）Y. S. Lian
石竹科	繁缕属	细叶繁缕	*S. fillicaulis* Makino

（续）

科	属	种（中文名）	学名（拉丁名）
石竹科	繁缕属	沼繁缕	*S. palustris* Retzius
石竹科	卷耳属	卷耳	*Cerastium arvense* L. subsp. strictum Gaudin
石竹科	卷耳属	无毛卷耳	*C. arvense* L. var. *flabellum* Fenzl
石竹科	卷耳属	腺毛簇生卷耳	*C. caespitosum* Gilib. var. *glaudulosum* Wirtgen
石竹科	高山漆姑草属	高山漆姑草	*Minuartia laricina*（L.）Mattf.
石竹科	麦毒草属	麦毒草	*Agrostemma githago* L.
石竹科	剪秋萝属	狭叶剪秋萝	*Lychnis sibilica* L.
石竹科	女娄菜属	兴安女娄菜	*Melandrium brachypetalum*（Horn.）Fenzl
石竹科	女娄菜属	女娄菜	*M. apricum*（Turcz. ex Fisch. et Mey.）Rohrb.
石竹科	女娄菜属	内蒙古女娄菜	*M. orientalimongolicum*（Kozhevn.）Y. Z. Zhao
石竹科	麦瓶草属	狗筋麦瓶草	*Silene venosa*（Gilib.）Aschers.
石竹科	麦瓶草属	毛萼麦瓶草	*S. repens* Patr.
石竹科	麦瓶草属	旱麦瓶草	*S. jenisseensis* Willd.
石竹科	丝石竹属	草原丝石竹	*Gypsophila davurica* Turcz. ex Fenzl
石竹科	丝石竹属	狭叶草原丝石竹	*G. davurica* Turcz. ex Fenzl var. *angustifolia* Fenzl
石竹科	石竹属	瞿麦	*Dianthus superbus* L.
石竹科	石竹属	簇茎石竹	*D. repens* Willd. var. *repens*
石竹科	石竹属	石竹	*D. chinensis* L. var. *chinensis*
石竹科	石竹属	兴安石竹	*D. chinesis* L. var. veraicolor（Fisch. ex Link.）Y. C. Ma
石竹科	王不留行属	王不留行	*Vaccaria hispanica*（Mill.）Rausch
毛茛科	驴蹄草属	三角叶驴蹄草	*Caltha palustris* L. var. *sibirica* Regel
毛茛科	金莲花属	短瓣金莲花	*Trollius ledebouri* Reichb Ic. Pl. Crit.
毛茛科	耧斗菜属	耧斗菜	*Aguilegia viridiflora* Pall. var. *viridiflora*
毛茛科	耧斗菜属	紫花耧斗菜	*A. viridiflora* Pall. var. atropurpurea（Willd.）Finet et Gagnep.
毛茛科	蓝堇草属	蓝堇草	*Leotopyrum fumarioides*（L.）Reichb.
毛茛科	唐松草属	香唐松草	*Thalictrum foetidum* L.
毛茛科	唐松草属	展枝唐松草	*T. squarrosum* Steph. ex Willd.
毛茛科	唐松草属	瓣蕊唐松草	*T. petaloideum* L. var. *petaloideum*
毛茛科	唐松草属	卷叶唐松草	*T. petaloideum* L. var. *supradecompositum*（Nakai）Kitag.
毛茛科	唐松草属	箭头唐松草	*T. simplex* L. var. *simplex*
毛茛科	唐松草属	东亚唐松草	*T. minus* L. var. *hypoleucum*（Sieb. et Zucc.）Miq.
毛茛科	银莲花属	二歧银莲花	*Anemone dichotoma* L.
毛茛科	银莲花属	大花银莲花	*A. silvestris* L.
毛茛科	白头翁属	白头翁	*Pulsatilla chinensis*（Bunge）Regel.
毛茛科	白头翁属	掌叶白头翁	*P. patens*（L.）Mill. subsp. multifida（Pritz.）Zamels
毛茛科	白头翁属	兴安白头翁	*P. dahurica*（Fisch. ex DC.）Spreng.
毛茛科	白头翁属	细叶白头翁	*P. turczaninovii* Kryl. Et Serg.
毛茛科	白头翁属	呼伦白头翁	*P. hulunensis*（L. Q. Zhao）L. Q. Zhao et Y. Z. Zhao

（续）

科	属	种（中文名）	学名（拉丁名）
毛茛科	白头翁属	蒙古白头翁	*P. ambigua*（Turcz. ex Hayek.）Juzepczuk
毛茛科	白头翁属	细裂白头翁	*P. tenuiloba*（Turez. Ex Hayek）Juz.
毛茛科	白头翁属	黄花白头翁	*P. sukaczewii* Juz.
毛茛科	侧金盏花属	北侧金盏花	*Adonis sibirica* Patr. ex Ledeb.
毛茛科	水葫芦苗属	长叶碱毛茛	*Halerpestes ruthenica*（Jacq.）Ovcz.
毛茛科	水葫芦苗属	水葫芦苗	*H. sarmentosa*（Adams）Kom. & Aliss.
毛茛科	毛茛属	石龙芮	*Ranunculus sceleratus* L.
毛茛科	毛茛属	匍枝毛茛	*R. repens* L.
毛茛科	毛茛属	毛茛	*R. japonicus* Thunb. var. *japonicas*
毛茛科	毛茛属	单叶毛茛	*R. monophyllus* Ovcz.
毛茛科	毛茛属	掌裂毛茛	*R. rigescens* Tucz. ex Ovcz.
毛茛科	铁线莲属	棉团铁线莲	*Clematis hexapetala* Pall.
毛茛科	铁线莲属	芹叶铁线莲	*C. aethusifolia* Turcz. var. *aethusifolia*
毛茛科	翠雀属	翠雀	*Delphinium grandiflorum* L.
毛茛科	翠雀属	东北高翠雀	*D. korshinskyanum* Nevski
毛茛科	乌头属	草乌头	*Aconitum kusnezoffii* Reichb.
毛茛科	乌头属	华北乌头	*A. jeholense* Nakai et Kitag. var. *angustium*（W. T. Wang）Y. Z. Zhao
毛茛科	芍药属	芍药	*Paconia lactiflora* Pall.
防己科	蝙蝠葛属	蝙蝠葛	*Menispermum dahuricum* DC.
罂粟科	白屈菜属	白屈菜	*Chelidonium majus* L.
罂粟科	罂粟属	野罂粟	*Papaver nudicaule* L. var. *nudicaule*
罂粟科	角茴香属	角茴香	*Hypecoum erectum* L.
罂粟科	紫堇属	齿瓣延胡索	*Corydalis turtschaninovii* Bess.
罂粟科	紫堇属	北紫堇	*C. sibirica*（L. f.）Pers.
十字花科	菘蓝属	三肋菘蓝	*Isatis costata* C. A. Mey.
十字花科	球果芥属	球果芥	*Neslia paniculata*（L.）Desv.
十字花科	匙芥属	匙芥	*Bunias cochlearoides* Murr.
十字花科	蔊菜属	山芥叶蔊菜	*Rorippa barbareifolia*（DC.）Kitag.
十字花科	蔊菜属	风花菜	*R. palustris*（L.）Bess.
十字花科	遏蓝菜属	遏蓝菜	*Thlaspi arvense* L.
十字花科	遏蓝菜属	山遏蓝菜	*T. cochleariforme* DC.
十字花科	独行菜属	独行菜	*Lepidium apetalum* Willd.
十字花科	独行菜属	碱独行菜	*L. cartilagineum*（J. May.）Thell.
十字花科	独行菜属	宽叶独行菜	*L. latifolium* L.
十字花科	亚麻荠属	小果亚麻荠	*Camelina microcarpa* Andrz.
十字花科	葶苈属	葶苈	*Draba nemorosa* L.
十字花科	葶苈属	光果葶苈	*D. nemorosa* L. var. *leiocarpa* Lindbi.
十字花科	庭荠属	北方庭荠	*Alyssum lenense* Adams.

（续）

科	属	种（中文名）	学名（拉丁名）
十字花科	庭荠属	西伯利亚庭荠	*A. sibiricum* Willd.
十字花科	荠属	荠	*Capsella bursa－pastoris*（L.）Medic.
十字花科	燥原荠属	燥原荠	*Ptilotricum canescens*（DC.）C. A. Mey.
十字花科	燥原荠属	薄叶燥原荠	*P. tenuiflium*（Steoh. ex Willd.）C. A. Mey.
十字花科	大蒜芥属	垂果大蒜芥	*Sisymbrium heteromallum* C. A. Mey.
十字花科	大蒜芥属	多型大蒜芥	*S. polymorphum*（Murr.）Roth
十字花科	花旗杆属	花旗杆	*Dontostemon dentatus*（Bunge）Ledeb.
十字花科	花旗杆属	全缘叶花旗杆	*D. integrifolius*（L.）C. A. Mey.
十字花科	花旗杆属	无腺花旗杆	*D. eglandulosus*（DC.）Ledeb.
十字花科	花旗杆属	小花花旗杆	*D. micranthus* C. A. Mey.
十字花科	碎米荠属	水田碎米荠	*Cardamine lyrata* Bunge
十字花科	播娘蒿属	播娘蒿	*Descurainia sophia*（L.）Webb ex Prantl
十字花科	糖芥属	蒙古糖芥	*Erysimum flavum*（Georgi）Bobrov
十字花科	糖芥属	小花糖芥	*E. cheiranthoides* L.
十字花科	糖芥属	草地糖芥	*E. marscbllianum* Andrz.
十字花科	曙南芥属	曙南芥	*Stevenia cheiranthoides* DC.
十字花科	南芥属	硬毛南芥	*Arabis hirsuta*（L.）Scop.
十字花科	南芥属	垂果南芥	*A. pendula* L. var. *pendula*
景天科	瓦松属	钝叶瓦松	*Orostachys malacophyllus*（Pall.）Fisch.
景天科	瓦松属	瓦松	*O. fimbriata*（Turcz.）A. Berger
景天科	瓦松属	黄花瓦松	*O. spinosa*（L.）Sweet
景天科	瓦松属	狼爪瓦松	*O. cartilaginea* A. Bor.
景天科	八宝属	紫八宝	*Hylotelephium triphyllum*（Haworth）Holub
景天科	八宝属	白八宝	*H. pallescens*（Freyn）H. Ohba
景天科	费菜属	费菜（土三七）	*Phedimus aizoon*（L.）'t. Hart. var. *aizoon*
虎耳草科	茶藨属	楔叶茶藨	*Ribes diacanthum* Pall.
虎耳草科	梅花草属	梅花草	*Parnassia palustris* L.
虎耳草科	虎耳草属	刺虎耳草	*Saxifraga bronchialia* L.
虎耳草科	虎耳草属	点头虎耳草	*S. cernua* L.
蔷薇科	绣线菊属	楼斗叶绣线菊	*Spiraea aquilegifolia* Pall.
蔷薇科	枸子属	黑果枸子	*Cotoneaster melanocarpus* Lodd.
蔷薇科	苹果属	山荆子	*Malus baccata*（L.）Borkh
蔷薇科	蔷薇属	山刺玫	*Rosa davurica* Pall.
蔷薇科	龙牙草属	龙牙草	*Agrimonia pilosa* Ledeb.
蔷薇科	地榆属	细叶地榆	*Sanguisorba tenuifolia* Fisch. et Link var. *tenuifolia*
蔷薇科	地榆属	小白花地榆	*S. tenuifolia* Fisch. ex Link var. alba Traut et C. A. Mey.
蔷薇科	地榆属	地榆	*S. officinalis* L. var. *officinalis*
蔷薇科	地榆属	腺地榆	*S. officinalis* L. var. *glandulosa*（Kom.）Vorosch.

（续）

科	属	种（中文名）	学名（拉丁名）
蔷薇科	地榆属	粉花地榆	*S. offocinais* L. var. carnea (Fisch. ex Link) Regel ex Maxim.
蔷薇科	蚊子草属	蚊子草	*Filipendula palmata* (Pall.) Maxim.
蔷薇科	蚊子草属	翻白蚊子草	*F. intermedia* (Glehn) Juz.
蔷薇科	蚊子草属	绿叶蚊子草	*F. glabra* (Ledeb. ex Kom. et Alissova−Klobulova) Y. Z. Zhao
蔷薇科	蚊子草属	细叶蚊子草	*F. angustiloba* (Turcz.) Maxim.
蔷薇科	水杨梅属	水杨梅	*Geum aleppicum* Jacq.
蔷薇科	委陵菜属	小叶金露梅	*Potentilla parvifolia* Fisch.
蔷薇科	委陵菜属	匍枝委陵菜	*P. flagellaris* Willd. ex Schlecht.
蔷薇科	委陵菜属	星毛委陵菜	*P. acaulis* L.
蔷薇科	委陵菜属	三出委陵菜	*P. betonicifolia* Poir.
蔷薇科	委陵菜属	鹅绒委陵菜	*P. anserina* L.
蔷薇科	委陵菜属	二裂委陵菜	*P. bifurca* L. var. *bifurca*
蔷薇科	委陵菜属	高二裂委陵菜	*P. bifurca* L. var. *major* Ledeb.
蔷薇科	委陵菜属	铺地委陵菜	*P. supina* L.
蔷薇科	委陵菜属	石生委陵菜	*P. rupestris* L.
蔷薇科	委陵菜属	莓叶委陵菜	*P. fragarioides* L.
蔷薇科	委陵菜属	腺毛委陵菜	*P. longifolia* Willd. ex Schlecht.
蔷薇科	委陵菜属	红茎委陵菜	*P. nudicaulis* Willd. ex Schlecht.
蔷薇科	委陵菜属	菊叶委陵菜	*P. tanacetifolia* Willd. ex Schlecht.
蔷薇科	委陵菜属	翻白草	*P. discolor* Bunge
蔷薇科	委陵菜属	茸毛委陵菜	*P. strigosa* Pall. ex Pursh
蔷薇科	委陵菜属	大萼委陵菜	*P. conferta* Bunge
蔷薇科	委陵菜属	轮叶委陵菜	*P. verticillaris* Steph. ex Willd.
蔷薇科	委陵菜属	绢毛委陵菜	*P. sericea* L.
蔷薇科	委陵菜属	多茎委陵菜	*P. multicaulis* Bunge
蔷薇科	委陵菜属	委陵菜	*P. chinensis* Ser.
蔷薇科	委陵菜属	多裂委陵菜	*P. multifida* L. var. *multifida*
蔷薇科	委陵菜属	掌叶多裂委陵菜	*P. multifida* L. var. *ornithopoda* (Tausch) Th. Wolf.
蔷薇科	山莓草属	伏毛山莓草	*Sibbaldia adpresa* Bunse
蔷薇科	山莓草属	绢毛山莓草	*S. sericea* (Grub.) Sojak.
蔷薇科	地蔷薇属	地蔷薇	*Chamaerhodos erecta* (L.) Bunge
蔷薇科	地蔷薇属	毛地蔷薇	*C. canescens* J. Krause
蔷薇科	地蔷薇属	三裂地蔷薇	*C. trifida* Ledeb.
蔷薇科	杏属	西伯利亚杏	*Armeniaca sibirica* (L.) Lam.
蔷薇科	稠李属	稠李	*Padus avium* Mill.
豆科	槐属	苦参	*Sophora flavescens* Aiton
豆科	黄华属	披针叶黄华	*Thermopsis lanceolata* R. Br.
豆科	扁蓿豆属	扁蓿豆	*Melilotoides ruthenica* (L.) Sojak

（续）

科	属	种（中文名）	学名（拉丁名）
豆科	苜蓿属	天蓝苜蓿	*Medicago lupulina* L.
豆科	苜蓿属	黄花苜蓿	*M. falcata* L.
豆科	苜蓿属	紫花苜蓿	*M. sativa* L.
豆科	草木樨属	细齿草木樨	*Melilotus dentatus*（Wald. et Kit.）Pers.
豆科	草木樨属	草木樨	*M. officinalis*（L.）Lam.
豆科	草木樨属	白花草木樨	*M. albus* Medik.
豆科	车轴草属	野火球	*Trifolium lupinaster* L.
豆科	车轴草属	白车轴草	*T. repens* L.
豆科	车轴草属	红车轴草	*T. pratense* L.
豆科	苦马豆属	苦马豆	*Sphaerophysa salsula*（Pall.）DC.
豆科	锦鸡儿属	狭叶锦鸡儿	*Caragana stenophylla* Pojark.
豆科	锦鸡儿属	小叶锦鸡儿	*C. microphylla* Lam.
豆科	米口袋属	米口袋	*Gueldenstaedtia multiflora* Bunge in Mem.
豆科	米口袋属	少花米口袋	*G. verna*（Georgi）Boriss.
豆科	米口袋属	狭叶米口袋	*G. stenophylla* Bunge
豆科	甘草属	甘草	*Glycyrrhiza uralensis* Fisch. ex DC.
豆科	黄芪属	草原黄芪	*Astragalus dalaiensis* Kitag.
豆科	黄芪属	达乌里黄芪	*A. dahuricus*（Pall.）DC.
豆科	黄芪属	皱黄芪	*A. tataricus* Franch.
豆科	黄芪属	蒙古黄芪	*A. mongholicus* Bunge
豆科	黄芪属	黄芪	*A. membranaceus* Bunge
豆科	黄芪属	华黄芪	*A. chinensis* L. f.
豆科	黄芪属	小米黄芪	*A. satoi* Kitag.
豆科	黄芪属	草木樨状黄芪	*A. melilotoides* Pall.
豆科	黄芪属	细叶黄芪	*A. tenuis* Turcz.
豆科	黄芪属	细弱黄芪	*A. miniatus* Bunge
豆科	黄芪属	斜茎黄芪	*A. laxmannii* Jacq.
豆科	黄芪属	湿地黄芪	*A. uliginosus* L.
豆科	黄芪属	卵果黄芪	*A. grubovii* Sancz.
豆科	黄芪属	糙叶黄芪	*A. scaberrimus* Buuge
豆科	黄芪属	白花黄芪	*A. galactites* Pall.
豆科	棘豆属	多叶棘豆	*Oxytropis myriophylla*（Pall.）DC.
豆科	棘豆属	平卧棘豆	*O. prostrata*（Pall.）DC.
豆科	棘豆属	砂珍棘豆	*O. racemosa* Turcz.
豆科	棘豆属	海拉尔棘豆	*O. hailarensis* Kitag.
豆科	棘豆属	小花棘豆	*O. glabra*（Lam.）DC.
豆科	棘豆属	硬毛棘豆	*O. hirta* Bunge
豆科	棘豆属	薄叶棘豆	*O. leptophylla*（Pall.）DC.

（续）

科	属	种（中文名）	学名（拉丁名）
豆科	棘豆属	鳞萼棘豆	*Q. squammulosa* DC.
豆科	棘豆属	丛棘豆	*O. caespitosa*（Pall.）Pers.
豆科	棘豆属	大花棘豆	*O. grandiflora*（Pall.）DC.
豆科	棘豆属	东北棘豆	*O. caerulea*（Pall.）DC.
豆科	棘豆属	线棘豆	*O. filiformis* DC.
豆科	岩黄芪属	华北岩黄芪	*Hedysarum gmelinii* Ledeb.
豆科	岩黄芪属	山岩黄芪	*H. alpinum* L.
豆科	山竹子属	山竹岩黄芪	*Corethrodendron fruticosum*（Pall.）B. H. Choi et H. Ohashi
豆科	岩黄耆属	木岩黄芪	*Hedysarum fruticosum* Pall
豆科	胡枝子属	胡枝子	*Lespedeza bicolor* Turca
豆科	胡枝子属	绒毛胡枝子	*L. tomentosa*（Thunb.）Sieb. ex Maxim
豆科	胡枝子属	达乌里胡枝子	*L. davurica*（Laxm.）Schindl
豆科	胡枝子属	尖叶胡枝子	*L. juncea*（L. f.）Pers.
豆科	鸡眼草属	长萼鸡眼草	*Kummerowia stipulacea*（Maxim.）Makino
豆科	野豌豆属	歪头菜	*Vicia unijuga* A. Br.
豆科	野豌豆属	北野豌豆	*V. ramuliflora*（Maxim.）Ohwi
豆科	野豌豆属	柳叶野豌豆	*V. venosa*（Willd.）Maxim.
豆科	野豌豆属	多茎野豌豆	*V. multicaulis* Ledeb.
豆科	野豌豆属	大叶野豌豆	*V. peseudo−orobus* Fisch. et C. A. Mey
豆科	野豌豆属	山野豌豆	*V. amoena* Fisch. ex Seringe
豆科	野豌豆属	广布野豌豆	*V. cracca* L.
豆科	野豌豆属	灰野豌豆	*V. cracca* L. var. *canescens*（Maxim.）Franch. et Sav.
豆科	野豌豆属	东方野豌豆	*V. japonica* A. Gray
豆科	野豌豆属	黑龙江野豌豆	*V. amurensis* Oett.
豆科	山黧豆属	矮山黧豆	*Lathyrus humilis*（Ser.）Spreng
豆科	山黧豆属	山黧豆	*L. quinquenervius*（Miq.）Litv.
豆科	山黧豆属	毛山黧豆	*L. palustris* L. var. *pilosus*（Cham.）Ledeb.
豆科	大豆属	野大豆	*Glycine soja* Sieb. et Zucc.
牻牛儿苗科	牻牛儿苗属	牻牛儿苗	*Erodium stephanianum* Willd.
牻牛儿苗科	老鹳草属	毛蕊老鹳草	*Geranium platyanthum* Duthie
牻牛儿苗科	老鹳草属	草原老鹳草	*G. pratense* L.
牻牛儿苗科	老鹳草属	鼠掌老鹳草	*G. sibiricum* L
牻牛儿苗科	老鹳草属	粗根老鹳草	*G. dahuricum* DC.
牻牛儿苗科	老鹳草属	突节老鹳草	*G. japonicum* Franch. et Sav.
牻牛儿苗科	老鹳草属	灰背老鹳草	*G. wlassowianum* Fisch. ex Link
牻牛儿苗科	老鹳草属	兴安老鹳草	*G. maximowiczii* Regel et Maack
亚麻科	亚麻属	野亚麻	*Linum stelleroides* Planch.
亚麻科	亚麻属	宿根亚麻	*L. perenne* L.

（续）

科	属	种（中文名）	学名（拉丁名）
亚麻科	白刺属	小果白刺	*Nitraria sibirica* Pall.
亚麻科	蒺藜属	蒺藜	*Tribulus terrestris* L.
亚麻科	骆驼蓬属	匍根骆驼蓬	*Peganum nigellastrum* Bunge
芸香科	拟芸香属	北芸香	*Haplophyllum dauricum*（L.）G. Don
芸香科	白鲜属	白鲜	*Dictamnus dasycarpus* Turcz.
远志科	远志属	远志	*Polxgala tenuifolia* Willd.
远志科	远志属	卵叶远志	*P. sibirica* L.
大戟科	白饭树属	一叶萩	*Flueggea suffeuticosa*（Pall.）Rehd.
大戟科	大戟属	地锦	*Euphorbia humifusa* Willd.
大戟科	大戟属	乳浆大戟	*E. esula* L.
大戟科	大戟属	狼毒大戟	*E. fischeriana* Steud.
大戟科	铁苋菜属	铁苋菜	*Acalypha australis* L.
锦葵科	木槿属	野西瓜苗	*Hibiscus trionum* L.
锦葵科	锦葵属	野葵	*Malva verticillata* L.
锦葵科	苘麻属	苘麻	*Abutilon theophrasti* Medik.
藤黄科	金丝桃属	乌腺金丝桃	*Hypericum attenuatum* Fisch. ex Choisy
藤黄科	金丝桃属	长柱金丝桃	*H. ascyron* L.
柽柳科	红砂属	红砂	*Reaumuria soongorica*（Pall.）Maxim.
堇菜科	堇菜属	鸡腿堇菜	*Viola acuminata* Ledeb.
堇菜科	堇菜属	裂叶堇菜	*V. dissecta* Ledeb.
堇菜科	堇菜属	兴安堇菜	*V. gmeliniana* Rcem. et Schult.
堇菜科	堇菜属	斑叶堇菜	*V. variegata* Fisch. ex Link.
堇菜科	堇菜属	早开堇菜	*V. prionantha* Bunge
瑞香科	狼毒属	狼毒	*Stellera camaejasme* L.
千屈菜科	千屈菜属	千屈菜	*Lythrum salicaria* L.
柳叶菜科	柳叶菜属	沼生柳叶菜	*Epilobium palustre* L.
伞形科	迷果芹属	迷果芹	*Sphallerocarpus gracilis*（Bess. ex Trev.）K. - Pol.
伞形科	柴胡属	兴安柴胡	*Bupleurum sibiricum* Vest ex Sprengel
伞形科	柴胡属	锥叶柴胡	*B. bicaule* Helm
伞形科	柴胡属	红柴胡	*B. scorzonerifolium* Willd.
伞形科	毒芹属	毒芹	*Cicuta virosa* L.
伞形科	葛缕子属	葛缕子	*Carum carvi* L.
伞形科	葛缕子属	田葛缕子	*C. buriaticum* Turcz.
伞形科	茴芹属	羊洪膻	*Pimpinella thellungiana* H. Wolff
伞形科	茴芹属	蛇床茴芹	*P. cnidioides* H. Pearson ex H. Wolff
伞形科	羊角芹属	东北羊角芹	*Aegopodium alpestre* Ledeb.
伞形科	泽芹属	泽芹	*Sium suave* Walt.
伞形科	岩风属	香芹	*Libanotis seselioides*（Fisch. et C. A. Mey. ex Turcz.）Turcz.

（续）

科	属	种（中文名）	学名（拉丁名）
伞形科	蛇床属	蛇床	*Cnidium monnieri*（L.）Cuss.
伞形科	蛇床属	兴安蛇床	*C. dahuricum*（Jacq.）Fesch. ex C. A. Mey.
伞形科	蛇床属	碱蛇床	*C. salinum* Turcz.
伞形科	山芹属	绿花山芹	*Ostericum viridiflorum*（Turcz.）Kitag.
伞形科	当归属	兴安白芷	*Angelica dahurica*（Fisch. ex Hoffm.）Benth. et Hook. f. ex Franch. et Sav.
伞形科	柳叶芹属	柳叶芹	Czernaevia laevigata Turcz.
伞形科	胀果芹属	胀果芹	*Phlojodicarpus sibiricus*（Fisch. ex Spreng.）K. - Pol.
伞形科	独活属	短毛独活	*Heracleum moellendorffii* Hance
伞形科	防风属	防风	*Saposhnikovia divaricata*（Turcz.）Schischk.
报春花科	报春花属	粉报春	*Primula farinose* L.
报春花科	报春花属	天山报春	*P. nutans* Georgi
报春花科	点地梅属	小点地梅	*Androsace gmelinii*（L.）Roem. et Schult.
报春花科	点地梅属	大苞点地梅	*A. maxima* L.
报春花科	点地梅属	东北点地梅	*A. fillformis* Retz.
报春花科	点地梅属	北点地梅	*A. septentrionalis* L.
报春花科	海乳草属	海乳草	*Glaux maritima* L.
报春花科	珍珠菜属	球尾花	*Lysimachia thyrsiflora* L.
报春花科	珍珠菜属	黄连花	*L. davurica* Ledeb.
报春花科	珍珠菜属	狼尾花	*L. barystachys* Bunge
白花丹科	驼舌草属	驼舌草	*Goniolimon speciosum*（L.）Boiss.
白花丹科	补血草属	黄花补血草	*Limonium aureum*（L.）Hill
白花丹科	补血草属	曲枝补血草	*L. flexuosum*（L.）Kuntze
白花丹科	补血草属	二色补血草	*L. bicolor*（Bunge）O. Kuntze
龙胆科	百金花属	百金花	*Centaurium pulchellum*（Swartz）Druce var. altaicum（Griseb.）Kitag. et H. Hara
龙胆科	龙胆属	鳞叶龙胆	Gentiana squarrosa Ledeb.
龙胆科	龙胆属	达乌里龙胆	*G. dahurica* Fisch.
龙胆科	龙胆属	秦艽	*G. macrophylla* Pall.
龙胆科	龙胆属	龙胆	*G. scabra* Bunge
龙胆科	龙胆属	条叶龙胆	*G. manshurica* Kitag.
龙胆科	龙胆属	三花龙胆	*G. triflora* Pall.
龙胆科	扁蕾属	扁蕾	*Gentianopsis barbata*（Froel.）Y. C. Ma
龙胆科	花锚属	花锚	*Halenia corniculata*（L.）Cornaz
龙胆科	肋柱花属	小花肋柱花	*Lomatogonium rotatum*（L.）Fries ex Nym.
龙胆科	獐牙菜属	岐伞獐牙菜	*Swertia dichotoma* L.
龙胆科	獐牙菜属	瘤毛獐牙菜	*S. pseudochinensis* H. Hara
萝藦科	鹅绒藤属	徐长卿	*Cynanchum paniculatum*（Bunge）Kitag.
萝藦科	鹅绒藤属	紫花杯冠藤	*C. purpureum*（Pall.）K. Schum.

（续）

科	属	种（中文名）	学名（拉丁名）
萝藦科	鹅绒藤属	地梢瓜	*C. thesioides*（Freyn）K. Schum.
萝藦科	萝藦属	萝藦	*Metaplexis japonica*（Thunb.）Makino
旋花科	菟丝子属	日本菟丝子	*Cuscuta japonica* Choisy
旋花科	菟丝子属	菟丝子	*C. chinensis* Lam.
旋花科	菟丝子属	大菟丝子	*C. europaea* L.
旋花科	打碗花属	打碗花	*Calystegia haderacea* Wall. ex Roxb.
旋花科	打碗花属	宽叶打碗花	C. *silvatica*（Kitaib.）Griseb. subsp. orientalis brummit.
旋花科	旋花属	银灰旋花	*Convolvulus ammannii* Desr.
旋花科	旋花属	田旋花	*C. arvensis* L.
旋花科	鱼黄草属	毛籽鱼黄草	*Merremia sibirica*（L.）Hall f.
花荵科	花荵属	花荵	*Polemonium caeruleum* L.
紫草科	紫丹属	狭叶砂引草	*Tournefortia sibirica* L. var. *angustior*（DC.）G. L. Chu et M. G. Gilbert
紫草科	紫草属	紫草	*Lithospermum erythrorhizon* Sieb. et Zucc.
紫草科	紫筒草属	紫筒草	*Stenosolenium saxatile*（Pall.）Turcz.
紫草科	琉璃草属	大果琉璃草	*Cynoglossum divaricatum* Steph. ex Lehm.
紫草科	鹤虱属	鹤虱	*Lappula myosotis* Moench.
紫草科	鹤虱属	异刺鹤虱	*L. heteracantha*（Ledeb.）Gurke
紫草科	鹤虱属	卵盘鹤虱	*L. intermedia*（Ledeb.）Popov
紫草科	鹤虱属	劲直鹤虱	*L. stricta*（Ledeb.）Gurke
紫草科	齿缘草属	东北齿缘草	*Eritrichium mandshuricum* Popov
紫草科	齿缘草属	兴安齿缘草	*E. pauciflorum*（Ledeb.）DC.
紫草科	齿缘草属	反折假鹤虱	*E. deflexum*（Wahlenb）Lian et J. Q. Wang
紫草科	齿缘草属	假鹤虱	*E. thymifolium*（DC.）Y. S. Lian et J. Q. Wang
紫草科	勿忘草属	草原勿忘草	*Myosotis alpestris* F. W. Schmidt
紫草科	钝背草属	钝背草	*Amblynotus rupestris*（Pall. et Georgi）Popov ex L. Sergiev.
马鞭草科	莸属	蒙古莸	*Caryopteris mongholica* Bunge
唇形科	筋骨草属	多花筋骨草	*Aluga multiflora* Bunge
唇形科	水棘针属	水棘针	*Amethystea coerulea* L.
唇形科	黄芩属	黄芩	*Scutellaria baicalensis* Georgi
唇形科	黄芩属	并头黄芩	*S. scordifolia* Fisch. ex Schrank
唇形科	黄芩属	盔状黄芩	*S. galericulata* L.
唇形科	黄芩属	狭叶黄芩	*S. regeliana* Nakai
唇形科	夏至草属	夏至草	*Lagopsis supina*（Steph. ex Willd）Ik. - Gal. ex Knorr.
唇形科	裂叶荆芥属	多裂叶荆芥	*Schizonepeta multifida*（L.）Briq.
唇形科	青兰属	香青兰	*Dracocephalum moldavica* L.
唇形科	青兰属	光萼青兰	*D. argunense* Fisch. ex Link.
唇形科	青兰属	青兰	*D. ruyschiana* L.
唇形科	糙苏属	块根糙苏	*Phlomis tuberoda* L.

（续）

科	属	种（中文名）	学名（拉丁名）
唇形科	糙苏属	蒙古糙苏	*P. mongolica* Turcz.
唇形科	鼬瓣花属	鼬瓣花	*Galeopsis bifida* Boenn.
唇形科	野芝麻属	短柄野芝麻	*Lamium album* L.
唇形科	益母草属	益母草	*Leonurus japonicus* Houtt.
唇形科	益母草属	细叶益母草	*L. sibiricus* L.
唇形科	水苏属	毛水苏	*Stachys riederi* Chamisso ex Beth.
唇形科	百里香属	百里香	*Thymus serpyllum* L.
唇形科	薄荷属	薄荷	*Mentha canadensis* L.
唇形科	香薷属	密花香薷	*Elsholtzia densa* Benth.
唇形科	香茶菜属	蓝萼香茶菜	*Isodon japonica*（Burm. f.）Hara var. *glaucocalyx*（Maxim.）H. W.
茄科	茄属	龙葵	*Solanum nigrum* L.
茄科	曼陀罗属	曼陀罗	*Datura stramonium* L.
茄科	泡囊草属	泡囊草	*Physochlaina physaloides*（L.）G. Don
茄科	天仙子属	天仙子	*Hyoscyamus niger* L.
玄参科	玄参属	砾玄参	*Scrophularia incisa* Weinm.
玄参科	水芒草属	水芒草	*Limosella aquatica* L.
玄参科	柳穿鱼属	多枝柳穿鱼	*Linaria buriatica* Turcz. ex Benth.
玄参科	柳穿鱼属	柳穿鱼	*L. vulgaris* Mill. subsp. *sinensis*（Bunge ex Debeaux）D. Y. Hong
玄参科	腹水草属	草本威灵仙	*Veronicastrum sibiricum*（L.）Pennel
玄参科	婆婆纳属	细叶婆婆纳	*Veronica linariifolia* Pall. ex Link
玄参科	婆婆纳属	水蔓菁	*V. linariifolia* Pall. ex Link var. *dilatata* Nakai ex Kitag.
玄参科	婆婆纳属	白婆婆纳	*V. incana* L.
玄参科	婆婆纳属	大婆婆纳	*V. dahurica* Stev. Mem. Soc. Mosc.
玄参科	婆婆纳属	兔儿尾苗	*V. longifolia* L.
玄参科	小米草属	小米草	*Euphrasia pectinata* Ten.
玄参科	小米草属	东北小米草	*E. amurensis* Freyn
玄参科	疗齿草属	疗齿草	*Odontites vugaris* Moench
玄参科	鼻花属	鼻花	*Rhinanthus glaber* Lam.
玄参科	马先蒿属	旌节马先蒿	*Pedicularis sceptrum-carolinum* L. subsp. Pubescens（Bunge）P. C. Tsong
玄参科	马先蒿属	拉不拉多马先蒿	*P. labradorica* Wristing
玄参科	马先蒿属	黄花马先蒿	*P. flava* Pall.
玄参科	马先蒿属	秀丽马先蒿	*P. venusta* Schangan ex Bunge
玄参科	马先蒿属	红纹马先蒿	*P. striata* Pall. subsp. *striata*
玄参科	马先蒿属	返顾马先蒿	*P. resupinata* L. var. *resupinata*
玄参科	马先蒿属	卡氏沼生马先蒿	*P. palustris* L. subsp. *karoi*（Freyn）P. C. Tsoong
玄参科	马先蒿属	红色马先蒿	*P. rubens* Steph. ex Willd.
玄参科	马先蒿属	穗花马先蒿	*P. spicata* Pall.
玄参科	马先蒿属	轮叶马先蒿	*P. verticillata* L.

（续）

科	属	种（中文名）	学名（拉丁名）
玄参科	阴行草属	阴行草	*Siphonostegia chinensis* Benth.
玄参科	芯芭属	达乌里芯芭	*Cymbaria dahurica* L.
紫葳科	角蒿属	角蒿	*Incarvillea sinensis* Lam. var. *sinensis*
列当科	列当属	列当	*Orobanche coerulescens* Steph.
列当科	列当属	黄花列当	*O. pycnostachya* Hance var. *pycnostachya*
列当科	列当属	黑水列当	*O. pycnostachya* Hance var. *amurensis* Beck
车前科	车前属	盐生车前	*Plantago maritima* L. subsp. *ciliate* Printz.
车前科	车前属	平车前	*P. depressa* Willd. subsp. depressa
车前科	车前属	车前	*P. asiatica* L.
茜草科	拉拉藤属	三瓣猪殃殃	*Galium trifidum* L.
茜草科	拉拉藤属	北方拉拉藤	*G. boreale* L. var. *boreale*
茜草科	拉拉藤属	蓬子菜	*G. verum* L. var. *verum*
茜草科	拉拉藤属	猪殃殃	*G. spurium* L.
茜草科	茜草属	茜草	*Rubia cordifolia* L. var. *cordifolia*
茜草科	茜草属	黑果茜草	*R. cordifolia* L. var. *pratensis* Maxim.
忍冬科	接骨木属	钩齿接骨木	*Sambucus foetidissima* Nakai et Kitag.
忍冬科	接骨木属	朝鲜接骨木	*S. coreana*（Nakai）Kom. et Alis.
败酱科	败酱属	败酱	*Patrinia scabiosaefolia* Link.
败酱科	败酱属	岩败酱	*P. rupestris*（Pall.）Dufresne
败酱科	败酱属	糙叶败酱	*P. rscabra* Bunge
败酱科	缬草属	缬草	*Valeriana alternifolia* Bunge
川续断科	蓝盆花属	华北蓝盆花	*Scabios tschiliensis* Grunning
川续断科	蓝盆花属	窄叶蓝盆花	*S. comosa* Fisch. ex Roem. et Schult. var. comosa
川续断科	蓝盆花属	白花窄叶蓝盆花	*S. comosa* Fisch. ex Roem. et Schult. f. albiflora S. H. Li et S. Z. Liu
葫芦科	刺瓜属	刺瓜	*Echinocystis lobata*（Michx.）Torr. et A. Gray
桔梗科	桔梗属	桔梗	*Platycodon grandiflorus*（Jacq.）A. DC. Monogr. Camp.
桔梗科	风铃草属	紫斑风铃草	*Campanula punctata* Lam
桔梗科	风铃草属	聚花风铃草	*C. glomerata* L.
桔梗科	沙参属	轮叶沙参	*Adenophora tetraphylla*（Thunb.）Fisch. var. *tetraphylla*
桔梗科	沙参属	长白沙参	*A. pereskiifolia*（Fisch. ex Schult.）Sisch. ex. G. Don var. pereskiifolia
桔梗科	沙参属	锯齿沙参	*A. tricuspidata*（Fisch. ex Schult.）A. DC.
桔梗科	沙参属	狭叶沙参	*A. gmelinii*（Beihler.）Fisch. var. *gmelinii*
桔梗科	沙参属	长柱沙参	*A. stenanthina*（Ledeb.）Kitag. var. *stenaythina*
桔梗科	沙参属	皱叶沙参	*A. stenanthina*（Ledeb.）Kitag. var. *crispata*（Korsh.）Y. Z. Zhao
桔梗科	沙参属	丘沙参	*A. stenanthina*（Ledeb.）Kitag. var. *collina*（Kitag.）Y. Z. Zhao
菊科	一枝黄花属	兴安一枝黄花	*Solidago dahurica*（Kitag.）Kitag. ex Juzepczuk
菊科	马兰属	全叶马兰	*Kalimeris integrifolia* Turcz. ex DC.
菊科	马兰属	北方马兰	*K. mongolica*（Franch.）Kitam.

（续）

科	属	种（中文名）	学名（拉丁名）
菊科	狗娃花属	阿尔泰狗娃花	*Heteropappus altaicus*（Willd.）Novopokr.
菊科	狗娃花属	狗娃花	*H. hispidus*（Thunb.）Less.
菊科	狗娃花属	鞑靼狗娃花	*H. tataricus*（Lindl.）Tamamsch.
菊科	东风菜属	东风菜	*Doellingeria scaber*（Thunb.）Nees.
菊科	紫菀属	高山紫菀	*Aster alpinus* L.
菊科	紫菀属	紫菀	*A. tataricus* L. f.
菊科	紫菀属	圆苞紫菀	*A. maackii* Regel
菊科	乳菀属	兴安乳菀	*Galatella dahurica* DC.
菊科	莎菀属	莎菀	*Arctogeron gramineum*（L.）DC.
菊科	碱菀属	碱菀	*Tripolium pannonicum*（Jacq.）Dobr.
菊科	短星菊属	短星菊	*Brachyactis ciliata* Ledeb.
菊科	飞蓬属	飞蓬	*Erigeron acer* L.
菊科	飞蓬属	长茎飞蓬	*E. elongatus* Ledeb.
菊科	飞蓬属	勘察加飞蓬	*E. kamtschaticus* DC.
菊科	白酒草属	小蓬草	*Conyza canadensis*（L.）Cronq.
菊科	火绒草属	长叶火绒草	*Leontopodium junpeianum* Kitag.
菊科	火绒草属	团球火绒草	*L. conglobatum*（Turcz.）Hand. -Mazz
菊科	火绒草属	火绒草	*L. leontopodioides*（Willd.）Beauv.
菊科	鼠麴草属	湿生鼠麴草	*Gnaphalium uliginosum* L.
菊科	旋覆花属	柳叶旋覆花	*Inula salicina* L.
菊科	旋覆花属	欧亚旋覆花	*I. britanica* L.
菊科	苍耳属	苍耳	*Xanthium strumarium* L. var. *strumarium*
菊科	苍耳属	蒙古苍耳	*X. mongolicum* Kitag.
菊科	鬼针草属	小花鬼针草	*Bidens parviflora* Willd.
菊科	鬼针草属	羽叶鬼针草	*B. maximoviczana* Oett.
菊科	鬼针草属	狼耙草	*B. tripartita* L.
菊科	蓍属	齿叶蓍	*Achillea acuminata*（Ledeb.）Sch. —Bip.
菊科	蓍属	高山蓍	*A. alpine* L.
菊科	蓍属	短瓣蓍	*A. ptarmicoides* Maxim.
菊科	蓍属	亚洲蓍	*A. asiatica* Serg.
菊科	蓍属	蓍	*A. millefolium* L.
菊科	菊属	小红菊	*Chrysanthemum chanetii* Levl.
菊科	菊属	紫花野菊	*C. zawadskii* Herb.
菊科	菊属	细叶菊	*C. maximowiczii* Kom.
菊科	亚菊属	蓍状亚菊	*Ajania achilloides*（Turcz.）Poljak. ex Grub.
菊科	线叶菊属	线叶菊	*Filifolium sibiricum*（L.）Kitam.
菊科	蒿属	大籽蒿	*Artemisia sieversiana* Ehrhart ex Willd
菊科	蒿属	黄花蒿	*Artemisia annua* L.

（续）

科	属	种（中文名）	学名（拉丁名）
菊科	蒿属	黑蒿	*A. palustris* L.
菊科	蒿属	猪毛蒿	*A. scoparia* Waldst. et Kit.
菊科	蒿属	碱蒿	*A. anethifolia* Web. ex Stechm
菊科	蒿属	莳萝蒿	*A. anethoides* Mattf.
菊科	蒿属	龙蒿	*A. dracunculus* L.
菊科	蒿属	宽叶蒿	*A. latifolia* Ledeb.
菊科	蒿属	裂叶蒿	*A. tanacetifolia* L.
菊科	蒿属	艾	*A. argyi* Levl. var. *argyi*
菊科	蒿属	野艾蒿	*A. lavandulaefolia* DC.
菊科	蒿属	柳叶蒿	*A. integrifolia* L.
菊科	蒿属	萎蒿	*A. lancea* Van.
菊科	蒿属	蒙古蒿	*A. mongolica*（Fisch. ex Bess.）Nakai
菊科	蒿属	红足蒿	*A. rubripes* Nakai
菊科	蒿属	丝裂蒿	*A. adamsii* Bess.
菊科	蒿属	柔毛蒿	*A. pubescens* Ledeb. var. *pubescens*
菊科	蒿属	变蒿	*A. commutata* Bess.
菊科	蒿属	漠蒿	*A. desertorum* Spreng.
菊科	蒿属	东北牡蒿	*A. manshurica*（Kom.）Kom.
菊科	蒿属	南牡蒿	*A. eriopoda* Bunge var. *eriopoda*
菊科	蒿属	冷蒿	*A. frigida* Willd. var. *frigida*
菊科	蒿属	白莲蒿	*A. gmelinii* Web. ex Stechm. var. *gmelinii*
菊科	蒿属	密毛白莲蒿	*A. sacrorum* Ledeb. var. *messerschmidtiana*（Bess.）Y. R. Ling
菊科	蒿属	山蒿	*A. brachyloba* Franch.
菊科	蒿属	差不嘎蒿	*A. halodendron* Turcz. ex Bess.
菊科	蒿属	光沙蒿	*A. oxycephala* Kitag.
菊科	绢蒿属	东北绢蒿	*Seriphidium finitum*（Kitag.）Ling et Y. R. Ling
菊科	栉叶蒿属	栉叶蒿	*Neopallasia pectinata*（Pall.）Poljak.
菊科	千里光属	北千里光	*Senecio dubitabilis* C. Jeffrey et Y. L. Chen
菊科	千里光属	欧洲千里光	*S. vulgaris* L.
菊科	千里光属	湿生千里光	*S. arcticus* Rupr.
菊科	千里光属	林阴千里光	*S. nemorensis* L.
菊科	千里光属	麻叶千里光	*S. cannabifolius* Less.
菊科	千里光属	额河千里光	*S. argunensis* Turcz.
菊科	狗舌草属	红轮狗舌草	*Tephroseris flammea*（Turcz. ex DC.）Holub
菊科	狗舌草属	狗舌草	*T. kirilowii*（Turcz. ex DC.）Holub
菊科	橐吾属	全缘橐吾	*Ligularia mongolica*（Turcz.）DC.
菊科	橐吾属	蹄叶橐吾	*L. fischeri*（Ledeb.）Turcz.
菊科	橐吾属	黑龙江橐吾	*L. sachalinensis* Nakai

（续）

科	属	种（中文名）	学名（拉丁名）
菊科	蟹甲草属	山尖子	*Parasenecio hastatus*（L.）H. Koyama var. *hastatus*
菊科	蓝刺头属	砂蓝刺头	*Echinops gmelini* Turcz.
菊科	蓝刺头属	驴欺口	*E. davuricus* Fisch. ex Hormenmann
菊科	蓝刺头属	褐毛蓝刺头	*E. dissectus* Kitag.
菊科	苍术属	苍术	*Atractylodes lancea*（Thunb.）DC.
菊科	风毛菊属	草地风毛菊	*Saussurea amara*（L.）DC.
菊科	风毛菊属	碱地风毛菊	*S. runcinata* DC.
菊科	风毛菊属	美花风毛菊	*S. pulchella*（Fisch.）Fisch
菊科	风毛菊属	柳叶风毛菊	*S. salicifolia*（L.）DC.
菊科	风毛菊属	硬叶风毛菊	*S. firma*（Kitag.）Kitam.
菊科	风毛菊属	折苞风毛菊	*S. recurvata*（Maxim.）Lipsch.
菊科	风毛菊属	达乌里风毛菊	*S. davurica* Adam.
菊科	风毛菊属	盐地风毛菊	*S. salsa*（Pall.）Spreng.
菊科	蝟菊属	蝟菊	*Olgaea lomonosowii*（Trautv.）Iljin
菊科	蝟菊属	鳍蓟	*O. leucophylla*（Turcz.）Iljin
菊科	蓟属	莲座蓟	*Cirsium esculentum*（Sievers）C. A. Mey.
菊科	蓟属	烟管蓟	*C. pendulum* Fisch. ex DC.
菊科	蓟属	绒背蓟	*C. vlassovianum* Fisch. ex DC.
菊科	蓟属	刺儿菜	*C. segetum* Bunge
菊科	蓟属	大刺儿菜	*C. setosum*（Willd.）M. Bieb.
菊科	飞廉属	飞廉	*Carduus crispus* L.
菊科	漏芦属	漏芦	*Stemmacantha uniflora*（L.）DC.
菊科	山牛蒡属	山牛蒡	*Synurus deltoides*（Ait.）Nakai
菊科	麻花头属	伪泥胡菜	*Serratula coronata* L.
菊科	麻花头属	球苞麻花头	*S. marginata* Tausch.
菊科	麻花头属	多头麻花头	*S. polycephala* Iljin.
菊科	麻花头属	麻花头	*S. centauroides* L.
菊科	大丁草属	大丁草	*Gerbera anandria*（L.）Turcz.
菊科	婆罗门参属	东方婆罗门参	*Tragopogon orientalis* L.
菊科	毛连菜属	毛连菜	*Picris japonica* Thunb.
菊科	猫儿菊属	猫儿菊	*Hypochaeris ciliata*（Thunb.）Makino
菊科	鸦葱属	笔管草	*Scorzonera albicaulis* Bunge
菊科	鸦葱属	毛梗鸦葱	*S. radiate* Fisch. ex Ledeb.
菊科	鸦葱属	丝叶鸦葱	*S. curvata*（Popl.）Lipsch.
菊科	鸦葱属	桃叶鸦葱	*S. sinensis*（Lipsch. et Krasch.）Nakai
菊科	鸦葱属	鸦葱	*S. austriaca* Willd.
菊科	蒲公英属	白花蒲公英	*Taraxacum pseudoalbidum* Kitag.
菊科	蒲公英属	亚洲蒲公英	*T. asiaticum* Dahlst.

（续）

科	属	种（中文名）	学名（拉丁名）
菊科	蒲公英属	蒲公英	*T. mongolicum* Hand.-Mazz.
菊科	蒲公英属	兴安蒲公英	*T. falcilobum* Kitag.
菊科	蒲公英属	华蒲公英	*T. sinicum* Kitag.
菊科	苦荬菜属	抱茎苦荬菜	*Ixeris sonchifolia*（Bunge）Hance
菊科	苦荬菜属	山苦荬	*I. chinensis*（Thunb.）Kitag. subsp. *chinensis*
菊科	苦荬菜属	丝叶山苦荬	*I. chinensis*（Thunb.）Nakai subsp. *graminifolia*（Ledeb.）Kitam. Lineam.
菊科	莴苣属	翅果菊	*Lactuca indica*（L.）
菊科	莴苣属	山莴苣	*L. sibirica*（L.）Benth. ex Maxim.
菊科	莴苣属	乳苣	*L. tatarica*（L.）C. A. Mey.
菊科	黄鹌菜属	碱黄鹌菜	*Youngia stenoma*（Turcz.）Ledeb.
菊科	黄鹌菜属	细叶黄鹌菜	*Y. tenuifolia*（Willd.）Babc. et Stebb.
菊科	还阳参属	屋根草	*Crepis tectorum* L.
菊科	还阳参属	还阳参	*C. crocea*（Lam.）Babc.
菊科	苦苣菜属	苣荬菜	*Sonchus brachyotus* DC.
菊科	苦苣菜属	苦苣菜	*S. oleraceus* L.
菊科	山柳菊属	全缘山柳菊	*Hieracium hololeion* Maxim.
菊科	山柳菊属	山柳菊	*H. umbellatum* L.
菊科	山柳菊属	粗毛山柳菊	*H. virosum* Pall.
水麦东科	水麦冬属	海韭菜	*Triglochin maritima* L.
水麦东科	水麦冬属	水麦冬	*T. palustris* L.
禾本科	芦苇属	芦苇	*Phragmites australis*（Cav.）Trin. ex Steudel.
禾本科	三芒草属	三芒草	*Aristida adscenionis* L.
禾本科	臭草属	大臭草	*Melica turczaninowiana* Ohwi
禾本科	甜茅属	两蕊甜茅	*Glyceria lithuanica*（Gorski）Gorski
禾本科	甜茅属	水甜茅	*G. triflora*（Korsh.）Kom.
禾本科	羊茅属	达乌里羊茅	*Festuca dahurica*（St.-Yves）V. I. Krecz. et Bobr.
禾本科	羊茅属	蒙古羊茅	*F. mingolicca*（S. R. Liu et Y. C. Ma）Y. Z. Zhao stat. nov. – *F. dahurica*（St. Yves）V. Krecz. et Bobr. subsp. *monoglica* S. R. Liu et Y. C. Ma
禾本科	羊茅属	羊茅	*F. ovina* L.
禾本科	羊茅属	沟叶羊茅	*F. mollissima* V. Krecz. et Bobr.
禾本科	银穗草属	银穗草	*Leucopoa albida*（Turcz. ex Trin.）Krecz. et Bobr.
禾本科	早熟禾属	早熟禾	*Poa annua* L.
禾本科	早熟禾属	散穗早熟禾	*P. subfastigiata* Trin.
禾本科	早熟禾属	西伯利亚早熟禾	*P. sibirica* Roshev.
禾本科	早熟禾属	草地早熟禾	*P. pratensis* L.
禾本科	早熟禾属	细叶早熟禾	*P. angustifolia* L.
禾本科	早熟禾属	蒙古早熟禾	*P. mongolica*（Rendle）Keng
禾本科	早熟禾属	硬质早熟禾	*P. sphondylodes* Trin.

（续）

科	属	种（中文名）	学名（拉丁名）
禾本科	早熟禾属	渐狭早熟禾	*P. attenuata* Trin.
禾本科	碱茅属	星星草	*Puccinellia tenuiflora*（Griseb.）Scribner et Merrill Contr.
禾本科	碱茅属	鹤甫碱茅	*P. hauptiana*（Trin. ex V. I. Krecz.）Kitag.
禾本科	碱茅属	碱茅	*P. distans*（Jacq.）Parl.
禾本科	雀麦属	无芒雀麦	*Bromus inermis* Leyss.
禾本科	雀麦属	缘毛雀麦	*B. ciliatus* L.
禾本科	鹅观草属	缘毛鹅观草	*Roegneria pendulina* Nevski var. *pubinodis* Keng
禾本科	鹅观草属	纤毛鹅观草	*R. ciliaris*（Trin. ex Bunge）Tzvel. var. *ciliaris*
禾本科	鹅观草属	直穗鹅观草	*R. turczaninovii*（Drob.）Nevski
禾本科	偃麦草属	偃麦草	*Elytrigia repens*（L.）Desv. ex B. D. Jackson
禾本科	冰草属	根茎冰草	*Agropyron michnoi* Roshev.
禾本科	冰草属	冰草	*A. cristatum*（L.）Gaertn.
禾本科	冰草属	沙芦草	*A. mongolicum* Keng
禾本科	披碱草属	老芒麦	*Elymus sibiricus* L.
禾本科	披碱草属	垂穗披碱草	*E. nutans* Griseb.
禾本科	披碱草属	披碱草	*E. dahuricus* Turcz. ex Griseb. var. *dahuricus*
禾本科	披碱草属	肥披碱草	*E. excelsus* Turcz. ex Griseb.
禾本科	赖草属	羊草	*Leymus chinensis*（Trin. ex Bunge）Tzvel.
禾本科	赖草属	赖草	*L. secalinus*（Georgi）Tzvel.
禾本科	大麦属	芒颖大麦草	*Hordeum jubatum* L.
禾本科	大麦属	短芒大麦草	*H. brevisubulatum*（Trin.）Link
禾本科	大麦属	小药大麦草	*H. roshevitzii* Bowden
禾本科	溚草属	溚草	*Koeleria macrantha*（Ledebour）Schult.
禾本科	三毛草属	西伯利亚三毛草	*Trisetum sibiricum* Rupr.
禾本科	异燕麦属	异燕麦	*Helictotrichon schellianum*（Hack.）Kitag.
禾本科	异燕麦属	大穗异燕麦	*H. dahuricum*（Kom.）Kitag.
禾本科	燕麦属	野燕麦	*Avena fatua* L.
禾本科	发草属	发草	*Deschampsia caespitosa*（L.）Beauv.
禾本科	茅香属	光稃茅香	*Anthoxanthum glabrum*（Trin.）Veldkamp
禾本科	茅香属	茅香	*A. nitens*（Weber）Y. Schouten et Veldkamp
禾本科	虉草属	虉草	*Phalaris arundinacea* L.
禾本科	梯牧草属	假梯牧草	*Phleum phleoides*（L.）H. Karst.
禾本科	看麦娘属	看麦娘	*Alopecurus aequalis* Sobol.
禾本科	看麦娘属	短穗看麦娘	*A. brachystachyus* M. Bieb.
禾本科	看麦娘属	大看麦娘	*A. pratensis* L.
禾本科	看麦娘属	苇状看麦娘	*A. arundinaceus* Poir.
禾本科	拂子茅属	假苇拂子茅	*Calamagrostis pseudophragmites*（A. Hall.）Koeler
禾本科	拂子茅属	拂子茅	*C. epigeios*（L.）Roth.

（续）

科	属	种（中文名）	学名（拉丁名）
禾本科	拂子茅属	大拂子茅	*C. macrolepis* Litv.
禾本科	野青茅属	兴安野青茅	*Deyeuxia korotkyi*（Litv.）S. M. Phillips et Wen L. Chen
禾本科	野青茅属	大叶章	*D. purpurea*（Trin.）Kunth
禾本科	野青茅属	小花野青茅	*D. neglecta*（Ehrh.）Kunth
禾本科	翦股颖属	芒翦股颖	*Agrostis vinealis* Schreber
禾本科	翦股颖属	巨序翦股颖	*A. gigantea* Roth.
禾本科	翦股颖属	歧序翦股颖	*A. divaricatissima* Mez
禾本科	菵草属	菵草	*Beckmannia syzigachne*（Steud.）Fernald.
禾本科	针茅属	小针茅	*Stipa klemenzii* Roshev.
禾本科	针茅属	大针茅	*S. grandis* P. A. Smirn.
禾本科	针茅属	贝加尔针茅	*S. baicalensis* Roshev.
禾本科	针茅属	克氏针茅	*S. krylovii* Roshev.
禾本科	芨芨草属	芨芨草	*Achnatherum splendens*（Trin.）Nevski
禾本科	芨芨草属	羽茅	*A. sibiricum*（L.）Keng ex Tzvel.
禾本科	冠芒草属	冠芒草	*Enneapogon borealis*（Griseb.）Honda
禾本科	画眉草属	小画眉草	*Eragrostis minor* Host
禾本科	画眉草属	画眉草	*E. pilosa*（L.）Beauv.
禾本科	隐子草属	无芒隐子草	*Cleistogenes songorica*（Roshev.）Ohwi
禾本科	隐子草属	糙隐子草	*C. squarrosa*（Trin.）Keng
禾本科	隐子草属	多叶隐子草	*C. polyphylla* Keng ex P. C. Keng et L. Liu
禾本科	隐子草属	丛生隐子草	*C. caespitosa* Keng
禾本科	隐子草属	包鞘隐子草	*C. kitagawai* Honda
禾本科	隐子草属	中华隐子草	*C. chinensis*（Maxim.）Keng
禾本科	草沙蚕属	中华草沙蚕	*Tripogon chinensis*（Franch.）Hack.
禾本科	虎尾草属	虎尾草	*Chloris virgata* Swartz
禾本科	扎股草属	扎股草	*Crypsis aculeata*（L.）Ait.
黍亚科	野古草属	毛杆野古草	*Arundinella hirta*（Thunb.）Tanaka
黍亚科	黍属	野稷	*Eriochloa Villosa*（Thunb.）Kunth
黍亚科	野黍属	野黍	*E. villosa*（Thunb.）Kunth
黍亚科	稗属	长芒稗	*Echinochloa caudata* Roshev.
黍亚科	稗属	稗	*E. crusgalli*（L.）P. Beauv.
黍亚科	稗属	无芒稗	*E. crusgalli*（L.）P. Beauv. var. *mitis*（Pursh）Peterm.
黍亚科	马唐属	止血马唐	*Digitaria ischaemum*（Schreb.）Muhl.
黍亚科	狗尾草属	金色狗尾草	*Setaria pumila*（L.）P. Beauv.
黍亚科	狗尾草属	断穗狗尾草	*S. arenaria* Kitg.
黍亚科	狗尾草属	狗尾草	*S. viridis*（L.）P. Beauv.
黍亚科	大油芒属	大油芒	*Spodiopogon sibiricus* Trin.
莎草科	苔草属	额尔古纳苔草	*Carex argunensis* Turcz. ex Trev.

（续）

科	属	种（中文名）	学名（拉丁名）
莎草科	苔草属	走茎苔草	*C. reptabunda*（Trautv.）V. I. Krecz.
莎草科	苔草属	无脉苔草	*C. enervis* C. A. Mey.
莎草科	苔草属	寸草苔	*C. duriuscula* C. A. Mey.
莎草科	苔草属	砾草苔	*C. stenohhylloides* V. I. Krecz.
莎草科	苔草属	离穗苔草	*C. eremopyroides* V. I. Krecz.
莎草科	苔草属	大穗苔草	*C. rhynchophysa* C. A. Mey.
莎草科	苔草属	膜囊苔草	*C. vesicaria* L.
莎草科	苔草属	黄囊苔草	*C. korshinskyi* Kom.
莎草科	苔草属	麻根苔草	*C. arnellii* Christ
莎草科	苔草属	日阴菅	*C. pediformis* C. A. Mey.
莎草科	苔草属	凸脉苔草	*C. lanceolata* Boott
莎草科	苔草属	灰脉苔草	*C. appendiculata*（Trautv.）Kukenth.
莎草科	苔草属	丛苔草	*C. caespitosa* L.
莎草科	苔草属	膨囊苔草	*C. schmidtii* Meinsh.
莎草科	荸荠属	牛毛毡	*Eleocharis yokoscensis*（Franch. et Sav.）Tang et F. T. Wang
莎草科	荸荠属	中间型荸荠	*E. palustris*（L.）Roemer et Schult.
莎草科	藨草属	扁秆藨草	*Scirpus planiculmis* Fr. Schmidt
莎草科	藨草属	东方藨草	*S. orientalis* Ohwi
莎草科	水葱属	水葱	*Schoenoplectus tabernaemontani*（C. C. Gmel.）Palla
莎草科	羊胡子草属	羊胡子草	*Eriophorum vaginayum* L.
莎草科	扁穗草属	内蒙古扁穗草	*Blysmus rufus*（Huds.）Link.
莎草科	莎草属	密穗莎草	*Cyperus fuscus* L.
莎草科	水莎草属	花穗水莎草	*Juncellus pannonicus*（Jacq.）C. B. Clarke
莎草科	扁莎属	槽鳞扁莎	*Pycreus sanguinolentus*（Vahl）Nees ex C. B. Clarke
天南星科	菖蒲属	菖蒲	*Acorus calamus* L.
鸭跖草科	鸭跖草属	鸭跖草	*Commelina communis* L.
灯心草科	地杨梅属	淡花地杨梅	*Luzula pallescens* Swartz
灯心草科	灯心草属	小灯心草	*Juncus bufonius* L.
灯心草科	灯心草属	细灯心草	*J. gracillimus*（Buch.）V. I. Krecz. et Gontsch.
灯心草科	灯心草属	栗花灯心草	*J. castaneus* Smith
百合科	葱属	硬皮葱	*Allium ledebourianum* Schult. et J. H. Schult.
百合科	葱属	长梗韭	*A. neriniflorum*（Herb.）G. Don
百合科	葱属	野韭	*A. ramosum* L.
百合科	葱属	辉韭	*A. strictum* Schard.
百合科	葱属	白头韭	*A. leucocephalum* Turcz.
百合科	葱属	碱韭	*A. polyrhizum* Turcz. ex Regel
百合科	葱属	蒙古韭	*A. mongolicum* Regel
百合科	葱属	砂韭（双齿葱）	*A. bidentatum* Fisch. ex Prokh. et Ikonikov-Galitzky

（续）

科	属	种（中文名）	学名（拉丁名）
百合科	葱属	细叶韭（细叶葱）	*A. tenuissimum* L.
百合科	葱属	矮韭	*A. anisopodium* Ledeb.
百合科	葱属	山韭	*A. senescens* L.
百合科	葱属	黄花葱	*A. condensatum* Turcz.
百合科	葱属	蒙古野韭	*A. prostratum* Trev.
百合科	百合属	山丹（细叶百合）	*Lilium pumilum* Redoute
百合科	百合属	有斑百合	*L. concolor* Salisb. var. *pulchellum* (Fisch.) Regel
百合科	百合属	毛百合	*L. dauricum* Ker. ～Gawl.
百合科	顶冰花属	少花顶冰花	*Gagea pauciflora* (Turcz. ex Trautv.) Ledeb.
百合科	顶冰花属	小顶冰花	*G. terraccianoana* Pascher
百合科	天门冬属	龙须菜	*Asparagus schoberioides* Kunth.
百合科	天门冬属	兴安天门冬	*A. dauricus* Link
百合科	黄精属	黄精	*Polygonatum sibiricum* Redoute
百合科	黄精属	小玉竹	*P. humile* Fisch. ex Maxim.
百合科	黄精属	玉竹	*P. odoratum* (Mill.) Druce
百合科	知母属	知母	*Anemarrhena asphodeloides* Bunge
百合科	藜芦属	藜芦	*Veratrum nigrum* L.
百合科	藜芦属	兴安藜芦	*V. dahuricum* (Turcz.) Loes.
百合科	萱草属	小黄花菜	*Hemerocallis minor* Mill.
鸢尾科	鸢尾属	射干鸢尾	*Iris dichotoma* Pall.
鸢尾科	鸢尾属	细叶鸢尾	*I. tenuifolia* Pall.
鸢尾科	鸢尾属	囊花鸢尾	*I. ventricosa* Pall.
鸢尾科	鸢尾属	粗根鸢尾	*I. tigridia* Bunge
鸢尾科	鸢尾属	马蔺	*I. lactea* Pall. var. *chinensis* (Fisch.) Koidz.
鸢尾科	鸢尾属	北陵鸢尾	*I. typhifolia* Kitag.
鸢尾科	鸢尾属	溪荪	*I. sanguinea* Donn ex Horn.
鸢尾科	鸢尾属	黄花鸢尾	*I. flavissima* Pall.
鸢尾科	鸢尾属	长白鸢尾	*I. mandshurica* Maxim.
兰科	杓兰属	大花杓兰	*Cypripedium macranthos* Sw.
兰科	手掌参属	手掌参	*Gymnadenia conopsea* (L.) R. Br.
兰科	绶草属	绶草	*Spiranthes sinensis* (Pers.) Ames.

3.1.2 群落种类组成

3.1.2.1 概述

本数据集记录了内蒙古呼伦贝尔台站贝加尔针茅草甸草原综合观测场（HLGZH01）、羊草草甸草原辅助观测场（HLGFZ01），在不同利用方式下 2009—2015 年生长季的群落组成变化，测定指标包括植物种类、自然高度、绝对高度、多度、鲜生物量重及干生物量重等。

3.1.2.2 数据采集和处理方法

数据采集方法是在不同利用方式下随机选取 10 个面积为 1 m×1 m 的样方，统计、调查每个样方内的所有植物种，植物种类采用目测法测定；植物高度采用直尺测定，针对每一物种随机选取 5 株植物测量高度，计算其平均值；鲜生物量重采用收割法，分种齐地剪割，用 1‰电子天平称重；干生物量重则用 65 ℃烘干至恒重，并用 1‰电子天平称重。观测频率为生长季 6—9 月，每月一次。

在质控数据的基础上根据实测植物种类及物种数，利用多度公式计算各个物种的相对多度，将每个样地植物种按照标准取样的要求采样，形成样地尺度的数据产品。

3.1.2.3　数据质量控制和评估

调查前期根据统一的调查规范方案，对所有参与调查的人员集中技术培训，尽可能地保证调查人员的固定性，减少人为误差。调查过程中，采用统一型号的尺子测量，对于不能当场确定的植物种名称，采集相关凭证标本并在室内进行鉴定；完成小样方调查时，当即对原始记录表进行核查，发现有误的数据及时纠正。调查完成后，调查人和记录人完成对样方数据的进一步核查，并补充相关信息，纸质版数据录入完成时，对数据进行自查，检查原始记录表和电子版数据表的一致性，以确保数据输入的准确性。对植物种的补充信息、种名及其特性等，主要参考《呼伦贝尔植物图鉴》补充，或者参考《中国植物志》全文电子版网站（http：//frps. eflora. cn/）和《中国植物志》英文修订版官方网站（http：//foc. iplant. cn/）。野外纸质原始数据集妥善保存并备份，以备将来核查。

对原始数据采用阈值检查、一致性检查等方法进行质控。阈值检查是根据多年数据比对，对监测数据超出历史数据阈值范围进行校验，删除异常值或标注说明；一致性检查主要对比数量级是否与其他测量值不同。

3.1.2.4　数据使用方法和建议

本数据集原始数据可通过内蒙古呼伦贝尔草原生态系统国家野外科学观测研究站网络（http：//hlg. cern. ac. cn/meta/metaData）获取数据服务，登录首页后点"资源服务"下的"数据服务"，进入相应页面。

3.1.2.5　数据

（1）综合观测场群落种类组成

2009 年综合观测场群落种类组成见表 3-2。

表 3-2　2009 年综合观测场群落种类组成（样方面积：1 m×1 m）

草地类型	利用方式	样方号	取样日期（月-日）	植物名称	自然高度/cm	绝对高度/cm	多度/〔株（丛）/m²〕	鲜生物量/（g/m²）	干生物量/（g/m²）
贝加尔针茅草甸草原	围栏内	1	8-12	羊草	60	60	110	106.27	66.98
贝加尔针茅草甸草原	围栏内	1	8-12	贝加尔针茅	80	82	9	74.66	45.6
贝加尔针茅草甸草原	围栏内	1	8-12	糙隐子草	15	20	7	7.76	2.17
贝加尔针茅草甸草原	围栏内	1	8-12	细叶白头翁	15	15	20	11.96	5.09
贝加尔针茅草甸草原	围栏内	1	8-12	寸草苔	20	25	50	29.43	17.28
贝加尔针茅草甸草原	围栏内	1	8-12	蓬子菜	15	30	1	6.92	2.66
贝加尔针茅草甸草原	围栏内	1	8-12	麻花头	25	25	13	37.13	10.18
贝加尔针茅草甸草原	围栏内	1	8-12	裂叶蒿	85	85	30	64.6	26.02
贝加尔针茅草甸草原	围栏内	1	8-12	冷蒿	30	30	1	2.12	0.97
贝加尔针茅草甸草原	围栏内	1	8-12	扁蓿豆	15	20	3	0.95	0.39

（续）

草地类型	利用方式	样方号	取样日期（月-日）	植物名称	自然高度/cm	绝对高度/cm	多度/〔株（丛）/m²〕	鲜生物量/（g/m²）	干生物量/（g/m²）
贝加尔针茅草甸草原	围栏内	1	8-12	囊花鸢尾	42	70	2	5.52	2.12
贝加尔针茅草甸草原	围栏内	1	8-12	展枝唐松草	28	28	3	1.68	0.62
贝加尔针茅草甸草原	围栏内	1	8-12	洽草	8	10	8	8.13	4.48
贝加尔针茅草甸草原	围栏内	1	8-12	日阴菅	25	40	61	114.06	63.7
贝加尔针茅草甸草原	围栏内	1	8-12	多裂叶荆芥	8	8	15	6.66	2.51
贝加尔针茅草甸草原	围栏内	1	8-12	羽茅	62	80	5	6.3	4.3
贝加尔针茅草甸草原	围栏内	1	8-12	伏毛山莓草	15	16	4	3.2	1.6
贝加尔针茅草甸草原	围栏内	1	8-12	山野豌豆	25	32	2	3.32	1.56
贝加尔针茅草甸草原	围栏内	1	8-12	火绒草	20	20	1	0.72	0.39
贝加尔针茅草甸草原	围栏内	1	8-12	异燕麦	25	26	3	6.24	3.33
贝加尔针茅草甸草原	围栏内	1	8-12	粗根鸢尾	12	25	1	1.06	0.32
贝加尔针茅草甸草原	围栏内	1	8-12	披针叶黄华	12	12	2	2.37	0.8
贝加尔针茅草甸草原	围栏内	1	8-12	枯落物				25.7	20.37
贝加尔针茅草甸草原	围栏内	2	8-12	羊草	55	56	258	426.64	249.8
贝加尔针茅草甸草原	围栏内	2	8-12	贝加尔针茅	77	85	4	38.51	23.58
贝加尔针茅草甸草原	围栏内	2	8-12	糙隐子草	17	18	3	7.06	3.79
贝加尔针茅草甸草原	围栏内	2	8-12	狭叶青蒿	57	58	5	9.55	4.27
贝加尔针茅草甸草原	围栏内	2	8-12	细叶葱	39	40	7	2.68	0.92
贝加尔针茅草甸草原	围栏内	2	8-12	寸草苔	16	18	49	7.14	4.12
贝加尔针茅草甸草原	围栏内	2	8-12	沙参	72	73	1	4.01	1.25
贝加尔针茅草甸草原	围栏内	2	8-12	麻花头	35	37	2	<0.3	
贝加尔针茅草甸草原	围栏内	2	8-12	轮叶委陵菜	19	24	3	0.95	0.46
贝加尔针茅草甸草原	围栏内	2	8-12	裂叶蒿	29	31	4	7.19	2.59
贝加尔针茅草甸草原	围栏内	2	8-12	冷蒿	2	7	1	<0.3	
贝加尔针茅草甸草原	围栏内	2	8-12	防风	5	6	1	<0.3	
贝加尔针茅草甸草原	围栏内	2	8-12	叉枝鸦葱	36	39	1	1.78	0.42
贝加尔针茅草甸草原	围栏内	2	8-12	囊花鸢尾	49	52	1	<0.3	
贝加尔针茅草甸草原	围栏内	2	8-12	洽草	50	51	1	0.87	0.58
贝加尔针茅草甸草原	围栏内	2	8-12	日阴菅	37	39	6	17.57	10.24
贝加尔针茅草甸草原	围栏内	2	8-12	早熟禾	11	12	3	<0.3	
贝加尔针茅草甸草原	围栏内	2	8-12	羽茅	65	68	4	2.06	1.52
贝加尔针茅草甸草原	围栏内	2	8-12	伏毛山莓草	2	5	4	3	1.37
贝加尔针茅草甸草原	围栏内	2	8-12	阿尔泰狗娃花	25	26	1	<0.3	
贝加尔针茅草甸草原	围栏内	2	8-12	粗根鸢尾	3	4	1	<0.3	
贝加尔针茅草甸草原	围栏内	2	8-12	枯落物				55.04	48.88
贝加尔针茅草甸草原	围栏内	3	8-12	羊草	45	47	503	422.44	262.4
贝加尔针茅草甸草原	围栏内	3	8-12	贝加尔针茅	75	85	8	31.17	20.66
贝加尔针茅草甸草原	围栏内	3	8-12	糙隐子草	12	15	22	21.76	13.43

（续）

草地类型	利用方式	样方号	取样日期（月-日）	植物名称	自然高度/cm	绝对高度/cm	多度/〔株（丛）/m²〕	鲜生物量/（g/m²）	干生物量/（g/m²）
贝加尔针茅草甸草原	围栏内	3	8-12	细叶白头翁	8	10	10	25.6	11.95
贝加尔针茅草甸草原	围栏内	3	8-12	寸草苔	14	17	156	36.42	21.82
贝加尔针茅草甸草原	围栏内	3	8-12	双齿葱	14	15	8	19.26	7.02
贝加尔针茅草甸草原	围栏内	3	8-12	麻花头	42	43	3	18.3	8
贝加尔针茅草甸草原	围栏内	3	8-12	冷蒿	4	21	3	3.66	1.9
贝加尔针茅草甸草原	围栏内	3	8-12	菊叶委陵菜	7	15	1	1.9	0.82
贝加尔针茅草甸草原	围栏内	3	8-12	扁蓿豆	20	23	2	1.18	0.61
贝加尔针茅草甸草原	围栏内	3	8-12	展枝唐松草	18	20	5	5.06	2.25
贝加尔针茅草甸草原	围栏内	3	8-12	洽草	12	14	2	1.08	0.6
贝加尔针茅草甸草原	围栏内	3	8-12	日阴菅	20	25	4	10.01	5.99
贝加尔针茅草甸草原	围栏内	3	8-12	羽茅	27	29	13	5.55	3.1
贝加尔针茅草甸草原	围栏内	3	8-12	粗根鸢尾	20	22	4	2.07	0.89
贝加尔针茅草甸草原	围栏内	3	8-12	披针叶黄华	11	12	2	1.84	0.69
贝加尔针茅草甸草原	围栏内	3	8-12	枯落物				34.02	32.36
贝加尔针茅草甸草原	围栏内	4	8-12	羊草	34	35	68	64.28	35.6
贝加尔针茅草甸草原	围栏内	4	8-12	贝加尔针茅	32	33	2	1.97	1.31
贝加尔针茅草甸草原	围栏内	4	8-12	糙隐子草	15	17	39	42.75	24.63
贝加尔针茅草甸草原	围栏内	4	8-12	狭叶青蒿	29	31	28	22.57	9.47
贝加尔针茅草甸草原	围栏内	4	8-12	细叶白头翁	15	19	18	42.25	17.45
贝加尔针茅草甸草原	围栏内	4	8-12	寸草苔	7	11	370	89.91	54.08
贝加尔针茅草甸草原	围栏内	4	8-12	沙参	26	26	1	1.56	0.76
贝加尔针茅草甸草原	围栏内	4	8-12	蓬子菜	26	29	6	26.01	11.72
贝加尔针茅草甸草原	围栏内	4	8-12	麻花头	14	17	2	2.73	0.79
贝加尔针茅草甸草原	围栏内	4	8-12	菊叶委陵菜	16	18	1	1.43	0.64
贝加尔针茅草甸草原	围栏内	4	8-12	叉枝鸦葱	13	16	1	0.55	0.18
贝加尔针茅草甸草原	围栏内	4	8-12	瓣蕊唐松草	6	7	10	6.95	2.73
贝加尔针茅草甸草原	围栏内	4	8-12	囊花鸢尾	42	46	5	14.41	6.69
贝加尔针茅草甸草原	围栏内	4	8-12	洽草	19	24	2	0.58	0.28
贝加尔针茅草甸草原	围栏内	4	8-12	二裂委陵菜	24	27	1	2.35	1.24
贝加尔针茅草甸草原	围栏内	4	8-12	日阴菅	20	24	1	3.2	1.88
贝加尔针茅草甸草原	围栏内	4	8-12	多裂叶荆芥	26	27	1	0.96	0.5
贝加尔针茅草甸草原	围栏内	4	8-12	早熟禾	29	31	3	2.23	1.44
贝加尔针茅草甸草原	围栏内	4	8-12	羽茅	23	26	7	3.51	2.09
贝加尔针茅草甸草原	围栏内	4	8-12	阿尔泰狗娃花	31	32	11	23.14	10.26
贝加尔针茅草甸草原	围栏内	4	8-12	枯落物				69.27	61.5
贝加尔针茅草甸草原	围栏内	5	8-12	羊草	30	30	45	25.96	15.18
贝加尔针茅草甸草原	围栏内	5	8-12	贝加尔针茅	40	43	12	24	16.24
贝加尔针茅草甸草原	围栏内	5	8-12	糙隐子草	15	17	19	14.73	9.46

（续）

草地类型	利用方式	样方号	取样日期（月-日）	植物名称	自然高度/cm	绝对高度/cm	多度/［株（丛）/m²］	鲜生物量/（g/m²）	干生物量/（g/m²）
贝加尔针茅草甸草原	围栏内	5	8-12	细叶葱	17	17	4	0.66	0.22
贝加尔针茅草甸草原	围栏内	5	8-12	细叶白头翁	8	13	34	54.31	24.46
贝加尔针茅草甸草原	围栏内	5	8-12	寸草苔	9	11	303	19.29	11.98
贝加尔针茅草甸草原	围栏内	5	8-12	双齿葱	14	15	5	5.43	1.97
贝加尔针茅草甸草原	围栏内	5	8-12	沙参	47	49	1	3.4	1.24
贝加尔针茅草甸草原	围栏内	5	8-12	蓬子菜	25	28	7	12.56	6.08
贝加尔针茅草甸草原	围栏内	5	8-12	麻花头	13	15	7	9.17	3.72
贝加尔针茅草甸草原	围栏内	5	8-12	裂叶蒿	14	20	42	57.56	23.21
贝加尔针茅草甸草原	围栏内	5	8-12	冷蒿	42	42	7	33.17	17.03
贝加尔针茅草甸草原	围栏内	5	8-12	红柴胡	9	14	13	1.23	0.62
贝加尔针茅草甸草原	围栏内	5	8-12	扁蓿豆	3	3	1	<0.3	
贝加尔针茅草甸草原	围栏内	5	8-12	囊花鸢尾	33	35	1	0.54	0.23
贝加尔针茅草甸草原	围栏内	5	8-12	展枝唐松草	24	26	5	4.25	2.24
贝加尔针茅草甸草原	围栏内	5	8-12	洽草	11	15	29	15.1	9.24
贝加尔针茅草甸草原	围栏内	5	8-12	日阴菅	10	21	4	11.04	7.27
贝加尔针茅草甸草原	围栏内	5	8-12	多裂叶荆芥	4	5	4	<0.3	
贝加尔针茅草甸草原	围栏内	5	8-12	早熟禾	37	39	3	2.37	1.48
贝加尔针茅草甸草原	围栏内	5	8-12	羽茅	22	25	12	13.06	7.36
贝加尔针茅草甸草原	围栏内	5	8-12	达乌里芯芭	4	4	6	1.51	0.55
贝加尔针茅草甸草原	围栏内	5	8-12	阿尔泰狗娃花	27	27	4	1.54	0.78
贝加尔针茅草甸草原	围栏内	5	8-12	异燕麦	15	17	4	6.23	3.25
贝加尔针茅草甸草原	围栏内	5	8-12	枯落物				61.34	51.47
贝加尔针茅草甸草原	围栏内	6	8-12	羊草	37	38	9	8.32	4.87
贝加尔针茅草甸草原	围栏内	6	8-12	贝加尔针茅	59	66	4	19.18	11.88
贝加尔针茅草甸草原	围栏内	6	8-12	糙隐子草	10	10	6	4.1	2.58
贝加尔针茅草甸草原	围栏内	6	8-12	细叶白头翁	19	22	26	40.18	16.56
贝加尔针茅草甸草原	围栏内	6	8-12	寸草苔	21	23	115	22.13	12.9
贝加尔针茅草甸草原	围栏内	6	8-12	双齿葱	11	12	5	12.47	4.24
贝加尔针茅草甸草原	围栏内	6	8-12	沙参	22	22	1	1.66	0.66
贝加尔针茅草甸草原	围栏内	6	8-12	麻花头	25	26	7	3.53	1.25
贝加尔针茅草甸草原	围栏内	6	8-12	轮叶委陵菜	19	22	46	99.73	38.35
贝加尔针茅草甸草原	围栏内	6	8-12	裂叶蒿	5	11	3	7.89	4.16
贝加尔针茅草甸草原	围栏内	6	8-12	冷蒿	45	46	9	31.98	15.78
贝加尔针茅草甸草原	围栏内	6	8-12	红柴胡	25	26	1	0.41	0.23
贝加尔针茅草甸草原	围栏内	6	8-12	叉枝鸦葱	10	12	1	<0.3	
贝加尔针茅草甸草原	围栏内	6	8-12	瓣蕊唐松草	3	4	7	3.99	1.55
贝加尔针茅草甸草原	围栏内	6	8-12	囊花鸢尾	51	55	2	3.53	1.5
贝加尔针茅草甸草原	围栏内	6	8-12	白婆婆纳	2	4	6	2.07	0.99

（续）

草地类型	利用方式	样方号	取样日期（月-日）	植物名称	自然高度/cm	绝对高度/cm	多度/〔株（丛）/m²〕	鲜生物量/（g/m²）	干生物量/（g/m²）
贝加尔针茅草甸草原	围栏内	6	8-12	展枝唐松草	18	20	8	4.98	2.12
贝加尔针茅草甸草原	围栏内	6	8-12	洽草	10	11	1	<0.3	
贝加尔针茅草甸草原	围栏内	6	8-12	二裂委陵菜	17	19	4	3.87	1.83
贝加尔针茅草甸草原	围栏内	6	8-12	日阴菅	13	16	25	20.26	11.92
贝加尔针茅草甸草原	围栏内	6	8-12	多裂叶荆芥	61	61	13	42.02	19.56
贝加尔针茅草甸草原	围栏内	6	8-12	早熟禾	29	30	7	3.49	1.94
贝加尔针茅草甸草原	围栏内	6	8-12	羽茅	41	46	21	6.27	3.54
贝加尔针茅草甸草原	围栏内	6	8-12	米口袋	10	11	1	<0.3	
贝加尔针茅草甸草原	围栏内	6	8-12	石竹	3	5	3	1.07	0.47
贝加尔针茅草甸草原	围栏内	6	8-12	棉团铁线莲	15	17	3	6.98	2.61
贝加尔针茅草甸草原	围栏内	6	8-12	山野豌豆	39	42	1	4.69	1.88
贝加尔针茅草甸草原	围栏内	6	8-12	阿尔泰狗娃花	39	40	5	3.81	1.85
贝加尔针茅草甸草原	围栏内	6	8-12	披针叶黄华	19	21	2	2.64	0.96
贝加尔针茅草甸草原	围栏内	6	8-12	枯落物				55.09	49.91
贝加尔针茅草甸草原	围栏内	7	8-12	羊草	40	40	87	61.74	37.38
贝加尔针茅草甸草原	围栏内	7	8-12	糙隐子草	15	15	110	183.94	112
贝加尔针茅草甸草原	围栏内	7	8-12	细叶葱	35	36	9	2.71	1.14
贝加尔针茅草甸草原	围栏内	7	8-12	细叶白头翁	12	12	12	14.52	7.28
贝加尔针茅草甸草原	围栏内	7	8-12	寸草苔	25	25	105	42.91	27.94
贝加尔针茅草甸草原	围栏内	7	8-12	沙参	38	38	4	2.6	0.98
贝加尔针茅草甸草原	围栏内	7	8-12	麻花头	20	20	1	1.03	0.35
贝加尔针茅草甸草原	围栏内	7	8-12	轮叶委陵菜	5	6	1	<0.3	
贝加尔针茅草甸草原	围栏内	7	8-12	裂叶蒿	13	14	7	4.11	1.81
贝加尔针茅草甸草原	围栏内	7	8-12	红柴胡	5	6	1	<0.3	
贝加尔针茅草甸草原	围栏内	7	8-12	星毛委陵菜	4	5	1	13.2	7.71
贝加尔针茅草甸草原	围栏内	7	8-12	展枝唐松草	13	13	7	3.27	1.66
贝加尔针茅草甸草原	围栏内	7	8-12	日阴菅	12	20	1	2.15	1.43
贝加尔针茅草甸草原	围栏内	7	8-12	达乌里芯芭	12	12	6	1.75	1.37
贝加尔针茅草甸草原	围栏内	7	8-12	草木樨状黄芪	30	32	1	2.82	1.3
贝加尔针茅草甸草原	围栏内	7	8-12	枯落物				15.56	15.05
贝加尔针茅草甸草原	围栏内	8	8-12	羊草	38	40	13	12.36	7.78
贝加尔针茅草甸草原	围栏内	8	8-12	贝加尔针茅	87	110	19	44.65	22.07
贝加尔针茅草甸草原	围栏内	8	8-12	糙隐子草	12	13	26	41.47	26.37
贝加尔针茅草甸草原	围栏内	8	8-12	斜茎黄芪	14	16	1	0.35	0.18
贝加尔针茅草甸草原	围栏内	8	8-12	狭叶青蒿	56	65	73	147.08	48.65
贝加尔针茅草甸草原	围栏内	8	8-12	细叶葱	32	34	2	0.52	0.15
贝加尔针茅草甸草原	围栏内	8	8-12	细叶白头翁	10	11	14	26.84	12.57
贝加尔针茅草甸草原	围栏内	8	8-12	寸草苔	14	16	69	29.78	19.08

（续）

草地类型	利用方式	样方号	取样日期（月-日）	植物名称	自然高度/cm	绝对高度/cm	多度/[株（丛）/m²]	鲜生物量/（g/m²）	干生物量/（g/m²）
贝加尔针茅草甸草原	围栏内	8	8-12	双齿葱	12	13	6	4.1	2.08
贝加尔针茅草甸草原	围栏内	8	8-12	蓬子菜	28	29	4	27.48	11.63
贝加尔针茅草甸草原	围栏内	8	8-12	裂叶蒿	14	15	52	49.7	22.02
贝加尔针茅草甸草原	围栏内	8	8-12	冷蒿	52	54	2	7.14	3.54
贝加尔针茅草甸草原	围栏内	8	8-12	菊叶委陵菜	15	17	5	6.87	3.64
贝加尔针茅草甸草原	围栏内	8	8-12	扁蓿豆	17	19	1	<0.3	
贝加尔针茅草甸草原	围栏内	8	8-12	星毛委陵菜	2	3	1	1.23	0.73
贝加尔针茅草甸草原	围栏内	8	8-12	囊花鸢尾	54	62	1	2.74	1.32
贝加尔针茅草甸草原	围栏内	8	8-12	展枝唐松草	24	26	20	13.74	6.37
贝加尔针茅草甸草原	围栏内	8	8-12	洽草	22	24	13	10.57	6.26
贝加尔针茅草甸草原	围栏内	8	8-12	二裂委陵菜	16	18	1	0.82	0.46
贝加尔针茅草甸草原	围栏内	8	8-12	日阴菅	26	30	9	15.64	9.73
贝加尔针茅草甸草原	围栏内	8	8-12	多裂叶荆芥	7	8	2	1.22	0.52
贝加尔针茅草甸草原	围栏内	8	8-12	早熟禾	35	40	11	4.58	3.06
贝加尔针茅草甸草原	围栏内	8	8-12	羽茅	85	105	7	20.47	12.85
贝加尔针茅草甸草原	围栏内	8	8-12	披针叶黄华	20	22	2	4.18	1.68
贝加尔针茅草甸草原	围栏内	8	8-12	枯落物				22.56	20.07
贝加尔针茅草甸草原	围栏内	9	8-12	羊草	35	35	30	22.07	13.57
贝加尔针茅草甸草原	围栏内	9	8-12	贝加尔针茅	30	40	13	23.21	14.47
贝加尔针茅草甸草原	围栏内	9	8-12	糙隐子草	22	22	25	54.83	34.04
贝加尔针茅草甸草原	围栏内	9	8-12	狭叶青蒿	33	33	5	27.66	13.94
贝加尔针茅草甸草原	围栏内	9	8-12	细叶白头翁	14	16	16	20.25	9.62
贝加尔针茅草甸草原	围栏内	9	8-12	寸草苔	15	20	120	46.29	29.1
贝加尔针茅草甸草原	围栏内	9	8-12	双齿葱	27	27	2	2.54	0.94
贝加尔针茅草甸草原	围栏内	9	8-12	蓬子菜	40	42	2	31.58	17.01
贝加尔针茅草甸草原	围栏内	9	8-12	麻花头	18	19	5	8.07	2.78
贝加尔针茅草甸草原	围栏内	9	8-12	轮叶委陵菜	6	7	1	<0.3	
贝加尔针茅草甸草原	围栏内	9	8-12	裂叶蒿	72	72	38	56.99	27.61
贝加尔针茅草甸草原	围栏内	9	8-12	扁蓿豆	17	20	3	1.3	0.53
贝加尔针茅草甸草原	围栏内	9	8-12	囊花鸢尾	42	42	1	2.79	1.06
贝加尔针茅草甸草原	围栏内	9	8-12	展枝唐松草	22	22	6	4.12	1.92
贝加尔针茅草甸草原	围栏内	9	8-12	二裂委陵菜	22	24	7	5.81	2.91
贝加尔针茅草甸草原	围栏内	9	8-12	日阴菅	16	20	23	69.54	42.71
贝加尔针茅草甸草原	围栏内	9	8-12	早熟禾	22	25	5	5.43	3.48
贝加尔针茅草甸草原	围栏内	9	8-12	羽茅	22	30	7	5.89	3.9
贝加尔针茅草甸草原	围栏内	9	8-12	披针叶黄华	16	16	1	0.62	0.29
贝加尔针茅草甸草原	围栏内	9	8-12	枯落物				30.59	27.99
贝加尔针茅草甸草原	围栏内	10	8-12	羊草	40	40	74	41.76	23.04

（续）

草地类型	利用方式	样方号	取样日期（月-日）	植物名称	自然高度/cm	绝对高度/cm	多度/〔株（丛）/m²〕	鲜生物量/(g/m²)	干生物量/(g/m²)
贝加尔针茅草甸草原	围栏内	10	8-12	贝加尔针茅	39	40	5	10.78	6.46
贝加尔针茅草甸草原	围栏内	10	8-12	糙隐子草	13	17	51	89.07	50.72
贝加尔针茅草甸草原	围栏内	10	8-12	狭叶青蒿	33	35	4	5.09	1.78
贝加尔针茅草甸草原	围栏内	10	8-12	细叶白头翁	13	16	7	17.19	6.99
贝加尔针茅草甸草原	围栏内	10	8-12	寸草苔	12	14	247	35.12	19.97
贝加尔针茅草甸草原	围栏内	10	8-12	双齿葱	13	13	19	16.61	6.36
贝加尔针茅草甸草原	围栏内	10	8-12	蓬子菜	30	34	9	20.72	8.59
贝加尔针茅草甸草原	围栏内	10	8-12	麻花头	14	17	6	10.13	3.89
贝加尔针茅草甸草原	围栏内	10	8-12	轮叶委陵菜	7	10	2	1.56	0.66
贝加尔针茅草甸草原	围栏内	10	8-12	裂叶蒿	7	12	9	13.4	5.06
贝加尔针茅草甸草原	围栏内	10	8-12	冷蒿	29	29	6	8.39	4.24
贝加尔针茅草甸草原	围栏内	10	8-12	防风	18	22	1	0.6	0.3
贝加尔针茅草甸草原	围栏内	10	8-12	红柴胡	24	26	1	0.59	0.31
贝加尔针茅草甸草原	围栏内	10	8-12	扁蓿豆	12	14	1	<0.3	
贝加尔针茅草甸草原	围栏内	10	8-12	星毛委陵菜	2	2	1	2.26	1.08
贝加尔针茅草甸草原	围栏内	10	8-12	囊花鸢尾	37	39	2	4.01	2.09
贝加尔针茅草甸草原	围栏内	10	8-12	展枝唐松草	20	23	8	4.94	2.99
贝加尔针茅草甸草原	围栏内	10	8-12	洽草	12	15	4	6.19	3.78
贝加尔针茅草甸草原	围栏内	10	8-12	日阴菅	15	19	5	18.89	11.33
贝加尔针茅草甸草原	围栏内	10	8-12	多裂叶荆芥	3	3	3	0.81	0.31
贝加尔针茅草甸草原	围栏内	10	8-12	早熟禾	30	31	1	0.71	0.51
贝加尔针茅草甸草原	围栏内	10	8-12	羽茅	23	26	11	9.99	5.52
贝加尔针茅草甸草原	围栏内	10	8-12	达乌里芯芭	7	7	7	1.34	0.68
贝加尔针茅草甸草原	围栏内	10	8-12	异燕麦	10	13	4	3.49	1.96
贝加尔针茅草甸草原	围栏内	10	8-12	粗根鸢尾	5	6	1	<0.3	
贝加尔针茅草甸草原	围栏内	10	8-12	披针叶黄华	23	23	1	0.64	0.3
贝加尔针茅草甸草原	围栏内	10	8-12	铁杆蒿	39	40	6	22.87	9.76
贝加尔针茅草甸草原	围栏内	10	8-12	枯落物				91	74.47
贝加尔针茅草甸草原	围栏外	1	8-12	羊草	18	20	20	5.63	3.23
贝加尔针茅草甸草原	围栏外	1	8-12	贝加尔针茅	24	26	11	4.88	3.08
贝加尔针茅草甸草原	围栏外	1	8-12	糙隐子草	5	7	12	5.93	3.47
贝加尔针茅草甸草原	围栏外	1	8-12	斜茎黄芪	6	7	1	<0.3	
贝加尔针茅草甸草原	围栏外	1	8-12	狭叶青蒿	54	60	9	63.42	25.5
贝加尔针茅草甸草原	围栏外	1	8-12	细叶白头翁	5	7	33	32.57	15.18
贝加尔针茅草甸草原	围栏外	1	8-12	寸草苔	5	7	45	14.13	8.07
贝加尔针茅草甸草原	围栏外	1	8-12	麻花头	5	6	3	1.27	0.47
贝加尔针茅草甸草原	围栏外	1	8-12	轮叶委陵菜	5	6	7	3.14	1.54
贝加尔针茅草甸草原	围栏外	1	8-12	裂叶蒿	6	7	38	27.36	11.62

（续）

草地类型	利用方式	样方号	取样日期（月-日）	植物名称	自然高度/cm	绝对高度/cm	多度/[株（丛）/m²]	鲜生物量/（g/m²）	干生物量/（g/m²）
贝加尔针茅草甸草原	围栏外	1	8-12	冷蒿	1	3	1	1.22	0.69
贝加尔针茅草甸草原	围栏外	1	8-12	菊叶委陵菜	2	4	8	2.13	1.19
贝加尔针茅草甸草原	围栏外	1	8-12	红柴胡	25	27	1	0.68	0.32
贝加尔针茅草甸草原	围栏外	1	8-12	叉枝鸦葱	10	12	1	0.63	0.21
贝加尔针茅草甸草原	围栏外	1	8-12	扁蓿豆	3	15	2	1.47	0.57
贝加尔针茅草甸草原	围栏外	1	8-12	瓣蕊唐松草	4	5	12	3.97	1.82
贝加尔针茅草甸草原	围栏外	1	8-12	囊花鸢尾	6	6	3	0.61	0.24
贝加尔针茅草甸草原	围栏外	1	8-12	展枝唐松草	6	7	11	4.64	2.13
贝加尔针茅草甸草原	围栏外	1	8-12	洽草	7	9	20	9.18	4.83
贝加尔针茅草甸草原	围栏外	1	8-12	狗舌草	1	3	1	0.83	0.31
贝加尔针茅草甸草原	围栏外	1	8-12	日阴菅	5	7	35	28.64	17.52
贝加尔针茅草甸草原	围栏外	1	8-12	多裂叶荆芥	5	6	5	1.92	0.83
贝加尔针茅草甸草原	围栏外	1	8-12	羽茅	15	17	19	5.97	3.65
贝加尔针茅草甸草原	围栏外	1	8-12	石竹	12	13	1	1.49	0.52
贝加尔针茅草甸草原	围栏外	1	8-12	阿尔泰狗娃花	8	9	1	<0.3	
贝加尔针茅草甸草原	围栏外	1	8-12	火绒草	7	8	1	1	0.54
贝加尔针茅草甸草原	围栏外	2	8-12	羊草	16	16	70	9.95	4.57
贝加尔针茅草甸草原	围栏外	2	8-12	糙隐子草	4	6	25	6.88	3.84
贝加尔针茅草甸草原	围栏外	2	8-12	狭叶青蒿	18	18	3	5.57	2.05
贝加尔针茅草甸草原	围栏外	2	8-12	细叶白头翁	4	6	4	3.8	1.04
贝加尔针茅草甸草原	围栏外	2	8-12	寸草苔	5	9	120	17.57	9.34
贝加尔针茅草甸草原	围栏外	2	8-12	沙参	3	3	1	<0.3	
贝加尔针茅草甸草原	围栏外	2	8-12	轮叶委陵菜	10	10	3	2.04	0.98
贝加尔针茅草甸草原	围栏外	2	8-12	裂叶蒿	8	9	70	33.14	12.8
贝加尔针茅草甸草原	围栏外	2	8-12	冷蒿	10	20	1	1.13	0.48
贝加尔针茅草甸草原	围栏外	2	8-12	菊叶委陵菜	10	11	1	0.86	0.31
贝加尔针茅草甸草原	围栏外	2	8-12	红柴胡	5	6	1	<0.3	
贝加尔针茅草甸草原	围栏外	2	8-12	瓣蕊唐松草	4	4	3	1.38	0.52
贝加尔针茅草甸草原	围栏外	2	8-12	囊花鸢尾	5	5	1	<0.3	
贝加尔针茅草甸草原	围栏外	2	8-12	蒲公英	2	4	4	2.76	1.44
贝加尔针茅草甸草原	围栏外	2	8-12	展枝唐松草	10	10	1	0.53	0.26
贝加尔针茅草甸草原	围栏外	2	8-12	二裂委陵菜	10	11	3	3.21	1.32
贝加尔针茅草甸草原	围栏外	2	8-12	狗舌草	4	10	4	3.08	1.25
贝加尔针茅草甸草原	围栏外	2	8-12	日阴菅	12	13	75	30.15	16.85
贝加尔针茅草甸草原	围栏外	2	8-12	多裂叶荆芥	3	5	9	2.94	1.12
贝加尔针茅草甸草原	围栏外	2	8-12	地榆	5	6	2	0.59	0.22
贝加尔针茅草甸草原	围栏外	3	8-12	羊草	15	15	46	10.38	5.06
贝加尔针茅草甸草原	围栏外	3	8-12	贝加尔针茅	17	19	1	<0.3	

（续）

草地类型	利用方式	样方号	取样日期（月-日）	植物名称	自然高度/cm	绝对高度/cm	多度/［株（丛）/m²］	鲜生物量/（g/m²）	干生物量/（g/m²）
贝加尔针茅草甸草原	围栏外	3	8-12	糙隐子草	2	3	14	9.6	5.66
贝加尔针茅草甸草原	围栏外	3	8-12	斜茎黄芪	15	16	3	0.89	0.36
贝加尔针茅草甸草原	围栏外	3	8-12	细叶葱	11	12	1	<0.3	
贝加尔针茅草甸草原	围栏外	3	8-12	细叶白头翁	3	5	21	16.13	8.6
贝加尔针茅草甸草原	围栏外	3	8-12	寸草苔	5	7	51	38.85	23.77
贝加尔针茅草甸草原	围栏外	3	8-12	蓬子菜	3	5	1	<0.3	
贝加尔针茅草甸草原	围栏外	3	8-12	麻花头	9	10	7	2.17	1.06
贝加尔针茅草甸草原	围栏外	3	8-12	轮叶委陵菜	4	5	3	0.5	0.43
贝加尔针茅草甸草原	围栏外	3	8-12	裂叶蒿	3	4	23	11.81	5.08
贝加尔针茅草甸草原	围栏外	3	8-12	冷蒿	5	7	2	4.35	2.27
贝加尔针茅草甸草原	围栏外	3	8-12	叉枝鸦葱	2	3	1	<0.3	
贝加尔针茅草甸草原	围栏外	3	8-12	瓣蕊唐松草	3	4	3	<0.3	
贝加尔针茅草甸草原	围栏外	3	8-12	星毛委陵菜	1	1	1	<0.3	
贝加尔针茅草甸草原	围栏外	3	8-12	展枝唐松草	3	4	6	2.08	0.97
贝加尔针茅草甸草原	围栏外	3	8-12	洽草	13	14	6	3.16	1.84
贝加尔针茅草甸草原	围栏外	3	8-12	日阴菅	7	9	6	2.9	1.82
贝加尔针茅草甸草原	围栏外	3	8-12	多裂叶荆芥	2	3	1	<0.3	
贝加尔针茅草甸草原	围栏外	3	8-12	羽茅	3	4	3	<0.3	
贝加尔针茅草甸草原	围栏外	3	8-12	百合	7	8	1	<0.3	
贝加尔针茅草甸草原	围栏外	3	8-12	独行菜	10	10	1	<0.3	
贝加尔针茅草甸草原	围栏外	3	8-12	冰草	35	36	1	<0.3	
贝加尔针茅草甸草原	围栏外	4	8-12	羊草	5	5	58	6.83	3.3
贝加尔针茅草甸草原	围栏外	4	8-12	贝加尔针茅	7	10	2	0.85	0.61
贝加尔针茅草甸草原	围栏外	4	8-12	糙隐子草	3	3	19	9.19	5.75
贝加尔针茅草甸草原	围栏外	4	8-12	斜茎黄芪	3	4	2	0.32	0.18
贝加尔针茅草甸草原	围栏外	4	8-12	细叶葱	5	5	2	<0.3	
贝加尔针茅草甸草原	围栏外	4	8-12	细叶白头翁	6	7	15	12.81	6.17
贝加尔针茅草甸草原	围栏外	4	8-12	寸草苔	4	7	224	28.26	17.44
贝加尔针茅草甸草原	围栏外	4	8-12	双齿葱	4	4	6	2.36	0.73
贝加尔针茅草甸草原	围栏外	4	8-12	蓬子菜	8	10	1	0.97	0.46
贝加尔针茅草甸草原	围栏外	4	8-12	麻花头	4	5	7	3.85	1.14
贝加尔针茅草甸草原	围栏外	4	8-12	轮叶委陵菜	3	4	1	<0.3	
贝加尔针茅草甸草原	围栏外	4	8-12	裂叶蒿	3	5	22	7.66	3.1
贝加尔针茅草甸草原	围栏外	4	8-12	冷蒿	5	12	3	7.49	4.19
贝加尔针茅草甸草原	围栏外	4	8-12	菊叶委陵菜	2	3	2	<0.3	
贝加尔针茅草甸草原	围栏外	4	8-12	红柴胡	3	3	1	<0.3	
贝加尔针茅草甸草原	围栏外	4	8-12	叉枝鸦葱	3	3	1	<0.3	
贝加尔针茅草甸草原	围栏外	4	8-12	扁蓿豆	3	4	2	6.35	0.18

（续）

草地类型	利用方式	样方号	取样日期（月-日）	植物名称	自然高度/cm	绝对高度/cm	多度/〔株（丛）/m²〕	鲜生物量/（g/m²）	干生物量/（g/m²）
贝加尔针茅草甸草原	围栏外	4	8-12	星毛委陵菜	2	2	1	<0.3	
贝加尔针茅草甸草原	围栏外	4	8-12	展枝唐松草	4	4	3	0.85	0.5
贝加尔针茅草甸草原	围栏外	4	8-12	洽草	4	5	2	1.1	0.8
贝加尔针茅草甸草原	围栏外	4	8-12	二裂委陵菜	4	5	2	0.42	0.22
贝加尔针茅草甸草原	围栏外	4	8-12	狗舌草	3	4	1	<0.3	
贝加尔针茅草甸草原	围栏外	4	8-12	日阴菅	3	4	7	13.59	8.66
贝加尔针茅草甸草原	围栏外	4	8-12	多裂叶荆芥	3	5	4	2.5	1.12
贝加尔针茅草甸草原	围栏外	4	8-12	早熟禾	14	14	1	<0.3	
贝加尔针茅草甸草原	围栏外	4	8-12	羽茅	6	7	7	0.78	0.56
贝加尔针茅草甸草原	围栏外	4	8-12	阿尔泰狗娃花	3	3	1	<0.3	
贝加尔针茅草甸草原	围栏外	4	8-12	独行菜	13	13	1	0.44	0.29
贝加尔针茅草甸草原	围栏外	4	8-12	变蒿	5	5	1	0.36	0.18
贝加尔针茅草甸草原	围栏外	5	8-12	羊草	12	14	68	14.26	6.83
贝加尔针茅草甸草原	围栏外	5	8-12	贝加尔针茅	7	10	6	2.63	1.6
贝加尔针茅草甸草原	围栏外	5	8-12	糙隐子草	6	7	3	2.79	1.73
贝加尔针茅草甸草原	围栏外	5	8-12	狭叶青蒿	22	24	13	13.18	5.2
贝加尔针茅草甸草原	围栏外	5	8-12	细叶白头翁	4	6	8	6.07	2.94
贝加尔针茅草甸草原	围栏外	5	8-12	寸草苔	7	8	75	12.29	7.45
贝加尔针茅草甸草原	围栏外	5	8-12	沙参	8	8	6	1.76	0.47
贝加尔针茅草甸草原	围栏外	5	8-12	蓬子菜	14	15	3	1.61	0.66
贝加尔针茅草甸草原	围栏外	5	8-12	麻花头	5	7	22	17.16	6.45
贝加尔针茅草甸草原	围栏外	5	8-12	裂叶蒿	6	7	37	18.76	6.74
贝加尔针茅草甸草原	围栏外	5	8-12	菊叶委陵菜	3	7	6	1.72	0.84
贝加尔针茅草甸草原	围栏外	5	8-12	扁蓿豆	7	7	10	1.86	0.85
贝加尔针茅草甸草原	围栏外	5	8-12	囊花鸢尾	25	26	3	1.31	0.67
贝加尔针茅草甸草原	围栏外	5	8-12	展枝唐松草	8	8	7	2.56	1.13
贝加尔针茅草甸草原	围栏外	5	8-12	洽草	12	13	10	4.81	2.71
贝加尔针茅草甸草原	围栏外	5	8-12	日阴菅	12	16	4	41.22	26.01
贝加尔针茅草甸草原	围栏外	5	8-12	多裂叶荆芥	12	14	15	4.3	2.07
贝加尔针茅草甸草原	围栏外	5	8-12	早熟禾	17	18	2	0.49	0.3
贝加尔针茅草甸草原	围栏外	5	8-12	羽茅	10	14	24	10.68	6.58
贝加尔针茅草甸草原	围栏外	5	8-12	山野豌豆	10	12	1	0.43	0.2
贝加尔针茅草甸草原	围栏外	5	8-12	阿尔泰狗娃花	4	4	1	<0.3	
贝加尔针茅草甸草原	围栏外	5	8-12	异燕麦	14	16	1	<0.3	
贝加尔针茅草甸草原	围栏外	5	8-12	披针叶黄华	2	2	1	<0.3	
贝加尔针茅草甸草原	围栏外	5	8-12	变蒿	6	10	1	0.45	0.22
贝加尔针茅草甸草原	围栏外	5	8-12	平车前	1	2	1	<0.3	
贝加尔针茅草甸草原	围栏外	6	8-12	羊草	12	13	23	4.37	2.31

（续）

草地类型	利用方式	样方号	取样日期（月-日）	植物名称	自然高度/cm	绝对高度/cm	多度/[株（丛）/m²]	鲜生物量/(g/m²)	干生物量/(g/m²)
贝加尔针茅草甸草原	围栏外	6	8-12	贝加尔针茅	10	12	11	10.25	6.58
贝加尔针茅草甸草原	围栏外	6	8-12	糙隐子草	3	4	2	<0.3	
贝加尔针茅草甸草原	围栏外	6	8-12	斜茎黄芪	7	8	2	<0.3	
贝加尔针茅草甸草原	围栏外	6	8-12	狭叶青蒿	9	10	3	1.53	0.65
贝加尔针茅草甸草原	围栏外	6	8-12	细叶葱	5	6	2	<0.3	
贝加尔针茅草甸草原	围栏外	6	8-12	细叶白头翁	4	5	2	<0.3	
贝加尔针茅草甸草原	围栏外	6	8-12	寸草苔	7	9	564	65.31	40.48
贝加尔针茅草甸草原	围栏外	6	8-12	沙参	1	1	2	<0.3	
贝加尔针茅草甸草原	围栏外	6	8-12	裂叶蒿	6	7	5	1.18	0.58
贝加尔针茅草甸草原	围栏外	6	8-12	冷蒿	4	5	2	<0.3	
贝加尔针茅草甸草原	围栏外	6	8-12	菊叶委陵菜	5	6	4	0.93	0.43
贝加尔针茅草甸草原	围栏外	6	8-12	红柴胡	3	4	3	0.45	0.23
贝加尔针茅草甸草原	围栏外	6	8-12	独行菜	9	10	9	8.81	3.66
贝加尔针茅草甸草原	围栏外	6	8-12	灰绿藜	3	4	1	<0.3	
贝加尔针茅草甸草原	围栏外	6	8-12	变蒿	6	7	1	<0.3	
贝加尔针茅草甸草原	围栏外	7	8-12	羊草	5	5	78	10.57	5.43
贝加尔针茅草甸草原	围栏外	7	8-12	贝加尔针茅	17	18	12	9.52	5.95
贝加尔针茅草甸草原	围栏外	7	8-12	糙隐子草	4	6	28	15.38	9.26
贝加尔针茅草甸草原	围栏外	7	8-12	斜茎黄芪	4	6	3	0.9	0.4
贝加尔针茅草甸草原	围栏外	7	8-12	细叶葱	7	7	2	<0.3	
贝加尔针茅草甸草原	围栏外	7	8-12	细叶白头翁	4	7	21	17.75	8.47
贝加尔针茅草甸草原	围栏外	7	8-12	寸草苔	3	5	270	32.04	22.21
贝加尔针茅草甸草原	围栏外	7	8-12	双齿葱	4	4	6	3.28	1.13
贝加尔针茅草甸草原	围栏外	7	8-12	沙参	4	5	1	<0.3	
贝加尔针茅草甸草原	围栏外	7	8-12	麻花头	5	7	16	10.19	3.47
贝加尔针茅草甸草原	围栏外	7	8-12	轮叶委陵菜	4	5	1	<0.3	
贝加尔针茅草甸草原	围栏外	7	8-12	裂叶蒿	4	6	14	11.57	4.43
贝加尔针茅草甸草原	围栏外	7	8-12	冷蒿	3	14	1	2.24	0.18
贝加尔针茅草甸草原	围栏外	7	8-12	菊叶委陵菜	3	4	10	1.32	0.66
贝加尔针茅草甸草原	围栏外	7	8-12	红柴胡	5	7	2	<0.3	
贝加尔针茅草甸草原	围栏外	7	8-12	扁蓿豆	3	4	1	<0.3	
贝加尔针茅草甸草原	围栏外	7	8-12	瓣蕊唐松草	3	4	1	<0.3	
贝加尔针茅草甸草原	围栏外	7	8-12	星毛委陵菜	2	2	1	<0.3	
贝加尔针茅草甸草原	围栏外	7	8-12	囊花鸢尾	5	5	1	0.49	0.25
贝加尔针茅草甸草原	围栏外	7	8-12	蒲公英	1	4	1	<0.3	
贝加尔针茅草甸草原	围栏外	7	8-12	洽草	5	8	12	6.28	3.66
贝加尔针茅草甸草原	围栏外	7	8-12	二裂委陵菜	3	3	1	<0.3	
贝加尔针茅草甸草原	围栏外	7	8-12	日阴菅	4	5	5	7.11	4.51

（续）

草地类型	利用方式	样方号	取样日期（月-日）	植物名称	自然高度/cm	绝对高度/cm	多度/[株（丛）/m²]	鲜生物量/（g/m²）	干生物量/（g/m²）
贝加尔针茅草甸草原	围栏外	7	8-12	多裂叶荆芥	3	3	4	0.59	0.3
贝加尔针茅草甸草原	围栏外	7	8-12	早熟禾	22	22	2	0.64	0.44
贝加尔针茅草甸草原	围栏外	7	8-12	羽茅	17	20	12	4.78	2.87
贝加尔针茅草甸草原	围栏外	7	8-12	米口袋	7	7	1	0.39	0.04
贝加尔针茅草甸草原	围栏外	7	8-12	伏毛山莓草	5	6	2	1.23	0.71
贝加尔针茅草甸草原	围栏外	7	8-12	独行菜	6	7	1	0.78	0.33
贝加尔针茅草甸草原	围栏外	7	8-12	猪毛蒿	6	6	1	0.35	0.12
贝加尔针茅草甸草原	围栏外	7	8-12	乳浆大戟	6	6	2	<0.3	
贝加尔针茅草甸草原	围栏外	7	8-12	披针叶黄华	19	19	1	3.63	1.23
贝加尔针茅草甸草原	围栏外	7	8-12	变蒿	4	4	1	0.61	0.23
贝加尔针茅草甸草原	围栏外	8	8-12	羊草	20	20	13	5.66	3.28
贝加尔针茅草甸草原	围栏外	8	8-12	贝加尔针茅	25	30	18	14.2	8.75
贝加尔针茅草甸草原	围栏外	8	8-12	糙隐子草	8	9	14	10.95	6.42
贝加尔针茅草甸草原	围栏外	8	8-12	斜茎黄芪	8	8	5	0.83	0.42
贝加尔针茅草甸草原	围栏外	8	8-12	狭叶青蒿	53	53	32	75.27	36.58
贝加尔针茅草甸草原	围栏外	8	8-12	细叶葱	15	20	4	1.52	0.37
贝加尔针茅草甸草原	围栏外	8	8-12	细叶白头翁	10	11	29	35.67	19.06
贝加尔针茅草甸草原	围栏外	8	8-12	寸草苔	9	10	385	69.64	44.5
贝加尔针茅草甸草原	围栏外	8	8-12	沙参	15	20	2	0.81	0.3
贝加尔针茅草甸草原	围栏外	8	8-12	裂叶蒿	8	10	9	6.91	3.56
贝加尔针茅草甸草原	围栏外	8	8-12	冷蒿	30	30	3	3.99	2.23
贝加尔针茅草甸草原	围栏外	8	8-12	菊叶委陵菜	23	23	1	1.9	0.99
贝加尔针茅草甸草原	围栏外	8	8-12	红柴胡	14	14	8	2.16	0.9
贝加尔针茅草甸草原	围栏外	8	8-12	叉枝鸦葱	9	9	4	1.1	0.28
贝加尔针茅草甸草原	围栏外	8	8-12	囊花鸢尾	20	22	1	0.33	0.13
贝加尔针茅草甸草原	围栏外	8	8-12	展枝唐松草	5	5	2	0.47	0.24
贝加尔针茅草甸草原	围栏外	8	8-12	洽草	10	11	1	<0.3	
贝加尔针茅草甸草原	围栏外	8	8-12	二裂委陵菜	15	15	2	1.91	0.93
贝加尔针茅草甸草原	围栏外	8	8-12	小花花旗杆	20	20	1	<0.3	
贝加尔针茅草甸草原	围栏外	8	8-12	早熟禾	30	30	1	1.24	0.7
贝加尔针茅草甸草原	围栏外	8	8-12	石竹	6	6	1	0.51	0.19
贝加尔针茅草甸草原	围栏外	8	8-12	猪毛蒿	20	20	1	0.91	0.41
贝加尔针茅草甸草原	围栏外	8	8-12	冰草	25	30	5	5.42	3.17
贝加尔针茅草甸草原	围栏外	8	8-12	尖头叶藜	15	17	2	1.52	0.78
贝加尔针茅草甸草原	围栏外	9	8-12	羊草	15	17	138	20.08	10.33
贝加尔针茅草甸草原	围栏外	9	8-12	贝加尔针茅	18	20	1	<0.3	
贝加尔针茅草甸草原	围栏外	9	8-12	糙隐子草	5	6	13	5.58	3.58
贝加尔针茅草甸草原	围栏外	9	8-12	细叶白头翁	6	7	4	4.86	2.62

（续）

草地类型	利用方式	样方号	取样日期（月-日）	植物名称	自然高度/cm	绝对高度/cm	多度/〔株（丛）/m²〕	鲜生物量/（g/m²）	干生物量/（g/m²）
贝加尔针茅草甸草原	围栏外	9	8-12	寸草苔	7	8	475	47.35	31.44
贝加尔针茅草甸草原	围栏外	9	8-12	蓬子菜	4	5	1	<0.3	
贝加尔针茅草甸草原	围栏外	9	8-12	裂叶蒿	5	6	68	27.55	12.63
贝加尔针茅草甸草原	围栏外	9	8-12	菊叶委陵菜	6	7	1	<0.3	
贝加尔针茅草甸草原	围栏外	9	8-12	红柴胡	14	15	7	2.57	1.23
贝加尔针茅草甸草原	围栏外	9	8-12	叉枝鸦葱	10	14	3	0.69	0.28
贝加尔针茅草甸草原	围栏外	9	8-12	扁蓿豆	3	4	2	<0.3	
贝加尔针茅草甸草原	围栏外	9	8-12	星毛委陵菜	2	2	2	8.1	5.14
贝加尔针茅草甸草原	围栏外	9	8-12	展枝唐松草	5	6	9	3.14	1.31
贝加尔针茅草甸草原	围栏外	9	8-12	冶草	7	8	5	2.14	1.19
贝加尔针茅草甸草原	围栏外	9	8-12	二裂委陵菜	5	6	6	2.82	1.34
贝加尔针茅草甸草原	围栏外	9	8-12	日阴菅	8	12	26	8.44	5.34
贝加尔针茅草甸草原	围栏外	9	8-12	多裂叶荆芥	5	6	3	0.64	0.32
贝加尔针茅草甸草原	围栏外	9	8-12	羽茅	12	14	15	4.27	2.72
贝加尔针茅草甸草原	围栏外	9	8-12	披针叶黄华	10	11	1	1.1	0.43
贝加尔针茅草甸草原	围栏外	9	8-12	变蒿	12	14	6	2.87	1.5
贝加尔针茅草甸草原	围栏外	9	8-12	土三七	2	2	1	<0.3	
贝加尔针茅草甸草原	围栏外	10	8-12	羊草	20	20	112	28.07	13.98
贝加尔针茅草甸草原	围栏外	10	8-12	贝加尔针茅	18	18	6	6.6	3.04
贝加尔针茅草甸草原	围栏外	10	8-12	糙隐子草	8	9	15.7.46	4.19	
贝加尔针茅草甸草原	围栏外	10	8-12	斜茎黄芪	8	9	4	0.56	0.28
贝加尔针茅草甸草原	围栏外	10	8-12	狭叶青蒿	40	40	25	104.07	47.84
贝加尔针茅草甸草原	围栏外	10	8-12	细叶葱	15	20	1	<0.3	
贝加尔针茅草甸草原	围栏外	10	8-12	细叶白头翁	10	12	12	16.34	8.06
贝加尔针茅草甸草原	围栏外	10	8-12	寸草苔	12	13	57	18.08	10.14
贝加尔针茅草甸草原	围栏外	10	8-12	双齿葱	13	14	6	4.65	1.6
贝加尔针茅草甸草原	围栏外	10	8-12	沙参	20	20	4	3.56	1.26
贝加尔针茅草甸草原	围栏外	10	8-12	蓬子菜	14	14	2	2.9	1.22
贝加尔针茅草甸草原	围栏外	10	8-12	麻花头	12	14	9	8.71	2.76
贝加尔针茅草甸草原	围栏外	10	8-12	轮叶委陵菜	2	2	2	0.54	0.22
贝加尔针茅草甸草原	围栏外	10	8-12	裂叶蒿	12	12	23	16.18	7.17
贝加尔针茅草甸草原	围栏外	10	8-12	菊叶委陵菜	8	8	2	0.47	0.24
贝加尔针茅草甸草原	围栏外	10	8-12	叉枝鸦葱	6	7	2	0.53	0.2
贝加尔针茅草甸草原	围栏外	10	8-12	囊花鸢尾	18	18	3	1.14	0.44
贝加尔针茅草甸草原	围栏外	10	8-12	展枝唐松草	5	6	3	1.22	0.47
贝加尔针茅草甸草原	围栏外	10	8-12	日阴菅	12	13	19	22.83	13.53
贝加尔针茅草甸草原	围栏外	10	8-12	多裂叶荆芥	6	7	5	1.77	0.73
贝加尔针茅草甸草原	围栏外	10	8-12	羽茅	45	46	42	26.43	15.65

（续）

草地类型	利用方式	样方号	取样日期（月-日）	植物名称	自然高度/cm	绝对高度/cm	多度/[株（丛）/m²]	鲜生物量/(g/m²)	干生物量/(g/m²)
贝加尔针茅草甸草原	围栏外	10	8-12	伏毛山莓草	9	9	1	2.62	1.49
贝加尔针茅草甸草原	围栏外	10	8-12	蔄蓄	12	12	1	0.46	0.3

注：表中<0.3或<0.5表示生物量极少，估计质量小于0.3 g或0.5 g。

2010年综合观测场群落种类组成见表3-3。

表3-3　2010年综合观测场群落种类组成（样方面积：1 m×1 m）

草地类型	利用方式	样方号	取样日期（月-日）	植物名称	自然高度/cm	绝对高度/cm	多度/[株（丛）/m²]	鲜生物量/(g/m²)	干生物量/(g/m²)
贝加尔针茅草甸草原	围栏内	1	8-10	羊草	55	55	157	141.11	78.6
贝加尔针茅草甸草原	围栏内	1	8-10	贝加尔针茅	42	45	6	16.05	9.74
贝加尔针茅草甸草原	围栏内	1	8-10	糙隐子草	9	11	2	0.65	0.32
贝加尔针茅草甸草原	围栏内	1	8-10	细叶葱	29	31	3	3.6	0.95
贝加尔针茅草甸草原	围栏内	1	8-10	细叶白头翁	16	18	8	12.97	4.65
贝加尔针茅草甸草原	围栏内	1	8-10	寸草苔	11	13	67	5.91	10.73
贝加尔针茅草甸草原	围栏内	1	8-10	双齿葱	19	20	4	4.47	1.02
贝加尔针茅草甸草原	围栏内	1	8-10	沙参	55	57	17	13.92	3.92
贝加尔针茅草甸草原	围栏内	1	8-10	蓬子菜	42	46	7	4.26	1.48
贝加尔针茅草甸草原	围栏内	1	8-10	麻花头	61	62	5	17.01	6.37
贝加尔针茅草甸草原	围栏内	1	8-10	裂叶蒿	35	37	41	67.24	20.7
贝加尔针茅草甸草原	围栏内	1	8-10	冷蒿	14	15	2	0.69	0.3
贝加尔针茅草甸草原	围栏内	1	8-10	红柴胡	24	25	1	<0.3	
贝加尔针茅草甸草原	围栏内	1	8-10	囊花鸢尾	52	56	4	12.67	4.26
贝加尔针茅草甸草原	围栏内	1	8-10	蒲公英	6	9	2	0.5	0.1
贝加尔针茅草甸草原	围栏内	1	8-10	展枝唐松草	29	32	4	20.64	7.9
贝加尔针茅草甸草原	围栏内	1	8-10	洽草	19	20	3	1.61	0.75
贝加尔针茅草甸草原	围栏内	1	8-10	二裂委陵菜	39	40	1	2.81	1.28
贝加尔针茅草甸草原	围栏内	1	8-10	日阴菅	38	41	9	51.47	27.6
贝加尔针茅草甸草原	围栏内	1	8-10	枯落物				43.37	38.19
贝加尔针茅草甸草原	围栏内	1	8-10	裂叶荆芥	16	16	1	1.05	0.33
贝加尔针茅草甸草原	围栏内	1	8-10	山野豌豆	42	47	2	5.71	1.76
贝加尔针茅草甸草原	围栏内	1	8-10	羽茅	46	49	10	4.49	2.15
贝加尔针茅草甸草原	围栏内	2	8-10	羊草	75	76	241	192.8	100.05
贝加尔针茅草甸草原	围栏内	2	8-10	糙隐子草	19	20	7	6.95	3.03
贝加尔针茅草甸草原	围栏内	2	8-10	细叶白头翁	26	27	25	59.92	22.08
贝加尔针茅草甸草原	围栏内	2	8-10	寸草苔	12	14	53	8.51	4.02
贝加尔针茅草甸草原	围栏内	2	8-10	双齿葱	20	21	4	4.56	1.08
贝加尔针茅草甸草原	围栏内	2	8-10	沙参	73	74	7	30.36	8.74
贝加尔针茅草甸草原	围栏内	2	8-10	蓬子菜	46	47	3	4.28	1.6

（续）

草地类型	利用方式	样方号	取样日期（月-日）	植物名称	自然高度/cm	绝对高度/cm	多度/［株（丛）/m²］	鲜生物量/（g/m²）	干生物量/（g/m²）
贝加尔针茅草甸草原	围栏内	2	8-10	麻花头	49	50	8	18.72	4.72
贝加尔针茅草甸草原	围栏内	2	8-10	裂叶蒿	74	75	57	90.98	29.43
贝加尔针茅草甸草原	围栏内	2	8-10	菊叶委陵菜	43	44	5	35.64	12.18
贝加尔针茅草甸草原	围栏内	2	8-10	羽茅	32	35	4	1.76	0.77
贝加尔针茅草甸草原	围栏内	2	8-10	囊花鸢尾	51	53	2	7.37	2.5
贝加尔针茅草甸草原	围栏内	2	8-10	展枝唐松草	40	41	6	17.09	6.18
贝加尔针茅草甸草原	围栏内	2	8-10	洽草	22	23	6	4.21	1.75
贝加尔针茅草甸草原	围栏内	2	8-10	二裂委陵菜	24	25	5	11.07	4.49
贝加尔针茅草甸草原	围栏内	2	8-10	日阴菅	24	27	8	115.51	60.08
贝加尔针茅草甸草原	围栏内	2	8-10	早熟禾	46	47	3	11.05	6.03
贝加尔针茅草甸草原	围栏内	2	8-10	列当	13	13	2	5.1	1.44
贝加尔针茅草甸草原	围栏内	2	8-10	裂叶荆芥	29	30	3	3.86	1.15
贝加尔针茅草甸草原	围栏内	2	8-10	细叶百合	40	41	2	2.07	0.48
贝加尔针茅草甸草原	围栏内	2	8-10	山野豌豆	24	25	3	1.82	0.5
贝加尔针茅草甸草原	围栏内	2	8-10	异燕麦	23	26	2	5.59	1.93
贝加尔针茅草甸草原	围栏内	2	8-10	枯落物				64.75	53.54
贝加尔针茅草甸草原	围栏内	3	8-10	羊草	31	35	185	158.17	86.86
贝加尔针茅草甸草原	围栏内	3	8-10	贝加尔针茅	71	97	4	15.48	9.07
贝加尔针茅草甸草原	围栏内	3	8-10	糙隐子草	12	15	3	0.86	0.35
贝加尔针茅草甸草原	围栏内	3	8-10	羽茅	45	50	3	2.55	0.99
贝加尔针茅草甸草原	围栏内	3	8-10	狭叶青蒿	50	59	17	33.66	12.56
贝加尔针茅草甸草原	围栏内	3	8-10	细叶葱	20	21	5	1.46	0.34
贝加尔针茅草甸草原	围栏内	3	8-10	细叶白头翁	17	19	7	9.08	3.22
贝加尔针茅草甸草原	围栏内	3	8-10	寸草苔	7	8	3	<0.3	
贝加尔针茅草甸草原	围栏内	3	8-10	双齿葱	16	18	1	<0.3	
贝加尔针茅草甸草原	围栏内	3	8-10	沙参	49	51	6	19.09	6.46
贝加尔针茅草甸草原	围栏内	3	8-10	蓬子菜	30	31	2	3.4	1.13
贝加尔针茅草甸草原	围栏内	3	8-10	麻花头	44	45	3	12.44	4.27
贝加尔针茅草甸草原	围栏内	3	8-10	裂叶蒿	17	19	3	1.21	0.41
贝加尔针茅草甸草原	围栏内	3	8-10	大委陵菜	49	50	1	7.39	2.87
贝加尔针茅草甸草原	围栏内	3	8-10	扁蓿豆	15	19	1	0.76	0.2
贝加尔针茅草甸草原	围栏内	3	8-10	瓣蕊唐松草	16	17	3	6.58	2.59
贝加尔针茅草甸草原	围栏内	3	8-10	囊花鸢尾	67	69	4	38.92	13.49
贝加尔针茅草甸草原	围栏内	3	8-10	蒲公英	3	4	1	<0.3	
贝加尔针茅草甸草原	围栏内	3	8-10	阿尔泰狗娃花	20	21	2	<0.3	
贝加尔针茅草甸草原	围栏内	3	8-10	展枝唐松草	30	31	3	11.35	4.41
贝加尔针茅草甸草原	围栏内	3	8-10	洽草	30	35	3	1.43	0.67
贝加尔针茅草甸草原	围栏内	3	8-10	二裂委陵菜	30	33	12	11.98	4.89

（续）

草地类型	利用方式	样方号	取样日期（月-日）	植物名称	自然高度/cm	绝对高度/cm	多度/〔株（丛）/m²〕	鲜生物量/（g/m²）	干生物量/（g/m²）
贝加尔针茅草甸草原	围栏内	3	8-10	粗根鸢尾	6	18	2	<0.3	
贝加尔针茅草甸草原	围栏内	3	8-10	日阴菅	30	39	20	139.32	71.36
贝加尔针茅草甸草原	围栏内	3	8-10	异燕麦	19	33	1	1.59	0.37
贝加尔针茅草甸草原	围栏内	3	8-10	光伏茅香	40	42	5	2.66	1.1
贝加尔针茅草甸草原	围栏内	3	8-10	裂叶荆芥	18	20	1	1.93	0.56
贝加尔针茅草甸草原	围栏内	3	8-10	细叶婆婆纳	37	42	1	1.46	0.38
贝加尔针茅草甸草原	围栏内	3	8-10	披针叶黄华	20	21	9	20.36	5.9
贝加尔针茅草甸草原	围栏内	3	8-10	山野豌豆	30	39	1	0.98	0.24
贝加尔针茅草甸草原	围栏内	3	8-10	列当	4	5	1	0.58	0.12
贝加尔针茅草甸草原	围栏内	3	8-10	枯落物				45.63	39.6
贝加尔针茅草甸草原	围栏内	4	8-10	羊草	50	51	108	108.43	56.05
贝加尔针茅草甸草原	围栏内	4	8-10	贝加尔针茅	73	75	8	28.13	15.42
贝加尔针茅草甸草原	围栏内	4	8-10	糙隐子草	26	27	10	14.47	6.91
贝加尔针茅草甸草原	围栏内	4	8-10	羊茅	16	17	5	7.01	3.26
贝加尔针茅草甸草原	围栏内	4	8-10	狭叶青蒿	44	45	3	4.42	1.94
贝加尔针茅草甸草原	围栏内	4	8-10	细叶葱	55	56	10	7.89	2.12
贝加尔针茅草甸草原	围栏内	4	8-10	细叶白头翁	23	24	17	53.59	19.06
贝加尔针茅草甸草原	围栏内	4	8-10	寸草苔	24	25	47	6.35	2.92
贝加尔针茅草甸草原	围栏内	4	8-10	双齿葱	24	25	7	3.14	1.36
贝加尔针茅草甸草原	围栏内	4	8-10	沙参	71	72	7	20.91	6.14
贝加尔针茅草甸草原	围栏内	4	8-10	蓬子菜	69	70	3	53.86	21.1
贝加尔针茅草甸草原	围栏内	4	8-10	麻花头	36	37	1	3.6	0.52
贝加尔针茅草甸草原	围栏内	4	8-10	轮叶委陵菜	5	6	1	<0.3	
贝加尔针茅草甸草原	围栏内	4	8-10	裂叶蒿	24	25	47	57.92	20.73
贝加尔针茅草甸草原	围栏内	4	8-10	冷蒿	13	14	1	3.94	1.39
贝加尔针茅草甸草原	围栏内	4	8-10	红柴胡	33	34	1	0.68	0.36
贝加尔针茅草甸草原	围栏内	4	8-10	叉枝鸦葱	32	33	2	1.01	0.24
贝加尔针茅草甸草原	围栏内	4	8-10	囊花鸢尾	44	45	3	2.56	0.97
贝加尔针茅草甸草原	围栏内	4	8-10	异燕麦	11	11	1	<0.3	
贝加尔针茅草甸草原	围栏内	4	8-10	阿尔泰狗娃花	36	37	7	5.79	1.89
贝加尔针茅草甸草原	围栏内	4	8-10	展枝唐松草	38	39	7	16.81	6.3
贝加尔针茅草甸草原	围栏内	4	8-10	洽草	22	23	3	3.61	1.35
贝加尔针茅草甸草原	围栏内	4	8-10	二裂委陵菜	41	42	2	2.58	1.24
贝加尔针茅草甸草原	围栏内	4	8-10	日阴菅	27	29	6	62.57	32.1
贝加尔针茅草甸草原	围栏内	4	8-10	披针叶黄华	26	27	3	4.34	1.3
贝加尔针茅草甸草原	围栏内	4	8-10	伏毛山莓草	12	13	1	0.83	0.35
贝加尔针茅草甸草原	围栏内	4	8-10	羽茅	32	35	17	19.7	9.39
贝加尔针茅草甸草原	围栏内	4	8-10	裂叶荆芥	15	16	1	1.48	0.39

（续）

草地类型	利用方式	样方号	取样日期（月-日）	植物名称	自然高度/cm	绝对高度/cm	多度/［株（丛）/m²］	鲜生物量/（g/m²）	干生物量/（g/m²）
贝加尔针茅草甸草原	围栏内	4	8-10	铁杆蒿	34	35	5	16.85	6.35
贝加尔针茅草甸草原	围栏内	4	8-10	山野豌豆	27	28	4	26.34	6.06
贝加尔针茅草甸草原	围栏内	4	8-10	石竹	38	39	2	2.39	0.93
贝加尔针茅草甸草原	围栏内	4	8-10	枯落物				64.65	52.22
贝加尔针茅草甸草原	围栏内	5	8-10	羊草	51	51	146	203.05	103.18
贝加尔针茅草甸草原	围栏内	5	8-10	贝加尔针茅	80	85	6	15.27	8.04
贝加尔针茅草甸草原	围栏内	5	8-10	糙隐子草	10	11	2	0.69	0.32
贝加尔针茅草甸草原	围栏内	5	8-10	细叶葱	11	12	2	<0.3	
贝加尔针茅草甸草原	围栏内	5	8-10	细叶白头翁	24	26	26	39.95	13.88
贝加尔针茅草甸草原	围栏内	5	8-10	寸草苔	16	18	10	<0.3	
贝加尔针茅草甸草原	围栏内	5	8-10	双齿葱	19	21	8	8.45	2.16
贝加尔针茅草甸草原	围栏内	5	8-10	沙参	56	58	7	9.72	2.79
贝加尔针茅草甸草原	围栏内	5	8-10	蓬子菜	75	78	3	20.54	8.22
贝加尔针茅草甸草原	围栏内	5	8-10	麻花头	34	35	2	6	1.4
贝加尔针茅草甸草原	围栏内	5	8-10	轮叶委陵菜	6	8	1	<0.3	
贝加尔针茅草甸草原	围栏内	5	8-10	裂叶蒿	24	25	21	48.03	14.05
贝加尔针茅草甸草原	围栏内	5	8-10	冷蒿	5	10	3	1.18	0.41
贝加尔针茅草甸草原	围栏内	5	8-10	叉枝鸦葱	31	32	1	0.93	0.32
贝加尔针茅草甸草原	围栏内	5	8-10	扁蓿豆	21	24	6	3.17	1.13
贝加尔针茅草甸草原	围栏内	5	8-10	星毛委陵菜	1	2	3	2.17	0.86
贝加尔针茅草甸草原	围栏内	5	8-10	羽茅	41	43	6	3.58	1.52
贝加尔针茅草甸草原	围栏内	5	8-10	展枝唐松草	27	29	5	19.79	7.52
贝加尔针茅草甸草原	围栏内	5	8-10	洽草	19	22	3	1.8	0.77
贝加尔针茅草甸草原	围栏内	5	8-10	二裂委陵菜	25	27	4	1.34	0.66
贝加尔针茅草甸草原	围栏内	5	8-10	日阴菅	36	37	9	94.65	44.56
贝加尔针茅草甸草原	围栏内	5	8-10	粗根鸢尾	12	14	1	1.36	0.37
贝加尔针茅草甸草原	围栏内	5	8-10	伏毛山莓草	2	3	1	<0.3	
贝加尔针茅草甸草原	围栏内	5	8-10	山野豌豆	55	58	3	16.08	5.15
贝加尔针茅草甸草原	围栏内	5	8-10	披针叶黄华	29	30	2	3.79	1.17
贝加尔针茅草甸草原	围栏内	5	8-10	草木樨状黄芪	35	37	2	1.8	0.74
贝加尔针茅草甸草原	围栏内	6	8-10	羊草	34	35	66	62.94	31.35
贝加尔针茅草甸草原	围栏内	6	8-10	贝加尔针茅	85	102	7	15.81	8.76
贝加尔针茅草甸草原	围栏内	6	8-10	糙隐子草	10	11	7	6.35	2.98
贝加尔针茅草甸草原	围栏内	6	8-10	羽茅	20	21	1	0.5	0.26
贝加尔针茅草甸草原	围栏内	6	8-10	狭叶青蒿	20	36	26	29.09	11.22
贝加尔针茅草甸草原	围栏内	6	8-10	细叶葱	23	23	1	0.47	0.12
贝加尔针茅草甸草原	围栏内	6	8-10	细叶白头翁	12	14	20	27.71	6.8
贝加尔针茅草甸草原	围栏内	6	8-10	寸草苔	13	14	161	27.6	13.37

（续）

草地类型	利用方式	样方号	取样日期（月-日）	植物名称	自然高度/cm	绝对高度/cm	多度/〔株（丛）/m²〕	鲜生物量/（g/m²）	干生物量/（g/m²）
贝加尔针茅草甸草原	围栏内	6	8-10	双齿葱	14	15	1	0.35	0.12
贝加尔针茅草甸草原	围栏内	6	8-10	沙参	33	34	16	41.33	12.6
贝加尔针茅草甸草原	围栏内	6	8-10	蓬子菜	18	49	3	11.53	4.04
贝加尔针茅草甸草原	围栏内	6	8-10	麻花头	13	14	5	3.85	0.94
贝加尔针茅草甸草原	围栏内	6	8-10	轮叶委陵菜	12	20	2	0.49	0.15
贝加尔针茅草甸草原	围栏内	6	8-10	裂叶蒿	15	18	156	239.47	89.23
贝加尔针茅草甸草原	围栏内	6	8-10	红柴胡	23	24	2	0.82	0.37
贝加尔针茅草甸草原	围栏内	6	8-10	叉枝鸦葱	14	17	1	<0.3	
贝加尔针茅草甸草原	围栏内	6	8-10	扁蓿豆	19	30	1	4.04	1.57
贝加尔针茅草甸草原	围栏内	6	8-10	瓣蕊唐松草	16	17	13	13.08	4.5
贝加尔针茅草甸草原	围栏内	6	8-10	野韭	16	24	3	<0.3	
贝加尔针茅草甸草原	围栏内	6	8-10	洽草	16	17	5	2.08	0.88
贝加尔针茅草甸草原	围栏内	6	8-10	日阴菅	23	26	27	35.03	17.31
贝加尔针茅草甸草原	围栏内	6	8-10	裂叶荆芥	22	22	2	3.08	1
贝加尔针茅草甸草原	围栏内	6	8-10	棉团铁线莲	31	32	1	4.82	1.88
贝加尔针茅草甸草原	围栏内	6	8-10	异燕麦	8	9	1	<0.3	
贝加尔针茅草甸草原	围栏内	6	8-10	枯落物				24.2	20.6
贝加尔针茅草甸草原	围栏内	7	8-10	羊草	39	40	180	147.82	74
贝加尔针茅草甸草原	围栏内	7	8-10	贝加尔针茅	48	60	2	9.62	5.16
贝加尔针茅草甸草原	围栏内	7	8-10	糙隐子草	22	23	7	2.4	1.02
贝加尔针茅草甸草原	围栏内	7	8-10	细叶葱	6	7	1	<0.3	
贝加尔针茅草甸草原	围栏内	7	8-10	细叶白头翁	30	31	8	13.73	4.96
贝加尔针茅草甸草原	围栏内	7	8-10	寸草苔	14	21	165	25.15	14.09
贝加尔针茅草甸草原	围栏内	7	8-10	双齿葱	20	21	5	4.96	1.13
贝加尔针茅草甸草原	围栏内	7	8-10	沙参	37	39	4	3.79	1.12
贝加尔针茅草甸草原	围栏内	7	8-10	蓬子菜	19	20	3	2.9	0.93
贝加尔针茅草甸草原	围栏内	7	8-10	麻花头	35	36	6	20.89	6.52
贝加尔针茅草甸草原	围栏内	7	8-10	裂叶蒿	27	28	96	162.65	48.27
贝加尔针茅草甸草原	围栏内	7	8-10	菊叶委陵菜	44	45	1	7.07	2.7
贝加尔针茅草甸草原	围栏内	7	8-10	扁蓿豆	33	37	3	6.62	2.25
贝加尔针茅草甸草原	围栏内	7	8-10	阿尔泰狗娃花	21	22	20	24.41	7.87
贝加尔针茅草甸草原	围栏内	7	8-10	展枝唐松草	27	28	2	2.6	1.03
贝加尔针茅草甸草原	围栏内	7	8-10	洽草	26	27	1	0.71	0.31
贝加尔针茅草甸草原	围栏内	7	8-10	日阴菅	29	31	9	56.57	28.28
贝加尔针茅草甸草原	围栏内	7	8-10	羽茅	33	35	5	2.05	0.89
贝加尔针茅草甸草原	围栏内	7	8-10	列当	9	10	1	2.77	0.65
贝加尔针茅草甸草原	围栏内	7	8-10	米口袋	9	10	1	<0.3	
贝加尔针茅草甸草原	围栏内	7	8-10	狭叶野豌豆	36	39	3	2.84	1.13

（续）

草地类型	利用方式	样方号	取样日期（月-日）	植物名称	自然高度/cm	绝对高度/cm	多度/［株（丛）/m²］	鲜生物量/(g/m²)	干生物量/(g/m²)
贝加尔针茅草甸草原	围栏内	7	8-10	枯落物				44.29	37.42
贝加尔针茅草甸草原	围栏内	8	8-10	羊草	57	57	81	130.76	61.32
贝加尔针茅草甸草原	围栏内	8	8-10	贝加尔针茅	71	75	4	38.21	18.31
贝加尔针茅草甸草原	围栏内	8	8-10	糙隐子草	15	16	4	2.78	1.21
贝加尔针茅草甸草原	围栏内	8	8-10	狭叶青蒿	79	81	7	71.33	26.73
贝加尔针茅草甸草原	围栏内	8	8-10	细叶白头翁	16	18	7	8.35	2.56
贝加尔针茅草甸草原	围栏内	8	8-10	寸草苔	11	13	25	2.33	1.05
贝加尔针茅草甸草原	围栏内	8	8-10	沙参	75	75	4	15.72	4.5
贝加尔针茅草甸草原	围栏内	8	8-10	蓬子菜	42	47	3	11.87	3.93
贝加尔针茅草甸草原	围栏内	8	8-10	麻花头	30	30	5	19.22	5.06
贝加尔针茅草甸草原	围栏内	8	8-10	裂叶蒿	30	32	25	15.04	4.46
贝加尔针茅草甸草原	围栏内	8	8-10	扁蓿豆	26	29	3	1.69	0.4
贝加尔针茅草甸草原	围栏内	8	8-10	阿尔泰狗娃花	46	47	4	3.22	1
贝加尔针茅草甸草原	围栏内	8	8-10	展枝唐松草	41	42	5	18.51	6.08
贝加尔针茅草甸草原	围栏内	8	8-10	日阴菅	35	36	31	83.85	42.04
贝加尔针茅草甸草原	围栏内	8	8-10	早熟禾	59	60	2	<0.3	
贝加尔针茅草甸草原	围栏内	8	8-10	草木樨状黄芪	36	39	1	2.18	0.62
贝加尔针茅草甸草原	围栏内	8	8-10	异燕麦	36	37	2	2.37	0.85
贝加尔针茅草甸草原	围栏内	8	8-10	羽茅	45	47	2	2.84	1.52
贝加尔针茅草甸草原	围栏内	8	8-10	枯落物				23.56	18.73
贝加尔针茅草甸草原	围栏内	9	8-10	羊草	46	47	396	472.82	228.01
贝加尔针茅草甸草原	围栏内	9	8-10	贝加尔针茅	29	41	7	14.09	7.2
贝加尔针茅草甸草原	围栏内	9	8-10	糙隐子草	13	14	31	25.92	11.37
贝加尔针茅草甸草原	围栏内	9	8-10	细叶白头翁	26	27	12	19.62	5.49
贝加尔针茅草甸草原	围栏内	9	8-10	寸草苔	22	24	375	41.95	19.6
贝加尔针茅草甸草原	围栏内	9	8-10	双齿葱	10	11	1	<0.3	
贝加尔针茅草甸草原	围栏内	9	8-10	沙参	66	67	1	6.26	1.65
贝加尔针茅草甸草原	围栏内	9	8-10	麻花头	22	23	2	4.11	0.77
贝加尔针茅草甸草原	围栏内	9	8-10	裂叶蒿	33	34	2	8.03	2.25
贝加尔针茅草甸草原	围栏内	9	8-10	冷蒿	12	22	6	16.88	5.52
贝加尔针茅草甸草原	围栏内	9	8-10	菊叶委陵菜	32	33	1	3.26	1.03
贝加尔针茅草甸草原	围栏内	9	8-10	扁蓿豆	7	8	1	<0.3	
贝加尔针茅草甸草原	围栏内	9	8-10	羽茅	36	38	2	0.77	0.37
贝加尔针茅草甸草原	围栏内	9	8-10	阿尔泰狗娃花	35	37	6	8.76	2.69
贝加尔针茅草甸草原	围栏内	9	8-10	展枝唐松草	38	39	1	2.5	0.92
贝加尔针茅草甸草原	围栏内	9	8-10	洽草	22	23	3	1.35	0.5
贝加尔针茅草甸草原	围栏内	9	8-10	日阴菅	22	22	2	6.3	2.94
贝加尔针茅草甸草原	围栏内	9	8-10	早熟禾	37	38	1	2.56	1.21

（续）

草地类型	利用方式	样方号	取样日期（月-日）	植物名称	自然高度/cm	绝对高度/cm	多度/［株（丛）/m²］	鲜生物量/（g/m²）	干生物量/（g/m²）
贝加尔针茅草甸草原	围栏内	9	8-10	枯落物				51.95	41.1
贝加尔针茅草甸草原	围栏内	10	8-10	羊草	38	39	187	185.62	91.27
贝加尔针茅草甸草原	围栏内	10	8-10	贝加尔针茅	40	42	3	3.46	1.77
贝加尔针茅草甸草原	围栏内	10	8-10	糙隐子草	8	10	22	13.57	6.21
贝加尔针茅草甸草原	围栏内	10	8-10	羽茅	47	52	9	14.71	6.96
贝加尔针茅草甸草原	围栏内	10	8-10	细叶葱	27	28	2	1.03	0.21
贝加尔针茅草甸草原	围栏内	10	8-10	寸草苔	12	13	65	10.4	5.04
贝加尔针茅草甸草原	围栏内	10	8-10	双齿葱	27	28	6	4.65	1.3
贝加尔针茅草甸草原	围栏内	10	8-10	沙参	5	6	1	<0.3	
贝加尔针茅草甸草原	围栏内	10	8-10	蓬子菜	29	50	3	26.69	9.78
贝加尔针茅草甸草原	围栏内	10	8-10	麻花头	14	23	6	19.89	6.11
贝加尔针茅草甸草原	围栏内	10	8-10	轮叶委陵菜	16	17	1	<0.3	
贝加尔针茅草甸草原	围栏内	10	8-10	裂叶蒿	24	25	105	147.69	46.36
贝加尔针茅草甸草原	围栏内	10	8-10	柴胡	42	43	2	1.36	0.63
贝加尔针茅草甸草原	围栏内	10	8-10	扁蓿豆	17	18	6	4.72	1.63
贝加尔针茅草甸草原	围栏内	10	8-10	星毛委陵菜	2	3	1	<0.3	
贝加尔针茅草甸草原	围栏内	10	8-10	囊花鸢尾	50	59	1	6.86	2.46
贝加尔针茅草甸草原	围栏内	10	8-10	阿尔泰狗娃花	29	30	4	4.05	1.3
贝加尔针茅草甸草原	围栏内	10	8-10	展枝唐松草	32	32	11	17.35	6.48
贝加尔针茅草甸草原	围栏内	10	8-10	洽草	15	16	3	2.16	0.94
贝加尔针茅草甸草原	围栏内	10	8-10	日阴菅	40	50	25	30.7	16.71
贝加尔针茅草甸草原	围栏内	10	8-10	早熟禾	50	51	3	3.05	1.65
贝加尔针茅草甸草原	围栏内	10	8-10	裂叶荆芥	9	10	1	1.04	0.32
贝加尔针茅草甸草原	围栏内	10	8-10	枯落物				42.59	34.71
贝加尔针茅草甸草原	围栏外	1	8-10	羊草	10	11	86	16.54	6.27
贝加尔针茅草甸草原	围栏外	1	8-10	贝加尔针茅	26	29	1	2.51	1.14
贝加尔针茅草甸草原	围栏外	1	8-10	寸草苔	10	11	2 867	120.89	51.17
贝加尔针茅草甸草原	围栏外	1	8-10	菊叶委陵菜	9	10	3	2.56	0.68
贝加尔针茅草甸草原	围栏外	1	8-10	红柴胡	5	5	1	<0.3	
贝加尔针茅草甸草原	围栏外	1	8-10	独行菜	12	13	3	0.69	0.25
贝加尔针茅草甸草原	围栏外	1	8-10	野韭	13	14	30	8.39	1.23
贝加尔针茅草甸草原	围栏外	1	8-10	披针叶黄华	6	7	1	0.6	0.15
贝加尔针茅草甸草原	围栏外	2	8-10	羊草	12	13	46	7.67	2.92
贝加尔针茅草甸草原	围栏外	2	8-10	贝加尔针茅	19	22	20	12.48	5.81
贝加尔针茅草甸草原	围栏外	2	8-10	糙隐子草	6	8	7	10.34	4.1
贝加尔针茅草甸草原	围栏外	2	8-10	斜茎黄芪	2	6	3	1.09	0.53
贝加尔针茅草甸草原	围栏外	2	8-10	寸草苔	9	11	516	16.11	7.59
贝加尔针茅草甸草原	围栏外	2	8-10	沙参	4	5	1	<0.3	

（续）

草地类型	利用方式	样方号	取样日期（月-日）	植物名称	自然高度/cm	绝对高度/cm	多度/［株（丛）/m²］	鲜生物量/(g/m²)	干生物量/(g/m²)
贝加尔针茅草甸草原	围栏外	2	8-10	麻花头	2	5	6	4.36	1.1
贝加尔针茅草甸草原	围栏外	2	8-10	菊叶委陵菜	1	2	8	5.32	1.77
贝加尔针茅草甸草原	围栏外	2	8-10	扁蓿豆	5	6	1	<0.3	
贝加尔针茅草甸草原	围栏外	2	8-10	蒲公英	1	1	5	2.06	0.6
贝加尔针茅草甸草原	围栏外	2	8-10	阿尔泰狗娃花	4	4	3	2.4	0.83
贝加尔针茅草甸草原	围栏外	2	8-10	伏毛山莓草	2	5	4	4.28	1.81
贝加尔针茅草甸草原	围栏外	3	8-10	羊草	12	13	96	18.03	6.26
贝加尔针茅草甸草原	围栏外	3	8-10	糙隐子草	7	8	26	20.22	7.61
贝加尔针茅草甸草原	围栏外	3	8-10	细叶葱	16	17	1	2.05	0.4
贝加尔针茅草甸草原	围栏外	3	8-10	细叶白头翁	12	14	10	17.88	4.76
贝加尔针茅草甸草原	围栏外	3	8-10	寸草苔	12	13	2 643	119.64	46.87
贝加尔针茅草甸草原	围栏外	3	8-10	沙参	18	20	3	2.82	0.48
贝加尔针茅草甸草原	围栏外	3	8-10	麻花头	7	8	2	1.95	0.32
贝加尔针茅草甸草原	围栏外	3	8-10	裂叶蒿	13	15	29	23.28	5.13
贝加尔针茅草甸草原	围栏外	3	8-10	冷蒿	12	13	3	13.37	3.8
贝加尔针茅草甸草原	围栏外	3	8-10	菊叶委陵菜	12	15	4	8.15	2.2
贝加尔针茅草甸草原	围栏外	3	8-10	叉枝鸦葱	14	18	2	0.83	0.15
贝加尔针茅草甸草原	围栏外	3	8-10	扁蓿豆	6	8	1	<0.3	
贝加尔针茅草甸草原	围栏外	3	8-10	蒲公英	8	10	2	2.56	0.52
贝加尔针茅草甸草原	围栏外	3	8-10	展枝唐松草	5	6	1	0.44	0.09
贝加尔针茅草甸草原	围栏外	3	8-10	洽草	14	16	2	2.68	0.95
贝加尔针茅草甸草原	围栏外	3	8-10	早熟禾	4	5	3	1.48	0.54
贝加尔针茅草甸草原	围栏外	3	8-10	披针叶黄华	7	8	2	0.98	0.28
贝加尔针茅草甸草原	围栏外	3	8-10	羽茅	14	17	1	0.83	0.32
贝加尔针茅草甸草原	围栏外	4	8-10	羊草	21	24	21	7.78	3.31
贝加尔针茅草甸草原	围栏外	4	8-10	贝加尔针茅	7	8	6	4.06	2.15
贝加尔针茅草甸草原	围栏外	4	8-10	糙隐子草	11	12	8	6.25	2.12
贝加尔针茅草甸草原	围栏外	4	8-10	羽茅	26	27	30	14.94	6.55
贝加尔针茅草甸草原	围栏外	4	8-10	斜茎黄芪	8	10	5	3.35	0.85
贝加尔针茅草甸草原	围栏外	4	8-10	细叶葱	14	15	1	<0.3	
贝加尔针茅草甸草原	围栏外	4	8-10	细叶白头翁	12	14	15	32.68	10.73
贝加尔针茅草甸草原	围栏外	4	8-10	黄蒿	26	27	1	3.8	1.35
贝加尔针茅草甸草原	围栏外	4	8-10	寸草苔	7	8	21	16.26	7.98
贝加尔针茅草甸草原	围栏外	4	8-10	双齿葱	4	5	3	2.34	0.78
贝加尔针茅草甸草原	围栏外	4	8-10	沙参	6	8	1	1.12	0.25
贝加尔针茅草甸草原	围栏外	4	8-10	麻花头	8	18	11	12.88	3.23
贝加尔针茅草甸草原	围栏外	4	8-10	轮叶委陵菜	8	14	3	0.44	0.25
贝加尔针茅草甸草原	围栏外	4	8-10	裂叶蒿	6	12	11	13.58	2.99

（续）

草地类型	利用方式	样方号	取样日期（月-日）	植物名称	自然高度/cm	绝对高度/cm	多度/〔株（丛）/m²〕	鲜生物量/（g/m²）	干生物量/（g/m²）
贝加尔针茅草甸草原	围栏外	4	8-10	冷蒿	8	13	2	<0.3	
贝加尔针茅草甸草原	围栏外	4	8-10	菊叶委陵菜	3	6	2	1.45	0.45
贝加尔针茅草甸草原	围栏外	4	8-10	红柴胡	14	15	1	<0.3	
贝加尔针茅草甸草原	围栏外	4	8-10	叉枝鸦葱	7	8	3	1.14	0.26
贝加尔针茅草甸草原	围栏外	4	8-10	扁蓿豆	5	6	2	1.86	0.6
贝加尔针茅草甸草原	围栏外	4	8-10	囊花鸢尾	13	19	1	0.63	0.23
贝加尔针茅草甸草原	围栏外	4	8-10	蒲公英	2	3	10	5.69	1.44
贝加尔针茅草甸草原	围栏外	4	8-10	阿尔泰狗娃花	13	14	3	2.81	0.78
贝加尔针茅草甸草原	围栏外	4	8-10	展枝唐松草	11	13	6	3.78	1.1
贝加尔针茅草甸草原	围栏外	4	8-10	洽草	20	29	3	7.49	2.04
贝加尔针茅草甸草原	围栏外	4	8-10	二裂委陵菜	20	21	6		
贝加尔针茅草甸草原	围栏外	4	8-10	狗舌草	3	4	1	<0.3	
贝加尔针茅草甸草原	围栏外	4	8-10	日阴菅	16	16	5	32.18	14.17
贝加尔针茅草甸草原	围栏外	4	8-10	早熟禾	36	37	3	0.86	0.37
贝加尔针茅草甸草原	围栏外	4	8-10	苦卖菜	15	16	1	<0.3	
贝加尔针茅草甸草原	围栏外	4	8-10	米口袋	4	5	1	<0.3	
贝加尔针茅草甸草原	围栏外	4	8-10	异燕麦	8	9	1	<0.3	
贝加尔针茅草甸草原	围栏外	4	8-10	裂叶荆芥	15	15	25	45.55	13.53
贝加尔针茅草甸草原	围栏外	4	8-10	狭叶野豌豆	12	13	5	1.28	0.28
贝加尔针茅草甸草原	围栏外	4	8-10	土三七	8	9	2	5.14	0.66
贝加尔针茅草甸草原	围栏外	4	8-10	火绒草	6	7	1	0.72	0.28
贝加尔针茅草甸草原	围栏外	4	8-10	鳞叶龙胆	5	6	1	<0.3	
贝加尔针茅草甸草原	围栏外	5	8-10	羊草	11	11	76	13.35	4.35
贝加尔针茅草甸草原	围栏外	5	8-10	贝加尔针茅	25	27	1	1.03	0.46
贝加尔针茅草甸草原	围栏外	5	8-10	糙隐子草	6	7	4	9.81	4
贝加尔针茅草甸草原	围栏外	5	8-10	斜茎黄芪	6	8	8	4.56	1.17
贝加尔针茅草甸草原	围栏外	5	8-10	细叶白头翁	12	13	3	4.66	1.65
贝加尔针茅草甸草原	围栏外	5	8-10	寸草苔	15	17	98	15.16	6.88
贝加尔针茅草甸草原	围栏外	5	8-10	蓬子菜	17	18	2		
贝加尔针茅草甸草原	围栏外	5	8-10	麻花头	5	10	5	8.99	1.78
贝加尔针茅草甸草原	围栏外	5	8-10	轮叶委陵菜	6	8	1	0.36	0.16
贝加尔针茅草甸草原	围栏外	5	8-10	裂叶蒿	6	8	4	1.59	0.35
贝加尔针茅草甸草原	围栏外	5	8-10	菊叶委陵菜	6	7	2	1.03	0.32
贝加尔针茅草甸草原	围栏外	5	8-10	囊花鸢尾	36	39	1	2.36	1.01
贝加尔针茅草甸草原	围栏外	5	8-10	羽茅	18	20	2	2.39	0.99
贝加尔针茅草甸草原	围栏外	5	8-10	蒲公英	2	8	2	2.95	0.37
贝加尔针茅草甸草原	围栏外	5	8-10	洽草	6	8	4	2.7	1.16
贝加尔针茅草甸草原	围栏外	5	8-10	日阴菅	5	9	5	10.26	3.93

（续）

草地类型	利用方式	样方号	取样日期（月-日）	植物名称	自然高度/cm	绝对高度/cm	多度/〔株（丛）/m²〕	鲜生物量/（g/m²）	干生物量/（g/m²）
贝加尔针茅草甸草原	围栏外	5	8-10	早熟禾	4	6	1	<0.3	
贝加尔针茅草甸草原	围栏外	5	8-10	伏毛山莓草	35	36	1	3.78	1.53
贝加尔针茅草甸草原	围栏外	5	8-10	裂叶荆芥	5	6	2	0.73	0.1
贝加尔针茅草甸草原	围栏外	5	8-10	变蒿	20	22	2	6.94	1.61
贝加尔针茅草甸草原	围栏外	5	8-10	米口袋	14	18	3	1.23	0.27
贝加尔针茅草甸草原	围栏外	5	8-10	披针叶黄华	19	20	1	2.07	0.62
贝加尔针茅草甸草原	围栏外	6	8-10	羊草	12	15	11	1.67	0.35
贝加尔针茅草甸草原	围栏外	6	8-10	贝加尔针茅	16	18	5	11.81	5.25
贝加尔针茅草甸草原	围栏外	6	8-10	糙隐子草	8	9	16	10.18	3.77
贝加尔针茅草甸草原	围栏外	6	8-10	狭叶青蒿	48	51	3	46.91	15.05
贝加尔针茅草甸草原	围栏外	6	8-10	细叶葱	17	19	3	1.38	0.17
贝加尔针茅草甸草原	围栏外	6	8-10	细叶白头翁	9	11	5	4.25	1.26
贝加尔针茅草甸草原	围栏外	6	8-10	寸草苔	14	17	1385	67.5	27.68
贝加尔针茅草甸草原	围栏外	6	8-10	双齿葱	7	8	2	1.5	0.35
贝加尔针茅草甸草原	围栏外	6	8-10	麻花头	9	10	7	9.72	2.5
贝加尔针茅草甸草原	围栏外	6	8-10	冷蒿	8	11	3	8.19	2.62
贝加尔针茅草甸草原	围栏外	6	8-10	菊叶委陵菜	6	7	3	1.98	0.7
贝加尔针茅草甸草原	围栏外	6	8-10	蒲公英	2	5	5	4.71	1.02
贝加尔针茅草甸草原	围栏外	6	8-10	展枝唐松草	4	4	2	0.32	0.1
贝加尔针茅草甸草原	围栏外	6	8-10	洽草	7	7	3	1.58	0.57
贝加尔针茅草甸草原	围栏外	6	8-10	二裂委陵菜	2	2	4	1.35	0.35
贝加尔针茅草甸草原	围栏外	6	8-10	日阴菅	2	3	2	0.87	0.41
贝加尔针茅草甸草原	围栏外	6	8-10	裂叶荆芥	3	3	1	<0.3	
贝加尔针茅草甸草原	围栏外	6	8-10	达乌里芯芭	4	4	1	<0.3	
贝加尔针茅草甸草原	围栏外	6	8-10	野韭	12	21	4	1.44	0.18
贝加尔针茅草甸草原	围栏外	6	8-10	变蒿	8	10	4	3.62	0.8
贝加尔针茅草甸草原	围栏外	7	8-10	羊草	11	11	40	8.35	3.07
贝加尔针茅草甸草原	围栏外	7	8-10	贝加尔针茅	13	16	13	21.8	9.85
贝加尔针茅草甸草原	围栏外	7	8-10	糙隐子草	3	4	10	9.06	3.36
贝加尔针茅草甸草原	围栏外	7	8-10	斜茎黄芪	12	13	2	1.7	0.41
贝加尔针茅草甸草原	围栏外	7	8-10	狭叶青蒿	13	14	3	4.05	0.9
贝加尔针茅草甸草原	围栏外	7	8-10	细叶葱	5	6	1	<0.3	
贝加尔针茅草甸草原	围栏外	7	8-10	细叶白头翁	14	15	1	1.42	0.46
贝加尔针茅草甸草原	围栏外	7	8-10	寸草苔	12	17	2943	130.43	55.55
贝加尔针茅草甸草原	围栏外	7	8-10	双齿葱	3	3	1	<0.3	
贝加尔针茅草甸草原	围栏外	7	8-10	麻花头	3	4	1	<0.3	
贝加尔针茅草甸草原	围栏外	7	8-10	裂叶蒿	15	16	4	2.95	0.58
贝加尔针茅草甸草原	围栏外	7	8-10	菊叶委陵菜	9	10	3	2.24	0.69

（续）

草地类型	利用方式	样方号	取样日期（月-日）	植物名称	自然高度/cm	绝对高度/cm	多度/〔株（丛）/m²〕	鲜生物量/（g/m²）	干生物量/（g/m²）
贝加尔针茅草甸草原	围栏外	7	8-10	红柴胡	3	4	1	<0.3	
贝加尔针茅草甸草原	围栏外	7	8-10	蒲公英	2	6	3	1.15	0.03
贝加尔针茅草甸草原	围栏外	7	8-10	伏毛山莓草	2	4	2	12.16	5.8
贝加尔针茅草甸草原	围栏外	7	8-10	独行菜	7	8	12	2.12	0.59
贝加尔针茅草甸草原	围栏外	7	8-10	变蒿	7	8	1	1.85	0.23
贝加尔针茅草甸草原	围栏外	7	8-10	黄蒿	14	16	2	5.84	1.55
贝加尔针茅草甸草原	围栏外	7	8-10	野韭	9	10	5	0.63	0.08
贝加尔针茅草甸草原	围栏外	8	8-10	羊草	35	35	52	30.76	11.95
贝加尔针茅草甸草原	围栏外	8	8-10	贝加尔针茅	56	58	3	19.16	9.35
贝加尔针茅草甸草原	围栏外	8	8-10	糙隐子草	10	11	7	10.76	4.14
贝加尔针茅草甸草原	围栏外	8	8-10	斜茎黄芪	26	28	8	18.7	7.45
贝加尔针茅草甸草原	围栏外	8	8-10	细叶白头翁	21	24	19	49.91	16.64
贝加尔针茅草甸草原	围栏外	8	8-10	寸草苔	16	18	45	6.52	2.89
贝加尔针茅草甸草原	围栏外	8	8-10	沙参	15	16	1	<0.3	
贝加尔针茅草甸草原	围栏外	8	8-10	麻花头	21	23	8	21.32	4.12
贝加尔针茅草甸草原	围栏外	8	8-10	轮叶委陵菜	5	7	1	<0.3	
贝加尔针茅草甸草原	围栏外	8	8-10	裂叶蒿	35	37	41	45.49	12
贝加尔针茅草甸草原	围栏外	8	8-10	冷蒿	15	25	2	10.38	3.74
贝加尔针茅草甸草原	围栏外	8	8-10	扁蓿豆	15	16	2	2.74	0.83
贝加尔针茅草甸草原	围栏外	8	8-10	展枝唐松草	19	21	3	3.03	0.96
贝加尔针茅草甸草原	围栏外	8	8-10	洽草	45	45	8	12.54	4.87
贝加尔针茅草甸草原	围栏外	8	8-10	日阴菅	6	8	2	5.42	2.22
贝加尔针茅草甸草原	围栏外	8	8-10	黄芩	11	11	2	1.79	0.52
贝加尔针茅草甸草原	围栏外	8	8-10	早熟禾	55	56	9	3.69	1.8
贝加尔针茅草甸草原	围栏外	8	8-10	伏毛山莓草	6	8	1	1.54	0.48
贝加尔针茅草甸草原	围栏外	8	8-10	乳浆大戟	14	15	1	<0.3	
贝加尔针茅草甸草原	围栏外	8	8-10	裂叶荆芥	9	10	5	20.93	6.39
贝加尔针茅草甸草原	围栏外	8	8-10	达乌里芯芭	21	22	2	<0.3	
贝加尔针茅草甸草原	围栏外	8	8-10	羽茅	35	38	6	13.88	5.76
贝加尔针茅草甸草原	围栏外	8	8-10	狭叶野豌豆	35	37	1	1.14	0.37
贝加尔针茅草甸草原	围栏外	9	8-10	羊草	17	19	7	2.21	0.75
贝加尔针茅草甸草原	围栏外	9	8-10	贝加尔针茅	14	15	6	7.62	3.49
贝加尔针茅草甸草原	围栏外	9	8-10	糙隐子草	4	5	23	27.6	11.34
贝加尔针茅草甸草原	围栏外	9	8-10	斜茎黄芪	12	13	4	3.08	0.8
贝加尔针茅草甸草原	围栏外	9	8-10	细叶葱	8	9	1	<0.3	
贝加尔针茅草甸草原	围栏外	9	8-10	细叶白头翁	14	17	16	33.42	11.43
贝加尔针茅草甸草原	围栏外	9	8-10	寸草苔	13	17	1984	67.98	31.39
贝加尔针茅草甸草原	围栏外	9	8-10	双齿葱	7	8	1	1.06	0.3

（续）

草地类型	利用方式	样方号	取样日期（月-日）	植物名称	自然高度/cm	绝对高度/cm	多度/［株（丛）/m²］	鲜生物量/（g/m²）	干生物量/（g/m²）
贝加尔针茅草甸草原	围栏外	9	8-10	蓬子菜	5	6	1	0.66	0.5
贝加尔针茅草甸草原	围栏外	9	8-10	麻花头	6	10	8	6.95	1.35
贝加尔针茅草甸草原	围栏外	9	8-10	轮叶委陵菜	7	8	3	1.83	0.92
贝加尔针茅草甸草原	围栏外	9	8-10	裂叶蒿	10	11	22	11.42	4.25
贝加尔针茅草甸草原	围栏外	9	8-10	红柴胡	3	4	1	<0.3	
贝加尔针茅草甸草原	围栏外	9	8-10	星毛委陵菜	2	3	2	34.31	13.05
贝加尔针茅草甸草原	围栏外	9	8-10	阿尔泰狗娃花	10	12	7	3.73	1.05
贝加尔针茅草甸草原	围栏外	9	8-10	展枝唐松草	9	10	1	0.73	0.2
贝加尔针茅草甸草原	围栏外	9	8-10	洽草	10	12	3	2.37	0.98
贝加尔针茅草甸草原	围栏外	9	8-10	早熟禾	7	7	4	2.65	1.21
贝加尔针茅草甸草原	围栏外	10	8-10	羊草	21	22	50	19.42	8.55
贝加尔针茅草甸草原	围栏外	10	8-10	贝加尔针茅	23	24	7	7.88	4.08
贝加尔针茅草甸草原	围栏外	10	8-10	糙隐子草	8	9	11	12.39	5.67
贝加尔针茅草甸草原	围栏外	10	8-10	羽茅	15	30	34	18.05	8.73
贝加尔针茅草甸草原	围栏外	10	8-10	斜茎黄芪	11	18	9	6.93	1.81
贝加尔针茅草甸草原	围栏外	10	8-10	狭叶青蒿	25	31	21	70.58	22.76
贝加尔针茅草甸草原	围栏外	10	8-10	细叶葱	12	13	1	<0.3	
贝加尔针茅草甸草原	围栏外	10	8-10	细叶白头翁	9	10	30	57.34	22.44
贝加尔针茅草甸草原	围栏外	10	8-10	寸草苔	8	9	68	13.31	6.46
贝加尔针茅草甸草原	围栏外	10	8-10	蓬子菜	11	12	3	4.45	1.18
贝加尔针茅草甸草原	围栏外	10	8-10	麻花头	14	15	6	7.27	1.66
贝加尔针茅草甸草原	围栏外	10	8-10	裂叶蒿	9	10	75	80.5	21.42
贝加尔针茅草甸草原	围栏外	10	8-10	冷蒿	26	29	1	5.28	1.79
贝加尔针茅草甸草原	围栏外	10	8-10	苦卖菜	11	12	1	<0.3	
贝加尔针茅草甸草原	围栏外	10	8-10	红柴胡	12	21	1	<0.3	
贝加尔针茅草甸草原	围栏外	10	8-10	扁蓿豆	19	21	1	<0.3	
贝加尔针茅草甸草原	围栏外	10	8-10	火绒草	3	4	1	<0.3	
贝加尔针茅草甸草原	围栏外	10	8-10	展枝唐松草	8	9	11	8.77	2.62
贝加尔针茅草甸草原	围栏外	10	8-10	洽草	39	48	7	5.35	2.39
贝加尔针茅草甸草原	围栏外	10	8-10	狗舌草	3	4	1	1.21	0.27
贝加尔针茅草甸草原	围栏外	10	8-10	日阴菅	12	13	3	1.47	0.65
贝加尔针茅草甸草原	围栏外	10	8-10	异燕麦	7	8	3	3.74	1.46
贝加尔针茅草甸草原	围栏外	10	8-10	早熟禾	31	46	2	4.13	2.18
贝加尔针茅草甸草原	围栏外	10	8-10	米口袋	6	15	3	2.66	0.63
贝加尔针茅草甸草原	围栏外	10	8-10	裂叶荆芥	20	21	4	11.69	3.6
贝加尔针茅草甸草原	围栏外	10	8-10	土三七	4	5	1	<0.3	

注：表中<0.3 或<0.5 表示生物量极少，估计质量小于 0.3 g 或 0.5 g。

2011 年综合观测场群落种类组成见表 3-4。

表 3-4　2011 年综合观测场群落种类组成（样方面积：1 m×1 m）

草地类型	利用方式	样方号	取样日期（月-日）	植物名称	自然高度/cm	绝对高度/cm	多度/[株（丛）/m²]	鲜生物量/(g/m²)	干生物量/(g/m²)
贝加尔针茅草甸草原	围栏内	1	8-12	羊草	59	60	913	642.95	339.98
贝加尔针茅草甸草原	围栏内	1	8-12	糙隐子草	21	22	4	3.91	1.72
贝加尔针茅草甸草原	围栏内	1	8-12	苔草	19	20	6	0.2	
贝加尔针茅草甸草原	围栏内	1	8-12	麻花头	29	30	1	1.29	0.45
贝加尔针茅草甸草原	围栏内	1	8-12	裂叶蒿	34	35	8	6.98	2.12
贝加尔针茅草甸草原	围栏内	1	8-12	二裂委陵菜	41	42	3	17.07	8.15
贝加尔针茅草甸草原	围栏内	1	8-12	羽茅	98	99	5	6.28	3.2
贝加尔针茅草甸草原	围栏内	1	8-12	披针叶黄华	25	26	2	2.37	0.55
贝加尔针茅草甸草原	围栏内	1	8-12	枯落物				204.3	187.92
贝加尔针茅草甸草原	围栏内	2	8-12	羊草	60	70	396	301.67	146.81
贝加尔针茅草甸草原	围栏内	2	8-12	贝加尔针茅	29	30	4	1.43	0.79
贝加尔针茅草甸草原	围栏内	2	8-12	糙隐子草	18	19	9	3.26	1.45
贝加尔针茅草甸草原	围栏内	2	8-12	细叶葱	10	12	1	0.2	
贝加尔针茅草甸草原	围栏内	2	8-12	细叶白头翁	15	16	23	27.51	9.76
贝加尔针茅草甸草原	围栏内	2	8-12	羽茅	30	38	26	32.01	14.57
贝加尔针茅草甸草原	围栏内	2	8-12	苔草	8	9	35	11.18	5.2
贝加尔针茅草甸草原	围栏内	2	8-12	蓬子菜	45	48	2	10.52	3.25
贝加尔针茅草甸草原	围栏内	2	8-12	变蒿	7	8	1	0.2	
贝加尔针茅草甸草原	围栏内	2	8-12	轮叶委陵菜	7	8	1	0.2	
贝加尔针茅草甸草原	围栏内	2	8-12	裂叶蒿	35	36	25	40.96	11.79
贝加尔针茅草甸草原	围栏内	2	8-12	冷蒿	25	26	2	6.55	2.58
贝加尔针茅草甸草原	围栏内	2	8-12	石竹	35	36	2	5.17	1.7
贝加尔针茅草甸草原	围栏内	2	8-12	囊花鸢尾	45	54	4	19.88	6.6
贝加尔针茅草甸草原	围栏内	2	8-12	阿尔泰狗娃花	45	48	3	3.61	1.19
贝加尔针茅草甸草原	围栏内	2	8-12	展枝唐松草	45	45	6	32.91	10.33
贝加尔针茅草甸草原	围栏内	2	8-12	洽草	18	19	6	2.31	1.09
贝加尔针茅草甸草原	围栏内	2	8-12	日阴菅	18	19	5	13.57	6.11
贝加尔针茅草甸草原	围栏内	2	8-12	多裂叶荆芥	17	18	1	1.42	0.37
贝加尔针茅草甸草原	围栏内	2	8-12	山野豌豆	66	70	8	116.12	38.11
贝加尔针茅草甸草原	围栏内	2	8-12	枯落物				157.24	132.57
贝加尔针茅草甸草原	围栏内	3	8-12	羊草	62	63	191	228.4	126.57
贝加尔针茅草甸草原	围栏内	3	8-12	贝加尔针茅	60	63	7	37.9	21.85
贝加尔针茅草甸草原	围栏内	3	8-12	糙隐子草	11	12	1	0.52	0.19
贝加尔针茅草甸草原	围栏内	3	8-12	细叶白头翁	23	24	9	18.37	5.96
贝加尔针茅草甸草原	围栏内	3	8-12	沙参	65	66	1	7.1	2.11
贝加尔针茅草甸草原	围栏内	3	8-12	蓬子菜	40	41	2	3.59	1.04
贝加尔针茅草甸草原	围栏内	3	8-12	麻花头	44	45	2	8.26	3.2

（续）

草地类型	利用方式	样方号	取样日期（月-日）	植物名称	自然高度/cm	绝对高度/cm	多度/［株（丛）/m²］	鲜生物量/（g/m²）	干生物量/（g/m²）
贝加尔针茅草甸草原	围栏内	3	8-12	轮叶委陵菜	3	3	1	<0.3	
贝加尔针茅草甸草原	围栏内	3	8-12	裂叶蒿	32	33	21	36.53	11.44
贝加尔针茅草甸草原	围栏内	3	8-12	冷蒿	21	22	1	1.47	0.53
贝加尔针茅草甸草原	围栏内	3	8-12	羽茅	52	53	31	16.63	8.78
贝加尔针茅草甸草原	围栏内	3	8-12	囊花鸢尾	63	64	2	11.88	3.97
贝加尔针茅草甸草原	围栏内	3	8-12	阿尔泰狗娃花	37	38	1	1.12	0.16
贝加尔针茅草甸草原	围栏内	3	8-12	展枝唐松草	40	41	12	33.84	11.47
贝加尔针茅草甸草原	围栏内	3	8-12	洽草	13	14	1	0.45	0.27
贝加尔针茅草甸草原	围栏内	3	8-12	日阴菅	27	28	15	50.87	26.07
贝加尔针茅草甸草原	围栏内	3	8-12	火绒草	28	29	2	5.32	1.88
贝加尔针茅草甸草原	围栏内	3	8-12	多裂叶荆芥	3	4	1	<0.3	
贝加尔针茅草甸草原	围栏内	3	8-12	枯落物				194.76	161.3
贝加尔针茅草甸草原	围栏内	4	8-12	羊草	56	56	260	273.29	146.04
贝加尔针茅草甸草原	围栏内	4	8-12	贝加尔针茅	58	60	6	49.46	27.45
贝加尔针茅草甸草原	围栏内	4	8-12	细叶白头翁	5	6	11	14.6	4.77
贝加尔针茅草甸草原	围栏内	4	8-12	苔草	12	14	84	15.03	7.14
贝加尔针茅草甸草原	围栏内	4	8-12	麻花头	58	58	3	16.75	5.4
贝加尔针茅草甸草原	围栏内	4	8-12	轮叶委陵菜	3	3	1	0.2	
贝加尔针茅草甸草原	围栏内	4	8-12	裂叶蒿	3	3	1	0.2	
贝加尔针茅草甸草原	围栏内	4	8-12	冷蒿	1	3	1	0.2	
贝加尔针茅草甸草原	围栏内	4	8-12	阿尔泰狗娃花	37	39	9	14.12	4.3
贝加尔针茅草甸草原	围栏内	4	8-12	展枝唐松草	35	36	5	28.19	9.27
贝加尔针茅草甸草原	围栏内	4	8-12	洽草	24	26	3	3.15	1.35
贝加尔针茅草甸草原	围栏内	4	8-12	日阴菅	30	32	25	68.95	36.9
贝加尔针茅草甸草原	围栏内	4	8-12	早熟禾	39	40	2	2.84	1.64
贝加尔针茅草甸草原	围栏内	4	8-12	多裂叶荆芥	7	7	2	0.77	0.26
贝加尔针茅草甸草原	围栏内	4	8-12	异燕麦	36	38	1	5.52	2.09
贝加尔针茅草甸草原	围栏内	4	8-12	羽茅	39	41	6	11.8	5.8
贝加尔针茅草甸草原	围栏内	4	8-12	枯落物				82.25	68.103
贝加尔针茅草甸草原	围栏内	5	8-12	羊草	79	80	811	351.5	184.2
贝加尔针茅草甸草原	围栏内	5	8-12	贝加尔针茅	20	22	1	0.2	
贝加尔针茅草甸草原	围栏内	5	8-12	糙隐子草	19	20	7	23.74	12.51
贝加尔针茅草甸草原	围栏内	5	8-12	细叶白头翁	12	13	8	7.8	2.4
贝加尔针茅草甸草原	围栏内	5	8-12	苔草	17	18	27	9.88	5.12
贝加尔针茅草甸草原	围栏内	5	8-12	麻花头	39	40	5	11.07	2.76
贝加尔针茅草甸草原	围栏内	5	8-12	囊花鸢尾	60	61	2	6.77	2.07
贝加尔针茅草甸草原	围栏内	5	8-12	展枝唐松草	29	30	4	6.03	1.98
贝加尔针茅草甸草原	围栏内	5	8-12	伏毛山莓草	4	5	1	0.2	

（续）

草地类型	利用方式	样方号	取样日期（月-日）	植物名称	自然高度/cm	绝对高度/cm	多度/〔株（丛）/m²〕	鲜生物量/（g/m²）	干生物量/（g/m²）
贝加尔针茅草甸草原	围栏内	5	8-12	粗根鸢尾	26	27	1	0.63	0.18
贝加尔针茅草甸草原	围栏内	5	8-12	披针叶黄华	38	39	2	6.54	1.86
贝加尔针茅草甸草原	围栏内	5	8-12	羽茅	79	80	15	21.9	11.97
贝加尔针茅草甸草原	围栏内	5	8-12	枯落物				178.41	169.1
贝加尔针茅草甸草原	围栏内	6	8-12	羊草	51	52	41	35.85	17.26
贝加尔针茅草甸草原	围栏内	6	8-12	贝加尔针茅	72	74	8	45.23	23.95
贝加尔针茅草甸草原	围栏内	6	8-12	狭叶青蒿	61	62	42	149.82	57.16
贝加尔针茅草甸草原	围栏内	6	8-12	细叶白头翁	17	18	12	14.71	5.14
贝加尔针茅草甸草原	围栏内	6	8-12	苔草	16	17	18	2.81	1.25
贝加尔针茅草甸草原	围栏内	6	8-12	沙参	57	58	1	3.5	0.95
贝加尔针茅草甸草原	围栏内	6	8-12	蓬子菜	47	48	2	4.74	2
贝加尔针茅草甸草原	围栏内	6	8-12	麻花头	37	38	3	16.77	6.28
贝加尔针茅草甸草原	围栏内	6	8-12	轮叶委陵菜	3	4	1	<0.3	
贝加尔针茅草甸草原	围栏内	6	8-12	裂叶蒿	25	26	46	79.73	24.17
贝加尔针茅草甸草原	围栏内	6	8-12	粗根鸢尾	14	15	1	0.84	0.26
贝加尔针茅草甸草原	围栏内	6	8-12	羽茅	50	51	9	8.11	3.96
贝加尔针茅草甸草原	围栏内	6	8-12	囊花鸢尾	57	58	1	7.15	2.24
贝加尔针茅草甸草原	围栏内	6	8-12	展枝唐松草	47	48	6	26.86	9.1
贝加尔针茅草甸草原	围栏内	6	8-12	洽草	27	28	1	1.32	0.53
贝加尔针茅草甸草原	围栏内	6	8-12	二裂委陵菜	27	28	5	14.74	6.29
贝加尔针茅草甸草原	围栏内	6	8-12	日阴菅	40	43	16	43.73	21.45
贝加尔针茅草甸草原	围栏内	6	8-12	山野豌豆	41	60	3	42.08	12.29
贝加尔针茅草甸草原	围栏内	6	8-12	铁杆蒿	37	38	3	8.72	3.08
贝加尔针茅草甸草原	围栏内	6	8-12	多裂叶荆芥	13	14	1	1.3	0.3
贝加尔针茅草甸草原	围栏内	6	8-12	野韭	37	38	11	8.38	1.29
贝加尔针茅草甸草原	围栏内	6	8-12	火绒草	27	28	2	4.77	1.87
贝加尔针茅草甸草原	围栏内	6	8-12	枯落物				194.87	161.352
贝加尔针茅草甸草原	围栏内	7	8-12	羊草	60	65	230	177.25	95.25
贝加尔针茅草甸草原	围栏内	7	8-12	贝加尔针茅	40	50	9	29.2	16.15
贝加尔针茅草甸草原	围栏内	7	8-12	糙隐子草	18	19	14	8.92	4.3
贝加尔针茅草甸草原	围栏内	7	8-12	羽茅	23	24	11	6.14	2.85
贝加尔针茅草甸草原	围栏内	7	8-12	斜茎黄芪	30	32	1	1.89	0.52
贝加尔针茅草甸草原	围栏内	7	8-12	狭叶青蒿	35	36	1	0.9	0.3
贝加尔针茅草甸草原	围栏内	7	8-12	细叶葱	46	47	2	1.4	0.37
贝加尔针茅草甸草原	围栏内	7	8-12	细叶白头翁	17	18	6	9.28	3.27
贝加尔针茅草甸草原	围栏内	7	8-12	苔草	7	8	60	18.92	9.14
贝加尔针茅草甸草原	围栏内	7	8-12	沙参	55	57	1	1.54	0.45
贝加尔针茅草甸草原	围栏内	7	8-12	蓬子菜	18	19	1	2.43	0.81

（续）

草地类型	利用方式	样方号	取样日期（月-日）	植物名称	自然高度/cm	绝对高度/cm	多度/[株（丛）/m²]	鲜生物量/（g/m²）	干生物量/（g/m²）
贝加尔针茅草甸草原	围栏内	7	8-12	麻花头	46	48	6	17.93	6.98
贝加尔针茅草甸草原	围栏内	7	8-12	轮叶委陵菜	7	8	1	0.2	
贝加尔针茅草甸草原	围栏内	7	8-12	裂叶蒿	18	18	166	196.52	63.26
贝加尔针茅草甸草原	围栏内	7	8-12	冷蒿	18	19	6	26.2	9.63
贝加尔针茅草甸草原	围栏内	7	8-12	粗根鸢尾	9	10	8	2.81	0.87
贝加尔针茅草甸草原	围栏内	7	8-12	阿尔泰狗娃花	18	19	7	7.49	2.17
贝加尔针茅草甸草原	围栏内	7	8-12	展枝唐松草	33	33	6	17.33	5.77
贝加尔针茅草甸草原	围栏内	7	8-12	洽草	15	16	6	2.51	1.18
贝加尔针茅草甸草原	围栏内	7	8-12	二裂委陵菜	26	27	2	4.54	1.84
贝加尔针茅草甸草原	围栏内	7	8-12	日阴菅	20	21	14	15.6	7.58
贝加尔针茅草甸草原	围栏内	7	8-12	早熟禾	36	37	4	2.89	1.47
贝加尔针茅草甸草原	围栏内	7	8-12	多裂叶荆芥	14	15	2	1.97	0.55
贝加尔针茅草甸草原	围栏内	7	8-12	枯落物				167.23	130.07
贝加尔针茅草甸草原	围栏内	8	8-12	羊草	81	82	785	721.92	327.93
贝加尔针茅草甸草原	围栏内	8	8-12	瓦松	13	14	1	0.2	
贝加尔针茅草甸草原	围栏内	8	8-12	裂叶蒿	7	9	4	11.83	2.25
贝加尔针茅草甸草原	围栏内	8	8-12	展枝唐松草	37	37	9	21.05	5.86
贝加尔针茅草甸草原	围栏内	8	8-12	枯落物				151.34	140.96
贝加尔针茅草甸草原	围栏内	9	8-12	羊草	60	61	1 193	852.79	370.85
贝加尔针茅草甸草原	围栏内	9	8-12	贝加尔针茅	55	58	2	3.21	1.84
贝加尔针茅草甸草原	围栏内	9	8-12	狭叶青蒿	41	43	1	1.02	0.32
贝加尔针茅草甸草原	围栏内	9	8-12	苔草	21	22	17	5.73	3.26
贝加尔针茅草甸草原	围栏内	9	8-12	沙参	18	19	1	0.55	0.07
贝加尔针茅草甸草原	围栏内	9	8-12	麻花头	20	21	1	1.09	0.24
贝加尔针茅草甸草原	围栏内	9	8-12	展枝唐松草	45	46	3	4.14	1.23
贝加尔针茅草甸草原	围栏内	9	8-12	披针叶黄华	28	29	1	1.02	0.25
贝加尔针茅草甸草原	围栏内	9	8-12	羽茅	80	82	5	6.73	2.99
贝加尔针茅草甸草原	围栏内	9	8-12	枯落物				190.72	179.81
贝加尔针茅草甸草原	围栏内	10	8-12	羊草	50	51	191	174.54	86.29
贝加尔针茅草甸草原	围栏内	10	8-12	贝加尔针茅	64	66	8	51.67	32.42
贝加尔针茅草甸草原	围栏内	10	8-12	糙隐子草	22	23	3	4.53	2.09
贝加尔针茅草甸草原	围栏内	10	8-12	细叶白头翁	24	25	3	4.62	1.32
贝加尔针茅草甸草原	围栏内	10	8-12	苔草	21	22	81	11.82	6.21
贝加尔针茅草甸草原	围栏内	10	8-12	沙参	52	53	3	9.94	2.7
贝加尔针茅草甸草原	围栏内	10	8-12	麻花头	13	14	2	2.71	0.65
贝加尔针茅草甸草原	围栏内	10	8-12	裂叶蒿	27	28	24	55.64	15.92
贝加尔针茅草甸草原	围栏内	10	8-12	冷蒿	21	24	1	2.72	0.86
贝加尔针茅草甸草原	围栏内	10	8-12	红柴胡	17	18	1	<0.3	

66

（续）

草地类型	利用方式	样方号	取样日期（月-日）	植物名称	自然高度/cm	绝对高度/cm	多度/〔株（丛）/m²〕	鲜生物量/（g/m²）	干生物量/（g/m²）
贝加尔针茅草甸草原	围栏内	10	8-12	瓣蕊唐松草	6	7	4	1.4	0.44
贝加尔针茅草甸草原	围栏内	10	8-12	囊花鸢尾	10	11	1	4.09	1.35
贝加尔针茅草甸草原	围栏内	10	8-12	展枝唐松草	24	25	8	12.06	4.23
贝加尔针茅草甸草原	围栏内	10	8-12	洽草	23	24	4	8.3	3.7
贝加尔针茅草甸草原	围栏内	10	8-12	日阴菅	27	28	6	45.08	22.62
贝加尔针茅草甸草原	围栏内	10	8-12	羽茅	38	39	3	2.61	1.52
贝加尔针茅草甸草原	围栏内	10	8-12	粗根鸢尾	15	16	3	4.77	1.49
贝加尔针茅草甸草原	围栏内	10	8-12	棉团铁线莲	1	2	1	<0.3	
贝加尔针茅草甸草原	围栏内	10	8-12	枯落物				203.17	193.76
贝加尔针茅草甸草原	围栏外	1	8-12	糙隐子草	1	5	32	27.13	9.02
贝加尔针茅草甸草原	围栏外	1	8-12	斜茎黄芪	3	4	9	2.49	0.53
贝加尔针茅草甸草原	围栏外	1	8-12	苔草	7	8	752	150.07	61.38
贝加尔针茅草甸草原	围栏外	1	8-12	沙参	2	2	1	0.2	
贝加尔针茅草甸草原	围栏外	1	8-12	麻花头	6	6	1	2.86	0.47
贝加尔针茅草甸草原	围栏外	1	8-12	菊叶委陵菜	2	3	1	0.2	
贝加尔针茅草甸草原	围栏外	1	8-12	蒲公英	1	2	11	3.37	0.66
贝加尔针茅草甸草原	围栏外	1	8-12	二裂委陵菜	3	7	15	7.8	2.57
贝加尔针茅草甸草原	围栏外	1	8-12	独行菜	3	3	1	0.2	
贝加尔针茅草甸草原	围栏外	1	8-12	平车前	1	2	3	2.09	0.48
贝加尔针茅草甸草原	围栏外	2	8-12	羊草	25	26	2	0.75	0.29
贝加尔针茅草甸草原	围栏外	2	8-12	贝加尔针茅	56	57	14	39.15	16.71
贝加尔针茅草甸草原	围栏外	2	8-12	糙隐子草	8	9	2	0.77	0.28
贝加尔针茅草甸草原	围栏外	2	8-12	斜茎黄芪	15	16	19	10.73	3.06
贝加尔针茅草甸草原	围栏外	2	8-12	苔草	12	13	1 238	126.62	53.21
贝加尔针茅草甸草原	围栏外	2	8-12	麻花头	6	7	11	15.03	3.22
贝加尔针茅草甸草原	围栏外	2	8-12	大籽蒿	3	4	1	1.13	0.28
贝加尔针茅草甸草原	围栏外	2	8-12	菊叶委陵菜	2	3	2	0.33	0.11
贝加尔针茅草甸草原	围栏外	2	8-12	防风	2	3	1	1.65	0.39
贝加尔针茅草甸草原	围栏外	2	8-12	叉枝鸦葱	8	9	1	0.4	0.1
贝加尔针茅草甸草原	围栏外	2	8-12	蒲公英	1	2	10	7.09	1.71
贝加尔针茅草甸草原	围栏外	2	8-12	洽草	8	9	1	0.63	0.25
贝加尔针茅草甸草原	围栏外	2	8-12	二裂委陵菜	7	8	11	6.06	2.01
贝加尔针茅草甸草原	围栏外	2	8-12	米口袋	4	5	3	0.91	0.23
贝加尔针茅草甸草原	围栏外	2	8-12	变蒿	32	33	5	13.82	5.24
贝加尔针茅草甸草原	围栏外	2	8-12	羽茅	25	26	2	2.45	0.95
贝加尔针茅草甸草原	围栏外	2	8-12	平车前	1	2	3	5.25	1.55
贝加尔针茅草甸草原	围栏外	3	8-12	羊草	17	18	89	16.27	5.33
贝加尔针茅草甸草原	围栏外	3	8-12	贝加尔针茅	7	8	1	1.3	0.62

（续）

草地类型	利用方式	样方号	取样日期（月-日）	植物名称	自然高度/cm	绝对高度/cm	多度/[株（丛）/m²]	鲜生物量/(g/m²)	干生物量/(g/m²)
贝加尔针茅草甸草原	围栏外	3	8-12	糙隐子草	4	5	108	21.21	7.75
贝加尔针茅草甸草原	围栏外	3	8-12	斜茎黄芪	4	5	25	19.02	5.21
贝加尔针茅草甸草原	围栏外	3	8-12	光稃茅香	5	6	43	5.37	1.81
贝加尔针茅草甸草原	围栏外	3	8-12	苔草	4	5	56	25.68	10.14
贝加尔针茅草甸草原	围栏外	3	8-12	双齿葱	2	3	1	0.2	
贝加尔针茅草甸草原	围栏外	3	8-12	羽茅	3	4	3	0.92	0.37
贝加尔针茅草甸草原	围栏外	3	8-12	麻花头	4	5	2	2.51	0.5
贝加尔针茅草甸草原	围栏外	3	8-12	裂叶蒿	3	4	13	4.87	1.16
贝加尔针茅草甸草原	围栏外	3	8-12	菊叶委陵菜	4	5	5	4.23	1.44
贝加尔针茅草甸草原	围栏外	3	8-12	扁蓿豆	5	6	2	1.79	0.48
贝加尔针茅草甸草原	围栏外	3	8-12	囊花鸢尾	3	3	1	0.2	
贝加尔针茅草甸草原	围栏外	3	8-12	蒲公英	2	4	30	12.96	3.22
贝加尔针茅草甸草原	围栏外	3	8-12	展枝唐松草	3	3	1	0.2	
贝加尔针茅草甸草原	围栏外	3	8-12	二裂委陵菜	5	6	27	13.29	4.85
贝加尔针茅草甸草原	围栏外	3	8-12	日阴菅	2	3	4	3.46	1.48
贝加尔针茅草甸草原	围栏外	3	8-12	平车前	2	3	9	11.46	2.42
贝加尔针茅草甸草原	围栏外	3	8-12	伏毛山莓草	4	5	1	1.33	0.48
贝加尔针茅草甸草原	围栏外	3	8-12	披针叶黄华	13	14	1	5	1.56
贝加尔针茅草甸草原	围栏外	3	8-12	变蒿	2	3	1	0.2	
贝加尔针茅草甸草原	围栏外	4	8-12	羊草	13	14	27	12.23	4.54
贝加尔针茅草甸草原	围栏外	4	8-12	贝加尔针茅	17	19	2	3.02	1.26
贝加尔针茅草甸草原	围栏外	4	8-12	糙隐子草	12	13	3	3.97	1.8
贝加尔针茅草甸草原	围栏外	4	8-12	斜茎黄芪	5	6	11	14.8	4.42
贝加尔针茅草甸草原	围栏外	4	8-12	苔草	6	7	102	26.31	10.79
贝加尔针茅草甸草原	围栏外	4	8-12	沙参	2	2	1	1.14	0.26
贝加尔针茅草甸草原	围栏外	4	8-12	蓬子菜	2	3	1	<0.3	
贝加尔针茅草甸草原	围栏外	4	8-12	麻花头	4	5	1	<0.3	
贝加尔针茅草甸草原	围栏外	4	8-12	轮叶委陵菜	4	5	1	0.69	0.32
贝加尔针茅草甸草原	围栏外	4	8-12	裂叶蒿	2	4	31	25.39	8.92
贝加尔针茅草甸草原	围栏外	4	8-12	变蒿	7	8	4	3.78	1.29
贝加尔针茅草甸草原	围栏外	4	8-12	菊叶委陵菜	4	5	8	9.31	3.74
贝加尔针茅草甸草原	围栏外	4	8-12	扁蓿豆	10	12	3	3.79	1.18
贝加尔针茅草甸草原	围栏外	4	8-12	星毛委陵菜	2	3	1	9.34	5.28
贝加尔针茅草甸草原	围栏外	4	8-12	蒲公英	2	4	12	20.9	6.22
贝加尔针茅草甸草原	围栏外	4	8-12	洽草	3	4	1	<0.3	
贝加尔针茅草甸草原	围栏外	4	8-12	二裂委陵菜	7	8	7	7.25	3.25
贝加尔针茅草甸草原	围栏外	4	8-12	野韭	8	9	26	7.9	1.34
贝加尔针茅草甸草原	围栏外	4	8-12	独行菜	14	15	2	1.85	0.72

（续）

草地类型	利用方式	样方号	取样日期（月-日）	植物名称	自然高度/cm	绝对高度/cm	多度/〔株（丛）/m²〕	鲜生物量/（g/m²）	干生物量/（g/m²）
贝加尔针茅草甸草原	围栏外	4	8-12	平车前	12	13	6	14.11	5.15
贝加尔针茅草甸草原	围栏外	4	8-12	小花花旗杆	13	14	1	0.35	0.17
贝加尔针茅草甸草原	围栏外	5	8-12	羊草	14	14	5	1.56	0.43
贝加尔针茅草甸草原	围栏外	5	8-12	糙隐子草	1	4	15	4.87	2.04
贝加尔针茅草甸草原	围栏外	5	8-12	斜茎黄芪	14	14	3	1.72	0.52
贝加尔针茅草甸草原	围栏外	5	8-12	苔草	5	5	251	37.24	14.87
贝加尔针茅草甸草原	围栏外	5	8-12	沙参	1	1	1	0.2	
贝加尔针茅草甸草原	围栏外	5	8-12	菊叶委陵菜	2	3	1	0.2	
贝加尔针茅草甸草原	围栏外	5	8-12	扁蓿豆	2	3	2	5.55	1.82
贝加尔针茅草甸草原	围栏外	5	8-12	蒲公英	1	6	12	52.81	12.51
贝加尔针茅草甸草原	围栏外	5	8-12	伏毛山莓草	2	3	1	0.2	
贝加尔针茅草甸草原	围栏外	5	8-12	独行菜	2	2	1	0.2	
贝加尔针茅草甸草原	围栏外	5	8-12	光稃茅香	15	16	15	2.49	0.83
贝加尔针茅草甸草原	围栏外	5	8-12	羽茅	3	4	1	0.2	
贝加尔针茅草甸草原	围栏外	6	8-12	羊草	17	17	64	12.04	4.4
贝加尔针茅草甸草原	围栏外	6	8-12	斜茎黄芪	15	16	13	15.18	4.74
贝加尔针茅草甸草原	围栏外	6	8-12	苔草	12	13	187	36.17	14.59
贝加尔针茅草甸草原	围栏外	6	8-12	轮叶委陵菜	2	3	1	0.2	
贝加尔针茅草甸草原	围栏外	6	8-12	冷蒿	3	4	1	27.61	10.03
贝加尔针茅草甸草原	围栏外	6	8-12	扁蓿豆	12	13	3	4.4	1.63
贝加尔针茅草甸草原	围栏外	6	8-12	蒲公英	1	2	16	19.75	4.8
贝加尔针茅草甸草原	围栏外	6	8-12	稗	4	5	10	4.61	1.57
贝加尔针茅草甸草原	围栏外	6	8-12	平车前	2	3	12	11.65	3.31
贝加尔针茅草甸草原	围栏外	6	8-12	萹蓄	6	7	1	0.2	
贝加尔针茅草甸草原	围栏外	6	8-12	羽茅	15	16	3	2.35	1.08
贝加尔针茅草甸草原	围栏外	7	8-12	羊草	16	17	20	3.76	1.36
贝加尔针茅草甸草原	围栏外	7	8-12	米口袋	5	6	1	1	0.26
贝加尔针茅草甸草原	围栏外	7	8-12	糙隐子草	4	5	10	0.2	
贝加尔针茅草甸草原	围栏外	7	8-12	斜茎黄芪	15	20	8	19.3	4.79
贝加尔针茅草甸草原	围栏外	7	8-12	狭叶青蒿	7	8	1	0.83	0.16
贝加尔针茅草甸草原	围栏外	7	8-12	苔草	9	10	1 021	122.65	50.37
贝加尔针茅草甸草原	围栏外	7	8-12	双齿葱	12	13	1	0.2	
贝加尔针茅草甸草原	围栏外	7	8-12	沙参	2	3	1	0.2	
贝加尔针茅草甸草原	围栏外	7	8-12	麻花头	12	14	2	4.69	0.8
贝加尔针茅草甸草原	围栏外	7	8-12	变蒿	10	11	2	2.03	0.75
贝加尔针茅草甸草原	围栏外	7	8-12	菊叶委陵菜	12	13	3	6.2	2.29
贝加尔针茅草甸草原	围栏外	7	8-12	扁蓿豆	19	20	2	5.24	1.82
贝加尔针茅草甸草原	围栏外	7	8-12	蒲公英	4	5	11	4.9	1.23

（续）

草地类型	利用方式	样方号	取样日期（月-日）	植物名称	自然高度/cm	绝对高度/cm	多度/［株（丛）/m²］	鲜生物量/（g/m²）	干生物量/（g/m²）
贝加尔针茅草甸草原	围栏外	7	8-12	二裂委陵菜	7	8	28	15.88	5.78
贝加尔针茅草甸草原	围栏外	7	8-12	灰绿藜	4	5	14	2.62	0.66
贝加尔针茅草甸草原	围栏外	7	8-12	独行菜	10	10	1	0.2	
贝加尔针茅草甸草原	围栏外	7	8-12	平车前	4	5	3	4.36	1.07
贝加尔针茅草甸草原	围栏外	7	8-12	萹蓄	4	5	24	4.31	1.42
贝加尔针茅草甸草原	围栏外	7	8-12	稗	4	5	4	1.6	0.36
贝加尔针茅草甸草原	围栏外	8	8-12	羊草	13	14	114	34.48	12.05
贝加尔针茅草甸草原	围栏外	8	8-12	糙隐子草	6	7	11	9.01	3.22
贝加尔针茅草甸草原	围栏外	8	8-12	羊茅	2	2	1	<0.3	
贝加尔针茅草甸草原	围栏外	8	8-12	斜茎黄芪	5	7	21	42.4	11.55
贝加尔针茅草甸草原	围栏外	8	8-12	苔草	8	9	211	32.07	11.82
贝加尔针茅草甸草原	围栏外	8	8-12	沙参	2	3	1	<0.3	
贝加尔针茅草甸草原	围栏外	8	8-12	扁蓿豆	9	10	2	10.95	3.33
贝加尔针茅草甸草原	围栏外	8	8-12	蒲公英	2	5	5	15.15	3.74
贝加尔针茅草甸草原	围栏外	8	8-12	萹蓄	3	4	20	7.8	2.47
贝加尔针茅草甸草原	围栏外	8	8-12	二裂委陵菜	5	6	12	11.35	4.21
贝加尔针茅草甸草原	围栏外	8	8-12	日阴菅	1	2	1	<0.3	
贝加尔针茅草甸草原	围栏外	8	8-12	猪毛菜	6	6	1	0.86	0.23
贝加尔针茅草甸草原	围栏外	8	8-12	灰绿藜	2	3	1	<0.3	
贝加尔针茅草甸草原	围栏外	8	8-12	独行菜	3	3	1	<0.3	
贝加尔针茅草甸草原	围栏外	8	8-12	平车前	11	12	1	3.61	0.83
贝加尔针茅草甸草原	围栏外	9	8-12	糙隐子草	6	7	318	37.06	16.17
贝加尔针茅草甸草原	围栏外	9	8-12	斜茎黄芪	7	8	3	11.1	3.25
贝加尔针茅草甸草原	围栏外	9	8-12	菊叶委陵菜	2	3	2	4.42	1.36
贝加尔针茅草甸草原	围栏外	9	8-12	萹蓄	6	7	80	11.3	3.91
贝加尔针茅草甸草原	围栏外	9	8-12	蒲公英	1	1	4	7.84	2.36
贝加尔针茅草甸草原	围栏外	9	8-12	米口袋	3	4	1	0.2	
贝加尔针茅草甸草原	围栏外	9	8-12	变蒿	49	50	1	27.3	9.58
贝加尔针茅草甸草原	围栏外	9	8-12	平车前	1	2	48	173.76	53.3
贝加尔针茅草甸草原	围栏外	9	8-12	山柳菊	10	11	1	0.2	
贝加尔针茅草甸草原	围栏外	10	8-12	贝加尔针茅	22	23	3	2.05	0.71
贝加尔针茅草甸草原	围栏外	10	8-12	糙隐子草	2	6	15	6.46	2.73
贝加尔针茅草甸草原	围栏外	10	8-12	斜茎黄芪	8	10	7	14.35	3.48
贝加尔针茅草甸草原	围栏外	10	8-12	细叶葱	27	28	3	1.1	0.2
贝加尔针茅草甸草原	围栏外	10	8-12	苔草	6	8	1 252	152.54	61.68
贝加尔针茅草甸草原	围栏外	10	8-12	沙参	1	1	1	0.2	
贝加尔针茅草甸草原	围栏外	10	8-12	麻花头	6	7	6	7.18	1.31
贝加尔针茅草甸草原	围栏外	10	8-12	轮叶委陵菜	6	7	1	1.31	0.38

（续）

草地类型	利用方式	样方号	取样日期（月-日）	植物名称	自然高度/cm	绝对高度/cm	多度/〔株（丛）/m²〕	鲜生物量/（g/m²）	干生物量/（g/m²）
贝加尔针茅草甸草原	围栏外	10	8-12	菊叶委陵菜	6	7	7	2.46	0.78
贝加尔针茅草甸草原	围栏外	10	8-12	叉枝鸦葱	3	4	1	0.2	
贝加尔针茅草甸草原	围栏外	10	8-12	扁蓿豆	2	2	1	0.2	
贝加尔针茅草甸草原	围栏外	10	8-12	瓣蕊唐松草	2	3	1	0.2	
贝加尔针茅草甸草原	围栏外	10	8-12	囊花鸢尾	2	2	1	0.2	
贝加尔针茅草甸草原	围栏外	10	8-12	蒲公英	1	5	23	15.49	4.6
贝加尔针茅草甸草原	围栏外	10	8-12	二裂委陵菜	4	5	6	1.86	0.51
贝加尔针茅草甸草原	围栏外	10	8-12	日阴菅	8	9	2	3.97	1.44
贝加尔针茅草甸草原	围栏外	10	8-12	独行菜	6	7	1	0.2	
贝加尔针茅草甸草原	围栏外	10	8-12	平车前	1	6	2	5.54	1.35
贝加尔针茅草甸草原	围栏外	10	8-12	羽茅	11	12	3	1.21	0.45

注：表中<0.3或<0.5表示生物量极少，估计质量小于0.3 g或0.5 g。

2012年综合观测场群落种类组成见表3-5。

表3-5　2012年综合观测场群落种类组成（样方面积：1 m×1 m）

草地类型	利用方式	样方号	取样日期（月-日）	植物名称	自然高度/cm	绝对高度/cm	多度/〔株（丛）/m²〕	鲜生物量/（g/m²）	干生物量/（g/m²）
贝加尔针茅草甸草原	围栏内	1	8-13	羊草	58	59	164	200.72	115
贝加尔针茅草甸草原	围栏内	1	8-13	贝加尔针茅	65	66	10	14.22	7.65
贝加尔针茅草甸草原	围栏内	1	8-13	糙隐子草	11	12	9	5.02	2.87
贝加尔针茅草甸草原	围栏内	1	8-13	细叶白头翁	16	17	5	6.97	2.76
贝加尔针茅草甸草原	围栏内	1	8-13	苔草	12	13	40	8.6	4.57
贝加尔针茅草甸草原	围栏内	1	8-13	沙参	55	56	8	23.35	8.49
贝加尔针茅草甸草原	围栏内	1	8-13	蓬子菜	21	22	1	2.53	1.02
贝加尔针茅草甸草原	围栏内	1	8-13	麻花头	58	59	3	41.17	18.66
贝加尔针茅草甸草原	围栏内	1	8-13	裂叶蒿	20	21	15	11.65	4.36
贝加尔针茅草甸草原	围栏内	1	8-13	冷蒿	25	26	2	5.45	2.65
贝加尔针茅草甸草原	围栏内	1	8-13	红柴胡	6	7	1	<0.3	
贝加尔针茅草甸草原	围栏内	1	8-13	囊花鸢尾	65	67	5	22.57	7.87
贝加尔针茅草甸草原	围栏内	1	8-13	展枝唐松草	28	29	5	7.21	2.91
贝加尔针茅草甸草原	围栏内	1	8-13	日阴菅	36	38	1	74.9	41.49
贝加尔针茅草甸草原	围栏内	1	8-13	羽茅	75	77	12	20.71	11.3
贝加尔针茅草甸草原	围栏内	1	8-13	披针叶黄华	25	26	8	14.56	5.29
贝加尔针茅草甸草原	围栏内	1	8-13	枯落物				278.64	269.4
贝加尔针茅草甸草原	围栏内	2	8-13	羊草	59	60	193	275.54	148.1
贝加尔针茅草甸草原	围栏内	2	8-13	贝加尔针茅	57	59	8	16	9.16
贝加尔针茅草甸草原	围栏内	2	8-13	羽茅	41	42	4	3.68	2.12
贝加尔针茅草甸草原	围栏内	2	8-13	狭叶青蒿	40	40	23	20.88	8.5

（续）

草地类型	利用方式	样方号	取样日期（月-日）	植物名称	自然高度/cm	绝对高度/cm	多度/[株（丛）/m²]	鲜生物量/(g/m²)	干生物量/(g/m²)
贝加尔针茅草甸草原	围栏内	2	8-13	细叶葱	5	6	1	<0.3	
贝加尔针茅草甸草原	围栏内	2	8-13	细叶白头翁	21	22	12	14.69	5.18
贝加尔针茅草甸草原	围栏内	2	8-13	苔草	16	17	167	20.88	11.25
贝加尔针茅草甸草原	围栏内	2	8-13	麻花头	49	50	3	16.58	5.92
贝加尔针茅草甸草原	围栏内	2	8-13	裂叶蒿	29	30	7	11.08	4.24
贝加尔针茅草甸草原	围栏内	2	8-13	叉枝鸦葱	46	47	1	1.5	0.47
贝加尔针茅草甸草原	围栏内	2	8-13	展枝唐松草	37	38	8	9.44	3.27
贝加尔针茅草甸草原	围栏内	2	8-13	日阴菅	28	29	2	79.64	42.54
贝加尔针茅草甸草原	围栏内	2	8-13	多裂叶荆芥	2	2	1	<0.3	
贝加尔针茅草甸草原	围栏内	2	8-13	披针叶黄华	19	20	1	5.81	1.8
贝加尔针茅草甸草原	围栏内	2	8-13	枯落物				371.89	360.2
贝加尔针茅草甸草原	围栏内	3	8-13	羊草	45	46	310	296.1	160.6
贝加尔针茅草甸草原	围栏内	3	8-13	贝加尔针茅	41	47	2	7.71	4.26
贝加尔针茅草甸草原	围栏内	3	8-13	苔草	10	11	22	4.06	1.93
贝加尔针茅草甸草原	围栏内	3	8-13	麻花头	38	42	2	15.84	4.3
贝加尔针茅草甸草原	围栏内	3	8-13	裂叶蒿	18	19	79	106.06	37.55
贝加尔针茅草甸草原	围栏内	3	8-13	囊花鸢尾	37	40	2	9.37	3.01
贝加尔针茅草甸草原	围栏内	3	8-13	展枝唐松草	40	41	3	7.47	2.92
贝加尔针茅草甸草原	围栏内	3	8-13	日阴菅	20	23	5	48.91	25.47
贝加尔针茅草甸草原	围栏内	3	8-13	披针叶黄华	28	29	3	14.51	4.98
贝加尔针茅草甸草原	围栏内	3	8-13	早熟禾	42	43	2	1.7	1
贝加尔针茅草甸草原	围栏内	3	8-13	光稃茅香	15	16	1	<0.3	
贝加尔针茅草甸草原	围栏内	3	8-13	枯落物				67.79	49.8
贝加尔针茅草甸草原	围栏内	4	8-13	羊草	65	66	397	429.47	245.2
贝加尔针茅草甸草原	围栏内	4	8-13	贝加尔针茅	49	50	8	6.64	3.74
贝加尔针茅草甸草原	围栏内	4	8-13	细叶白头翁	3	4	1	<0.3	
贝加尔针茅草甸草原	围栏内	4	8-13	苔草	16	17	117	25.65	13.52
贝加尔针茅草甸草原	围栏内	4	8-13	蓬子菜	15	16	2	2.28	0.71
贝加尔针茅草甸草原	围栏内	4	8-13	麻花头	55	56	11	73.13	24.46
贝加尔针茅草甸草原	围栏内	4	8-13	裂叶蒿	31	32	6	9	2.93
贝加尔针茅草甸草原	围栏内	4	8-13	冷蒿	18	19	2	5.79	2.35
贝加尔针茅草甸草原	围栏内	4	8-13	叉枝鸦葱	49	50	1	2.5	0.68
贝加尔针茅草甸草原	围栏内	4	8-13	展枝唐松草	37	38	11	12.56	4.27
贝加尔针茅草甸草原	围栏内	4	8-13	二裂委陵菜	32	41	1	1.86	0.77
贝加尔针茅草甸草原	围栏内	4	8-13	日阴菅	38	43	3	12.31	6.13
贝加尔针茅草甸草原	围栏内	4	8-13	多裂叶荆芥	2	3	1	<0.3	
贝加尔针茅草甸草原	围栏内	4	8-13	枯落物				389.12	355
贝加尔针茅草甸草原	围栏内	5	8-13	羊草	65	66	475	422.8	251.9

（续）

草地类型	利用方式	样方号	取样日期（月-日）	植物名称	自然高度/cm	绝对高度/cm	多度/〔株（丛）/m²〕	鲜生物量/(g/m²)	干生物量/(g/m²)
贝加尔针茅草甸草原	围栏内	5	8-13	贝加尔针茅	75	77	3	7.2	3.85
贝加尔针茅草甸草原	围栏内	5	8-13	细叶白头翁	10	11	7	5.58	1.88
贝加尔针茅草甸草原	围栏内	5	8-13	沙参	75	76	1	6.55	2.4
贝加尔针茅草甸草原	围栏内	5	8-13	蓬子菜	19	20	1	1.39	0.56
贝加尔针茅草甸草原	围栏内	5	8-13	麻花头	55	56	14	40.03	12.57
贝加尔针茅草甸草原	围栏内	5	8-13	轮叶委陵菜	5	6	1	<0.3	
贝加尔针茅草甸草原	围栏内	5	8-13	裂叶蒿	14	15	4	5.26	1.81
贝加尔针茅草甸草原	围栏内	5	8-13	冷蒿	12	13	1	1.85	0.82
贝加尔针茅草甸草原	围栏内	5	8-13	囊花鸢尾	48	50	2	6.07	2.34
贝加尔针茅草甸草原	围栏内	5	8-13	阿尔泰狗娃花	24	25	9	3.16	0.97
贝加尔针茅草甸草原	围栏内	5	8-13	展枝唐松草	36	37	4	9.14	3.46
贝加尔针茅草甸草原	围栏内	5	8-13	日阴菅	31	32	1	44.91	23.09
贝加尔针茅草甸草原	围栏内	5	8-13	黄芪	16	17	1	0.41	0.2
贝加尔针茅草甸草原	围栏内	5	8-13	披针叶黄华	34	35	4	30.56	10.55
贝加尔针茅草甸草原	围栏内	5	8-13	枯落物				301.82	252
贝加尔针茅草甸草原	围栏内	6	8-13	羊草	42	43	58	57.85	31.32
贝加尔针茅草甸草原	围栏内	6	8-13	贝加尔针茅	57	61	12	42.42	23.91
贝加尔针茅草甸草原	围栏内	6	8-13	糙隐子草	10	11	1	2.07	1.06
贝加尔针茅草甸草原	围栏内	6	8-13	羽茅	47	49	8	18.37	9.61
贝加尔针茅草甸草原	围栏内	6	8-13	狭叶青蒿	24	25	1	1.9	0.83
贝加尔针茅草甸草原	围栏内	6	8-13	细叶白头翁	19	21	5	7.58	2.95
贝加尔针茅草甸草原	围栏内	6	8-13	苔草	10	11	30	5.99	2.9
贝加尔针茅草甸草原	围栏内	6	8-13	双齿葱	4	4	1	<0.3	
贝加尔针茅草甸草原	围栏内	6	8-13	沙参	47	48	8	16.77	5.67
贝加尔针茅草甸草原	围栏内	6	8-13	蓬子菜	43	44	2	26.43	10.63
贝加尔针茅草甸草原	围栏内	6	8-13	麻花头	40	41	6	19.36	7.68
贝加尔针茅草甸草原	围栏内	6	8-13	裂叶蒿	18	19	64	75.89	28.13
贝加尔针茅草甸草原	围栏内	6	8-13	红柴胡	37	38	4	1.4	0.3
贝加尔针茅草甸草原	围栏内	6	8-13	囊花鸢尾	48	50	4	31.35	11.14
贝加尔针茅草甸草原	围栏内	6	8-13	展枝唐松草	28	29	4	2.8	1.04
贝加尔针茅草甸草原	围栏内	6	8-13	潜草	10	11	2	2.21	0.8
贝加尔针茅草甸草原	围栏内	6	8-13	日阴菅	20	23	12	89.14	45.45
贝加尔针茅草甸草原	围栏内	6	8-13	棉团铁线莲	21	22	1	1.72	0.59
贝加尔针茅草甸草原	围栏内	6	8-13	多裂叶荆芥	3	3	1	<0.3	
贝加尔针茅草甸草原	围栏内	6	8-13	枯落物				177.17	170.9
贝加尔针茅草甸草原	围栏内	7	8-13	羊草	61	62	426	503.19	288.3
贝加尔针茅草甸草原	围栏内	7	8-13	贝加尔针茅	37	38	3	1.86	1.01
贝加尔针茅草甸草原	围栏内	7	8-13	糙隐子草	3	4	1	<0.3	

（续）

草地类型	利用方式	样方号	取样日期（月-日）	植物名称	自然高度/cm	绝对高度/cm	多度/［株（丛）/m²］	鲜生物量/（g/m²）	干生物量/（g/m²）
贝加尔针茅草甸草原	围栏内	7	8-13	狭叶青蒿	31	32	1	0.99	0.39
贝加尔针茅草甸草原	围栏内	7	8-13	苔草	17	18	218	27.45	14.32
贝加尔针茅草甸草原	围栏内	7	8-13	麻花头	3	4	1	<0.3	
贝加尔针茅草甸草原	围栏内	7	8-13	裂叶蒿	15	16	6	0.99	0.49
贝加尔针茅草甸草原	围栏内	7	8-13	展枝唐松草	31	32	10	11.30	4.35
贝加尔针茅草甸草原	围栏内	7	8-13	二裂委陵菜	27	31	5	33.71	16.19
贝加尔针茅草甸草原	围栏内	7	8-13	日阴菅	6	7	1	<0.3	
贝加尔针茅草甸草原	围栏内	7	8-13	灰绿藜	16	16	13	3.54	1.09
贝加尔针茅草甸草原	围栏内	7	8-13	山野豌豆	5	5	1	<0.3	
贝加尔针茅草甸草原	围栏内	7	8-13	枯落物				317.98	369.20
贝加尔针茅草甸草原	围栏内	8	8-13	羊草	61	62	793	507.70	310.8
贝加尔针茅草甸草原	围栏内	8	8-13	沙参	61	62	1	2.35	0.83
贝加尔针茅草甸草原	围栏内	8	8-13	麻花头	32	33	1	1.89	0.50
贝加尔针茅草甸草原	围栏内	8	8-13	囊花鸢尾	36	37	19	53.80	21.40
贝加尔针茅草甸草原	围栏内	8	8-13	展枝唐松草	40	41	4	5.79	2.09
贝加尔针茅草甸草原	围栏内	8	8-13	日阴菅	45	46	5	21.33	11.47
贝加尔针茅草甸草原	围栏内	8	8-13	枯落物				287.69	239.20
贝加尔针茅草甸草原	围栏内	9	8-13	羊草	45	46	147	214.42	115.80
贝加尔针茅草甸草原	围栏内	9	8-13	贝加尔针茅	89	94	4	18.85	11.18
贝加尔针茅草甸草原	围栏内	9	8-13	糙隐子草	11	12	1	1.80	0.91
贝加尔针茅草甸草原	围栏内	9	8-13	羽茅	115	119	14	48.71	26.53
贝加尔针茅草甸草原	围栏内	9	8-13	细叶白头翁	19	25	2	7.90	3.05
贝加尔针茅草甸草原	围栏内	9	8-13	苔草	17	18	36	6.93	3.65
贝加尔针茅草甸草原	围栏内	9	8-13	麻花头	21	52	4	15.31	5.28
贝加尔针茅草甸草原	围栏内	9	8-13	囊花鸢尾	13	13	1	3.16	1.27
贝加尔针茅草甸草原	围栏内	9	8-13	展枝唐松草	16	17	2	1.37	0.48
贝加尔针茅草甸草原	围栏内	9	8-13	溚草	4	5	1	<0.3	
贝加尔针茅草甸草原	围栏内	9	8-13	日阴菅	23	27	18	69.42	37.44
贝加尔针茅草甸草原	围栏内	9	8-13	异燕麦	37	38	2	3.94	1.84
贝加尔针茅草甸草原	围栏内	9	8-13	枯落物				154.17	149.10
贝加尔针茅草甸草原	围栏内	10	8-13	羊草	64	65	186	209.15	119.00
贝加尔针茅草甸草原	围栏内	10	8-13	贝加尔针茅	100	105	12	44.94	26.03
贝加尔针茅草甸草原	围栏内	10	8-13	羽茅	57	58	14	29.76	16.58
贝加尔针茅草甸草原	围栏内	10	8-13	细叶白头翁	17	18	7	5.66	2.02
贝加尔针茅草甸草原	围栏内	10	8-13	苔草	17	18	80	4.88	2.49
贝加尔针茅草甸草原	围栏内	10	8-13	沙参	65	66	1	5.11	1.85
贝加尔针茅草甸草原	围栏内	10	8-13	蓬子菜	5	5	1	<0.3	
贝加尔针茅草甸草原	围栏内	10	8-13	麻花头	29	30	11	23.76	5.93

（续）

草地类型	利用方式	样方号	取样日期（月-日）	植物名称	自然高度/cm	绝对高度/cm	多度/〔株（丛）/m²〕	鲜生物量/（g/m²）	干生物量/（g/m²）
贝加尔针茅草甸草原	围栏内	10	8-13	轮叶委陵菜	3	4	1	<0.3	
贝加尔针茅草甸草原	围栏内	10	8-13	裂叶蒿	21	22	20	15.54	4.91
贝加尔针茅草甸草原	围栏内	10	8-13	阿尔泰狗娃花	3	4	1	<0.3	
贝加尔针茅草甸草原	围栏内	10	8-13	展枝唐松草	35	36	6	6.37	2.04
贝加尔针茅草甸草原	围栏内	10	8-13	潜草	5	5	1	<0.3	
贝加尔针茅草甸草原	围栏内	10	8-13	二裂委陵菜	27	28	3	2.81	1.18
贝加尔针茅草甸草原	围栏内	10	8-13	日阴菅	27	28	3	123.03	66.96
贝加尔针茅草甸草原	围栏内	10	8-13	火绒草	13	14	1	1.30	0.45
贝加尔针茅草甸草原	围栏内	10	8-13	异燕麦	49	50	3	8.27	4.09
贝加尔针茅草甸草原	围栏内	10	8-13	枯落物				497.18	490.00
贝加尔针茅草甸草原	围栏外	1	8-13	羊草	11	12	27	2.21	1.11
贝加尔针茅草甸草原	围栏外	1	8-13	糙隐子草	5	6	8	2.23	1.22
贝加尔针茅草甸草原	围栏外	1	8-13	细叶白头翁	4	5	3	0.56	0.31
贝加尔针茅草甸草原	围栏外	1	8-13	苔草	8	9	779	49.06	27.86
贝加尔针茅草甸草原	围栏外	1	8-13	裂叶蒿	3	5	5	0.83	0.37
贝加尔针茅草甸草原	围栏外	1	8-13	冷蒿	4	6	3	7.67	3.79
贝加尔针茅草甸草原	围栏外	1	8-13	菊叶委陵菜	2	4	4	0.99	0.57
贝加尔针茅草甸草原	围栏外	1	8-13	蒲公英	1	2	1	<0.3	
贝加尔针茅草甸草原	围栏外	1	8-13	潜草	2	3	1	<0.3	
贝加尔针茅草甸草原	围栏外	1	8-13	二裂委陵菜	4	6	9	2.13	0.92
贝加尔针茅草甸草原	围栏外	2	8-13	羊草	4	4	1	<0.3	
贝加尔针茅草甸草原	围栏外	2	8-13	糙隐子草	8	9	8	7.00	1.72
贝加尔针茅草甸草原	围栏外	2	8-13	羽茅	4	4	6	5.02	1.22
贝加尔针茅草甸草原	围栏外	2	8-13	斜茎黄芪	3	4	5	3.56	0.56
贝加尔针茅草甸草原	围栏外	2	8-13	苔草	4	4	398	56.91	27.76
贝加尔针茅草甸草原	围栏外	2	8-13	沙参	2	2	1	<0.3	
贝加尔针茅草甸草原	围栏外	2	8-13	米口袋	3	4	1	<0.3	
贝加尔针茅草甸草原	围栏外	2	8-13	蒲公英	0.5	2	1	<0.3	
贝加尔针茅草甸草原	围栏外	2	8-13	平车前	5	6	4	2.79	1.10
贝加尔针茅草甸草原	围栏外	2	8-13	独行菜	1	1	1	<0.3	
贝加尔针茅草甸草原	围栏外	2	8-13	枯落物				8.83	7.91
贝加尔针茅草甸草原	围栏外	3	8-13	羊草	11	12	30	2.40	0.91
贝加尔针茅草甸草原	围栏外	3	8-13	贝加尔针茅	16	17	1	1.11	0.60
贝加尔针茅草甸草原	围栏外	3	8-13	糙隐子草	3	4	35	6.55	3.30
贝加尔针茅草甸草原	围栏外	3	8-13	细叶白头翁	4	5	3	1.08	0.39
贝加尔针茅草甸草原	围栏外	3	8-13	苔草	7	8	794	39.30	21.18
贝加尔针茅草甸草原	围栏外	3	8-13	麻花头	2	2	1	<0.3	
贝加尔针茅草甸草原	围栏外	3	8-13	轮叶委陵菜	5	6	1	<0.3	

（续）

草地类型	利用方式	样方号	取样日期（月-日）	植物名称	自然高度/cm	绝对高度/cm	多度/［株（丛）/m²]	鲜生物量/(g/m²)	干生物量/(g/m²)
贝加尔针茅草甸草原	围栏外	3	8-13	冷蒿	4	6	6	27.61	13.48
贝加尔针茅草甸草原	围栏外	3	8-13	菊叶委陵菜	2	4	6	0.71	0.24
贝加尔针茅草甸草原	围栏外	3	8-13	星毛委陵菜	1	2	1	<0.3	
贝加尔针茅草甸草原	围栏外	3	8-13	蒲公英	1	2	1	<0.3	
贝加尔针茅草甸草原	围栏外	3	8-13	溚草	3	4	1	<0.3	
贝加尔针茅草甸草原	围栏外	3	8-13	羽茅	4	5	1	<0.3	
贝加尔针茅草甸草原	围栏外	3	8-13	枯落物				7.05	5.00
贝加尔针茅草甸草原	围栏外	4	8-13	羊草	7	8	14	1.95	0.74
贝加尔针茅草甸草原	围栏外	4	8-13	贝加尔针茅	3	4	4	4.18	2.24
贝加尔针茅草甸草原	围栏外	4	8-13	苔草	2	3	247	44.58	22.92
贝加尔针茅草甸草原	围栏外	4	8-13	沙参	13	14	1	0.44	0.09
贝加尔针茅草甸草原	围栏外	4	8-13	裂叶蒿	2	2	2	<0.3	
贝加尔针茅草甸草原	围栏外	4	8-13	变蒿	3	4	1	1.31	0.35
贝加尔针茅草甸草原	围栏外	4	8-13	菊叶委陵菜	2	3	1	<0.3	
贝加尔针茅草甸草原	围栏外	4	8-13	扁蓿豆	4	5	12	5.39	1.95
贝加尔针茅草甸草原	围栏外	4	8-13	独行菜	3	4	3	1.76	0.54
贝加尔针茅草甸草原	围栏外	4	8-13	枯落物				9.04	7.01
贝加尔针茅草甸草原	围栏外	5	8-13	羊草	11	12	21	2.60	1.17
贝加尔针茅草甸草原	围栏外	5	8-13	贝加尔针茅	15	16	2	1.29	0.77
贝加尔针茅草甸草原	围栏外	5	8-13	糙隐子草	4	4	14	3.77	1.99
贝加尔针茅草甸草原	围栏外	5	8-13	羽茅	3	3	1	<0.3	
贝加尔针茅草甸草原	围栏外	5	8-13	斜茎黄芪	3	3	1	<0.3	
贝加尔针茅草甸草原	围栏外	5	8-13	细叶白头翁	5	6	9	5.21	2.21
贝加尔针茅草甸草原	围栏外	5	8-13	漠蒿	15	16	1	0.82	0.37
贝加尔针茅草甸草原	围栏外	5	8-13	苔草	4	5	345	49.05	26.9
贝加尔针茅草甸草原	围栏外	5	8-13	蓬子菜	3	4	1	<0.3	
贝加尔针茅草甸草原	围栏外	5	8-13	麻花头	3	4	1	<0.3	
贝加尔针茅草甸草原	围栏外	5	8-13	轮叶委陵菜	3	4	1	<0.3	
贝加尔针茅草甸草原	围栏外	5	8-13	裂叶蒿	4	5	9	2.14	0.96
贝加尔针茅草甸草原	围栏外	5	8-13	冷蒿	5	6	2	10.76	5.15
贝加尔针茅草甸草原	围栏外	5	8-13	菊叶委陵菜	5	5	8	1.57	0.68
贝加尔针茅草甸草原	围栏外	5	8-13	米口袋	3	3	1	<0.3	
贝加尔针茅草甸草原	围栏外	5	8-13	扁蓿豆	3	3	1	<0.3	
贝加尔针茅草甸草原	围栏外	5	8-13	星毛委陵菜	2	2	2	5.1	2.87
贝加尔针茅草甸草原	围栏外	5	8-13	囊花鸢尾	4	4	1	<0.3	
贝加尔针茅草甸草原	围栏外	5	8-13	溚草	3	3	1	<0.3	
贝加尔针茅草甸草原	围栏外	5	8-13	日阴菅	3	3	1	<0.3	
贝加尔针茅草甸草原	围栏外	5	8-13	伏毛山莓草	2	3	1	<0.3	

（续）

草地类型	利用方式	样方号	取样日期（月-日）	植物名称	自然高度/cm	绝对高度/cm	多度/[株（丛）/m²]	鲜生物量/(g/m²)	干生物量/(g/m²)
贝加尔针茅草甸草原	围栏外	5	8-13	苦荬菜	3	3	1	<0.3	
贝加尔针茅草甸草原	围栏外	5	8-13	多裂叶荆芥	3	3	1	<0.3	
贝加尔针茅草甸草原	围栏外	6	8-13	羊草	4	5	1	<0.3	
贝加尔针茅草甸草原	围栏外	6	8-13	羽茅	3	4	1	<0.3	
贝加尔针茅草甸草原	围栏外	6	8-13	斜茎黄芪	4	5	3	2.29	0.76
贝加尔针茅草甸草原	围栏外	6	8-13	苔草	3	4	264	37.70	18.55
贝加尔针茅草甸草原	围栏外	6	8-13	麻花头	4	4	3	1.13	0.39
贝加尔针茅草甸草原	围栏外	6	8-13	裂叶蒿	2	3	1	<0.3	
贝加尔针茅草甸草原	围栏外	6	8-13	大籽蒿	4	4	3	2.39	0.71
贝加尔针茅草甸草原	围栏外	6	8-13	菊叶委陵菜	2	3	1	<0.3	
贝加尔针茅草甸草原	围栏外	6	8-13	扁蓿豆	2	2	1	<0.3	
贝加尔针茅草甸草原	围栏外	6	8-13	瓣蕊唐松草	2	2	1	<0.3	
贝加尔针茅草甸草原	围栏外	6	8-13	二裂委陵菜	3	4	5	2.46	0.94
贝加尔针茅草甸草原	围栏外	6	8-13	日阴菅	3	4	3	11.21	5.68
贝加尔针茅草甸草原	围栏外	6	8-13	狼毒大戟	4	4	2	0.50	0.20
贝加尔针茅草甸草原	围栏外	6	8-13	米口袋	2	3	1	<0.3	
贝加尔针茅草甸草原	围栏外	6	8-13	平车前	2	3	3.00	1.77	0.63
贝加尔针茅草甸草原	围栏外	6	8-13	枯落物				8.69	6.17
贝加尔针茅草甸草原	围栏外	7	8-13	羊草	11	12	43	3.91	1.73
贝加尔针茅草甸草原	围栏外	7	8-13	糙隐子草	4	5	21	3.00	1.55
贝加尔针茅草甸草原	围栏外	7	8-13	斜茎黄芪	4	5	4	0.72	0.30
贝加尔针茅草甸草原	围栏外	7	8-13	细叶白头翁	3	4	1	<0.3	
贝加尔针茅草甸草原	围栏外	7	8-13	苔草	6	7	115	11.17	5.89
贝加尔针茅草甸草原	围栏外	7	8-13	麻花头	4	5	7	1.23	0.49
贝加尔针茅草甸草原	围栏外	7	8-13	轮叶委陵菜	4	5	1	<0.3	
贝加尔针茅草甸草原	围栏外	7	8-13	裂叶蒿	5	6	29	4.52	1.83
贝加尔针茅草甸草原	围栏外	7	8-13	冷蒿	5	6	2	20.63	10.13
贝加尔针茅草甸草原	围栏外	7	8-13	菊叶委陵菜	1	2	1	<0.3	
贝加尔针茅草甸草原	围栏外	7	8-13	扁蓿豆	4	5	3	0.91	0.42
贝加尔针茅草甸草原	围栏外	7	8-13	星毛委陵菜	1	2	1	<0.3	
贝加尔针茅草甸草原	围栏外	7	8-13	阿尔泰狗娃花	5	6	1	0.46	0.18
贝加尔针茅草甸草原	围栏外	7	8-13	展枝唐松草	3	4	1	<0.3	
贝加尔针茅草甸草原	围栏外	7	8-13	溚草	3	4	1	<0.3	
贝加尔针茅草甸草原	围栏外	7	8-13	日阴菅	4	5	4	11.62	6.42
贝加尔针茅草甸草原	围栏外	7	8-13	伏毛山莓草	2	3	1	<0.3	
贝加尔针茅草甸草原	围栏外	7	8-13	多裂叶荆芥	3	4	1	<0.3	
贝加尔针茅草甸草原	围栏外	7	8-13	平车前	1	2	1	<0.3	
贝加尔针茅草甸草原	围栏外	8	8-13	羊草	11	12	14	1.52	0.69

（续）

草地类型	利用方式	样方号	取样日期（月-日）	植物名称	自然高度/cm	绝对高度/cm	多度/〔株（丛）/m²〕	鲜生物量/（g/m²）	干生物量/（g/m²）
贝加尔针茅草甸草原	围栏外	8	8-13	贝加尔针茅	4	5	2	1.04	0.64
贝加尔针茅草甸草原	围栏外	8	8-13	糙隐子草	4	5	40	7.71	4.41
贝加尔针茅草甸草原	围栏外	8	8-13	羽茅	3	4	4	1.21	0.64
贝加尔针茅草甸草原	围栏外	8	8-13	斜茎黄芪	3	3	1	<0.3	
贝加尔针茅草甸草原	围栏外	8	8-13	细叶白头翁	5	6	9	5.09	2.20
贝加尔针茅草甸草原	围栏外	8	8-13	苔草	5	6	348	34.60	19.33
贝加尔针茅草甸草原	围栏外	8	8-13	麻花头	3	3	4	0.90	0.32
贝加尔针茅草甸草原	围栏外	8	8-13	轮叶委陵菜	3	4	1	<0.3	
贝加尔针茅草甸草原	围栏外	8	8-13	裂叶蒿	2	3	1	<0.3	
贝加尔针茅草甸草原	围栏外	8	8-13	冷蒿	5	6	3	16.13	7.65
贝加尔针茅草甸草原	围栏外	8	8-13	菊叶委陵菜	3	4	4	1.46	0.75
贝加尔针茅草甸草原	围栏外	8	8-13	星毛委陵菜	2	2	2	8.40	4.51
贝加尔针茅草甸草原	围栏外	8	8-13	蒲公英	1	1	1	<0.3	
贝加尔针茅草甸草原	围栏外	8	8-13	展枝唐松草	1	1	1	<0.3	
贝加尔针茅草甸草原	围栏外	8	8-13	溚草	2	3	1	<0.3	
贝加尔针茅草甸草原	围栏外	8	8-13	二裂委陵菜	1	1	1	<0.3	
贝加尔针茅草甸草原	围栏外	8	8-13	日阴菅	4	5	2	3.69	2.08
贝加尔针茅草甸草原	围栏外	8	8-13	伏毛山莓草	2	3	1	<0.3	
贝加尔针茅草甸草原	围栏外	8	8-13	苦荬菜	2	3	1	<0.3	
贝加尔针茅草甸草原	围栏外	8	8-13	独行菜	2	3	1	<0.3	
贝加尔针茅草甸草原	围栏外	8	8-13	多裂叶荆芥	2	3	1	<0.3	
贝加尔针茅草甸草原	围栏外	8	8-13	米口袋	2	3	1	<0.3	
贝加尔针茅草甸草原	围栏外	9	8-13	羊草	7	7	11	1.55	0.67
贝加尔针茅草甸草原	围栏外	9	8-13	贝加尔针茅	5	6	1	<0.3	
贝加尔针茅草甸草原	围栏外	9	8-13	糙隐子草	2	3	1	<0.3	
贝加尔针茅草甸草原	围栏外	9	8-13	羽茅	10	11	8	6.06	2.78
贝加尔针茅草甸草原	围栏外	9	8-13	斜茎黄芪	3	4	4	0.93	0.39
贝加尔针茅草甸草原	围栏外	9	8-13	狭叶青蒿	5	5	3	1.40	0.64
贝加尔针茅草甸草原	围栏外	9	8-13	细叶白头翁	6	6	3	2.40	1.04
贝加尔针茅草甸草原	围栏外	9	8-13	苔草	4	5	26	3.76	1.81
贝加尔针茅草甸草原	围栏外	9	8-13	双齿葱	2	2	1	<0.3	
贝加尔针茅草甸草原	围栏外	9	8-13	沙参	3	3	1	<0.3	
贝加尔针茅草甸草原	围栏外	9	8-13	麻花头	6	7	3	1.64	0.55
贝加尔针茅草甸草原	围栏外	9	8-13	裂叶蒿	3	4	14	6.00	2.02
贝加尔针茅草甸草原	围栏外	9	8-13	菊叶委陵菜	2	3	1	<0.3	
贝加尔针茅草甸草原	围栏外	9	8-13	扁蓿豆	2	2	1	<0.3	
贝加尔针茅草甸草原	围栏外	9	8-13	日阴菅	4	4	15	25.66	25.93
贝加尔针茅草甸草原	围栏外	9	8-13	石竹	2	2	1	<0.3	

（续）

草地类型	利用方式	样方号	取样日期（月-日）	植物名称	自然高度/cm	绝对高度/cm	多度/[株（丛）/m²]	鲜生物量/（g/m²）	干生物量/（g/m²）
贝加尔针茅草甸草原	围栏外	9	8-13	枯落物				11.14	8.91
贝加尔针茅草甸草原	围栏外	10	8-13	羊草	10	11	14	1.49	0.72
贝加尔针茅草甸草原	围栏外	10	8-13	糙隐子草	4	5	36	8.00	4.47
贝加尔针茅草甸草原	围栏外	10	8-13	斜茎黄芪	2	3	1	<0.3	
贝加尔针茅草甸草原	围栏外	10	8-13	细叶白头翁	3	4	15	6.10	2.82
贝加尔针茅草甸草原	围栏外	10	8-13	苔草	6	7	305	26.17	13.97
贝加尔针茅草甸草原	围栏外	10	8-13	双齿葱	4	4	1	<0.3	
贝加尔针茅草甸草原	围栏外	10	8-13	轮叶委陵菜	2	3	1	<0.3	
贝加尔针茅草甸草原	围栏外	10	8-13	裂叶蒿	3	4	25	3.96	1.64
贝加尔针茅草甸草原	围栏外	10	8-13	冷蒿	5	6	2	42.33	20.37
贝加尔针茅草甸草原	围栏外	10	8-13	菊叶委陵菜	3	4	1	<0.3	
贝加尔针茅草甸草原	围栏外	10	8-13	叉枝鸦葱	3	4	1	<0.3	
贝加尔针茅草甸草原	围栏外	10	8-13	囊花鸢尾	3	4	1	<0.3	
贝加尔针茅草甸草原	围栏外	10	8-13	星毛委陵菜	1	2	2	6.46	3.63
贝加尔针茅草甸草原	围栏外	10	8-13	展枝唐松草	3	4	1	<0.3	
贝加尔针茅草甸草原	围栏外	10	8-13	溚草	3	4	1	<0.3	
贝加尔针茅草甸草原	围栏外	10	8-13	二裂委陵菜	3	4	5	0.77	0.43
贝加尔针茅草甸草原	围栏外	10	8-13	日阴菅	2	3	1	<0.3	
贝加尔针茅草甸草原	围栏外	10	8-13	乳白花黄芪	3	3	1	<0.3	
贝加尔针茅草甸草原	围栏外	10	8-13	早熟禾	3	4	1	<0.3	
贝加尔针茅草甸草原	围栏外	10	8-13	石竹	4	5	1	<0.3	
贝加尔针茅草甸草原	围栏外	10	8-13	多裂叶荆芥	3	4	1	<0.3	
贝加尔针茅草甸草原	围栏外	10	8-13	达乌里芯芭	3	4	13	1.75	0.88

注：表中<0.3 或<0.5 表示生物量极少，估计质量小于 0.3 g 或 0.5 g。

2013 年综合观测场群落种类组成见表 3-6。

表 3-6　2013 年综合观测场群落种类组成（样方面积：1 m×1 m）

草地类型	利用方式	样方号	取样日期（月-日）	植物名称	自然高度/cm	绝对高度/cm	多度/[株（丛）/m²]	鲜生物量/（g/m²）	干生物量/（g/m²）
贝加尔针茅草甸草原	围栏内	1	8-11	羊草	65	66	201	368.01	191.05
贝加尔针茅草甸草原	围栏内	1	8-11	细叶白头翁	12	13	3	3.64	1.04
贝加尔针茅草甸草原	围栏内	1	8-11	沙参	70	71	10	36.72	9.77
贝加尔针茅草甸草原	围栏内	1	8-11	蓬子菜	30	31	7	4.17	1.14
贝加尔针茅草甸草原	围栏内	1	8-11	麻花头	36	37	10	31.24	5.99
贝加尔针茅草甸草原	围栏内	1	8-11	扁蓿豆	12	14	1	1.1	0.39
贝加尔针茅草甸草原	围栏内	1	8-11	展枝唐松草	40	41	14	32.93	11.45
贝加尔针茅草甸草原	围栏内	1	8-11	二裂委陵菜	34	35	7	13.4	5.73
贝加尔针茅草甸草原	围栏内	1	8-11	日阴菅	38	40	5	187.11	97.98

（续）

草地类型	利用方式	样方号	取样日期（月-日）	植物名称	自然高度/cm	绝对高度/cm	多度/〔株（丛）/m²〕	鲜生物量/（g/m²）	干生物量/（g/m²）
贝加尔针茅草甸草原	围栏内	1	8-11	阿尔泰狗娃花	30	31	3	0.94	0.34
贝加尔针茅草甸草原	围栏内	1	8-11	狭叶野豌豆	20	34	1	1.33	0.5
贝加尔针茅草甸草原	围栏内	1	8-11	多裂叶荆芥	4	5	1		
贝加尔针茅草甸草原	围栏内	1	8-11	异燕麦	30	31	1	1.97	0.62
贝加尔针茅草甸草原	围栏内	1	8-11	棉团铁线莲	45	46	2	68.95	21.06
贝加尔针茅草甸草原	围栏内	1	8-11	裂叶蒿	12	14	4	4.24	1.18
贝加尔针茅草甸草原	围栏内	1	8-11	狭叶青蒿	42	43	27	47.19	17.08
贝加尔针茅草甸草原	围栏内	1	8-11	枯落物				303.88	269.16
贝加尔针茅草甸草原	围栏内	2	8-11	羊草	79	81	119	178	85.92
贝加尔针茅草甸草原	围栏内	2	8-11	贝加尔针茅	40	43	5	6.9	3.23
贝加尔针茅草甸草原	围栏内	2	8-11	细叶白头翁	14	17	1	0.67	0.28
贝加尔针茅草甸草原	围栏内	2	8-11	苔草	24	27	213	34.38	15.43
贝加尔针茅草甸草原	围栏内	2	8-11	沙参	76	78	12	41.5	11.15
贝加尔针茅草甸草原	围栏内	2	8-11	蓬子菜	30	36	4	11.39	3.99
贝加尔针茅草甸草原	围栏内	2	8-11	麻花头	35	39	5	29.56	7.49
贝加尔针茅草甸草原	围栏内	2	8-11	叉枝鸦葱	28	31	1	2.67	0.49
贝加尔针茅草甸草原	围栏内	2	8-11	展枝唐松草	40	44	4	25.34	8.95
贝加尔针茅草甸草原	围栏内	2	8-11	日阴菅	40	47	2	71.22	32.86
贝加尔针茅草甸草原	围栏内	2	8-11	火绒草	21	22	1	1.57	0.53
贝加尔针茅草甸草原	围栏内	2	8-11	伏毛山莓草	5	7	1	<0.3	
贝加尔针茅草甸草原	围栏内	2	8-11	山野豌豆	30	36	1	2.84	1.12
贝加尔针茅草甸草原	围栏内	2	8-11	裂叶蒿	29	34	35	48.73	14.02
贝加尔针茅草甸草原	围栏内	2	8-11	星毛委陵菜	2	3	1	<0.3	
贝加尔针茅草甸草原	围栏内	2	8-11	羊草	81	83	115	150.6	83.62
贝加尔针茅草甸草原	围栏内	2	8-11	披针叶黄华	33	35	2	4.76	1.28
贝加尔针茅草甸草原	围栏内	2	8-11	列当	10	10	1	1.6	0.26
贝加尔针茅草甸草原	围栏内	2	8-11	羽茅	50	57	31	14.15	6.27
贝加尔针茅草甸草原	围栏内	2	8-11	枯落物				546.32	423.13
贝加尔针茅草甸草原	围栏内	3	8-11	羊草	54	78	212	626.21	261.6
贝加尔针茅草甸草原	围栏内	3	8-11	贝加尔针茅	25	76	1	13.83	5.66
贝加尔针茅草甸草原	围栏内	3	8-11	沙参	48	130	3	52.37	12.94
贝加尔针茅草甸草原	围栏内	3	8-11	蓬子菜	30	34	2	5.65	1.21
贝加尔针茅草甸草原	围栏内	3	8-11	麻花头	26	27	2		
贝加尔针茅草甸草原	围栏内	3	8-11	囊花鸢尾	28	67	1	8.88	2.78
贝加尔针茅草甸草原	围栏内	3	8-11	展枝唐松草	26	27	5	7.22	1.89
贝加尔针茅草甸草原	围栏内	3	8-11	日阴菅	45	73	3	78.06	28.52
贝加尔针茅草甸草原	围栏内	3	8-11	狗舌草	27	28	4	10.94	1.66
贝加尔针茅草甸草原	围栏内	3	8-11	裂叶蒿	20	21	4	7.63	1.56

（续）

草地类型	利用方式	样方号	取样日期（月-日）	植物名称	自然高度/cm	绝对高度/cm	多度/〔株（丛）/m²〕	鲜生物量/（g/m²）	干生物量/（g/m²）
贝加尔针茅草甸草原	围栏内	3	8-11	枯落物				895.89	466.24
贝加尔针茅草甸草原	围栏内	4	8-11	羊草	87	92	197	459.68	241.47
贝加尔针茅草甸草原	围栏内	4	8-11	贝加尔针茅	41	61	3	4.6	1.98
贝加尔针茅草甸草原	围栏内	4	8-11	细叶白头翁	26	27	3	13.47	4.27
贝加尔针茅草甸草原	围栏内	4	8-11	沙参	60	62	2	19.5	5.04
贝加尔针茅草甸草原	围栏内	4	8-11	蓬子菜	29	32	1	1.32	0.41
贝加尔针茅草甸草原	围栏内	4	8-11	麻花头	28	29	7	33.38	5.89
贝加尔针茅草甸草原	围栏内	4	8-11	展枝唐松草	79	80	5	45.8	14.64
贝加尔针茅草甸草原	围栏内	4	8-11	二裂委陵菜	48	50	1	3.13	1.02
贝加尔针茅草甸草原	围栏内	4	8-11	日阴菅	27	56	2	71.23	31.42
贝加尔针茅草甸草原	围栏内	4	8-11	狗舌草	25	26	2	9.89	1.54
贝加尔针茅草甸草原	围栏内	4	8-11	山野豌豆	56	48	2	7.42	1.92
贝加尔针茅草甸草原	围栏内	4	8-11	裂叶蒿	48	49	15	42.39	11.84
贝加尔针茅草甸草原	围栏内	4	8-11	狭叶青蒿	81	83	23	98.47	32.91
贝加尔针茅草甸草原	围栏内	4	8-11	光稃茅香	39	66	2	4.17	1.55
贝加尔针茅草甸草原	围栏内	4	8-11	枯落物				545.59	390.39
贝加尔针茅草甸草原	围栏内	5	8-11	羊草	62	64	145	240.31	114.92
贝加尔针茅草甸草原	围栏内	5	8-11	贝加尔针茅	64	66	11	36.79	18.94
贝加尔针茅草甸草原	围栏内	5	8-11	细叶白头翁	12	13	9	8.57	2.7
贝加尔针茅草甸草原	围栏内	5	8-11	蓬子菜	42	43	3	6.79	1.95
贝加尔针茅草甸草原	围栏内	5	8-11	麻花头	31	32	6	25.33	6.78
贝加尔针茅草甸草原	围栏内	5	8-11	囊花鸢尾	81	84	3	17.95	5.72
贝加尔针茅草甸草原	围栏内	5	8-11	展枝唐松草	40	41	15	48.75	16.82
贝加尔针茅草甸草原	围栏内	5	8-11	日阴菅	44	47	1	186.71	90.96
贝加尔针茅草甸草原	围栏内	5	8-11	列当	16	16	1	4.17	0.79
贝加尔针茅草甸草原	围栏内	5	8-11	冷蒿	20	22	1	1.38	0.58
贝加尔针茅草甸草原	围栏内	5	8-11	裂叶蒿	22	23	24	43.19	12.56
贝加尔针茅草甸草原	围栏内	5	8-11	披针叶黄华	41	42	11	43.19	13.12
贝加尔针茅草甸草原	围栏内	5	8-11	黄芩	42	43	3	5.11	1.28
贝加尔针茅草甸草原	围栏内	5	8-11	火绒草	20	21	1	0.44	0.16
贝加尔针茅草甸草原	围栏内	5	8-11	光稃茅香	30	34	20	11.77	4.81
贝加尔针茅草甸草原	围栏内	5	8-11	枯落物				496.38	327.14
贝加尔针茅草甸草原	围栏内	6	8-11	羊草	53	55	275	348.56	183.59
贝加尔针茅草甸草原	围栏内	6	8-11	贝加尔针茅	11	13	1	<0.3	
贝加尔针茅草甸草原	围栏内	6	8-11	糙隐子草	15	18	3	3.7	1.56
贝加尔针茅草甸草原	围栏内	6	8-11	细叶白头翁	27	33	28	69.87	24.22
贝加尔针茅草甸草原	围栏内	6	8-11	斜茎黄芪	25	28	2	3.28	0.93
贝加尔针茅草甸草原	围栏内	6	8-11	苔草	17	20	170	14.85	6.66

（续）

草地类型	利用方式	样方号	取样日期（月-日）	植物名称	自然高度/cm	绝对高度/cm	多度/[株（丛）/m²]	鲜生物量/（g/m²）	干生物量/（g/m²）
贝加尔针茅草甸草原	围栏内	6	8-11	双齿葱	13	13	1	0.78	0.12
贝加尔针茅草甸草原	围栏内	6	8-11	蓬子菜	43	47	13	32.58	10.63
贝加尔针茅草甸草原	围栏内	6	8-11	麻花头	40	44	2	14.62	4.12
贝加尔针茅草甸草原	围栏内	6	8-11	菊叶委陵菜	23	26	1	1.06	0.31
贝加尔针茅草甸草原	围栏内	6	8-11	叉枝鸦葱	30	34	3	4.8	0.98
贝加尔针茅草甸草原	围栏内	6	8-11	扁蓿豆	7	10	1	<0.3	
贝加尔针茅草甸草原	围栏内	6	8-11	囊花鸢尾	60	71	3	37.23	11.82
贝加尔针茅草甸草原	围栏内	6	8-11	展枝唐松草	42	47	5	36.74	12.54
贝加尔针茅草甸草原	围栏内	6	8-11	蒲公英	7	10	5	2.66	0.37
贝加尔针茅草甸草原	围栏内	6	8-11	日阴菅	31	44	2	39.88	18.63
贝加尔针茅草甸草原	围栏内	6	8-11	异燕麦	5	6	1	<0.3	
贝加尔针茅草甸草原	围栏内	6	8-11	裂叶蒿	25	30	5	13.43	3.44
贝加尔针茅草甸草原	围栏内	6	8-11	狭叶青蒿	43	45	18	31.22	9.61
贝加尔针茅草甸草原	围栏内	6	8-11	变蒿	32	32	1	0.87	0.25
贝加尔针茅草甸草原	围栏内	6	8-11	羽茅	22	26	3	199.79	160.07
贝加尔针茅草甸草原	围栏内	7	8-11	羊草	67	82	220	641.33	239.18
贝加尔针茅草甸草原	围栏内	7	8-11	细叶白头翁	22	23	2	3.4	0.96
贝加尔针茅草甸草原	围栏内	7	8-11	斜茎黄芪	35	36	1	0.94	0.25
贝加尔针茅草甸草原	围栏内	7	8-11	沙参	120	121	2	23.11	7.16
贝加尔针茅草甸草原	围栏内	7	8-11	蓬子菜	18	24	4	4.38	1.14
贝加尔针茅草甸草原	围栏内	7	8-11	麻花头	59	78	4	46.33	13.23
贝加尔针茅草甸草原	围栏内	7	8-11	囊花鸢尾	17	38	1	1.43	0.31
贝加尔针茅草甸草原	围栏内	7	8-11	展枝唐松草	38	39	18	36.25	11.09
贝加尔针茅草甸草原	围栏内	7	8-11	裂叶蒿	31	32	53	117.82	30.62
贝加尔针茅草甸草原	围栏内	7	8-11	狭叶青蒿	88	89	17	93.64	33.8
贝加尔针茅草甸草原	围栏内	7	8-11	披针叶黄华	44	45	3	9.18	2.12
贝加尔针茅草甸草原	围栏内	7	8-11	长叶百蕊草	43	44	1	5.64	1.15
贝加尔针茅草甸草原	围栏内	7	8-11	粗根鸢尾	28	29	1	0.73	0.13
贝加尔针茅草甸草原	围栏内	7	8-11	枯落物				463.17	349.96
贝加尔针茅草甸草原	围栏内	8	8-11	羊草	64	65	388	609.51	299.27
贝加尔针茅草甸草原	围栏内	8	8-11	贝加尔针茅	30	32	2	1.34	0.58
贝加尔针茅草甸草原	围栏内	8	8-11	糙隐子草	4	5	1	<0.3	
贝加尔针茅草甸草原	围栏内	8	8-11	羽茅	14	16	1	<0.3	
贝加尔针茅草甸草原	围栏内	8	8-11	细叶白头翁	10	13	1	2.93	1.08
贝加尔针茅草甸草原	围栏内	8	8-11	斜茎黄芪	3	4	1	<0.3	
贝加尔针茅草甸草原	围栏内	8	8-11	苔草	8	9	115	21.83	9.28
贝加尔针茅草甸草原	围栏内	8	8-11	蓬子菜	30	31	2	2.74	1.19
贝加尔针茅草甸草原	围栏内	8	8-11	麻花头	7	8	1	<0.3	

（续）

草地类型	利用方式	样方号	取样日期（月-日）	植物名称	自然高度/cm	绝对高度/cm	多度/［株（丛）/m²］	鲜生物量/（g/m²）	干生物量/（g/m²）
贝加尔针茅草甸草原	围栏内	8	8-11	囊花鸢尾	45	47	1	13.33	3.98
贝加尔针茅草甸草原	围栏内	8	8-11	红柴胡	10	12	1	<0.3	
贝加尔针茅草甸草原	围栏内	8	8-11	溚草	12	14	2	1.07	0.35
贝加尔针茅草甸草原	围栏内	8	8-11	二裂委陵菜	30	31	1	2.58	0.9
贝加尔针茅草甸草原	围栏内	8	8-11	蒲公英	1	1	1	<0.3	
贝加尔针茅草甸草原	围栏内	8	8-11	日阴菅	16	26	2	82.88	35.87
贝加尔针茅草甸草原	围栏内	8	8-11	异燕麦	16	17	2	3.35	1.34
贝加尔针茅草甸草原	围栏内	8	8-11	裂叶蒿	10	11	1	1.35	0.32
贝加尔针茅草甸草原	围栏内	8	8-11	光稃茅香	30	31	25	11.87	4.74
贝加尔针茅草甸草原	围栏内	8	8-11	狭叶青蒿	32	34	6	12.6	4.42
贝加尔针茅草甸草原	围栏内	8	8-11	尖头叶藜	10	11	1	<0.3	
贝加尔针茅草甸草原	围栏内	8	8-11	萼苈	1	1	2	1.05	0.29
贝加尔针茅草甸草原	围栏内	8	8-11	枯落物				529.43	452.97
贝加尔针茅草甸草原	围栏内	9	8-11	羊草	50	52	385	489.31	261.75
贝加尔针茅草甸草原	围栏内	9	8-11	贝加尔针茅	39	43	3	1.69	0.82
贝加尔针茅草甸草原	围栏内	9	8-11	糙隐子草	16	21	24	24.61	10.55
贝加尔针茅草甸草原	围栏内	9	8-11	细叶白头翁	23	26	9	30.35	10.33
贝加尔针茅草甸草原	围栏内	9	8-11	苔草	19	23	110	10.95	4.94
贝加尔针茅草甸草原	围栏内	9	8-11	沙参	70	73	3	12.82	3.37
贝加尔针茅草甸草原	围栏内	9	8-11	麻花头	37	42	4	24.89	7.5
贝加尔针茅草甸草原	围栏内	9	8-11	囊花鸢尾	60	67	1	5.16	1.56
贝加尔针茅草甸草原	围栏内	9	8-11	展枝唐松草	32	32	5	18.15	6.5
贝加尔针茅草甸草原	围栏内	9	8-11	溚草	5	8	1	<0.3	
贝加尔针茅草甸草原	围栏内	9	8-11	日阴菅	30	38	3	4.74	2.06
贝加尔针茅草甸草原	围栏内	9	8-11	阿尔泰狗娃花	30	30	10	13.65	3.64
贝加尔针茅草甸草原	围栏内	9	8-11	山野豌豆	30	33	1	1.88	0.4
贝加尔针茅草甸草原	围栏内	9	8-11	异燕麦	7	7	1	<0.3	
贝加尔针茅草甸草原	围栏内	9	8-11	冷蒿	22	31	1	2.73	0.83
贝加尔针茅草甸草原	围栏内	9	8-11	星毛委陵菜	2	3	1	39.47	12.24
贝加尔针茅草甸草原	围栏内	9	8-11	列当	7	7	1	<0.3	
贝加尔针茅草甸草原	围栏内	9	8-11	米口袋	10	11	1	1.32	0.33
贝加尔针茅草甸草原	围栏内	9	8-11	狭叶青蒿	43	43	5	14.26	4.75
贝加尔针茅草甸草原	围栏内	9	8-11	长叶百蕊草	31	31	1	1.89	0.49
贝加尔针茅草甸草原	围栏内	9	8-11	枯落物				463.35	323.22
贝加尔针茅草甸草原	围栏内	10	8-11	羊草	67	70	287	513.58	251.7
贝加尔针茅草甸草原	围栏内	10	8-11	贝加尔针茅	37	40	3	3.08	1.54
贝加尔针茅草甸草原	围栏内	10	8-11	糙隐子草	7	9	1	<0.3	
贝加尔针茅草甸草原	围栏内	10	8-11	羽茅	40	42	15	7.22	2.24

（续）

草地类型	利用方式	样方号	取样日期（月-日）	植物名称	自然高度/cm	绝对高度/cm	多度/〔株（丛）/m²〕	鲜生物量/(g/m²)	干生物量/(g/m²)
贝加尔针茅草甸草原	围栏内	10	8-11	细叶白头翁	16	18	2	4.39	1.5
贝加尔针茅草甸草原	围栏内	10	8-11	斜茎黄芪	18	22	5	24.71	11.21
贝加尔针茅草甸草原	围栏内	10	8-11	苔草	20	24	180	2.13	0.67
贝加尔针茅草甸草原	围栏内	10	8-11	蓬子菜	30	33	2	9.43	2.85
贝加尔针茅草甸草原	围栏内	10	8-11	麻花头	35	40	6	0.94	0.35
贝加尔针茅草甸草原	围栏内	10	8-11	红柴胡	41	43	1	21.72	7
贝加尔针茅草甸草原	围栏内	10	8-11	展枝唐松草	35	38	7	2.39	0.85
贝加尔针茅草甸草原	围栏内	10	8-11	二裂委陵菜	35	39	2	39.01	18.29
贝加尔针茅草甸草原	围栏内	10	8-11	日阴菅	39	45	3	2.76	0.87
贝加尔针茅草甸草原	围栏内	10	8-11	早熟禾	80	80	1	2.75	0.94
贝加尔针茅草甸草原	围栏内	10	8-11	异燕麦	40	41	1	57.28	18.26
贝加尔针茅草甸草原	围栏内	10	8-11	裂叶蒿	23	26	45	12.39	3.51
贝加尔针茅草甸草原	围栏内	10	8-11	披针叶黄华	40	40	2	424.62	346.26
贝加尔针茅草甸草原	围栏外	1	8-11	羊草	20	21	29	12.51	4.34
贝加尔针茅草甸草原	围栏外	1	8-11	糙隐子草	13	14	166	123.72	43.57
贝加尔针茅草甸草原	围栏外	1	8-11	羽茅	6	7	3	5.97	2.23
贝加尔针茅草甸草原	围栏外	1	8-11	斜茎黄芪	12	13	5	9.7	2.78
贝加尔针茅草甸草原	围栏外	1	8-11	苔草	7	8	394	47.03	18.01
贝加尔针茅草甸草原	围栏外	1	8-11	菊叶委陵菜	3	6	1	1.19	0.31
贝加尔针茅草甸草原	围栏外	1	8-11	叉枝鸦葱	12	13	3	2.16	0.55
贝加尔针茅草甸草原	围栏外	1	8-11	扁蓿豆	10	11	2	3.86	1.18
贝加尔针茅草甸草原	围栏外	1	8-11	灰绿藜	5	6	3	1.37	0.38
贝加尔针茅草甸草原	围栏外	1	8-11	涝草	6	7	3	2.64	0.93
贝加尔针茅草甸草原	围栏外	1	8-11	蒲公英	4	5	1	7.47	1.64
贝加尔针茅草甸草原	围栏外	1	8-11	日阴菅	5	6	3	11.62	4.67
贝加尔针茅草甸草原	围栏外	1	8-11	狗舌草	2	3	1	0.98	0.13
贝加尔针茅草甸草原	围栏外	1	8-11	乳白花黄芪	1	3	1	1.61	0.5
贝加尔针茅草甸草原	围栏外	1	8-11	独行菜	6	6	7	4.27	1.42
贝加尔针茅草甸草原	围栏外	1	8-11	裂叶蒿	8	9	1	6.17	2.13
贝加尔针茅草甸草原	围栏外	1	8-11	星毛委陵菜	2	3	1	0.64	0.23
贝加尔针茅草甸草原	围栏外	1	8-11	扁蓿豆	12	13	68	83.97	23.8
贝加尔针茅草甸草原	围栏外	1	8-11	平车前	1	3	34	11.04	2.56
贝加尔针茅草甸草原	围栏外	1	8-11	变蒿	24	25	2	2.46	1.04
贝加尔针茅草甸草原	围栏外	1	8-11	狭叶青蒿	5	6	1	2.94	0.68
贝加尔针茅草甸草原	围栏外	2	8-11	羊草	9	10	46	8.98	2.8
贝加尔针茅草甸草原	围栏外	2	8-11	贝加尔针茅	15	16	30	21.88	7.86
贝加尔针茅草甸草原	围栏外	2	8-11	糙隐子草	13	14	14	8.49	2.85
贝加尔针茅草甸草原	围栏外	2	8-11	斜茎黄芪	6	7	1	0.62	0.2

（续）

草地类型	利用方式	样方号	取样日期（月-日）	植物名称	自然高度/cm	绝对高度/cm	多度/〔株（丛）/m²〕	鲜生物量/（g/m²）	干生物量/（g/m²）
贝加尔针茅草甸草原	围栏外	2	8-11	苔草	5	6	1 637	140.83	57.2
贝加尔针茅草甸草原	围栏外	2	8-11	菊叶委陵菜	4	5	6	4.01	1.23
贝加尔针茅草甸草原	围栏外	2	8-11	扁蓿豆	2	3	1	<0.3	
贝加尔针茅草甸草原	围栏外	2	8-11	蒲公英	3	5	8	5.33	1.75
贝加尔针茅草甸草原	围栏外	2	8-11	散穗早熟禾	4	8	3	2.11	0.53
贝加尔针茅草甸草原	围栏外	2	8-11	独行菜	6	7	34	9.75	2.64
贝加尔针茅草甸草原	围栏外	2	8-11	尖头叶藜	3	4	6	1.59	0.3
贝加尔针茅草甸草原	围栏外	3	8-11	羊草	16	17	23	4.74	1.78
贝加尔针茅草甸草原	围栏外	3	8-11	贝加尔针茅	19	28	45	32.27	15.01
贝加尔针茅草甸草原	围栏外	3	8-11	糙隐子草	6	7	42	23.67	10.24
贝加尔针茅草甸草原	围栏外	3	8-11	斜茎黄芪	6	7	5	4.55	1.27
贝加尔针茅草甸草原	围栏外	3	8-11	苔草	6	7	215	33.97	17.46
贝加尔针茅草甸草原	围栏外	3	8-11	双齿葱	3	3	1	<0.3	
贝加尔针茅草甸草原	围栏外	3	8-11	麻花头	6	8	3	2.23	0.5
贝加尔针茅草甸草原	围栏外	3	8-11	轮叶委陵菜	4	5	8	6.12	2.22
贝加尔针茅草甸草原	围栏外	3	8-11	叉枝鸦葱	11	12	1	<0.3	
贝加尔针茅草甸草原	围栏外	3	8-11	扁蓿豆	5	14	2	1.74	0.53
贝加尔针茅草甸草原	围栏外	3	8-11	红柴胡	5	6	1	<0.3	
贝加尔针茅草甸草原	围栏外	3	8-11	凎草	3	5	1	<0.3	
贝加尔针茅草甸草原	围栏外	3	8-11	蒲公英	3	4	10	1.81	0.46
贝加尔针茅草甸草原	围栏外	3	8-11	伏毛山莓草	3	4	1	<0.3	
贝加尔针茅草甸草原	围栏外	3	8-11	冷蒿	4	25	2	120.72	47.63
贝加尔针茅草甸草原	围栏外	3	8-11	裂叶蒿	12	13	20	12.73	3.47
贝加尔针茅草甸草原	围栏外	3	8-11	星毛委陵菜	1	2	1	<0.3	
贝加尔针茅草甸草原	围栏外	3	8-11	乳白花黄芪	4	10	3	17.6	5.34
贝加尔针茅草甸草原	围栏外	3	8-11	狭叶青蒿	12	13	2	1.05	0.29
贝加尔针茅草甸草原	围栏外	4	8-11	羊草	10	12	16	3.49	1.02
贝加尔针茅草甸草原	围栏外	4	8-11	贝加尔针茅	23	25	5	26.35	11.36
贝加尔针茅草甸草原	围栏外	4	8-11	糙隐子草	15	18	2	4.55	2.02
贝加尔针茅草甸草原	围栏外	4	8-11	细叶葱	16	18	4	1.64	0.31
贝加尔针茅草甸草原	围栏外	4	8-11	斜茎黄芪	3	4	1	<0.3	
贝加尔针茅草甸草原	围栏外	4	8-11	苔草	12	16	3 200	287.09	112.03
贝加尔针茅草甸草原	围栏外	4	8-11	沙参	5	8	3	2.63	0.5
贝加尔针茅草甸草原	围栏外	4	8-11	羽茅	10	13	1	<0.3	
贝加尔针茅草甸草原	围栏外	4	8-11	扁蓿豆	8	10	6	9.45	2.09
贝加尔针茅草甸草原	围栏外	4	8-11	凎草	15	18	3	4.06	1.35
贝加尔针茅草甸草原	围栏外	4	8-11	蒲公英	2	3	2	<0.3	
贝加尔针茅草甸草原	围栏外	4	8-11	狭叶青蒿	25	25	3	2.76	0.66

（续）

草地类型	利用方式	样方号	取样日期（月-日）	植物名称	自然高度/cm	绝对高度/cm	多度/[株（丛）/m²]	鲜生物量/(g/m²)	干生物量/(g/m²)
贝加尔针茅草甸草原	围栏外	4	8-11	独行菜	14	15	41	6.85	2.83
贝加尔针茅草甸草原	围栏外	4	8-11	平车前	5	8	7	4.13	0.57
贝加尔针茅草甸草原	围栏外	4	8-11	披针叶黄华	24	25	3	10.47	2.92
贝加尔针茅草甸草原	围栏外	4	8-11	变蒿	27	29	4	11.47	3.06
贝加尔针茅草甸草原	围栏外	4	8-11	赖草	22	18	3	9.97	2.66
贝加尔针茅草甸草原	围栏外	4	8-11	尖头叶藜	3	3	2	<0.3	
贝加尔针茅草甸草原	围栏外	5	8-11	羊草	15	16	23	4.97	1.85
贝加尔针茅草甸草原	围栏外	5	8-11	贝加尔针茅	20	22	8	6.29	2.76
贝加尔针茅草甸草原	围栏外	5	8-11	糙隐子草	5	6	46	22.01	9.28
贝加尔针茅草甸草原	围栏外	5	8-11	羽茅	10	15	25	10.62	4.7
贝加尔针茅草甸草原	围栏外	5	8-11	细叶白头翁	5	6	8	7.67	2.61
贝加尔针茅草甸草原	围栏外	5	8-11	斜茎黄芪	2	4	12	6.23	1.5
贝加尔针茅草甸草原	围栏外	5	8-11	苔草	6	7	361	31.62	13.63
贝加尔针茅草甸草原	围栏外	5	8-11	双齿葱	6	7	9	3.89	0.09
贝加尔针茅草甸草原	围栏外	5	8-11	沙参	1	2	1	<0.3	
贝加尔针茅草甸草原	围栏外	5	8-11	羊茅	4	4	1	<0.3	
贝加尔针茅草甸草原	围栏外	5	8-11	麻花头	4	5	16	8.01	1.71
贝加尔针茅草甸草原	围栏外	5	8-11	轮叶委陵菜	5	6	4	1.68	0.63
贝加尔针茅草甸草原	围栏外	5	8-11	扁蓿豆	3	4	4	2.59	0.84
贝加尔针茅草甸草原	围栏外	5	8-11	展枝唐松草	3	4	10	1.35	0.39
贝加尔针茅草甸草原	围栏外	5	8-11	潜草	5	6	10	4.45	1.59
贝加尔针茅草甸草原	围栏外	5	8-11	蒲公英	1	4	11	3.33	0.79
贝加尔针茅草甸草原	围栏外	5	8-11	日阴菅	3	4	4	16.17	7.41
贝加尔针茅草甸草原	围栏外	5	8-11	伏毛山莓草	3	5	1	0.89	0.29
贝加尔针茅草甸草原	围栏外	5	8-11	苦荬菜	6	7	2	2.91	0.65
贝加尔针茅草甸草原	围栏外	5	8-11	多裂叶荆芥	3	4	2	3.26	0.96
贝加尔针茅草甸草原	围栏外	5	8-11	异燕麦	6	7	2	0.57	0.16
贝加尔针茅草甸草原	围栏外	5	8-11	冷蒿	4	6	1	4.83	1.72
贝加尔针茅草甸草原	围栏外	5	8-11	裂叶蒿	6	7	23	19.02	5.12
贝加尔针茅草甸草原	围栏外	5	8-11	平车前	2	4	1	3.56	0.74
贝加尔针茅草甸草原	围栏外	5	8-11	米口袋	3	4	3	1.58	0.39
贝加尔针茅草甸草原	围栏外	5	8-11	变蒿	3	4	3	2.16	0.49
贝加尔针茅草甸草原	围栏外	6	8-11	羊草	10	12	55	9.05	3.02
贝加尔针茅草甸草原	围栏外	6	8-11	贝加尔针茅	5	6	1	<0.3	
贝加尔针茅草甸草原	围栏外	6	8-11	糙隐子草	5	7	4	2.29	0.95
贝加尔针茅草甸草原	围栏外	6	8-11	苔草	4	5	215	28.12	11.83
贝加尔针茅草甸草原	围栏外	6	8-11	麻花头	10	13	5	10.04	2.98
贝加尔针茅草甸草原	围栏外	6	8-11	菊叶委陵菜	17	20	3	11.54	3.62

（续）

草地类型	利用方式	样方号	取样日期（月-日）	植物名称	自然高度/cm	绝对高度/cm	多度/［株（丛）/m²］	鲜生物量/（g/m²）	干生物量/（g/m²）
贝加尔针茅草甸草原	围栏外	6	8-11	扁蓿豆	18	21	1	5.38	1.8
贝加尔针茅草甸草原	围栏外	6	8-11	瓣蕊唐松草	3	5	1	<0.3	
贝加尔针茅草甸草原	围栏外	6	8-11	囊花鸢尾	5	5	1	<0.3	
贝加尔针茅草甸草原	围栏外	6	8-11	红柴胡	3	5	1	<0.3	
贝加尔针茅草甸草原	围栏外	6	8-11	溚草	3	5	1	<0.3	
贝加尔针茅草甸草原	围栏外	6	8-11	蒲公英	1	5	20	28.97	9.51
贝加尔针茅草甸草原	围栏外	6	8-11	羽茅	5	6	5	0.55	0.27
贝加尔针茅草甸草原	围栏外	6	8-11	裂叶蒿	5	6	11	6.11	2.33
贝加尔针茅草甸草原	围栏外	6	8-11	平车前	2	6	68	108.46	29.81
贝加尔针茅草甸草原	围栏外	6	8-11	地榆	15	18	1	3.13	0.88
贝加尔针茅草甸草原	围栏外	6	8-11	扁蓿豆	3	4	120	29.1	9.81
贝加尔针茅草甸草原	围栏外	6	8-11	赖草	5	10	1	12.62	4.73
贝加尔针茅草甸草原	围栏外	7	8-11	糙隐子草	15	16	86	85.4	31.17
贝加尔针茅草甸草原	围栏外	7	8-11	斜茎黄芪	14	15	11	17.87	4.61
贝加尔针茅草甸草原	围栏外	7	8-11	苔草	11	12	602	136.67	59.66
贝加尔针茅草甸草原	围栏外	7	8-11	叉枝鸦葱	19	20	1	1.38	0.4
贝加尔针茅草甸草原	围栏外	7	8-11	扁蓿豆	16	19	130	90.91	26.83
贝加尔针茅草甸草原	围栏外	7	8-11	粗根鸢尾	18	19	1	1.05	0.28
贝加尔针茅草甸草原	围栏外	7	8-11	蒲公英	1	2	2	<0.3	
贝加尔针茅草甸草原	围栏外	7	8-11	日阴菅	8	9	3	2.4	0.91
贝加尔针茅草甸草原	围栏外	7	8-11	散穗早熟禾	4	5	1	<0.3	
贝加尔针茅草甸草原	围栏外	7	8-11	冰草	19	21	4	2.34	0.6
贝加尔针茅草甸草原	围栏外	7	8-11	独行菜	3	4	1	<0.3	
贝加尔针茅草甸草原	围栏外	7	8-11	多裂叶荆芥	5	6	1	0.8	0.32
贝加尔针茅草甸草原	围栏外	7	8-11	尖头叶藜	20	23	7	6.65	1.64
贝加尔针茅草甸草原	围栏外	8	8-11	羊草	8	9	39	4.81	1.4
贝加尔针茅草甸草原	围栏外	8	8-11	贝加尔针茅	16	18	7	7.99	2.97
贝加尔针茅草甸草原	围栏外	8	8-11	糙隐子草	3	4	60	37.72	13.84
贝加尔针茅草甸草原	围栏外	8	8-11	细叶白头翁	2	3	1	<0.3	
贝加尔针茅草甸草原	围栏外	8	8-11	斜茎黄芪	10	11	3	3.7	0.96
贝加尔针茅草甸草原	围栏外	8	8-11	苔草	6	7	1 234	79.81	28.55
贝加尔针茅草甸草原	围栏外	8	8-11	麻花头	1	4	2	1.38	0.35
贝加尔针茅草甸草原	围栏外	8	8-11	红柴胡	4	5	1	<0.3	
贝加尔针茅草甸草原	围栏外	8	8-11	蒲公英	1	3	30	12.45	4.53
贝加尔针茅草甸草原	围栏外	8	8-11	米口袋	1	3	1	0.71	0.21
贝加尔针茅草甸草原	围栏外	8	8-11	独行菜	2	2	2	0.67	0.25
贝加尔针茅草甸草原	围栏外	8	8-11	狭叶青蒿	6	7	1	0.92	0.22
贝加尔针茅草甸草原	围栏外	8	8-11	稗	1	6	1	4.73	0.99

（续）

草地类型	利用方式	样方号	取样日期（月-日）	植物名称	自然高度/cm	绝对高度/cm	多度/［株（丛）/m²］	鲜生物量/（g/m²）	干生物量/（g/m²）
贝加尔针茅草甸草原	围栏外	8	8-11	灰绿藜	2	2	1	<0.3	
贝加尔针茅草甸草原	围栏外	8	8-11	平车前	1	2	16	4.66	1.03
贝加尔针茅草甸草原	围栏外	9	8-11	贝加尔针茅	16	19	19	66.4	28.33
贝加尔针茅草甸草原	围栏外	9	8-11	糙隐子草	5	7	1	<0.3	
贝加尔针茅草甸草原	围栏外	9	8-11	细叶白头翁	3	4	1	<0.3	
贝加尔针茅草甸草原	围栏外	9	8-11	斜茎黄芪	13	16	5	6.92	1.78
贝加尔针茅草甸草原	围栏外	9	8-11	苔草	10	13	2 943	220.33	81.72
贝加尔针茅草甸草原	围栏外	9	8-11	沙参	4	5	2	2.07	0.28
贝加尔针茅草甸草原	围栏外	9	8-11	麻花头	10	15	5	15.12	2.81
贝加尔针茅草甸草原	围栏外	9	8-11	菊叶委陵菜	12	14	3	4.99	1.41
贝加尔针茅草甸草原	围栏外	9	8-11	扁蓿豆	17	23	1	2.55	0.78
贝加尔针茅草甸草原	围栏外	9	8-11	二裂委陵菜	10	13	8	18.49	5.97
贝加尔针茅草甸草原	围栏外	9	8-11	蒲公英	4	7	14	8.59	1.8
贝加尔针茅草甸草原	围栏外	9	8-11	赖草	6	9	2	2.57	0.6
贝加尔针茅草甸草原	围栏外	9	8-11	独行菜	11	11	20	8.94	3.02
贝加尔针茅草甸草原	围栏外	9	8-11	平车前	2	7	50	40.7	9.2
贝加尔针茅草甸草原	围栏外	9	8-11	羽茅	20	22	2	5.14	1.87
贝加尔针茅草甸草原	围栏外	9	8-11	变蒿	37	37	2	22.26	7.42
贝加尔针茅草甸草原	围栏外	9	8-11	扁蓿豆	10	15	9	47.67	13.19
贝加尔针茅草甸草原	围栏外	10	8-11	羊草	13	14	8	1.38	0.65
贝加尔针茅草甸草原	围栏外	10	8-11	贝加尔针茅	20	22	45	34.23	14.29
贝加尔针茅草甸草原	围栏外	10	8-11	糙隐子草	4	5	32	43.83	13.88
贝加尔针茅草甸草原	围栏外	10	8-11	羽茅	6	7	1	<0.3	
贝加尔针茅草甸草原	围栏外	10	8-11	细叶白头翁	4	6	1	<0.3	
贝加尔针茅草甸草原	围栏外	10	8-11	斜茎黄芪	4	5	5	1.91	0.48
贝加尔针茅草甸草原	围栏外	10	8-11	苔草	6	7	517	72.72	29.18
贝加尔针茅草甸草原	围栏外	10	8-11	扁蓿豆	3	4	1	<0.3	
贝加尔针茅草甸草原	围栏外	10	8-11	麻花头	2	6	3	2.42	0.67
贝加尔针茅草甸草原	围栏外	10	8-11	轮叶委陵菜	3	4	1	<0.3	
贝加尔针茅草甸草原	围栏外	10	8-11	扁蓿豆	3	4	2	0.56	0.19
贝加尔针茅草甸草原	围栏外	10	8-11	瓣蕊唐松草	3	4	2	0.78	0.24
贝加尔针茅草甸草原	围栏外	10	8-11	蒲公英	2	4	26	9.74	3.26
贝加尔针茅草甸草原	围栏外	10	8-11	狭叶青蒿	30	31	6	22.14	6.41
贝加尔针茅草甸草原	围栏外	10	8-11	平车前	1	2	1	<0.3	

注：表中<0.3 或<0.5 表示生物量极少，估计质量小于 0.3 g 或 0.5 g。

2014年综合观测场群落种类组成见表3-7。

表3-7　2014年综合观测场群落种类组成（样方面积：1 m×1 m）

草地类型	利用方式	样方号	取样日期（月-日）	植物名称	自然高度/cm	绝对高度/cm	多度/［株（丛）/m²］	鲜生物量/（g/m²）	干生物量/（g/m²）
贝加尔针茅草甸草原	围栏内	1	8-21	羊草	53	55	230	230.03	97.05
贝加尔针茅草甸草原	围栏内	1	8-21	沙参	26	31	1	3.51	0.175
贝加尔针茅草甸草原	围栏内	1	8-21	麻花头	25	28	3	25.8	4.71
贝加尔针茅草甸草原	围栏内	1	8-21	披针叶黄华	22	23	4	11.61	3.24
贝加尔针茅草甸草原	围栏内	1	8-21	羽茅	20	75	3	12.54	4.58
贝加尔针茅草甸草原	围栏内	1	8-21	展枝唐松草	30	33	24	170.18	57.74
贝加尔针茅草甸草原	围栏内	1	8-21	枯落物				1085	794.23
贝加尔针茅草甸草原	围栏内	2	8-21	羊草	41	42	156	369.92	173.99
贝加尔针茅草甸草原	围栏内	2	8-21	麻花头	19	10	1	3.06	0.51
贝加尔针茅草甸草原	围栏内	2	8-21	狭叶青蒿	23	24	1	1.19	0.34
贝加尔针茅草甸草原	围栏内	2	8-21	裂叶蒿	14	15	1	0.9	0.27
贝加尔针茅草甸草原	围栏内	2	8-21	枯落物				178.64	131.52
贝加尔针茅草甸草原	围栏内	3	8-21	羊草	62	64	189	289.16	157.92
贝加尔针茅草甸草原	围栏内	3	8-21	沙参	72	74	5	21.34	6.43
贝加尔针茅草甸草原	围栏内	3	8-21	狭叶青蒿	70	72	13	46.32	15.66
贝加尔针茅草甸草原	围栏内	3	8-21	披针叶黄华	34	36	2	19.23	5.65
贝加尔针茅草甸草原	围栏内	3	8-21	囊花鸢尾	36	38	1	3.28	0.87
贝加尔针茅草甸草原	围栏内	3	8-21	展枝唐松草	40	42	8	78.32	28.39
贝加尔针茅草甸草原	围栏内	3	8-21	冷蒿	2	4	1	<0.3	
贝加尔针茅草甸草原	围栏内	3	8-21	裂叶蒿	22	24	8	8.91	3.12
贝加尔针茅草甸草原	围栏内	3	8-21	枯落物				321.96	256.92
贝加尔针茅草甸草原	围栏内	4	8-21	羊草	64	65	287	1796	461.88
贝加尔针茅草甸草原	围栏内	4	8-21	麻花头	47	49	1	28.19	7.07
贝加尔针茅草甸草原	围栏内	4	8-21	二裂委陵菜	36	37	4	14.45	5.25
贝加尔针茅草甸草原	围栏内	4	8-21	披针叶黄华	39	40	2	18.44	5.64
贝加尔针茅草甸草原	围栏内	4	8-21	枯落物				1112.4	864.93
贝加尔针茅草甸草原	围栏内	5	8-21	羊草	57	60	360	557.58	254.6
贝加尔针茅草甸草原	围栏内	5	8-21	贝加尔针茅	39	42	1	1.64	0.77
贝加尔针茅草甸草原	围栏内	5	8-21	沙参	55	57	1	2.74	0.74
贝加尔针茅草甸草原	围栏内	5	8-21	细叶白头翁	4	5	1	<0.3	
贝加尔针茅草甸草原	围栏内	5	8-21	苔草	15	20	25	3.49	1.88
贝加尔针茅草甸草原	围栏内	5	8-21	麻花头	25	29	4	18.04	3.35
贝加尔针茅草甸草原	围栏内	5	8-21	蓬子菜	7	7	1	<0.3	
贝加尔针茅草甸草原	围栏内	5	8-21	阿尔泰狗娃花	33	33	18	24.53	7.89
贝加尔针茅草甸草原	围栏内	5	8-21	展枝唐松草	31	33	3	16.12	5.12
贝加尔针茅草甸草原	围栏内	5	8-21	裂叶蒿	4	6	2	<0.3	

（续）

草地类型	利用方式	样方号	取样日期（月-日）	植物名称	自然高度/cm	绝对高度/cm	多度/〔株（丛）/m²〕	鲜生物量/（g/m²）	干生物量/（g/m²）
贝加尔针茅草甸草原	围栏内	5	8-21	枯落物				600.71	423.15
贝加尔针茅草甸草原	围栏内	6	8-21	羊草	60	62	124	128.13	76.25
贝加尔针茅草甸草原	围栏内	6	8-21	贝加尔针茅	72	74	4	28.63	15.51
贝加尔针茅草甸草原	围栏内	6	8-21	沙参	66	68	1	2.02	0.77
贝加尔针茅草甸草原	围栏内	6	8-21	羊茅	24	26	23	3.95	1.69
贝加尔针茅草甸草原	围栏内	6	8-21	斜茎黄芪	2	4	1	<0.3	
贝加尔针茅草甸草原	围栏内	6	8-21	细叶白头翁	22	24	6	10.73	4.14
贝加尔针茅草甸草原	围栏内	6	8-21	苔草	20	21	32	7.41	2.86
贝加尔针茅草甸草原	围栏内	6	8-21	双齿葱	2	4	2	<0.3	
贝加尔针茅草甸草原	围栏内	6	8-21	蓬子菜	30	32	4	6.27	2.62
贝加尔针茅草甸草原	围栏内	6	8-21	麻花头	20	22	4	10.24	2.83
贝加尔针茅草甸草原	围栏内	6	8-21	二裂委陵菜	17	18	2	2.27	0.88
贝加尔针茅草甸草原	围栏内	6	8-21	日阴菅	22	25	2	26.43	13.6
贝加尔针茅草甸草原	围栏内	6	8-21	阿尔泰狗娃花	20	22	6	5.16	1.69
贝加尔针茅草甸草原	围栏内	6	8-21	多裂叶荆芥	36	38	4	3.21	1.1
贝加尔针茅草甸草原	围栏内	6	8-21	狗舌草	4	8	1	7.56	1.26
贝加尔针茅草甸草原	围栏内	6	8-21	异燕麦	2	4	1	<0.3	
贝加尔针茅草甸草原	围栏内	6	8-21	裂叶蒿	15	17	78	143.8	50.78
贝加尔针茅草甸草原	围栏内	6	8-21	粗根鸢尾	2	6	2	<0.3	
贝加尔针茅草甸草原	围栏内	6	8-21	枯落物				346.78	297.38
贝加尔针茅草甸草原	围栏内	7	8-21	羊草	64	65	205	432.83	257.03
贝加尔针茅草甸草原	围栏内	7	8-21	贝加尔针茅	9	10	1	<0.3	
贝加尔针茅草甸草原	围栏内	7	8-21	糙隐子草	15	16	3	2.12	1
贝加尔针茅草甸草原	围栏内	7	8-21	麻花头	34	35	1	6.72	2.32
贝加尔针茅草甸草原	围栏内	7	8-21	菊叶委陵菜	4	5	1	<0.3	
贝加尔针茅草甸草原	围栏内	7	8-21	细叶白头翁	15	16	1	1.4	0.5
贝加尔针茅草甸草原	围栏内	7	8-21	苔草	15	16	33	9.23	4.51
贝加尔针茅草甸草原	围栏内	7	8-21	叉枝鸦葱	25	26	1	1.92	0.4
贝加尔针茅草甸草原	围栏内	7	8-21	二裂委陵菜	23	24	2	5.71	1.83
贝加尔针茅草甸草原	围栏内	7	8-21	日阴菅	16	17	1	8.43	3.95
贝加尔针茅草甸草原	围栏内	7	8-21	囊花鸢尾	33	34	1	10.63	3.01
贝加尔针茅草甸草原	围栏内	7	8-21	展枝唐松草	34	35	9	22.64	7.73
贝加尔针茅草甸草原	围栏内	7	8-21	溚草	8	9	1	<0.3	
贝加尔针茅草甸草原	围栏内	7	8-21	羽茅	25	26	3	7.75	4
贝加尔针茅草甸草原	围栏内	7	8-21	狗舌草	6	9	3	3.53	0.64
贝加尔针茅草甸草原	围栏内	7	8-21	裂叶蒿	15	16	4	9.1	2.65
贝加尔针茅草甸草原	围栏内	7	8-21	达乌里芯芭	9	10	2	1.15	0.36
贝加尔针茅草甸草原	围栏内	7	8-21	枯落物				585.64	504.21

（续）

草地类型	利用方式	样方号	取样日期（月-日）	植物名称	自然高度/cm	绝对高度/cm	多度/[株（丛）/m²]	鲜生物量/(g/m²)	干生物量/(g/m²)
贝加尔针茅草甸草原	围栏内	8	8-21	羊草	60	62	82	140.5	75.04
贝加尔针茅草甸草原	围栏内	8	8-21	沙参	76	80	1	4.74	1.83
贝加尔针茅草甸草原	围栏内	8	8-21	糙隐子草	4	5	1	<0.3	
贝加尔针茅草甸草原	围栏内	8	8-21	麻花头	20	26	7	26.03	5.76
贝加尔针茅草甸草原	围栏内	8	8-21	二裂委陵菜	22	25	2	3.34	1.25
贝加尔针茅草甸草原	围栏内	8	8-21	细叶白头翁	18	21	7	6.27	2.13
贝加尔针茅草甸草原	围栏内	8	8-21	苔草	9	10	4	<0.3	
贝加尔针茅草甸草原	围栏内	8	8-21	日阴菅	30	34	3	32.89	18.64
贝加尔针茅草甸草原	围栏内	8	8-21	蓬子菜	30	34	2	3.56	1.89
贝加尔针茅草甸草原	围栏内	8	8-21	囊花鸢尾	50	63	3	23.74	7.69
贝加尔针茅草甸草原	围栏内	8	8-21	展枝唐松草	30	34	9	89.73	38.02
贝加尔针茅草甸草原	围栏内	8	8-21	阿尔泰狗娃花	30	34	9	25.19	8.83
贝加尔针茅草甸草原	围栏内	8	8-21	多裂叶荆芥	40	55	2	5.98	1.57
贝加尔针茅草甸草原	围栏内	8	8-21	披针叶黄华	30	30	2	6.49	2.09
贝加尔针茅草甸草原	围栏内	8	8-21	冷蒿	3	4	1	<0.3	
贝加尔针茅草甸草原	围栏内	8	8-21	裂叶蒿	22	26	23	51.3	18.83
贝加尔针茅草甸草原	围栏内	8	8-21	狭叶青蒿	32	32	5	7.63	2.97
贝加尔针茅草甸草原	围栏内	8	8-21	枯落物				584.15	416.79
贝加尔针茅草甸草原	围栏内	9	8-21	羊草	62	64	32	32.18	17.26
贝加尔针茅草甸草原	围栏内	9	8-21	贝加尔针茅	70	72	2	1195	6.35
贝加尔针茅草甸草原	围栏内	9	8-21	麻花头	20	24	6	28.21	9.07
贝加尔针茅草甸草原	围栏内	9	8-21	羊茅	40	42	20	10.05	4.79
贝加尔针茅草甸草原	围栏内	9	8-21	菊叶委陵菜	72	74	1	8.42	3.29
贝加尔针茅草甸草原	围栏内	9	8-21	细叶白头翁	14	15	8	4.95	1.88
贝加尔针茅草甸草原	围栏内	9	8-21	日阴菅	22	25	2	124.6	70.11
贝加尔针茅草甸草原	围栏内	9	8-21	囊花鸢尾	42	46	5	41.33	13.7
贝加尔针茅草甸草原	围栏内	9	8-21	展枝唐松草	40	42	48	186.16	69.14
贝加尔针茅草甸草原	围栏内	9	8-21	裂叶蒿	20	21	4	3.65	1.34
贝加尔针茅草甸草原	围栏内	9	8-21	枯落物				289.73	198.88
贝加尔针茅草甸草原	围栏内	10	8-21	羊草	51	52	208	430.96	248.15
贝加尔针茅草甸草原	围栏内	10	8-21	贝加尔针茅	47	48	2	12.79	6.25
贝加尔针茅草甸草原	围栏内	10	8-21	糙隐子草	13	14	4	7.26	3.41
贝加尔针茅草甸草原	围栏内	10	8-21	斜茎黄芪	3	4	1	<0.3	
贝加尔针茅草甸草原	围栏内	10	8-21	麻花头	13	14	4	8.27	2.19
贝加尔针茅草甸草原	围栏内	10	8-21	细叶白头翁	11	12	2	1.37	0.51
贝加尔针茅草甸草原	围栏内	10	8-21	苔草	2	3	1	<0.3	
贝加尔针茅草甸草原	围栏内	10	8-21	菊叶委陵菜	1	1	1	<0.3	
贝加尔针茅草甸草原	围栏内	10	8-21	蓬子菜	13	14	2	5.54	2.08

（续）

草地类型	利用方式	样方号	取样日期（月-日）	植物名称	自然高度/cm	绝对高度/cm	多度/［株（丛）/m²］	鲜生物量/(g/m²)	干生物量/(g/m²)
贝加尔针茅草甸草原	围栏内	10	8-21	叉枝鸦葱	7	8	1	<0.3	
贝加尔针茅草甸草原	围栏内	10	8-21	红柴胡	40	41	1	2.54	1.13
贝加尔针茅草甸草原	围栏内	10	8-21	展枝唐松草	30	31	15	31.22	12.18
贝加尔针茅草甸草原	围栏内	10	8-21	溚草	1	2	1	<0.3	
贝加尔针茅草甸草原	围栏内	10	8-21	二裂委陵菜	23	24	6	9.93	3.61
贝加尔针茅草甸草原	围栏内	10	8-21	蒲公英	1	2	1	<0.3	
贝加尔针茅草甸草原	围栏内	10	8-21	冷蒿	5	6	1	<0.3	
贝加尔针茅草甸草原	围栏内	10	8-21	裂叶蒿	6	7	1	<0.3	
贝加尔针茅草甸草原	围栏内	10	8-21	日阴菅	4	5	1	<0.3	
贝加尔针茅草甸草原	围栏内	10	8-21	披针叶黄华	24	25	1	4.94	1.55
贝加尔针茅草甸草原	围栏内	10	8-21	狭叶青蒿	15	16	2	3.86	1.57
贝加尔针茅草甸草原	围栏内	10	8-21	枯落物				301.84	245.11
贝加尔针茅草甸草原	围栏外	1	8-21	羊草	15	15	21	3.1	1
贝加尔针茅草甸草原	围栏外	1	8-21	斜茎黄芪	3	5	1	2.26	0.65
贝加尔针茅草甸草原	围栏外	1	8-21	扁蕾	5	17	15	9.41	2.62
贝加尔针茅草甸草原	围栏外	1	8-21	二裂委陵菜	3	4	6	2.25	0.74
贝加尔针茅草甸草原	围栏外	1	8-21	蒲公英	1	12	14	25.62	6.36
贝加尔针茅草甸草原	围栏外	1	8-21	细叶白头翁	4	5	1	0.74	0.29
贝加尔针茅草甸草原	围栏外	1	8-21	苔草	6	8	1 947	115.64	53.61
贝加尔针茅草甸草原	围栏外	1	8-21	狗舌草	2	3	1	<0.3	
贝加尔针茅草甸草原	围栏外	1	8-21	独行菜	2	3	1	<0.3	
贝加尔针茅草甸草原	围栏外	1	8-21	变蒿	4	5	2	1.49	0.45
贝加尔针茅草甸草原	围栏外	1	8-21	平车前	2	3	10	23.97	6.17
贝加尔针茅草甸草原	围栏外	1	8-21	灰绿藜	8	12	2	2.75	0.59
贝加尔针茅草甸草原	围栏外	1	8-21	赖草	3	6	54	71.3	27.44
贝加尔针茅草甸草原	围栏外	1	8-21	扁蓿豆	2	3	1	<0.3	
贝加尔针茅草甸草原	围栏外	2	8-21	羊草	4	6	42	3.06	1.54
贝加尔针茅草甸草原	围栏外	2	8-21	贝加尔针茅	2	4	18	17.63	8.9
贝加尔针茅草甸草原	围栏外	2	8-21	糙隐子草	4	5	21	7.36	3.34
贝加尔针茅草甸草原	围栏外	2	8-21	斜茎黄芪	8	10	6	13.42	4.04
贝加尔针茅草甸草原	围栏外	2	8-21	麻花头	4	6	1	1.16	0.35
贝加尔针茅草甸草原	围栏外	2	8-21	赖草	2	5	8	6.86	2.44
贝加尔针茅草甸草原	围栏外	2	8-21	苔草	4	6	114	9.96	4.85
贝加尔针茅草甸草原	围栏外	2	8-21	双齿葱	1	2	1	<0.3	
贝加尔针茅草甸草原	围栏外	2	8-21	叉枝鸦葱	2	3	1	<0.3	
贝加尔针茅草甸草原	围栏外	2	8-21	蒲公英	2	4	10	5.5	1.91
贝加尔针茅草甸草原	围栏外	2	8-21	伏毛山莓草	2	5	4	2.66	1.17
贝加尔针茅草甸草原	围栏外	2	8-21	变蒿	3	4	4	3.97	1.4

（续）

草地类型	利用方式	样方号	取样日期（月-日）	植物名称	自然高度/cm	绝对高度/cm	多度/〔株（丛）/m²〕	鲜生物量/（g/m²）	干生物量/（g/m²）
贝加尔针茅草甸草原	围栏外	3	8-21	羊草	9	10	68	14.03	5.9
贝加尔针茅草甸草原	围栏外	3	8-21	贝加尔针茅	12	13	36	15.28	7.65
贝加尔针茅草甸草原	围栏外	3	8-21	糙隐子草	10	11	30	22.96	11.34
贝加尔针茅草甸草原	围栏外	3	8-21	斜茎黄芪	9	10	4	3.42	1.1
贝加尔针茅草甸草原	围栏外	3	8-21	菊叶委陵菜	1	1	1	<0.3	
贝加尔针茅草甸草原	围栏外	3	8-21	伏毛山莓草	1	2	1	<0.3	
贝加尔针茅草甸草原	围栏外	3	8-21	苔草	4	5	32	6.5	2.8
贝加尔针茅草甸草原	围栏外	3	8-21	双齿葱	2	2	1	<0.3	
贝加尔针茅草甸草原	围栏外	3	8-21	蒲公英	2	3	5	3.08	0.92
贝加尔针茅草甸草原	围栏外	3	8-21	冷蒿	8	9	1	20.45	8.25
贝加尔针茅草甸草原	围栏外	3	8-21	星毛委陵菜	2	2	1	1.67	0.71
贝加尔针茅草甸草原	围栏外	3	8-21	羽茅	5	6	3	1.53	0.72
贝加尔针茅草甸草原	围栏外	3	8-21	平车前	1	3	4	1.25	0.4
贝加尔针茅草甸草原	围栏外	4	8-21	羊草	7	9	15	1.73	0.69
贝加尔针茅草甸草原	围栏外	4	8-21	贝加尔针茅	12	15	3	2.66	1.36
贝加尔针茅草甸草原	围栏外	4	8-21	漠蒿	4	5	6	5.57	1.33
贝加尔针茅草甸草原	围栏外	4	8-21	鹤虱	2	3	4	1.72	0.44
贝加尔针茅草甸草原	围栏外	4	8-21	赖草	2	4	1	35.74	12.39
贝加尔针茅草甸草原	围栏外	4	8-21	平车前	2	6	74	90.52	29.45
贝加尔针茅草甸草原	围栏外	4	8-21	苔草	5	7	304	36.37	17.48
贝加尔针茅草甸草原	围栏外	4	8-21	双齿葱	2	4	2	1.59	0.5
贝加尔针茅草甸草原	围栏外	4	8-21	溚草	7	8	3	3.4	1.48
贝加尔针茅草甸草原	围栏外	4	8-21	裂叶蒿	2	6	14	5.89	1.82
贝加尔针茅草甸草原	围栏外	5	8-21	羊草	18	18	12	4.8	1.58
贝加尔针茅草甸草原	围栏外	5	8-21	贝加尔针茅	22	23	3	4.05	1.91
贝加尔针茅草甸草原	围栏外	5	8-21	糙隐子草	12	13	3	4.73	2.08
贝加尔针茅草甸草原	围栏外	5	8-21	羽茅	8	10	2	<0.3	
贝加尔针茅草甸草原	围栏外	5	8-21	野韭	10	32	1	1.07	0.25
贝加尔针茅草甸草原	围栏外	5	8-21	斜茎黄芪	4	10	3	14.44	4.53
贝加尔针茅草甸草原	围栏外	5	8-21	苔草			2 017	150.43	79.64
贝加尔针茅草甸草原	围栏外	5	8-21	沙参	2	3	3	1.42	0.28
贝加尔针茅草甸草原	围栏外	5	8-21	麻花头	6	7	1	1.74	0.21
贝加尔针茅草甸草原	围栏外	5	8-21	叉枝鸦葱	3	4	1	<0.3	
贝加尔针茅草甸草原	围栏外	5	8-21	扁蓿豆	4	5	1	<0.3	
贝加尔针茅草甸草原	围栏外	5	8-21	瓣蕊唐松草	2	3	1	<0.3	
贝加尔针茅草甸草原	围栏外	5	8-21	溚草	8	16	5	5.24	2.26
贝加尔针茅草甸草原	围栏外	5	8-21	蒲公英	1	12	21	17.06	4.5
贝加尔针茅草甸草原	围栏外	5	8-21	赖草	6	8	21	25.35	9.05

（续）

草地类型	利用方式	样方号	取样日期（月-日）	植物名称	自然高度/cm	绝对高度/cm	多度/［株（丛）/m²］	鲜生物量/（g/m²）	干生物量/（g/m²）
贝加尔针茅草甸草原	围栏外	5	8-21	平车前	4	6	12	29.61	6.19
贝加尔针茅草甸草原	围栏外	5	8-21	裂叶蒿	3	4	1	<0.3	
贝加尔针茅草甸草原	围栏外	5	8-21	鹤虱	3	4	1	<0.3	
贝加尔针茅草甸草原	围栏外	5	8-21	裂叶堇菜	2	3	1	<0.3	
贝加尔针茅草甸草原	围栏外	5	8-21	灰绿藜	9	10	3	1.4	0.37
贝加尔针茅草甸草原	围栏外	6	8-21	斜茎黄芪	7	8	4	7.99	2.7
贝加尔针茅草甸草原	围栏外	6	8-21	糙隐子草	2	5	36	50.33	18.13
贝加尔针茅草甸草原	围栏外	6	8-21	扁蓿豆	3	4	18	3.45	1.26
贝加尔针茅草甸草原	围栏外	6	8-21	蒲公英	3	7	10	29.69	7.12
贝加尔针茅草甸草原	围栏外	6	8-21	独行菜	1	1	1	<0.3	
贝加尔针茅草甸草原	围栏外	6	8-21	苔草	9	10	310	36.09	14.6
贝加尔针茅草甸草原	围栏外	6	8-21	平车前	4	5	7	12.05	5.67
贝加尔针茅草甸草原	围栏外	6	8-21	变蒿	2	3	1	<0.3	
贝加尔针茅草甸草原	围栏外	6	8-21	鹤虱	2	2	1	<0.3	
贝加尔针茅草甸草原	围栏外	7	8-21	羊草	15	15	14	3.89	1.42
贝加尔针茅草甸草原	围栏外	7	8-21	糙隐子草	8	10	7	3.82	1.74
贝加尔针茅草甸草原	围栏外	7	8-21	菊叶委陵菜	4	5	1	<0.3	
贝加尔针茅草甸草原	围栏外	7	8-21	扁蓿豆	4	5	2	<0.3	
贝加尔针茅草甸草原	围栏外	7	8-21	二裂委陵菜	8	11	2	0.88	0.23
贝加尔针茅草甸草原	围栏外	7	8-21	苔草	10	12	3 200	120.67	60.85
贝加尔针茅草甸草原	围栏外	7	8-21	蒲公英	5	14	35	40.99	10.49
贝加尔针茅草甸草原	围栏外	7	8-21	平车前	2	8	62	120.14	35.33
贝加尔针茅草甸草原	围栏外	7	8-21	独行菜	5	5	2	<0.3	
贝加尔针茅草甸草原	围栏外	7	8-21	灰绿藜	11	11	2	1.94	0.52
贝加尔针茅草甸草原	围栏外	7	8-21	溚草	12	15	2	2.52	0.87
贝加尔针茅草甸草原	围栏外	7	8-21	羽茅	10	12	3	3.4	1.56
贝加尔针茅草甸草原	围栏外	7	8-21	赖草	14	16	12	13.85	5.04
贝加尔针茅草甸草原	围栏外	8	8-21	羊草	10	12	44	4.85	1.97
贝加尔针茅草甸草原	围栏外	8	8-21	斜茎黄芪	2	3	1	<0.3	
贝加尔针茅草甸草原	围栏外	8	8-21	糙隐子草	7	8	8	7.14	3.57
贝加尔针茅草甸草原	围栏外	8	8-21	二裂委陵菜	7	8	4	1.79	2.87
贝加尔针茅草甸草原	围栏外	8	8-21	麻花头	2	4	5	2.02	0.61
贝加尔针茅草甸草原	围栏外	8	8-21	扁蓿豆	8	12	2	1.95	0.68

（续）

草地类型	利用方式	样方号	取样日期（月-日）	植物名称	自然高度/cm	绝对高度/cm	多度/［株（丛）/m²］	鲜生物量/（g/m²）	干生物量/（g/m²）
贝加尔针茅草甸草原	围栏外	8	8-21	苔草	8	10	214	26.72	13.9
贝加尔针茅草甸草原	围栏外	8	8-21	双齿葱	4	6	6	3.78	1.3
贝加尔针茅草甸草原	围栏外	8	8-21	蒲公英	2	6	21	23.42	7.19
贝加尔针茅草甸草原	围栏外	8	8-21	伏毛山莓草	1	2	1	<0.3	
贝加尔针茅草甸草原	围栏外	8	8-21	赖草	2	4	1	10.85	4.24
贝加尔针茅草甸草原	围栏外	8	8-21	平车前	2	6	42	36.34	10.96
贝加尔针茅草甸草原	围栏外	8	8-21	潸草	12	14	6	6.12	2.87
贝加尔针茅草甸草原	围栏外	8	8-21	早熟禾	2	4	1	1.16	0.31
贝加尔针茅草甸草原	围栏外	9	8-21	斜茎黄芪	3	10	5	23.37	7.69
贝加尔针茅草甸草原	围栏外	9	8-21	扁蓿豆	5	24	2	7.25	2.55
贝加尔针茅草甸草原	围栏外	9	8-21	糙隐子草	9	10	3	4.82	2.22
贝加尔针茅草甸草原	围栏外	9	8-21	蒲公英	2	4	4	3.96	1.42
贝加尔针茅草甸草原	围栏外	9	8-21	独行菜	3	3	1	0.66	0.24
贝加尔针茅草甸草原	围栏外	9	8-21	苔草	9	10	27	3.63	1.5
贝加尔针茅草甸草原	围栏外	9	8-21	平车前	1	2	55	91.17	34.75
贝加尔针茅草甸草原	围栏外	9	8-21	鹤虱	1	1	1	<0.3	
贝加尔针茅草甸草原	围栏外	9	8-21	冷蒿	4	5	1	8.02	3.66
贝加尔针茅草甸草原	围栏外	10	8-21	羊草	16	16	33	8.78	3.1
贝加尔针茅草甸草原	围栏外	10	8-21	扁蓿豆	5	20	2	12	3.97
贝加尔针茅草甸草原	围栏外	10	8-21	糙隐子草	12	15	6	6.3	3.37
贝加尔针茅草甸草原	围栏外	10	8-21	斜茎黄芪	10	12	2	1.18	0.37
贝加尔针茅草甸草原	围栏外	10	8-21	变蒿	8	11	2	2.06	0.5
贝加尔针茅草甸草原	围栏外	10	8-21	细叶白头翁	5	6	1	<0.3	
贝加尔针茅草甸草原	围栏外	10	8-21	苔草	9	11	720	64.2	33.49
贝加尔针茅草甸草原	围栏外	10	8-21	沙参	2	2	4	<0.3	
贝加尔针茅草甸草原	围栏外	10	8-21	蓬子菜	7	7	1	<0.3	
贝加尔针茅草甸草原	围栏外	10	8-21	麻花头	3	3	1	<0.3	
贝加尔针茅草甸草原	围栏外	10	8-21	菊叶委陵菜	3	4	1	<0.3	
贝加尔针茅草甸草原	围栏外	10	8-21	叉枝鸦葱	3	4	1	<0.3	
贝加尔针茅草甸草原	围栏外	10	8-21	潸草	4	5	1	<0.3	
贝加尔针茅草甸草原	围栏外	10	8-21	扁蓿豆	4	6	1	<0.3	
贝加尔针茅草甸草原	围栏外	10	8-21	蒲公英	6	10	20	12.23	3.15

（续）

草地类型	利用方式	样方号	取样日期（月-日）	植物名称	自然高度/cm	绝对高度/cm	多度/[株（丛）/m²]	鲜生物量/(g/m²)	干生物量/(g/m²)
贝加尔针茅草甸草原	围栏外	10	8-21	日阴菅	9	11	3	1.92	0.96
贝加尔针茅草甸草原	围栏外	10	8-21	伏毛山莓草	4	4	2	<0.3	
贝加尔针茅草甸草原	围栏外	10	8-21	平车前	3	10	85	161.63	50.18
贝加尔针茅草甸草原	围栏外	10	8-21	米口袋	4	5	1	<0.3	
贝加尔针茅草甸草原	围栏外	10	8-21	羽茅	10	13	6	3.58	1.49

注：表中<0.3 或<0.5 表示生物量极少，估计质量小于 0.3 g 或 0.5 g。

2015 年综合观测场群落种类组成见表 3-8。

表 3-8　2015 年综合观测场群落种类组成（样方面积：1 m×1 m）

草地类型	利用方式	样方号	取样日期（月-日）	植物名称	自然高度/cm	绝对高度/cm	多度/[株（丛）/m²]	鲜生物量/(g/m²)	干生物量/(g/m²)
贝加尔针茅草甸草原	围栏内	1	8-12	羊草	55	56	562	946.85	296.48
贝加尔针茅草甸草原	围栏内	1	8-12	苔草	9	10	8	<0.3	
贝加尔针茅草甸草原	围栏内	1	8-12	蓬子菜	53	54	12	14.38	5.52
贝加尔针茅草甸草原	围栏内	1	8-12	麻花头	47	48	15	32.11	8.76
贝加尔针茅草甸草原	围栏内	1	8-12	展枝唐松草	56	57	12	27.36	11.07
贝加尔针茅草甸草原	围栏内	1	8-12	二裂委陵菜	31	32	15	26.51	11.96
贝加尔针茅草甸草原	围栏内	1	8-12	日阴菅	32	33	1	69.5	29.6
贝加尔针茅草甸草原	围栏内	1	8-12	裂叶蒿	24	25	10	10.5	3.15
贝加尔针茅草甸草原	围栏内	1	8-12	狭叶青蒿	78	79	25	196.82	64.37
贝加尔针茅草甸草原	围栏内	1	8-12	灰绿藜	4	5	2	<0.3	
贝加尔针茅草甸草原	围栏内	2	8-12	羊草	61	62	1 170	1 205.9	564.91
贝加尔针茅草甸草原	围栏内	2	8-12	贝加尔针茅	27	28	1	1.42	0.70
贝加尔针茅草甸草原	围栏内	2	8-12	苔草	7	8	34	4.16	1.61
贝加尔针茅草甸草原	围栏内	2	8-12	双齿葱	11	12	1	0.82	0.18
贝加尔针茅草甸草原	围栏内	2	8-12	沙参	17	18	2	7.4	2.28
贝加尔针茅草甸草原	围栏内	2	8-12	辨蕊唐松草	4	4	1	0.57	0.17
贝加尔针茅草甸草原	围栏内	2	8-12	阿尔泰狗娃花	17	18	15	12.33	4.31
贝加尔针茅草甸草原	围栏内	2	8-12	裂叶蒿	15	16	9	15.61	4.03
贝加尔针茅草甸草原	围栏内	2	8-12	披针叶黄华	14	15	6	12.34	3.78
贝加尔针茅草甸草原	围栏内	2	8-12	粗根鸢尾	13	14	2	2.86	0.80
贝加尔针茅草甸草原	围栏内	2	8-12	灰绿藜	2	2	1	<0.3	
贝加尔针茅草甸草原	围栏内	3	8-12	羊草	51	53	680	753.35	378.64
贝加尔针茅草甸草原	围栏内	3	8-12	细叶白头翁	20	25	14	17.02	5.98
贝加尔针茅草甸草原	围栏内	3	8-12	苔草	14	17	10	3.92	1.7
贝加尔针茅草甸草原	围栏内	3	8-12	麻花头	25	29	8	77.69	24.94
贝加尔针茅草甸草原	围栏内	3	8-12	叉枝鸦葱	22	27	1	2.59	0.66

（续）

草地类型	利用方式	样方号	取样日期（月-日）	植物名称	自然高度/cm	绝对高度/cm	多度/[株（丛）/m²]	鲜生物量/（g/m²）	干生物量/（g/m²）
贝加尔针茅草甸草原	围栏内	3	8-12	展枝唐松草	31	34	15	52.26	19.46
贝加尔针茅草甸草原	围栏内	3	8-12	二裂委陵菜	30	35	13	26.54	11.26
贝加尔针茅草甸草原	围栏内	3	8-12	日阴菅	29	33	2	13.05	5.95
贝加尔针茅草甸草原	围栏内	3	8-12	裂叶蒿	19	23	1	0.86	0.21
贝加尔针茅草甸草原	围栏内	4	8-12	羊草	59	60	310	446.54	201.93
贝加尔针茅草甸草原	围栏内	4	8-12	贝加尔针茅	35	38	9	5.46	1.38
贝加尔针茅草甸草原	围栏内	4	8-12	糙隐子草	14	16	6	5.78	2.17
贝加尔针茅草甸草原	围栏内	4	8-12	细叶白头翁	24	27	9	14.29	3.87
贝加尔针茅草甸草原	围栏内	4	8-12	苔草	14	16	110	20.96	7.64
贝加尔针茅草甸草原	围栏内	4	8-12	双齿葱	17	17	3	4.18	0.75
贝加尔针茅草甸草原	围栏内	4	8-12	蓬子菜	30	35	15	6.95	2.09
贝加尔针茅草甸草原	围栏内	4	8-12	麻花头	25	27	8	91.42	33.88
贝加尔针茅草甸草原	围栏内	4	8-12	轮叶委陵菜	14	16	1	0.47	0.21
贝加尔针茅草甸草原	围栏内	4	8-12	叉枝鸦葱	22	26	9	22.53	3.95
贝加尔针茅草甸草原	围栏内	4	8-12	囊花鸢尾	30	34	1	7.47	2.15
贝加尔针茅草甸草原	围栏内	4	8-12	展枝唐松草	38	41	15	65.8	20.14
贝加尔针茅草甸草原	围栏内	4	8-12	潴草	15	17	4	3.71	1.27
贝加尔针茅草甸草原	围栏内	4	8-12	二裂委陵菜	30	35	9	23.41	10.00
贝加尔针茅草甸草原	围栏内	4	8-12	日阴菅	31	34	2	87.66	36.56
贝加尔针茅草甸草原	围栏内	4	8-12	阿尔泰狗娃花	20	20	19	11.32	1.87
贝加尔针茅草甸草原	围栏内	4	8-12	异燕麦	7	7	1	<0.3	
贝加尔针茅草甸草原	围栏内	4	8-12	冷蒿	17	23	2	0.59	0.17
贝加尔针茅草甸草原	围栏内	4	8-12	裂叶蒿	21	25	12	10.27	3.25
贝加尔针茅草甸草原	围栏内	4	8-12	披针叶黄华	25	25	9	35	12.09
贝加尔针茅草甸草原	围栏内	4	8-12	羽茅	27	30	9	1.88	0.90
贝加尔针茅草甸草原	围栏内	5	8-12	羊草	61	62	1 160	1 150.7	547.03
贝加尔针茅草甸草原	围栏内	5	8-12	苔草	7	8	47	5.47	2.10
贝加尔针茅草甸草原	围栏内	5	8-12	展枝唐松草	39	40	8	38.13	14.03
贝加尔针茅草甸草原	围栏内	5	8-12	蒲公英	0.5	2	1	<0.3	
贝加尔针茅草甸草原	围栏内	5	8-12	独行菜	7	8	2	1.77	0.61
贝加尔针茅草甸草原	围栏内	5	8-12	灰绿藜	8	9	2	1.29	0.22
贝加尔针茅草甸草原	围栏内	5	8-12	狭叶青蒿	16	17	5	12.76	4.20
贝加尔针茅草甸草原	围栏内	5	8-12	艾蒿	5	6	1	0.46	0.05
贝加尔针茅草甸草原	围栏内	6	8-12	羊草	48	48	728	859.56	398.13
贝加尔针茅草甸草原	围栏内	6	8-12	沙参	19	20	2	10.29	5.57
贝加尔针茅草甸草原	围栏内	6	8-12	蓬子菜	33	34	2	2.4	0.74
贝加尔针茅草甸草原	围栏内	6	8-12	麻花头	16	20	1	2.96	0.83
贝加尔针茅草甸草原	围栏内	6	8-12	扁蓿豆	4	5	1	<0.3	

（续）

草地类型	利用方式	样方号	取样日期（月-日）	植物名称	自然高度/cm	绝对高度/cm	多度/〔株（丛）/m²〕	鲜生物量/(g/m²)	干生物量/(g/m²)
贝加尔针茅草甸草原	围栏内	6	8-12	展枝唐松草	19	20	7	27.3	10.14
贝加尔针茅草甸草原	围栏内	6	8-12	日阴菅	16	17	2	20	9.52
贝加尔针茅草甸草原	围栏内	6	8-12	阿尔泰狗娃花	8	9	1	<0.3	
贝加尔针茅草甸草原	围栏内	6	8-12	山野豌豆	45	46	2	9.3	3.54
贝加尔针茅草甸草原	围栏内	6	8-12	裂叶蒿	28	29	40	79.03	27.26
贝加尔针茅草甸草原	围栏内	6	8-12	羽茅	11	12	1	<0.3	
贝加尔针茅草甸草原	围栏内	6	8-12	灰绿藜	1	2	3	<0.3	
贝加尔针茅草甸草原	围栏内	6	8-12	米口袋	3	4	1	<0.3	
贝加尔针茅草甸草原	围栏内	7	8-12	羊草	60	61	1 140	1545.2	725.42
贝加尔针茅草甸草原	围栏内	7	8-12	斜茎黄芪	2	2	1	<0.3	
贝加尔针茅草甸草原	围栏内	7	8-12	苔草	5	6	32	2.01	0.79
贝加尔针茅草甸草原	围栏内	7	8-12	沙参	17	18	7	19.13	6.25
贝加尔针茅草甸草原	围栏内	7	8-12	蓬子菜	20	21	2	5.39	1.57
贝加尔针茅草甸草原	围栏内	7	8-12	菊叶委陵菜	2	3	1	<0.3	
贝加尔针茅草甸草原	围栏内	7	8-12	展枝唐松草	35	36	5	21.76	7.40
贝加尔针茅草甸草原	围栏内	7	8-12	阿尔泰狗娃花	20	21	4	4.48	1.05
贝加尔针茅草甸草原	围栏内	7	8-12	多裂叶荆芥	9	10	3	2.6	0.76
贝加尔针茅草甸草原	围栏内	7	8-12	裂叶蒿	14	15	3	3.69	0.81
贝加尔针茅草甸草原	围栏内	7	8-12	披针叶黄华	25	26	3	8.48	2.82
贝加尔针茅草甸草原	围栏内	7	8-12	灰绿藜	8	9	6	1.42	0.26
贝加尔针茅草甸草原	围栏内	7	8-12	鹤虱	3	3	1	<0.3	
贝加尔针茅草甸草原	围栏内	8	8-12	羊草	55	55	110	206.96	108.32
贝加尔针茅草甸草原	围栏内	8	8-12	贝加尔针茅	40	52	10	5.8	3.13
贝加尔针茅草甸草原	围栏内	8	8-12	细叶白头翁	15	18	6	5.49	1.99
贝加尔针茅草甸草原	围栏内	8	8-12	苔草	17	18	48	5.9	2.51
贝加尔针茅草甸草原	围栏内	8	8-12	沙参	28	33	4	9.66	2.89
贝加尔针茅草甸草原	围栏内	8	8-12	蓬子菜	30	33	2	1.67	0.59
贝加尔针茅草甸草原	围栏内	8	8-12	麻花头	24	25	2	10.89	3.27
贝加尔针茅草甸草原	围栏内	8	8-12	叉枝鸦葱	26	29	4	8.43	2.48
贝加尔针茅草甸草原	围栏内	8	8-12	囊花鸢尾	52	60	3	32.57	11.4
贝加尔针茅草甸草原	围栏内	8	8-12	红柴胡	28	32	1	2.14	1.28
贝加尔针茅草甸草原	围栏内	8	8-12	展枝唐松草	24	36	18	100.62	25.69
贝加尔针茅草甸草原	围栏内	8	8-12	溚草	14	16	1	0.36	0.13
贝加尔针茅草甸草原	围栏内	8	8-12	日阴菅	25	32	2	89.09	39.71
贝加尔针茅草甸草原	围栏内	8	8-12	山野豌豆	35	46	15	59.89	22.66
贝加尔针茅草甸草原	围栏内	8	8-12	野燕麦	20	22	1	1.31	0.55
贝加尔针茅草甸草原	围栏内	8	8-12	裂叶蒿	21	26	54	151.48	48.7
贝加尔针茅草甸草原	围栏内	8	8-12	披针叶黄华	25	25	20	41.47	12.5

（续）

草地类型	利用方式	样方号	取样日期（月-日）	植物名称	自然高度/cm	绝对高度/cm	多度/〔株（丛）/m²〕	鲜生物量/（g/m²）	干生物量/（g/m²）
贝加尔针茅草甸草原	围栏内	8	8-12	羽茅	27	31	19	14.14	7.05
贝加尔针茅草甸草原	围栏内	9	8-12	羊草	46	46	46	74.5	29.66
贝加尔针茅草甸草原	围栏内	9	8-12	贝加尔针茅	32	33	1	<0.3	
贝加尔针茅草甸草原	围栏内	9	8-12	糙隐子草	9	10	1	<0.3	
贝加尔针茅草甸草原	围栏内	9	8-12	细叶白头翁	9	10	18	15	5.10
贝加尔针茅草甸草原	围栏内	9	8-12	苔草	7	8	6	<0.3	
贝加尔针茅草甸草原	围栏内	9	8-12	双齿葱	7	7	1	<0.3	
贝加尔针茅草甸草原	围栏内	9	8-12	沙参	23	24	4	9.52	3.09
贝加尔针茅草甸草原	围栏内	9	8-12	麻花头	18	19	12	35.95	10.02
贝加尔针茅草甸草原	围栏内	9	8-12	辨蕊唐松草	6	7	1	<0.3	
贝加尔针茅草甸草原	围栏内	9	8-12	囊花鸢尾	58	59	1	6.15	2.00
贝加尔针茅草甸草原	围栏内	9	8-12	展枝唐松草	27	28	8	16.19	5.76
贝加尔针茅草甸草原	围栏内	9	8-12	二裂委陵菜	31	32	20	23.73	9.98
贝加尔针茅草甸草原	围栏内	9	8-12	日阴菅	16	17	8	146.53	50.36
贝加尔针茅草甸草原	围栏内	9	8-12	山野豌豆	26	27	3	7.81	2.99
贝加尔针茅草甸草原	围栏内	9	8-12	披针叶黄华	24	25	6	11.44	3.01
贝加尔针茅草甸草原	围栏内	9	8-12	羽茅	47	48	522	766.99	219.94
贝加尔针茅草甸草原	围栏内	9	8-12	灰绿藜	2	2	1	<0.3	
贝加尔针茅草甸草原	围栏内	10	8-12	羊草	60	61	1 120	1 279.6	553.8
贝加尔针茅草甸草原	围栏内	10	8-12	贝加尔针茅	20	25	1	2.14	0.99
贝加尔针茅草甸草原	围栏内	10	8-12	斜茎黄芪	3	4	1	<0.3	
贝加尔针茅草甸草原	围栏内	10	8-12	苔草	5	6	64	7.9	3.24
贝加尔针茅草甸草原	围栏内	10	8-12	沙参	15	16	8	32.47	11.33
贝加尔针茅草甸草原	围栏内	10	8-12	麻花头	12	13	1	5.03	1.25
贝加尔针茅草甸草原	围栏内	10	8-12	菊叶委陵菜	2	3	1	<0.3	
贝加尔针茅草甸草原	围栏内	10	8-12	早熟禾	23	24	1	1.65	0.75
贝加尔针茅草甸草原	围栏内	10	8-12	灰绿藜	5	6	12	1.35	0.20
贝加尔针茅草甸草原	围栏内	10	8-12	裂叶蒿	20	21	18	56.68	15.98
贝加尔针茅草甸草原	围栏内	10	8-12	狭叶青蒿	10	11	17	39.21	14.22
贝加尔针茅草甸草原	围栏内	10	8-12	披针叶黄华	11	12	3	3.14	1.17
贝加尔针茅草甸草原	围栏内	10	8-12	变蒿	14	15	4	4.97	1.40
贝加尔针茅草甸草原	围栏内	10	8-12	羽茅	16	17	2	2.14	0.92
贝加尔针茅草甸草原	围栏外	1	8-12	糙隐子草	3	4	11	7.95	2.69
贝加尔针茅草甸草原	围栏外	1	8-12	斜茎黄芪	2	3	3	6.11	1.77
贝加尔针茅草甸草原	围栏外	1	8-12	苔草	4	5	1 120	106.1	45.93
贝加尔针茅草甸草原	围栏外	1	8-12	麻花头	2	2	1	<0.3	
贝加尔针茅草甸草原	围栏外	1	8-12	菊叶委陵菜	1	2	1	<0.3	
贝加尔针茅草甸草原	围栏外	1	8-12	二裂委陵菜	1	2	1	<0.5	

（续）

草地类型	利用方式	样方号	取样日期（月-日）	植物名称	自然高度/cm	绝对高度/cm	多度/〔株（丛）/m²〕	鲜生物量/（g/m²）	干生物量/（g/m²）
贝加尔针茅草甸草原	围栏外	1	8-12	蒲公英	0.5	3	52	44	13.33
贝加尔针茅草甸草原	围栏外	1	8-12	独行菜	2	3	2	1.33	0.45
贝加尔针茅草甸草原	围栏外	1	8-12	变蒿	2	3	3	3.2	0.95
贝加尔针茅草甸草原	围栏外	1	8-12	平车前	1	3	12	5.12	1.21
贝加尔针茅草甸草原	围栏外	1	8-12	扁蓄	2	2	2	0.63	0.22
贝加尔针茅草甸草原	围栏外	2	8-12	羊草	13	15	16	3.39	1.35
贝加尔针茅草甸草原	围栏外	2	8-12	糙隐子草	3	3	21	7.63	3.02
贝加尔针茅草甸草原	围栏外	2	8-12	斜茎黄芪	9	12	8	6.13	1.98
贝加尔针茅草甸草原	围栏外	2	8-12	苔草	6	8	190	11.37	5.46
贝加尔针茅草甸草原	围栏外	2	8-12	双齿葱	4	5	3	1.13	0.36
贝加尔针茅草甸草原	围栏外	2	8-12	菊叶委陵菜	4	6	1	0.85	0.26
贝加尔针茅草甸草原	围栏外	2	8-12	扁蓿豆	10	13	6	5.89	1.97
贝加尔针茅草甸草原	围栏外	2	8-12	蒲公英	0.5	3	30	9.13	3.40
贝加尔针茅草甸草原	围栏外	2	8-12	阿尔泰狗娃花	12	12	2	1.22	0.39
贝加尔针茅草甸草原	围栏外	2	8-12	变蒿	13	13	3	1.79	0.68
贝加尔针茅草甸草原	围栏外	2	8-12	平车前	3	5	18	7.74	2.50
贝加尔针茅草甸草原	围栏外	3	8-12	羊草	10	10	26	3.89	1.24
贝加尔针茅草甸草原	围栏外	3	8-12	糙隐子草	3	4	56	23.85	11.68
贝加尔针茅草甸草原	围栏外	3	8-12	羊茅	3	4	30	11.44	4.07
贝加尔针茅草甸草原	围栏外	3	8-12	细叶葱	5	6	1	＜0.3	
贝加尔针茅草甸草原	围栏外	3	8-12	苔草	8	9	619	23.45	10.25
贝加尔针茅草甸草原	围栏外	3	8-12	菊叶委陵菜	1	4	16	5.99	2.45
贝加尔针茅草甸草原	围栏外	3	8-12	蒲公英	0.5	2	55	22.8	9.87
贝加尔针茅草甸草原	围栏外	3	8-12	伏毛山莓草	3	4	1	＜0.3	
贝加尔针茅草甸草原	围栏外	3	8-12	裂叶蒿	7	8	2	0.76	0.09
贝加尔针茅草甸草原	围栏外	3	8-12	变蒿	6	7	7	2.39	0.82
贝加尔针茅草甸草原	围栏外	4	8-12	羊草	11	13	28	3.45	1.20
贝加尔针茅草甸草原	围栏外	4	8-12	贝加尔针茅	12	12	3	0.52	0.22
贝加尔针茅草甸草原	围栏外	4	8-12	糙隐子草	4	6	45	21.93	10.82
贝加尔针茅草甸草原	围栏外	4	8-12	细叶白头翁	5	8	1	1.36	0.55
贝加尔针茅草甸草原	围栏外	4	8-12	斜茎黄芪	5	7	10	6.18	1.87
贝加尔针茅草甸草原	围栏外	4	8-12	苔草	6	7	170	14.84	6.67
贝加尔针茅草甸草原	围栏外	4	8-12	双齿葱	6	6	2	0.74	0.24
贝加尔针茅草甸草原	围栏外	4	8-12	麻花头	4	6	5	2.83	0.72
贝加尔针茅草甸草原	围栏外	4	8-12	轮叶委陵菜	4	5	1	0.53	0.16
贝加尔针茅草甸草原	围栏外	4	8-12	扁蓿豆	4	7	2	0.48	0.17
贝加尔针茅草甸草原	围栏外	4	8-12	展枝唐松草	5	5	1	0.43	0.12
贝加尔针茅草甸草原	围栏外	4	8-12	洽草	3	3	1	＜0.3	

（续）

草地类型	利用方式	样方号	取样日期（月-日）	植物名称	自然高度/cm	绝对高度/cm	多度/〔株（丛）/m²〕	鲜生物量/（g/m²）	干生物量/（g/m²）
贝加尔针茅草甸草原	围栏外	4	8-12	蒲公英	0.5	2	39	3.55	0.79
贝加尔针茅草甸草原	围栏外	4	8-12	伏毛山莓草	3	4	10	2.75	1.07
贝加尔针茅草甸草原	围栏外	4	8-12	冷蒿	11	13	2	15.24	6.42
贝加尔针茅草甸草原	围栏外	4	8-12	裂叶蒿	5	7	9	4.19	1.21
贝加尔针茅草甸草原	围栏外	4	8-12	披针叶黄华	14	14	3	5.55	1.97
贝加尔针茅草甸草原	围栏外	4	8-12	米口袋	3	4	1	＜0.3	
贝加尔针茅草甸草原	围栏外	5	8-12	羊草	6	7	38	4.59	1.87
贝加尔针茅草甸草原	围栏外	5	8-12	贝加尔针茅	3	4	8	4.02	1.62
贝加尔针茅草甸草原	围栏外	5	8-12	糙隐子草	3	4	8	3.87	1.53
贝加尔针茅草甸草原	围栏外	5	8-12	细叶白头翁	2	2	1	＜0.3	
贝加尔针茅草甸草原	围栏外	5	8-12	斜茎黄芪	3	4	3	2.29	0.75
贝加尔针茅草甸草原	围栏外	5	8-12	苔草	4	5	650	63.55	27.68
贝加尔针茅草甸草原	围栏外	5	8-12	双齿葱	2	3	1	0.62	0.18
贝加尔针茅草甸草原	围栏外	5	8-12	麻花头	1	2	1	＜0.3	
贝加尔针茅草甸草原	围栏外	5	8-12	菊叶委陵菜	1	3	6	4.61	1.53
贝加尔针茅草甸草原	围栏外	5	8-12	扁蓿豆	2	3	1	1.27	0.42
贝加尔针茅草甸草原	围栏外	5	8-12	蒲公英	0.5	3	63	36.64	12.92
贝加尔针茅草甸草原	围栏外	5	8-12	伏毛山莓草	1	2	2	2.98	1.27
贝加尔针茅草甸草原	围栏外	5	8-12	狭叶青蒿	2	3	1	＜0.3	
贝加尔针茅草甸草原	围栏外	5	8-12	平车前	0.5	3	9	5.35	1.33
贝加尔针茅草甸草原	围栏外	5	8-12	变蒿	2	3	1	＜0.3	
贝加尔针茅草甸草原	围栏外	5	8-12	苦荬菜	2	2	1	＜0.3	
贝加尔针茅草甸草原	围栏外	6	8-12	糙隐子草	3	4	10	11.36	4.36
贝加尔针茅草甸草原	围栏外	6	8-12	斜茎黄芪	6	7	12	8.33	2.41
贝加尔针茅草甸草原	围栏外	6	8-12	苔草	6	7	996	44.77	17.35
贝加尔针茅草甸草原	围栏外	6	8-12	菊叶委陵菜	1	5	6	7.05	3.48
贝加尔针茅草甸草原	围栏外	6	8-12	扁蓿豆	6	7	3	2.03	0.62
贝加尔针茅草甸草原	围栏外	6	8-12	蒲公英	0.5	3	60	21.88	6.38
贝加尔针茅草甸草原	围栏外	6	8-12	独行菜	9	10	3	1.45	0.27
贝加尔针茅草甸草原	围栏外	6	8-12	苦荬菜	6	7	1	＜0.3	
贝加尔针茅草甸草原	围栏外	6	8-12	平车前	0.5	2	6	2.73	0.93
贝加尔针茅草甸草原	围栏外	6	8-12	变蒿	5	6	1	1.53	0.50
贝加尔针茅草甸草原	围栏外	7	8-12	羊草	6	6	24	4.66	1.69
贝加尔针茅草甸草原	围栏外	7	8-12	糙隐子草	4	5	17	4.21	1.8
贝加尔针茅草甸草原	围栏外	7	8-12	斜茎黄芪	5	6	6	4.73	1.6
贝加尔针茅草甸草原	围栏外	7	8-12	苔草	5	7	270	24.51	10.21
贝加尔针茅草甸草原	围栏外	7	8-12	双齿葱	7	7	5	2.15	0.59
贝加尔针茅草甸草原	围栏外	7	8-12	麻花头	4	4	1	0.76	0.18

（续）

草地类型	利用方式	样方号	取样日期（月-日）	植物名称	自然高度/cm	绝对高度/cm	多度/〔株（丛）/m²〕	鲜生物量/（g/m²）	干生物量/（g/m²）
贝加尔针茅草甸草原	围栏外	7	8-12	菊叶委陵菜	6	7	1	2.41	0.97
贝加尔针茅草甸草原	围栏外	7	8-12	扁蓿豆	2	2	2	＜0.3	
贝加尔针茅草甸草原	围栏外	7	8-12	蒲公英	0.5	3	35	7.56	1.7
贝加尔针茅草甸草原	围栏外	7	8-12	伏毛山莓草	4	5	1	0.94	0.36
贝加尔针茅草甸草原	围栏外	7	8-12	独行菜	3	3	2	＜0.3	
贝加尔针茅草甸草原	围栏外	7	8-12	平车前	0.5	3	40	18.77	4.62
贝加尔针茅草甸草原	围栏外	7	8-12	羽茅	10	13	15	2.58	0.83
贝加尔针茅草甸草原	围栏外	7	8-12	鳞叶龙胆	3	3	1	0.57	0.2
贝加尔针茅草甸草原	围栏外	8	8-12	羊草	6	7	7	1.45	0.6
贝加尔针茅草甸草原	围栏外	8	8-12	贝加尔针茅	8	9	19	8.7	3.84
贝加尔针茅草甸草原	围栏外	8	8-12	糙隐子草	2	3	11	7.34	2.29
贝加尔针茅草甸草原	围栏外	8	8-12	细叶葱	3	3	1	＜0.3	
贝加尔针茅草甸草原	围栏外	8	8-12	细叶白头翁	4	5	3	2.29	0.90
贝加尔针茅草甸草原	围栏外	8	8-12	苔草	5	6	410	51.69	22.30
贝加尔针茅草甸草原	围栏外	8	8-12	双齿葱	2	3	3	1.43	0.31
贝加尔针茅草甸草原	围栏外	8	8-12	麻花头	3	4	2	2.21	0.62
贝加尔针茅草甸草原	围栏外	8	8-12	轮叶委陵菜	2	3	2	1.39	0.64
贝加尔针茅草甸草原	围栏外	8	8-12	菊叶委陵菜	1	3	1	1.72	0.64
贝加尔针茅草甸草原	围栏外	8	8-12	羽茅	7	8	12	7.09	2.85
贝加尔针茅草甸草原	围栏外	8	8-12	展枝唐松草	3	3	1	＜0.3	
贝加尔针茅草甸草原	围栏外	8	8-12	潴草	3	4	4	1.58	0.61
贝加尔针茅草甸草原	围栏外	8	8-12	蒲公英	0.5	3	61	26.65	8.49
贝加尔针茅草甸草原	围栏外	8	8-12	粗根鸢尾	3	3	1	＜0.3	
贝加尔针茅草甸草原	围栏外	8	8-12	裂叶蒿	4	5	12	8.12	2.13
贝加尔针茅草甸草原	围栏外	8	8-12	变蒿	3	4	1	1.33	0.51
贝加尔针茅草甸草原	围栏外	8	8-12	平车前	1	3	15	8.77	2.95
贝加尔针茅草甸草原	围栏外	8	8-12	石竹	1	2	1	1.97	0.89
贝加尔针茅草甸草原	围栏外	8	8-12	苦荬菜	2	3	3	2.41	0.77
贝加尔针茅草甸草原	围栏外	9	8-12	羊草	10	10	32	9.05	2.70
贝加尔针茅草甸草原	围栏外	9	8-12	糙隐子草	2	3	2	12.95	5.52
贝加尔针茅草甸草原	围栏外	9	8-12	斜茎黄芪	8	9	8	7.88	2.35
贝加尔针茅草甸草原	围栏外	9	8-12	苔草	5	6	510	14.5	6.89
贝加尔针茅草甸草原	围栏外	9	8-12	双齿葱	5	5	1	＜0.3	
贝加尔针茅草甸草原	围栏外	9	8-12	菊叶委陵菜	1	6	5	4.18	1.67
贝加尔针茅草甸草原	围栏外	9	8-12	扁蓿豆	7	8	3	8.2	3.02
贝加尔针茅草甸草原	围栏外	9	8-12	二裂委陵菜	6	7			
贝加尔针茅草甸草原	围栏外	9	8-12	蒲公英	1	6	50	30.03	12.86
贝加尔针茅草甸草原	围栏外	9	8-12	独行菜	6	7	1	0.58	0.14

（续）

草地类型	利用方式	样方号	取样日期（月-日）	植物名称	自然高度/cm	绝对高度/cm	多度/[株（丛）/m²]	鲜生物量/(g/m²)	干生物量/(g/m²)
贝加尔针茅草甸草原	围栏外	9	8-12	平车前	0.5	2	36	30.47	14.37
贝加尔针茅草甸草原	围栏外	9	8-12	鳞叶龙胆	1	1	1	<0.3	
贝加尔针茅草甸草原	围栏外	9	8-12	羽茅	7	8	1	<0.3	
贝加尔针茅草甸草原	围栏外	9	8-12	鹤虱	2	2	1	<0.3	
贝加尔针茅草甸草原	围栏外	10	8-12	羊草	12	14	14	2.1	0.71
贝加尔针茅草甸草原	围栏外	10	8-12	糙隐子草	5	6	8	1.94	0.56
贝加尔针茅草甸草原	围栏外	10	8-12	苔草	5	6	360	35.76	15.27
贝加尔针茅草甸草原	围栏外	10	8-12	双齿葱	2	2	2	<0.3	
贝加尔针茅草甸草原	围栏外	10	8-12	扁蓿豆	3	3	4	<0.3	
贝加尔针茅草甸草原	围栏外	10	8-12	展枝唐松草	5	5	5	0.99	0.34
贝加尔针茅草甸草原	围栏外	10	8-12	二裂委陵菜	5	8	6	1.58	0.54
贝加尔针茅草甸草原	围栏外	10	8-12	蒲公英	0.5	4	31	22.1	7.45
贝加尔针茅草甸草原	围栏外	10	8-12	独行菜	6	6	10	3.5	1.1
贝加尔针茅草甸草原	围栏外	10	8-12	平车前	0.5	5	7	1.47	0.33
贝加尔针茅草甸草原	围栏外	10	8-12	变蒿	5	5	2	1.12	0.22

注：表中<0.3或<0.5表示生物量极少，估计质量小于0.3 g或0.5 g。

（2）辅助观测场群落种类组成

2009年辅助观测场群落种类组成见表3-9。

表3-9　2009年辅助观测场群落种类组成（样方面积：1 m×1 m）

草地类型	利用方式	样方号	取样日期（月-日）	植物名称	自然高度/cm	绝对高度/cm	多度/[株（丛）/m²]	鲜生物量/(g/m²)	干生物量/(g/m²)
羊草草甸草原	围栏内	1	8-10	羊草	30	30	35	20.75	9.69
羊草草甸草原	围栏内	1	8-10	贝加尔针茅	18	18	19	19.19	9.86
羊草草甸草原	围栏内	1	8-10	糙隐子草	9	9	13	12.32	6.27
羊草草甸草原	围栏内	1	8-10	细叶葱	25	28	7	3.64	1.20
羊草草甸草原	围栏内	1	8-10	细叶白头翁	15	15	31	39.26	15.93
羊草草甸草原	围栏内	1	8-10	瓦松	3	3	1	0.53	0.04
羊草草甸草原	围栏内	1	8-10	寸草苔	6	8	32	23.98	11.93
羊草草甸草原	围栏内	1	8-10	双齿葱	12	12	20	17.83	5.34
羊草草甸草原	围栏内	1	8-10	蓬子菜	28	28	2	12.63	5.40
羊草草甸草原	围栏内	1	8-10	麻花头	47	47	14	39.19	12.69
羊草草甸草原	围栏内	1	8-10	轮叶委陵菜	5	5	1	0.30	0.10
羊草草甸草原	围栏内	1	8-10	裂叶蒿	57	57	50	80.93	27.95
羊草草甸草原	围栏内	1	8-10	冷蒿	38	38	4	30.72	14.03
羊草草甸草原	围栏内	1	8-10	防风	20	20	1	4.83	1.54
羊草草甸草原	围栏内	1	8-10	红柴胡	26	26	4	2.91	1.34
羊草草甸草原	围栏内	1	8-10	星毛委陵菜	4	5	1	5.56	2.38

（续）

草地类型	利用方式	样方号	取样日期（月-日）	植物名称	自然高度/cm	绝对高度/cm	多度/[株（丛）/m²]	鲜生物量/（g/m²）	干生物量/（g/m²）
羊草草甸草原	围栏内	1	8-10	囊花鸢尾	25	25	2	13.30	5.67
羊草草甸草原	围栏内	1	8-10	展枝唐松草	24	24	3	8.84	3.32
羊草草甸草原	围栏内	1	8-10	洽草	7	7	4	2.25	1.02
羊草草甸草原	围栏内	1	8-10	早熟禾	23	24	2	0.87	0.55
羊草草甸草原	围栏内	1	8-10	羽茅	25	25	15	2.95	1.17
羊草草甸草原	围栏内	1	8-10	棉团铁线莲	40	40	3	11.03	4.25
羊草草甸草原	围栏内	1	8-10	阿尔泰狗娃花	20	21	3	1.92	0.74
羊草草甸草原	围栏内	1	8-10	乳浆大戟	18	18	1	1.20	0.33
羊草草甸草原	围栏内	1	8-10	冰草	33	36	6	11.06	6.21
羊草草甸草原	围栏内	1	8-10	异燕麦	12	12	4	6.96	3.30
羊草草甸草原	围栏内	1	8-10	粗根鸢尾	5	7	1	0.30	0.10
羊草草甸草原	围栏内	1	8-10	苦荬菜	7	7	1	0.56	0.22
羊草草甸草原	围栏内	2	8-10	羊草	33	34	23	19.70	9.73
羊草草甸草原	围栏内	2	8-10	贝加尔针茅	38	41	18	26.50	15.03
羊草草甸草原	围栏内	2	8-10	糙隐子草	8	10	7	9.03	4.50
羊草草甸草原	围栏内	2	8-10	羊茅	13	14	5	5.39	2.82
羊草草甸草原	围栏内	2	8-10	斜茎黄芪	16	17	1	0.30	0.10
羊草草甸草原	围栏内	2	8-10	狭叶青蒿	20	21	14	38.48	14.79
羊草草甸草原	围栏内	2	8-10	细叶葱	14	16	2	0.30	0.10
羊草草甸草原	围栏内	2	8-10	细叶白头翁	15	16	9	38.02	14.92
羊草草甸草原	围栏内	2	8-10	寸草苔	16	17	85	19.35	10.17
羊草草甸草原	围栏内	2	8-10	双齿葱	11	12	12	12.16	4.19
羊草草甸草原	围栏内	2	8-10	蓬子菜	8	13	1	7.49	2.92
羊草草甸草原	围栏内	2	8-10	麻花头	18	19	13	79.90	26.83
羊草草甸草原	围栏内	2	8-10	轮叶委陵菜	3	4	1	0.30	0.10
羊草草甸草原	围栏内	2	8-10	裂叶蒿	13	14	51	111.76	40.22
羊草草甸草原	围栏内	2	8-10	冷蒿	34	36	4	19.92	8.95
羊草草甸草原	围栏内	2	8-10	红柴胡	26	28	11	0.37	0.10
羊草草甸草原	围栏内	2	8-10	囊花鸢尾	38	42	2	5.70	2.47
羊草草甸草原	围栏内	2	8-10	展枝唐松草	20	21	1	2.72	1.12
羊草草甸草原	围栏内	2	8-10	洽草	11	14	7	2.87	1.66
羊草草甸草原	围栏内	2	8-10	日阴菅	16	21	3	9.76	5.12
羊草草甸草原	围栏内	2	8-10	早熟禾	21	22	4	0.60	0.43
羊草草甸草原	围栏内	2	8-10	羽茅	25	29	15	3.54	1.80
羊草草甸草原	围栏内	2	8-10	达乌里芯芭	5	6	1	0.30	0.10
羊草草甸草原	围栏内	2	8-10	米口袋	6	7	1	0.30	0.10
羊草草甸草原	围栏内	2	8-10	山野豌豆	14	16	4	10.38	3.82
羊草草甸草原	围栏内	2	8-10	粗根鸢尾	15	16	3	0.40	0.28

（续）

草地类型	利用方式	样方号	取样日期（月-日）	植物名称	自然高度/cm	绝对高度/cm	多度/〔株（丛）/m²〕	鲜生物量/（g/m²）	干生物量/（g/m²）
羊草草甸草原	围栏内	2	8-10	披针叶黄华	6	7	2	0.36	0.15
羊草草甸草原	围栏内	2	8-10	枯落物				36.19	27.60
羊草草甸草原	围栏内	3	8-10	羊草	33	35	211	171.26	85.52
羊草草甸草原	围栏内	3	8-10	贝加尔针茅	35	37	10	24.71	13.56
羊草草甸草原	围栏内	3	8-10	糙隐子草	4	7	10	8.57	4.33
羊草草甸草原	围栏内	3	8-10	羊茅	13	15	2	2.04	0.85
羊草草甸草原	围栏内	3	8-10	狭叶青蒿	34	36	18	30.52	10.82
羊草草甸草原	围栏内	3	8-10	细叶葱	31	31	1	1.45	0.44
羊草草甸草原	围栏内	3	8-10	细叶白头翁	5	8	7	8.83	3.17
羊草草甸草原	围栏内	3	8-10	寸草苔	8	11	157	16.26	8.81
羊草草甸草原	围栏内	3	8-10	双齿葱	13	13	1	0.49	0.19
羊草草甸草原	围栏内	3	8-10	沙参	17	17	2	1.42	0.37
羊草草甸草原	围栏内	3	8-10	蓬子菜	30	35	8	34.66	13.50
羊草草甸草原	围栏内	3	8-10	麻花头	29	34	14	77.13	25.47
羊草草甸草原	围栏内	3	8-10	轮叶委陵菜	3	5	1	0.30	0.10
羊草草甸草原	围栏内	3	8-10	裂叶蒿	10	13	4	4.86	1.38
羊草草甸草原	围栏内	3	8-10	冷蒿	9	14	1	7.59	3.09
羊草草甸草原	围栏内	3	8-10	星毛委陵菜	3	3	1	6.66	3.56
羊草草甸草原	围栏内	3	8-10	囊花鸢尾	40	43	1	4.74	1.92
羊草草甸草原	围栏内	3	8-10	蒲公英	2	4	2	0.30	0.10
羊草草甸草原	围栏内	3	8-10	展枝唐松草	31	35	5	13.21	5.24
羊草草甸草原	围栏内	3	8-10	洽草	13	15	3	3.08	1.68
羊草草甸草原	围栏内	3	8-10	二裂委陵菜	5	7	2	1.19	0.52
羊草草甸草原	围栏内	3	8-10	日阴菅	6	9	1	0.30	0.10
羊草草甸草原	围栏内	3	8-10	小花花旗杆	26	27	12	2.08	0.97
羊草草甸草原	围栏内	3	8-10	早熟禾	25	25	1	0.30	0.10
羊草草甸草原	围栏内	3	8-10	羽茅	10	14	10	2.62	1.14
羊草草甸草原	围栏内	3	8-10	阿尔泰狗娃花	14	15	3	1.13	0.40
羊草草甸草原	围栏内	3	8-10	乳浆大戟	14	15	1	0.50	0.12
羊草草甸草原	围栏内	3	8-10	冰草	37	39	5	14.10	7.35
羊草草甸草原	围栏内	3	8-10	粗根鸢尾	13	15	2	1.42	0.39
羊草草甸草原	围栏内	3	8-10	苦荬菜	2	5	1	0.30	0.10
羊草草甸草原	围栏内	3	8-10	黄芩	14	14	3	2.17	0.71
羊草草甸草原	围栏内	3	8-10	枯落物				103.03	78.30
羊草草甸草原	围栏内	4	8-10	羊草	28	29	171	119.89	53.61
羊草草甸草原	围栏内	4	8-10	贝加尔针茅	31	32	5	14.00	7.94
羊草草甸草原	围栏内	4	8-10	糙隐子草	12	13	3	4.63	2.48
羊草草甸草原	围栏内	4	8-10	细叶葱	29	31	3	2.86	0.92

（续）

草地类型	利用方式	样方号	取样日期（月-日）	植物名称	自然高度/cm	绝对高度/cm	多度/［株（丛）/m²］	鲜生物量/（g/m²）	干生物量/（g/m²）.
羊草草甸草原	围栏内	4	8-10	细叶白头翁	11	28	9	24.96	9.12
羊草草甸草原	围栏内	4	8-10	瓦松	11	11	2	3.46	0.35
羊草草甸草原	围栏内	4	8-10	寸草苔	11	13	65	10.78	5.48
羊草草甸草原	围栏内	4	8-10	双齿葱	13	14	3	5.07	1.42
羊草草甸草原	围栏内	4	8-10	蓬子菜	19	22	4	4.36	1.90
羊草草甸草原	围栏内	4	8-10	麻花头	21	23	6	9.74	3.33
羊草草甸草原	围栏内	4	8-10	轮叶委陵菜	12	16	5	4.15	1.73
羊草草甸草原	围栏内	4	8-10	裂叶蒿	57	58	9	12.44	4.41
羊草草甸草原	围栏内	4	8-10	冷蒿	47	48	25	63.93	29.41
羊草草甸草原	围栏内	4	8-10	红柴胡	28	29	7	5.18	2.33
羊草草甸草原	围栏内	4	8-10	星毛委陵菜	1	2	1	4.02	2.15
羊草草甸草原	围栏内	4	8-10	囊花鸢尾	45	48	1	6.19	2.34
羊草草甸草原	围栏内	4	8-10	展枝唐松草	25	26	11	28.05	10.45
羊草草甸草原	围栏内	4	8-10	洽草	16	17	5	3.48	1.99
羊草草甸草原	围栏内	4	8-10	二裂委陵菜	5	10	2	3.18	1.46
羊草草甸草原	围栏内	4	8-10	小花花旗杆	37	39	4	2.58	1.14
羊草草甸草原	围栏内	4	8-10	早熟禾	30	30	3	0.30	0.10
羊草草甸草原	围栏内	4	8-10	羽茅	106	127	6	9.81	5.28
羊草草甸草原	围栏内	4	8-10	米口袋	11	15	1	0.66	0.22
羊草草甸草原	围栏内	4	8-10	伏毛山莓草	4	6	5	3.68	2.04
羊草草甸草原	围栏内	4	8-10	粗根鸢尾	2	3	1	0.30	0.10
羊草草甸草原	围栏内	4	8-10	披针叶黄华	16	17	4	3.76	1.36
羊草草甸草原	围栏内	5	8-10	羊草	40	40	25	18.99	8.89
羊草草甸草原	围栏内	5	8-10	贝加尔针茅	30	35	7	17.50	9.09
羊草草甸草原	围栏内	5	8-10	糙隐子草	15	17	13	23.61	12.17
羊草草甸草原	围栏内	5	8-10	细叶葱	31	32	16	11.71	3.78
羊草草甸草原	围栏内	5	8-10	细叶白头翁	12	13	32	69.16	29.33
羊草草甸草原	围栏内	5	8-10	寸草苔	7	9	77	37.76	18.85
羊草草甸草原	围栏内	5	8-10	双齿葱	7	9	3	5.93	1.83
羊草草甸草原	围栏内	5	8-10	沙参	34	35	1	1.20	0.43
羊草草甸草原	围栏内	5	8-10	蓬子菜	20	22	1	6.36	2.76
羊草草甸草原	围栏内	5	8-10	麻花头	50	50	15	49.39	17.68
羊草草甸草原	围栏内	5	8-10	轮叶委陵菜	6	7	2	0.44	0.28
羊草草甸草原	围栏内	5	8-10	裂叶蒿	19	20	50	58.29	21.07
羊草草甸草原	围栏内	5	8-10	冷蒿	45	45	3	47.04	20.83
羊草草甸草原	围栏内	5	8-10	红柴胡	18	23	2	1.18	0.61
羊草草甸草原	围栏内	5	8-10	叉枝鸦葱	13	20	2	1.38	0.28
羊草草甸草原	围栏内	5	8-10	囊花鸢尾	50	55	7	51.44	21.19

（续）

草地类型	利用方式	样方号	取样日期（月-日）	植物名称	自然高度/cm	绝对高度/cm	多度/〔株（丛）/m²〕	鲜生物量/（g/m²）	干生物量/（g/m²）
羊草草甸草原	围栏内	5	8-10	展枝唐松草	13	14	4	5.00	1.97
羊草草甸草原	围栏内	5	8-10	洽草	7	7	6	12.10	5.98
羊草草甸草原	围栏内	5	8-10	早熟禾	26	28	7	3.77	2.15
羊草草甸草原	围栏内	5	8-10	羽茅	61	61	6	11.73	6.33
羊草草甸草原	围栏内	5	8-10	披针叶黄华	8	8	2	1.70	0.54
羊草草甸草原	围栏内	5	8-10	枯落物				10.28	7.68
羊草草甸草原	围栏内	6	8-10	羊草	37	39	73	57.30	27.89
羊草草甸草原	围栏内	6	8-10	贝加尔针茅	38	42	8	47.40	26.81
羊草草甸草原	围栏内	6	8-10	糙隐子草	10	13	5	9.80	4.92
羊草草甸草原	围栏内	6	8-10	羊茅	14	17	4	3.63	1.86
羊草草甸草原	围栏内	6	8-10	细叶葱	29	29	4	1.61	0.43
羊草草甸草原	围栏内	6	8-10	细叶白头翁	17	20	30	76.54	29.49
羊草草甸草原	围栏内	6	8-10	寸草苔	12	15	274	33.59	18.26
羊草草甸草原	围栏内	6	8-10	双齿葱	14	15	1	3.05	1.04
羊草草甸草原	围栏内	6	8-10	蓬子菜	30	36	4	9.99	4.37
羊草草甸草原	围栏内	6	8-10	麻花头	15	18	3	17.34	6.30
羊草草甸草原	围栏内	6	8-10	轮叶委陵菜	8	11	1	0.62	0.30
羊草草甸草原	围栏内	6	8-10	裂叶蒿	15	18	39	83.49	28.96
羊草草甸草原	围栏内	6	8-10	冷蒿	10	13	2	1.01	0.55
羊草草甸草原	围栏内	6	8-10	星毛委陵菜	2	3	4	42.29	20.38
羊草草甸草原	围栏内	6	8-10	囊花鸢尾	42	45	3	40.74	16.50
羊草草甸草原	围栏内	6	8-10	展枝唐松草	27	31	6	11.61	4.85
羊草草甸草原	围栏内	6	8-10	洽草	10	13	2	2.04	0.92
羊草草甸草原	围栏内	6	8-10	二裂委陵菜	7	10	2	1.26	0.60
羊草草甸草原	围栏内	6	8-10	早熟禾	30	30	1	0.30	0.10
羊草草甸草原	围栏内	6	8-10	羽茅	61	68	3	13.10	6.67
羊草草甸草原	围栏内	6	8-10	米口袋	5	6	1	0.30	0.10
羊草草甸草原	围栏内	6	8-10	山野豌豆	31	34	4	10.76	4.33
羊草草甸草原	围栏内	6	8-10	枯落物				53.44	44.20
羊草草甸草原	围栏内	7	8-10	羊草	40	41	82	52.75	25.24
羊草草甸草原	围栏内	7	8-10	贝加尔针茅	67	81	13	57.63	17.04
羊草草甸草原	围栏内	7	8-10	糙隐子草	7	8	6	2.20	0.86
羊草草甸草原	围栏内	7	8-10	狭叶青蒿	48	50	37	61.09	23.83
羊草草甸草原	围栏内	7	8-10	细叶葱	19	20	12	6.56	2.03
羊草草甸草原	围栏内	7	8-10	细叶白头翁	10	12	25	54.08	21.44
羊草草甸草原	围栏内	7	8-10	寸草苔	6	7	235	34.43	19.12
羊草草甸草原	围栏内	7	8-10	双齿葱	13	14	4	6.22	1.95
羊草草甸草原	围栏内	7	8-10	蓬子菜	28	30	7	33.46	12.03

（续）

草地类型	利用方式	样方号	取样日期（月-日）	植物名称	自然高度/cm	绝对高度/cm	多度/〔株（丛）/m²〕	鲜生物量/（g/m²）	干生物量/（g/m²）
羊草草甸草原	围栏内	7	8-10	麻花头	15	17	5	21.83	7.70
羊草草甸草原	围栏内	7	8-10	轮叶委陵菜	11	12	6	2.96	1.23
羊草草甸草原	围栏内	7	8-10	裂叶蒿	50	52	30	36.97	13.48
羊草草甸草原	围栏内	7	8-10	冷蒿	50	51	2	12.37	5.88
羊草草甸草原	围栏内	7	8-10	星毛委陵菜	2	3	4	40.38	20.38
羊草草甸草原	围栏内	7	8-10	囊花鸢尾	25	27	1	0.67	0.27
羊草草甸草原	围栏内	7	8-10	洽草	7	8	1	0.30	0.10
羊草草甸草原	围栏内	7	8-10	狗舌草	1	3	1	0.30	0.10
羊草草甸草原	围栏内	7	8-10	小花花旗杆	20	22	11	3.27	1.09
羊草草甸草原	围栏内	7	8-10	早熟禾	36	38	3	4.31	2.28
羊草草甸草原	围栏内	7	8-10	羽茅	24	27	8	3.99	2.11
羊草草甸草原	围栏内	7	8-10	米口袋	5	8	1	0.30	0.10
羊草草甸草原	围栏内	7	8-10	多叶棘豆	8	9	3	0.96	0.38
羊草草甸草原	围栏内	7	8-10	披针叶黄华	5	6	1	0.30	0.10
羊草草甸草原	围栏内	7	8-10	枯落物				47.58	29.10
羊草草甸草原	围栏内	8	8-10	羊草	46	46	123	74.73	35.70
羊草草甸草原	围栏内	8	8-10	贝加尔针茅	81	86	31	62.30	37.52
羊草草甸草原	围栏内	8	8-10	糙隐子草	2	3	1	0.30	0.10
羊草草甸草原	围栏内	8	8-10	狭叶青蒿	30	31	2	2.08	0.81
羊草草甸草原	围栏内	8	8-10	细叶葱	31	32	5	5.51	0.45
羊草草甸草原	围栏内	8	8-10	细叶白头翁	15	21	8	45.09	16.31
羊草草甸草原	围栏内	8	8-10	寸草苔	11	13	57	6.30	3.21
羊草草甸草原	围栏内	8	8-10	双齿葱	12	13	3	3.88	1.16
羊草草甸草原	围栏内	8	8-10	蓬子菜	50	51	26	77.03	34.53
羊草草甸草原	围栏内	8	8-10	裂叶蒿	19	21	4	4.88	1.59
羊草草甸草原	围栏内	8	8-10	冷蒿	48	50	9	31.63	14.61
羊草草甸草原	围栏内	8	8-10	红柴胡	28	30	2	3.54	1.56
羊草草甸草原	围栏内	8	8-10	叉枝鸦葱	25	27	1	0.30	0.10
羊草草甸草原	围栏内	8	8-10	星毛委陵菜	1	3	6	18.42	8.98
羊草草甸草原	围栏内	8	8-10	白婆婆纳	17	18	3	1.05	0.41
羊草草甸草原	围栏内	8	8-10	展枝唐松草	35	36	3	10.77	4.43
羊草草甸草原	围栏内	8	8-10	洽草	18	18	1	0.30	0.10
羊草草甸草原	围栏内	8	8-10	二裂委陵菜	14	16	2	1.56	0.68
羊草草甸草原	围栏内	8	8-10	小花花旗杆	34	34	2	0.76	0.35
羊草草甸草原	围栏内	8	8-10	早熟禾	29	30	3	3.68	1.41
羊草草甸草原	围栏内	8	8-10	羽茅	20	26	25	6.57	2.89
羊草草甸草原	围栏内	8	8-10	米口袋	16	18	1	0.30	0.10
羊草草甸草原	围栏内	8	8-10	野韭	24	25	2	2.25	1.65

（续）

草地类型	利用方式	样方号	取样日期（月-日）	植物名称	自然高度/cm	绝对高度/cm	多度/[株（丛）/m²]	鲜生物量/（g/m²）	干生物量/（g/m²）
羊草草甸草原	围栏内	8	8-10	粗根鸢尾	14	14	1	0.30	0.10
羊草草甸草原	围栏内	8	8-10	披针叶黄华	14	15	11	9.12	2.63
羊草草甸草原	围栏内	8	8-10	枯落物				40.07	28.70
羊草草甸草原	围栏内	9	8-10	羊草	30	30	20	8.72	4.60
羊草草甸草原	围栏内	9	8-10	贝加尔针茅	38	40	12	15.55	8.60
羊草草甸草原	围栏内	9	8-10	糙隐子草	6	7	4	2.40	1.32
羊草草甸草原	围栏内	9	8-10	细叶葱	24	25	9	7.34	2.91
羊草草甸草原	围栏内	9	8-10	细叶白头翁	13	20	25	99.10	37.61
羊草草甸草原	围栏内	9	8-10	寸草苔	7	9	69	17.50	8.78
羊草草甸草原	围栏内	9	8-10	轮叶委陵菜	7	7	2	2.53	1.13
羊草草甸草原	围栏内	9	8-10	裂叶蒿	14	15	77	109.05	39.23
羊草草甸草原	围栏内	9	8-10	冷蒿	42	42	7	69.38	32.31
羊草草甸草原	围栏内	9	8-10	红柴胡	12	15	2	0.82	0.39
羊草草甸草原	围栏内	9	8-10	星毛委陵菜	4	4	2	6.96	4.13
羊草草甸草原	围栏内	9	8-10	展枝唐松草	28	29	4	11.05	4.58
羊草草甸草原	围栏内	9	8-10	洽草	7	9	1	2.31	1.28
羊草草甸草原	围栏内	9	8-10	二裂委陵菜	12	14	6	6.07	2.69
羊草草甸草原	围栏内	9	8-10	早熟禾	10	12	1	0.30	0.10
羊草草甸草原	围栏内	9	8-10	羽茅	15	20	4	0.88	0.43
羊草草甸草原	围栏内	9	8-10	阿尔泰狗娃花	22	22	5	3.47	1.08
羊草草甸草原	围栏内	9	8-10	披针叶黄华	19	19	5	7.50	2.55
羊草草甸草原	围栏内	9	8-10	大萼委陵菜	43	48	1	7.98	3.54
羊草草甸草原	围栏内	9	8-10	枯落物				24.70	21.20
羊草草甸草原	围栏内	10	8-10	羊草	33	35	71	34.69	17.75
羊草草甸草原	围栏内	10	8-10	贝加尔针茅	43	46	15	21.92	11.90
羊草草甸草原	围栏内	10	8-10	糙隐子草	6	9	13	21.30	11.31
羊草草甸草原	围栏内	10	8-10	斜茎黄芪	11	13	1	0.81	0.27
羊草草甸草原	围栏内	10	8-10	狭叶青蒿	38	40	75	130.10	48.24
羊草草甸草原	围栏内	10	8-10	细叶葱	29	29	12	10.38	3.48
羊草草甸草原	围栏内	10	8-10	细叶白头翁	13	17	29	67.99	27.45
羊草草甸草原	围栏内	10	8-10	寸草苔	10	13	274	38.22	20.44
羊草草甸草原	围栏内	10	8-10	双齿葱	15	16	5	6.76	2.22
羊草草甸草原	围栏内	10	8-10	沙参	34	34	2	4.27	7.43
羊草草甸草原	围栏内	10	8-10	蓬子菜	37	39	2	11.30	5.49
羊草草甸草原	围栏内	10	8-10	麻花头	15	19	5	26.88	10.95
羊草草甸草原	围栏内	10	8-10	裂叶蒿	17	20	4	7.77	2.48
羊草草甸草原	围栏内	10	8-10	冷蒿	39	40	2	14.33	6.36
羊草草甸草原	围栏内	10	8-10	叉枝鸦葱	8	9	1	0.30	0.10

（续）

草地类型	利用方式	样方号	取样日期（月-日）	植物名称	自然高度/cm	绝对高度/cm	多度/〔株（丛）/m²〕	鲜生物量/（g/m²）	干生物量/（g/m²）
羊草草甸草原	围栏内	10	8-10	星毛委陵菜	3	4	3	15.38	7.27
羊草草甸草原	围栏内	10	8-10	展枝唐松草	25	29	4	10.60	4.18
羊草草甸草原	围栏内	10	8-10	洽草	14	16	4	2.33	1.28
羊草草甸草原	围栏内	10	8-10	二裂委陵菜	15	18	2	3.62	1.52
羊草草甸草原	围栏内	10	8-10	小花花旗杆	35	35	4	0.74	0.34
羊草草甸草原	围栏内	10	8-10	早熟禾	31	32	5	4.65	2.36
羊草草甸草原	围栏内	10	8-10	羽茅	13	15	1	0.30	0.10
羊草草甸草原	围栏内	10	8-10	粗根鸢尾	14	15	3	1.12	0.27
羊草草甸草原	围栏内	10	8-10	披针叶黄华	15	15	3	4.41	1.33
羊草草甸草原	围栏内	10	8-10	枯落物				62.86	45.40
羊草草甸草原	围栏外	1	8-10	羊草	7	8	104	14.02	6.88
羊草草甸草原	围栏外	1	8-10	贝加尔针茅	6	6	4	2.79	1.85
羊草草甸草原	围栏外	1	8-10	糙隐子草	4	5	3	1.27	0.94
羊草草甸草原	围栏外	1	8-10	羊茅	14	15	4	8.26	4.18
羊草草甸草原	围栏外	1	8-10	细叶葱	5	5	6	19.95	4.13
羊草草甸草原	围栏外	1	8-10	细叶白头翁	6	7	25	19.95	8.18
羊草草甸草原	围栏外	1	8-10	瓦松	3	3	1	1.67	0.22
羊草草甸草原	围栏外	1	8-10	寸草苔	10	12	134	12.28	6.19
羊草草甸草原	围栏外	1	8-10	双齿葱	5	5	4	3.52	1.29
羊草草甸草原	围栏外	1	8-10	沙参	7	9	3	1.33	0.38
羊草草甸草原	围栏外	1	8-10	麻花头	4	5	3	1.37	0.31
羊草草甸草原	围栏外	1	8-10	轮叶委陵菜	5	6	2	0.78	0.14
羊草草甸草原	围栏外	1	8-10	裂叶蒿	5	7	17	5.03	1.74
羊草草甸草原	围栏外	1	8-10	冷蒿	8	12	3	3.20	0.42
羊草草甸草原	围栏外	1	8-10	菊叶委陵菜	4	4	1	0.64	0.28
羊草草甸草原	围栏外	1	8-10	红柴胡	3	4	1	0.30	0.10
羊草草甸草原	围栏外	1	8-10	叉枝鸦葱	7	8	5	0.87	0.25
羊草草甸草原	围栏外	1	8-10	展枝唐松草	4	5	4	1.00	0.38
羊草草甸草原	围栏外	1	8-10	洽草	7	9	5	5.12	1.47
羊草草甸草原	围栏外	1	8-10	线叶菊	5	6	6	7.21	2.81
羊草草甸草原	围栏外	1	8-10	早熟禾	4	4	1	0.30	0.10
羊草草甸草原	围栏外	1	8-10	羽茅	6	7	26	16.10	5.73
羊草草甸草原	围栏外	1	8-10	达乌里芯芭	5	5	4	1.47	0.66
羊草草甸草原	围栏外	1	8-10	多叶棘豆	6	7	4	1.23	0.14
羊草草甸草原	围栏外	2	8-10	羊草	12	12	58	8.64	4.40
羊草草甸草原	围栏外	2	8-10	贝加尔针茅	24	24	16	11.69	6.08
羊草草甸草原	围栏外	2	8-10	糙隐子草	12	12	11	3.58	1.85
羊草草甸草原	围栏外	2	8-10	斜茎黄芪	3	3	1	0.30	0.10

（续）

草地类型	利用方式	样方号	取样日期（月-日）	植物名称	自然高度/cm	绝对高度/cm	多度/［株（丛）/m²］	鲜生物量/（g/m²）	干生物量/（g/m²）
羊草草甸草原	围栏外	2	8-10	细叶白头翁	6	7	46	24.86	10.49
羊草草甸草原	围栏外	2	8-10	寸草苔	10	10	205	43.41	23.75
羊草草甸草原	围栏外	2	8-10	双齿葱	8	8	6	4.70	1.59
羊草草甸草原	围栏外	2	8-10	沙参	7	7	11	3.40	1.14
羊草草甸草原	围栏外	2	8-10	蓬子菜	10	11	1	0.30	0.10
羊草草甸草原	围栏外	2	8-10	麻花头	8	8	2	1.60	0.47
羊草草甸草原	围栏外	2	8-10	裂叶蒿	10	10	22	6.65	2.64
羊草草甸草原	围栏外	2	8-10	冷蒿	10	10	2	2.60	1.29
羊草草甸草原	围栏外	2	8-10	叉枝鸦葱	5	5	1	0.30	0.10
羊草草甸草原	围栏外	2	8-10	展枝唐松草	7	7	8	1.10	0.40
羊草草甸草原	围栏外	2	8-10	洽草	5	5	4	2.20	1.16
羊草草甸草原	围栏外	2	8-10	羽茅	6	6	5	2.25	1.23
羊草草甸草原	围栏外	2	8-10	达乌里芯芭	6	6	4	0.96	0.44
羊草草甸草原	围栏外	2	8-10	棉团铁线莲	8	9	1	1.09	0.55
羊草草甸草原	围栏外	3	8-10	羊草	6	6	15	1.80	0.86
羊草草甸草原	围栏外	3	8-10	贝加尔针茅	20	21	15	9.54	5.47
羊草草甸草原	围栏外	3	8-10	糙隐子草	5	6	4	1.77	0.92
羊草草甸草原	围栏外	3	8-10	羊茅	10	12	15	26.51	15.47
羊草草甸草原	围栏外	3	8-10	斜茎黄芪	4	5	1	0.30	0.10
羊草草甸草原	围栏外	3	8-10	细叶白头翁	6	7	17	17.61	8.03
羊草草甸草原	围栏外	3	8-10	寸草苔	6	8	65	10.72	5.72
羊草草甸草原	围栏外	3	8-10	双齿葱	8	10	7	3.87	1.34
羊草草甸草原	围栏外	3	8-10	沙参	4	5	1	0.30	0.10
羊草草甸草原	围栏外	3	8-10	蓬子菜	12	14	2	2.77	1.37
羊草草甸草原	围栏外	3	8-10	麻花头	6	8	5	2.00	0.64
羊草草甸草原	围栏外	3	8-10	轮叶委陵菜	6	7	4	1.65	0.83
羊草草甸草原	围栏外	3	8-10	裂叶蒿	7	8	5	3.46	1.16
羊草草甸草原	围栏外	3	8-10	冷蒿	5	7	6	5.63	2.40
羊草草甸草原	围栏外	3	8-10	星毛委陵菜	2	2	2	5.88	3.08
羊草草甸草原	围栏外	3	8-10	洽草	8	10	12	6.45	3.26
羊草草甸草原	围栏外	3	8-10	线叶菊	15	17	23	23.33	9.25
羊草草甸草原	围栏外	3	8-10	羽茅	18	22	16	8.94	5.05
羊草草甸草原	围栏外	3	8-10	达乌里芯芭	3	4	2	0.30	0.10
羊草草甸草原	围栏外	3	8-10	多叶棘豆	7	8	2	0.65	0.25
羊草草甸草原	围栏外	4	8-10	羊草	10	11	21	5.79	2.00
羊草草甸草原	围栏外	4	8-10	贝加尔针茅	9	11	12	11.54	6.76
羊草草甸草原	围栏外	4	8-10	糙隐子草	10	16	5	4.71	2.40
羊草草甸草原	围栏外	4	8-10	细叶葱	9	10	6	1.40	0.54

（续）

草地类型	利用方式	样方号	取样日期（月-日）	植物名称	自然高度/cm	绝对高度/cm	多度/〔株（丛）/m²〕	鲜生物量/(g/m²)	干生物量/(g/m²)
羊草草甸草原	围栏外	4	8－10	细叶白头翁			9	8.92	4.74
羊草草甸草原	围栏外	4	8－10	寸草苔	4	6	46	15.75	8.28
羊草草甸草原	围栏外	4	8－10	双齿葱	8	9	6	4.56	1.50
羊草草甸草原	围栏外	4	8－10	沙参	11	13	9	3.73	1.29
羊草草甸草原	围栏外	4	8－10	蓬子菜	6	7	1	0.30	0.10
羊草草甸草原	围栏外	4	8－10	麻花头	5	11	7	4.73	1.27
羊草草甸草原	围栏外	4	8－10	裂叶蒿	10	11	10	3.04	1.15
羊草草甸草原	围栏外	4	8－10	冷蒿	1	6	1	0.30	0.10
羊草草甸草原	围栏外	4	8－10	展枝唐松草	5	5	1	0.30	0.10
羊草草甸草原	围栏外	4	8－10	洽草	6	7	5	7.43	4.09
羊草草甸草原	围栏外	4	8－10	线叶菊	10	12	16	25.41	9.36
羊草草甸草原	围栏外	4	8－10	羽茅	25	29	26	32.65	17.79
羊草草甸草原	围栏外	4	8－10	棉团铁线莲	5	6	1	0.30	0.10
羊草草甸草原	围栏外	4	8－10	披针叶黄华	6	7	1	0.30	0.10
羊草草甸草原	围栏外	4	8－10	变蒿	10	10	1	0.30	0.10
羊草草甸草原	围栏外	5	8－10	羊草	6	6	40	4.18	1.79
羊草草甸草原	围栏外	5	8－10	贝加尔针茅	6	6	18	9.18	4.91
羊草草甸草原	围栏外	5	8－10	糙隐子草	7	7	3	4.29	2.28
羊草草甸草原	围栏外	5	8－10	羊茅	12	12	2	4.91	2.32
羊草草甸草原	围栏外	5	8－10	斜茎黄芪	3	4	1	0.30	0.10
羊草草甸草原	围栏外	5	8－10	细叶白头翁	7	7	8	7.74	3.35
羊草草甸草原	围栏外	5	8－10	寸草苔	7	9	249	49.23	25.09
羊草草甸草原	围栏外	5	8－10	双齿葱	6	7	4	3.34	1.22
羊草草甸草原	围栏外	5	8－10	沙参	11	11	13	2.34	0.83
羊草草甸草原	围栏外	5	8－10	麻花头	7	10	12	3.48	1.12
羊草草甸草原	围栏外	5	8－10	轮叶委陵菜	8	11	3	1.47	0.52
羊草草甸草原	围栏外	5	8－10	裂叶蒿	8	8	20	6.10	1.57
羊草草甸草原	围栏外	5	8－10	冷蒿	6	11	2	3.10	1.01
羊草草甸草原	围栏外	5	8－10	红柴胡	8	10	1	0.30	0.10
羊草草甸草原	围栏外	5	8－10	囊花鸢尾	5	5	1	0.30	0.10
羊草草甸草原	围栏外	5	8－10	展枝唐松草	8	8	2	0.46	0.20
羊草草甸草原	围栏外	5	8－10	洽草	12	13	6	9.21	4.76
羊草草甸草原	围栏外	5	8－10	二裂委陵菜	7	12	1	0.68	0.23
羊草草甸草原	围栏外	5	8－10	日阴菅	11	12	1	2.21	1.10
羊草草甸草原	围栏外	5	8－10	羽茅	13	14	12	7.54	3.88
羊草草甸草原	围栏外	5	8－10	冰草	10	10	6	9.67	3.34
羊草草甸草原	围栏外	6	8－10	羊草	29	31	62	21.06	10.19
羊草草甸草原	围栏外	6	8－10	贝加尔针茅	15	16	17	39.46	22.16

（续）

草地类型	利用方式	样方号	取样日期（月-日）	植物名称	自然高度/cm	绝对高度/cm	多度/〔株（丛）/m²〕	鲜生物量/（g/m²）	干生物量/（g/m²）
羊草草甸草原	围栏外	6	8-10	糙隐子草	7	10	4	3.74	2.10
羊草草甸草原	围栏外	6	8-10	斜茎黄芪	3	4	1	0.30	0.10
羊草草甸草原	围栏外	6	8-10	细叶葱	5	5	1	0.30	0.10
羊草草甸草原	围栏外	6	8-10	细叶白头翁	4	7	12	7.47	3.30
羊草草甸草原	围栏外	6	8-10	寸草苔	6	9	241	22.62	12.08
羊草草甸草原	围栏外	6	8-10	双齿葱	6	7	4	1.97	0.88
羊草草甸草原	围栏外	6	8-10	沙参	5	5	5	1.14	0.48
羊草草甸草原	围栏外	6	8-10	蓬子菜	22	26	1	1.48	0.64
羊草草甸草原	围栏外	6	8-10	麻花头	7	10	5	3.76	1.36
羊草草甸草原	围栏外	6	8-10	轮叶委陵菜	4	5	1	0.30	0.10
羊草草甸草原	围栏外	6	8-10	裂叶蒿	10	12	32	26.86	9.45
羊草草甸草原	围栏外	6	8-10	冷蒿	5	12	1	2.23	0.92
羊草草甸草原	围栏外	6	8-10	叉枝鸦葱	8	11	1	0.33	0.14
羊草草甸草原	围栏外	6	8-10	星毛委陵菜	3	4	1	1.36	0.61
羊草草甸草原	围栏外	6	8-10	囊花鸢尾	2	2	1	0.30	0.10
羊草草甸草原	围栏外	6	8-10	展枝唐松草	5	7	5	1.67	0.56
羊草草甸草原	围栏外	6	8-10	治草	3	4	1	0.30	0.10
羊草草甸草原	围栏外	6	8-10	二裂委陵菜	9	11	1	0.92	0.40
羊草草甸草原	围栏外	6	8-10	线叶菊	10	12	1	3.41	1.09
羊草草甸草原	围栏外	6	8-10	早熟禾	31	31	2	2.52	1.27
羊草草甸草原	围栏外	6	8-10	羽茅	27	29	27	69.02	39.90
羊草草甸草原	围栏外	6	8-10	多叶棘豆	3	3	1	0.30	0.10
羊草草甸草原	围栏外	6	8-10	粗根鸢尾	5	7	1	0.30	0.10
羊草草甸草原	围栏外	6	8-10	披针叶黄华	14	14	3	2.36	0.98
羊草草甸草原	围栏外	7	8-10	羊草	8	8	7	0.42	0.25
羊草草甸草原	围栏外	7	8-10	贝加尔针茅	20	22	14	4.58	2.70
羊草草甸草原	围栏外	7	8-10	糙隐子草	6	8	6	4.44	1.70
羊草草甸草原	围栏外	7	8-10	羊茅	12	14	13	10.58	5.56
羊草草甸草原	围栏外	7	8-10	细叶葱	10	12	7	0.67	0.34
羊草草甸草原	围栏外	7	8-10	细叶白头翁	5	7	27	27.09	11.27
羊草草甸草原	围栏外	7	8-10	瓦松	3	3	1	2.47	0.28
羊草草甸草原	围栏外	7	8-10	寸草苔	8	10	65	11.04	5.73
羊草草甸草原	围栏外	7	8-10	双齿葱	13	15	17	9.12	3.22
羊草草甸草原	围栏外	7	8-10	沙参	4	4	1	0.30	0.10
羊草草甸草原	围栏外	7	8-10	麻花头	11	12	11	5.43	1.85
羊草草甸草原	围栏外	7	8-10	轮叶委陵菜	7	8	3	1.66	0.76
羊草草甸草原	围栏外	7	8-10	裂叶蒿	6	7	9	6.46	2.43
羊草草甸草原	围栏外	7	8-10	冷蒿	3	10	1	1.26	0.44

（续）

草地类型	利用方式	样方号	取样日期（月-日）	植物名称	自然高度/cm	绝对高度/cm	多度/［株（丛）/m²］	鲜生物量/（g/m²）	干生物量/（g/m²）
羊草草甸草原	围栏外	7	8-10	红柴胡	15	17	2	0.30	0.10
羊草草甸草原	围栏外	7	8-10	星毛委陵菜	2	3	2	3.70	1.94
羊草草甸草原	围栏外	7	8-10	洽草	12	13	14	9.00	4.39
羊草草甸草原	围栏外	7	8-10	线叶菊	15	17	57	43.18	16.29
羊草草甸草原	围栏外	7	8-10	羽茅	18	22	7	2.10	1.06
羊草草甸草原	围栏外	7	8-10	达乌里芯芭	4	4	2	0.30	0.10
羊草草甸草原	围栏外	7	8-10	米口袋	6	7	1	0.30	0.10
羊草草甸草原	围栏外	8	8-10	羊草	10	10	7	2.27	1.21
羊草草甸草原	围栏外	8	8-10	贝加尔针茅	15	17	11	7.78	4.30
羊草草甸草原	围栏外	8	8-10	糙隐子草	9	10	16	11.65	7.03
羊草草甸草原	围栏外	8	8-10	细叶葱	4	5	7	0.92	0.30
羊草草甸草原	围栏外	8	8-10	细叶白头翁	3	4	21	20.77	9.19
羊草草甸草原	围栏外	8	8-10	瓦松	2	3	1	0.30	0.10
羊草草甸草原	围栏外	8	8-10	寸草苔	5	7	97	21.97	12.01
羊草草甸草原	围栏外	8	8-10	双齿葱	6	7	9	11.14	5.68
羊草草甸草原	围栏外	8	8-10	蓬子菜	5	6	2	1.10	0.50
羊草草甸草原	围栏外	8	8-10	麻花头	5	5	1	0.30	0.10
羊草草甸草原	围栏外	8	8-10	轮叶委陵菜	2	3	1	0.30	0.10
羊草草甸草原	围栏外	8	8-10	裂叶蒿	4	5	19	5.92	2.06
羊草草甸草原	围栏外	8	8-10	冷蒿	2	5	1	0.30	0.10
羊草草甸草原	围栏外	8	8-10	红柴胡	2	4	1	0.30	0.10
羊草草甸草原	围栏外	8	8-10	星毛委陵菜	1	2	4	7.51	3.96
羊草草甸草原	围栏外	8	8-10	展枝唐松草	12	13	1	0.30	0.10
羊草草甸草原	围栏外	8	8-10	洽草	9	9	26	15.16	7.99
羊草草甸草原	围栏外	8	8-10	二裂委陵菜	10	11	6	2.44	1.11
羊草草甸草原	围栏外	8	8-10	线叶菊	3	4	1	0.30	0.10
羊草草甸草原	围栏外	8	8-10	羽茅	11	13	1	0.30	0.10
羊草草甸草原	围栏外	8	8-10	粗根鸢尾	3	4	1	0.30	0.10
羊草草甸草原	围栏外	9	8-10	羊草	32	33	27	20.39	10.19
羊草草甸草原	围栏外	9	8-10	贝加尔针茅	27	30	21	40.58	16.36
羊草草甸草原	围栏外	9	8-10	糙隐子草	12	13	9	10.66	5.22
羊草草甸草原	围栏外	9	8-10	羊茅	13	14	8	1.60	0.54
羊草草甸草原	围栏外	9	8-10	斜茎黄芪	12	15	3	1.60	0.96
羊草草甸草原	围栏外	9	8-10	细叶白头翁	7	10	20	36.37	15.26
羊草草甸草原	围栏外	9	8-10	寸草苔	9	11	207	16.12	0.32
羊草草甸草原	围栏外	9	8-10	双齿葱	11	11	15	9.85	3.36
羊草草甸草原	围栏外	9	8-10	沙参	11	12	5	1.67	0.55
羊草草甸草原	围栏外	9	8-10	蓬子菜	12	13	1	0.42	0.16

（续）

草地类型	利用方式	样方号	取样日期（月-日）	植物名称	自然高度/cm	绝对高度/cm	多度/［株（丛）/m²］	鲜生物量/(g/m²)	干生物量/(g/m²)
羊草草甸草原	围栏外	9	8-10	麻花头	9	12	5	11.09	4.62
羊草草甸草原	围栏外	9	8-10	轮叶委陵菜	4	5	3	0.75	0.32
羊草草甸草原	围栏外	9	8-10	裂叶蒿	10	13	16	19.17	7.74
羊草草甸草原	围栏外	9	8-10	冷蒿	39	41	4	15.09	7.15
羊草草甸草原	围栏外	9	8-10	菊叶委陵菜	10	14	1	3.33	1.37
羊草草甸草原	围栏外	9	8-10	防风	13	15	1	1.14	0.40
羊草草甸草原	围栏外	9	8-10	红柴胡	10	14	2	0.54	0.25
羊草草甸草原	围栏外	9	8-10	星毛委陵菜	3	4	6	13.50	6.89
羊草草甸草原	围栏外	9	8-10	囊花鸢尾	17	19	1	1.80	0.74
羊草草甸草原	围栏外	9	8-10	洽草	8	12	9	5.08	2.57
羊草草甸草原	围栏外	9	8-10	多裂叶荆芥	5	6	3	7.90	2.56
羊草草甸草原	围栏外	9	8-10	早熟禾	20	20	1	0.30	0.10
羊草草甸草原	围栏外	9	8-10	羽茅	13	15	12	6.47	2.71
羊草草甸草原	围栏外	9	8-10	伏毛山莓草	4	5	2	2.09	0.96
羊草草甸草原	围栏外	9	8-10	阿尔泰狗娃花	21	21	1	1.28	0.52
羊草草甸草原	围栏外	9	8-10	粗根鸢尾	6	8	4	1.16	0.37
羊草草甸草原	围栏外	9	8-10	披针叶黄华	5	5	2	0.52	0.22
羊草草甸草原	围栏外	10	8-10	羊草	6	7	15	1.64	0.83
羊草草甸草原	围栏外	10	8-10	贝加尔针茅	12	12	17	13.34	6.91
羊草草甸草原	围栏外	10	8-10	糙隐子草	12	12	10	7.50	3.95
羊草草甸草原	围栏外	10	8-10	羊茅	10	13	10	10.66	5.39
羊草草甸草原	围栏外	10	8-10	细叶白头翁	7	12	11	10.56	4.30
羊草草甸草原	围栏外	10	8-10	寸草苔	10	12	146	31.71	16.81
羊草草甸草原	围栏外	10	8-10	双齿葱	10	11	3	2.01	0.61
羊草草甸草原	围栏外	10	8-10	麻花头	7	11	1	0.30	0.10
羊草草甸草原	围栏外	10	8-10	裂叶蒿	7	12	10	3.28	0.94
羊草草甸草原	围栏外	10	8-10	冷蒿	5	12	2	1.20	0.40
羊草草甸草原	围栏外	10	8-10	菊叶委陵菜	6	10	2	1.88	0.59
羊草草甸草原	围栏外	10	8-10	星毛委陵菜	4	5	1	3.40	1.49
羊草草甸草原	围栏外	10	8-10	囊花鸢尾	6	20	2	1.17	0.52
羊草草甸草原	围栏外	10	8-10	洽草	6	7	3	0.98	0.54
羊草草甸草原	围栏外	10	8-10	线叶菊	9	9	17	11.71	4.75
羊草草甸草原	围栏外	10	8-10	羽茅	9	15	22	11.04	5.79
羊草草甸草原	围栏外	10	8-10	伏毛山莓草	10	12	9	4.40	1.90
羊草草甸草原	围栏外	10	8-10	山野豌豆	10	15	2	1.64	0.60

注：表中<0.3或<0.5表示生物量极少，估计质量小于0.3 g或0.5 g。

2010年辅助观测场群落种类组成见表3-10。

表 3 - 10　2010 年辅助观测场群落种类组成

样方面积：1 m×1 m

草地类型	利用方式	样方号	取样日期（月-日）	植物名称	自然高度/cm	绝对高度/cm	多度/〔株（丛）/m²〕	鲜生物量/(g/m²)	干生物量/(g/m²)
羊草草甸草原	围栏内	1	7-25	羊草	37	37	22	13.51	6.86
羊草草甸草原	围栏内	1	7-25	贝加尔针茅	47	49	5	5.77	3.1
羊草草甸草原	围栏内	1	7-25	糙隐子草	6	8	2	0.37	0.14
羊草草甸草原	围栏内	1	7-25	羊茅	19	20	2	5.82	2.47
羊草草甸草原	围栏内	1	7-25	细叶葱	30	38	5	4.9	1.46
羊草草甸草原	围栏内	1	7-25	细叶白头翁	29	32	51	105.1	39.08
羊草草甸草原	围栏内	1	7-25	寸草苔	24	26	32	2.24	1
羊草草甸草原	围栏内	1	7-25	双齿葱	15	16	8	5.88	1.6
羊草草甸草原	围栏内	1	7-25	沙参	41	42	2	2	0.62
羊草草甸草原	围栏内	1	7-25	蓬子菜	59	61	5	14.76	5.73
羊草草甸草原	围栏内	1	7-25	小花花旗杆	31	32	7	0.85	0.27
羊草草甸草原	围栏内	1	7-25	羽茅	19	22	6	1.21	0.54
羊草草甸草原	围栏内	1	7-25	展枝唐松草	36	39	15	29.27	11.15
羊草草甸草原	围栏内	1	7-25	洽草	30	31	4	3.64	1.74
羊草草甸草原	围栏内	1	7-25	瓦松	1	2	3	2.71	0.22
羊草草甸草原	围栏内	1	7-25	裂叶蒿	16	19	121	159.84	53.27
羊草草甸草原	围栏内	1	7-25	菊叶委陵菜	45	47	2	8.07	3.3
羊草草甸草原	围栏内	1	7-25	星毛委陵菜	1	1	4	39.6	16.28
羊草草甸草原	围栏内	1	7-25	狗舌草	15	22	1	1.58	0.33
羊草草甸草原	围栏内	1	7-25	冷蒿	5	6	4	12.94	5.44
羊草草甸草原	围栏内	1	7-25	麻花头	35	37	3	3.54	0.97
羊草草甸草原	围栏内	1	7-25	斜茎黄芪	44	46	7	7.81	2.65
羊草草甸草原	围栏内	1	7-25	粗根鸢尾	25	26	2	0.69	0.18
羊草草甸草原	围栏内	2	7-25	羊草	48	49	62	64.22	31.81
羊草草甸草原	围栏内	2	7-25	贝加尔针茅	30	46	11	23.92	12.63
羊草草甸草原	围栏内	2	7-25	糙隐子草	8	9	1	0.62	0.23
羊草草甸草原	围栏内	2	7-25	细叶葱	25	26	12	4.72	1.56
羊草草甸草原	围栏内	2	7-25	细叶白头翁	16	17	38	68.19	26.44
羊草草甸草原	围栏内	2	7-25	寸草苔	7	9		17.23	8.26
羊草草甸草原	围栏内	2	7-25	双齿葱	16	17	10	14.48	4.01
羊草草甸草原	围栏内	2	7-25	沙参	27	28	2	2.38	0.5
羊草草甸草原	围栏内	2	7-25	蓬子菜	52	55	1	6.62	2.59
羊草草甸草原	围栏内	2	7-25	草地麻花头	36	37	14	70.1	23.03
羊草草甸草原	围栏内	2	7-25	轮叶委陵菜	18	19	1	1.17	0.42
羊草草甸草原	围栏内	2	7-25	裂叶蒿	39	40	61	89.3	29.87
羊草草甸草原	围栏内	2	7-25	冷蒿	14	15	1	19.62	7.88
羊草草甸草原	围栏内	2	7-25	野韭	18	21	13	2.66	0.26

（续）

草地类型	利用方式	样方号	取样日期（月-日）	植物名称	自然高度/cm	绝对高度/cm	多度/〔株（丛）/m²〕	鲜生物量/（g/m²）	干生物量/（g/m²）
羊草草甸草原	围栏内	2	7-25	防风	35	36	1	2.92	0.86
羊草草甸草原	围栏内	2	7-25	星毛委陵菜	2	3	2	2.50	1.12
羊草草甸草原	围栏内	2	7-25	囊花鸢尾	48	49	2	15.55	5.34
羊草草甸草原	围栏内	2	7-25	山遏兰菜	3	4	1	<0.3	
羊草草甸草原	围栏内	2	7-25	展枝唐松草	30	35	9	21.56	7.24
羊草草甸草原	围栏内	2	7-25	洽草	19	24	15	21.89	10.93
羊草草甸草原	围栏内	2	7-25	二裂委陵菜	27	28	3	4.67	1.82
羊草草甸草原	围栏内	2	7-25	日阴菅	20	24	2	8.73	4.23
羊草草甸草原	围栏内	2	7-25	小花花旗杆	6	7	1	<0.3	
羊草草甸草原	围栏内	2	7-25	山野豌豆	29	30	2	2.90	1.01
羊草草甸草原	围栏内	2	7-25	羽茅	42	50	12	10.44	4.91
羊草草甸草原	围栏内	2	7-25	火绒草	20	21	1	0.91	0.23
羊草草甸草原	围栏内	2	7-25	枯落物				55.41	47.48
羊草草甸草原	围栏内	3	7-25	羊草	49	49	47	38.02	17.78
羊草草甸草原	围栏内	3	7-25	贝加尔针茅	34	39	11	13.01	6.87
羊草草甸草原	围栏内	3	7-25	糙隐子草	12	14	5	6.89	2.95
羊草草甸草原	围栏内	3	7-25	斜茎黄芪	6	7	1	<0.3	
羊草草甸草原	围栏内	3	7-25	狭叶青蒿	26	27	26	38.69	24.49
羊草草甸草原	围栏内	3	7-25	细叶葱	40	41	12	10.84	3.33
羊草草甸草原	围栏内	3	7-25	细叶白头翁	19	20	66	103.47	39.61
羊草草甸草原	围栏内	3	7-25	瓦松	1	1	2	1.09	0.05
羊草草甸草原	围栏内	3	7-25	寸草苔	13	14	86	18.07	8.89
羊草草甸草原	围栏内	3	7-25	双齿葱	12	12	4	3.90	1.16
羊草草甸草原	围栏内	3	7-25	蓬子菜	59	64	3	70.17	27.71
羊草草甸草原	围栏内	3	7-25	草地麻花头	39	40	10	28.47	9.80
羊草草甸草原	围栏内	3	7-25	裂叶蒿	18	19	15	27.06	8.51
羊草草甸草原	围栏内	3	7-25	冷蒿	6	9	2	5.81	2.19
羊草草甸草原	围栏内	3	7-25	苦卖菜	16	17	1	0.62	
羊草草甸草原	围栏内	3	7-25	柴胡	35	36	3	2.32	0.09
羊草草甸草原	围栏内	3	7-25	星毛委陵菜	4	5	1	3.81	1.63
羊草草甸草原	围栏内	3	7-25	囊花鸢尾	45	47	3	12.89	4.64
羊草草甸草原	围栏内	3	7-25	展枝唐松草	26	27	13	22.84	8.39
羊草草甸草原	围栏内	3	7-25	小花花旗杆	11	11	1	<0.3	
羊草草甸草原	围栏内	3	7-25	草木樨状黄芪	9	10	1	<0.3	
羊草草甸草原	围栏内	3	7-25	羽茅	28	30	12	15.55	7.01
羊草草甸草原	围栏内	3	7-25	枯落物				37.39	31.43
羊草草甸草原	围栏内	4	7-25	羊草	41	43	33	39.25	19.24
羊草草甸草原	围栏内	4	7-25	贝加尔针茅	42	51	17	27.15	14.24

（续）

草地类型	利用方式	样方号	取样日期（月-日）	植物名称	自然高度/cm	绝对高度/cm	多度/［株（丛）/m²］	鲜生物量/（g/m²）	干生物量/（g/m²）
羊草草甸草原	围栏内	4	7-25	糙隐子草	8	9	5	4.52	1.96
羊草草甸草原	围栏内	4	7-25	羊茅	13	13	2	6.40	2.63
羊草草甸草原	围栏内	4	7-25	细叶葱	20	21	9	3.44	0.90
羊草草甸草原	围栏内	4	7-25	细叶白头翁	16	18	43	180.23	66.46
羊草草甸草原	围栏内	4	7-25	寸草苔	18	20	99	18.52	8.99
羊草草甸草原	围栏内	4	7-25	双齿葱	14	15	3	4.10	1.19
羊草草甸草原	围栏内	4	7-25	蓬子菜	65	66	3	12.05	5.04
羊草草甸草原	围栏内	4	7-25	草地麻花头	45	46	4	26.28	11.02
羊草草甸草原	围栏内	4	7-25	轮叶委陵菜	7	8	1	<0.3	
羊草草甸草原	围栏内	4	7-25	裂叶蒿	19	21	39	66.46	20.69
羊草草甸草原	围栏内	4	7-25	柴胡	34	36	2	0.69	0.29
羊草草甸草原	围栏内	4	7-25	瓣蕊唐松草	7	7	1	<0.3	
羊草草甸草原	围栏内	4	7-25	囊花鸢尾	48	60	3	7.67	2.67
羊草草甸草原	围栏内	4	7-25	展枝唐松草	24	25	6	4.87	1.80
羊草草甸草原	围栏内	4	7-25	二裂委陵菜	34	35	1	2.55	1.11
羊草草甸草原	围栏内	4	7-25	粗根鸢尾	14	15	1	0.95	0.29
羊草草甸草原	围栏内	4	7-25	早熟禾	49	51	1	5.84	3.22
羊草草甸草原	围栏内	4	7-25	山苦荬	12	13	10	5.01	1.50
羊草草甸草原	围栏内	4	7-25	羽茅	24	38	15	12.39	5.75
羊草草甸草原	围栏内	4	7-25	狭叶野豌豆	34	36	3	6.04	2.56
羊草草甸草原	围栏内	4	7-25	披针叶黄华	14	15	2	0.88	0.28
羊草草甸草原	围栏内	4	7-25	枯落物				25.13	21.77
羊草草甸草原	围栏内	5	7-25	羊草	39	41	37	34.71	18.03
羊草草甸草原	围栏内	5	7-25	贝加尔针茅	64	68	13	27.09	15.64
羊草草甸草原	围栏内	5	7-25	糙隐子草	4	5	2	<0.3	
羊草草甸草原	围栏内	5	7-25	斜茎黄芪	25	26	1	0.61	0.24
羊草草甸草原	围栏内	5	7-25	细叶葱	36	39	9	6.12	2.72
羊草草甸草原	围栏内	5	7-25	细叶白头翁	35	37	21	25.46	10.46
羊草草甸草原	围栏内	5	7-25	寸草苔	16	18	115	12.89	6.89
羊草草甸草原	围栏内	5	7-25	双齿葱	15	17	1	2.80	1.12
羊草草甸草原	围栏内	5	7-25	蓬子菜	59	61	3	9.77	4.31
羊草草甸草原	围栏内	5	7-25	草地麻花头	61	62	2	32.43	12.28
羊草草甸草原	围栏内	5	7-25	祁洲漏芦	60	61	31	<0.3	
羊草草甸草原	围栏内	5	7-25	裂叶蒿	30	32	46	42.50	13.61
羊草草甸草原	围栏内	5	7-25	冷蒿	15	18	2	7.75	3.35
羊草草甸草原	围栏内	5	7-25	叉枝鸦葱	16	18	2	0.73	0.19
羊草草甸草原	围栏内	5	7-25	星毛委陵菜	1	1	2	6.38	3.01
羊草草甸草原	围栏内	5	7-25	囊花鸢尾	51	52	2	2.27	0.79

（续）

草地类型	利用方式	样方号	取样日期（月-日）	植物名称	自然高度/cm	绝对高度/cm	多度/〔株（丛）/m²〕	鲜生物量/（g/m²）	干生物量/（g/m²）
羊草草甸草原	围栏内	5	7-25	草木樨状黄芪	5	6	1	<0.3	
羊草草甸草原	围栏内	5	7-25	展枝唐松草	35	36	6	12.09	4.43
羊草草甸草原	围栏内	5	7-25	洽草	45	46	7	18.9	9.73
羊草草甸草原	围栏内	5	7-25	披针叶黄华	31	32	6	6.97	2.59
羊草草甸草原	围栏内	5	7-25	羽茅	41	43	4	20.09	10.66
羊草草甸草原	围栏内	5	7-25	漠蒿	55	57	11	46.76	21.12
羊草草甸草原	围栏内	5	7-25	枯落物				4.58	3.92
羊草草甸草原	围栏内	6	7-25	羊草	52	52	320	228.75	99.01
羊草草甸草原	围栏内	6	7-25	贝加尔针茅	46	48	16	16.44	7.99
羊草草甸草原	围栏内	6	7-25	糙隐子草	11	12	2	1.47	0.52
羊草草甸草原	围栏内	6	7-25	羊茅	8	9	1	<0.3	
羊草草甸草原	围栏内	6	7-25	斜茎黄芪	32	33	1	2.55	0.85
羊草草甸草原	围栏内	6	7-25	狭叶青蒿	39	39	15	21.68	7.68
羊草草甸草原	围栏内	6	7-25	细叶葱	22	24	5	<0.3	
羊草草甸草原	围栏内	6	7-25	细叶白头翁	17	19	5	11.20	3.58
羊草草甸草原	围栏内	6	7-25	瓦松	1	1	1	<0.3	
羊草草甸草原	围栏内	6	7-25	寸草苔	14	15	94	16.73	8.76
羊草草甸草原	围栏内	6	7-25	双齿葱	10	10	4	2.03	0.49
羊草草甸草原	围栏内	6	7-25	沙参	25	25	1	0.92	0.31
羊草草甸草原	围栏内	6	7-25	蓬子菜	54	55	1	3.26	1.29
羊草草甸草原	围栏内	6	7-25	草地麻花头	50	51	3	11.76	4.27
羊草草甸草原	围栏内	6	7-25	轮叶委陵菜	8	9	4	0.87	0.40
羊草草甸草原	围栏内	6	7-25	裂叶蒿	17	20	29	24.66	7.85
羊草草甸草原	围栏内	6	7-25	冷蒿	11	12	2	11.42	4.86
羊草草甸草原	围栏内	6	7-25	羽茅	30	32	6	9.24	4.16
羊草草甸草原	围栏内	6	7-25	囊花鸢尾	50	52	8	63.60	21.12
羊草草甸草原	围栏内	6	7-25	展枝唐松草	36	37	9	13.70	5.06
羊草草甸草原	围栏内	6	7-25	洽草	17	18	3	2.22	0.85
羊草草甸草原	围栏内	6	7-25	披针叶黄华	22	22	1	1.61	0.44
羊草草甸草原	围栏内	6	7-25	枯落物				59.55	51.36
羊草草甸草原	围栏内	7	7-25	羊草	42	43	59	63.88	30.12
羊草草甸草原	围栏内	7	7-25	贝加尔针茅	44	46	7	9.37	5.00
羊草草甸草原	围栏内	7	7-25	糙隐子草	12	13	5	6.72	2.85
羊草草甸草原	围栏内	7	7-25	羊茅	19	21	1	0.72	0.31
羊草草甸草原	围栏内	7	7-25	斜茎黄芪	34	35	1	3.47	1.16
羊草草甸草原	围栏内	7	7-25	细叶葱	9	11	1	<0.3	
羊草草甸草原	围栏内	7	7-25	细叶白头翁	26	28	30	62.50	23.68
羊草草甸草原	围栏内	7	7-25	瓦松	4	4	1	2.95	0.14

（续）

草地类型	利用方式	样方号	取样日期（月-日）	植物名称	自然高度/cm	绝对高度/cm	多度/〔株（丛）/m²〕	鲜生物量/（g/m²）	干生物量/（g/m²）
羊草草甸草原	围栏内	7	7-25	寸草苔	17	19	121	17.01	8.19
羊草草甸草原	围栏内	7	7-25	双齿葱	11	11	7	5.14	1.39
羊草草甸草原	围栏内	7	7-25	轮叶委陵菜	16	17	5	5.48	2.42
羊草草甸草原	围栏内	7	7-25	裂叶蒿	18	19	43	67.57	22.35
羊草草甸草原	围栏内	7	7-25	冷蒿	7	7	8	13.95	5.67
羊草草甸草原	围栏内	7	7-25	防风	18	19	1	1.74	0.43
羊草草甸草原	围栏内	7	7-25	柴胡	41	42	7	5.49	2.32
羊草草甸草原	围栏内	7	7-25	星毛委陵菜	2	3	1	2.73	0.98
羊草草甸草原	围栏内	7	7-25	囊花鸢尾	49	51	1	9.81	3.71
羊草草甸草原	围栏内	7	7-25	阿尔泰狗娃花	33	34	1	0.78	0.30
羊草草甸草原	围栏内	7	7-25	展枝唐松草	28	29	4	10.47	3.80
羊草草甸草原	围栏内	7	7-25	洽草	13	14	2	1.94	0.77
羊草草甸草原	围栏内	7	7-25	二裂委陵菜	24	25	2	4.42	1.97
羊草草甸草原	围栏内	7	7-25	早熟禾	45	47	1	4.08	2.10
羊草草甸草原	围栏内	7	7-25	披针叶黄华	14	15	3	2.62	0.80
羊草草甸草原	围栏内	7	7-25	羽茅	28	34	6	10.64	4.95
羊草草甸草原	围栏内	7	7-25	枯落物				44.46	36.45
羊草草甸草原	围栏内	8	7-25	羊草	42	43	67	39.27	19.26
羊草草甸草原	围栏内	8	7-25	贝加尔针茅	45	46	11	18.58	9.69
羊草草甸草原	围栏内	8	7-25	糙隐子草	8	9	6	2.48	1.16
羊草草甸草原	围栏内	8	7-25	羊茅	14	15	3	1.21	0.60
羊草草甸草原	围栏内	8	7-25	狭叶青蒿	23	24	4	2.89	1.09
羊草草甸草原	围栏内	8	7-25	细叶葱	20	22	5	1.22	0.47
羊草草甸草原	围栏内	8	7-25	细叶白头翁	15	16	41	94.85	37.17
羊草草甸草原	围栏内	8	7-25	寸草苔	13	13	15	1.68	0.86
羊草草甸草原	围栏内	8	7-25	双齿葱	13	14	8	5.77	1.83
羊草草甸草原	围栏内	8	7-25	细叶婆婆纳	28	29	1	1.00	0.27
羊草草甸草原	围栏内	8	7-25	蓬子菜	53	54	1	6.27	3.10
羊草草甸草原	围栏内	8	7-25	草地麻花头	45	46	2	14.46	6.08
羊草草甸草原	围栏内	8	7-25	轮叶委陵菜	12	13	4	1.13	0.58
羊草草甸草原	围栏内	8	7-25	裂叶蒿	14	15	47	72.76	23.66
羊草草甸草原	围栏内	8	7-25	冷蒿	7	9	1	10.68	4.96
羊草草甸草原	围栏内	8	7-25	草木樨状黄芪	25	26	1	0.62	0.26
羊草草甸草原	围栏内	8	7-25	瓦松	2	2	1	<0.3	
羊草草甸草原	围栏内	8	7-25	叉枝鸦葱	25	26	4	2.76	0.81
羊草草甸草原	围栏内	8	7-25	星毛委陵菜	2	3	1	2.34	1.14
羊草草甸草原	围栏内	8	7-25	囊花鸢尾	56	57	3	50.91	23.01
羊草草甸草原	围栏内	8	7-25	阿尔泰狗娃花	18	19	4	1.14	0.40

（续）

草地类型	利用方式	样方号	取样日期（月-日）	植物名称	自然高度/cm	绝对高度/cm	多度/〔株（丛）/m²〕	鲜生物量/（g/m²）	干生物量/（g/m²）
羊草草甸草原	围栏内	8	7-25	展枝唐松草	27	28	15	26.49	12.28
羊草草甸草原	围栏内	8	7-25	洽草	15	16	6	4.53	2.32
羊草草甸草原	围栏内	8	7-25	二裂委陵菜	17	18	1	1.00	0.39
羊草草甸草原	围栏内	8	7-25	狗舌草	17	18	1	1.94	0.62
羊草草甸草原	围栏内	8	7-25	日阴菅	23	24	1	66.91	33.52
羊草草甸草原	围栏内	8	7-25	冰草	65	67	10	35.1	19.41
羊草草甸草原	围栏内	8	7-25	羽茅	31	34	6	10.73	5.28
羊草草甸草原	围栏内	8	7-25	枯落物				35.46	31.36
羊草草甸草原	围栏内	9	7-25	羊草	55	55	26	17.25	8.36
羊草草甸草原	围栏内	9	7-25	贝加尔针茅	46	49	11	15.14	8.82
羊草草甸草原	围栏内	9	7-25	糙隐子草	5	7	3	0.84	0.37
羊草草甸草原	围栏内	9	7-25	羊茅	17	19	2	1.83	0.75
羊草草甸草原	围栏内	9	7-25	细叶葱	36	39	9	5.15	1.37
羊草草甸草原	围栏内	9	7-25	细叶白头翁	26	28	31	60.26	24.16
羊草草甸草原	围栏内	9	7-25	寸草苔	11	13	46	5.74	2.80
羊草草甸草原	围栏内	9	7-25	双齿葱	16	18	7	6.19	1.62
羊草草甸草原	围栏内	9	7-25	沙参	16	18	1	0.87	0.27
羊草草甸草原	围栏内	9	7-25	蓬子菜	76	78	5	30.42	13.62
羊草草甸草原	围栏内	9	7-25	草地麻花头	55	57	5	22.65	7.76
羊草草甸草原	围栏内	9	7-25	轮叶委陵菜	28	31	1	<0.3	
羊草草甸草原	围栏内	9	7-25	裂叶蒿	31	33	57	81.17	29.37
羊草草甸草原	围栏内	9	7-25	冷蒿	46	47	4	12.21	5.12
羊草草甸草原	围栏内	9	7-25	囊花鸢尾	59	64	8	38.13	13.48
羊草草甸草原	围栏内	9	7-25	阿尔泰狗娃花	36	37	2	1.27	0.43
羊草草甸草原	围栏内	9	7-25	展枝唐松草	32	33	12	19.27	7.17
羊草草甸草原	围栏内	9	7-25	洽草	21	22	2	1.13	0.45
羊草草甸草原	围栏内	9	7-25	二裂委陵菜	22	25	2	1.05	0.38
羊草草甸草原	围栏内	9	7-25	早熟禾	15	16	1	<0.3	
羊草草甸草原	围栏内	9	7-25	羽茅	49	55	79	40.45	19.47
羊草草甸草原	围栏内	9	7-25	山葱	24	25	2	9.95	2.00
羊草草甸草原	围栏内	9	7-25	枯落物				30.21	25.31
羊草草甸草原	围栏内	10	7-25	羊草	42	43	156	101.28	50.38
羊草草甸草原	围栏内	10	7-25	贝加尔针茅	45	46	39	36.48	19.54
羊草草甸草原	围栏内	10	7-25	羊茅	16	17	5	3.47	1.81
羊草草甸草原	围栏内	10	7-25	防风	8	9	10	5.10	2.24
羊草草甸草原	围栏内	10	7-25	细叶白头翁	16	17	38	7.65	17.54
羊草草甸草原	围栏内	10	7-25	寸草苔	15	16	172	28.67	14.27
羊草草甸草原	围栏内	10	7-25	双齿葱	13	14	6	5.46	1.49

（续）

草地类型	利用方式	样方号	取样日期（月-日）	植物名称	自然高度/cm	绝对高度/cm	多度/〔株（丛）/m²〕	鲜生物量/（g/m²）	干生物量/（g/m²）
羊草草甸草原	围栏内	10	7-25	斜茎黄芪	12	13	1	<0.3	
羊草草甸草原	围栏内	10	7-25	蓬子菜	32	33	1	2.95	1.18
羊草草甸草原	围栏内	10	7-25	草地麻花头	23	24	7	27.86	8.94
羊草草甸草原	围栏内	10	7-25	裂叶蒿	21	22	5	8.82	2.74
羊草草甸草原	围栏内	10	7-25	冷蒿	16	17	5	16.65	6.70
羊草草甸草原	围栏内	10	7-25	柴胡	21	22	2	0.81	0.40
羊草草甸草原	围栏内	10	7-25	羽茅	28	29	7	11.72	5.40
羊草草甸草原	围栏内	10	7-25	星毛委陵菜	3	4	1	37.64	15.57
羊草草甸草原	围栏内	10	7-25	囊花鸢尾	52	53	7	29.60	10.17
羊草草甸草原	围栏内	10	7-25	阿尔泰狗娃花	27	28	7	3.58	1.26
羊草草甸草原	围栏内	10	7-25	展枝唐松草	27	28	11	23.32	8.57
羊草草甸草原	围栏内	10	7-25	洽草	16	17	11	9.71	4.29
羊草草甸草原	围栏内	10	7-25	二裂委陵菜	16	17	1	2.76	1.20
羊草草甸草原	围栏内	10	7-25	狗舌草	2	3	1	<0.3	
羊草草甸草原	围栏内	10	7-25	达乌里芯芭	14	15	2	0.35	0.15
羊草草甸草原	围栏内	10	7-25	披针叶黄华	25	26	2	2.13	0.72
羊草草甸草原	围栏内	10	7-25	枯落物				59.59	53.08
羊草草甸草原	围栏外	1	7-25	羊草	51	52	115	114.22	55.79
羊草草甸草原	围栏外	1	7-25	贝加尔针茅	48	54	37	110.97	56.25
羊草草甸草原	围栏外	1	7-25	糙隐子草	13	14	5	25.31	10.77
羊草草甸草原	围栏外	1	7-25	羊茅	18	19	1	1.83	0.94
羊草草甸草原	围栏外	1	7-25	细叶白头翁	16	17	3	10.63	4.02
羊草草甸草原	围栏外	1	7-25	寸草苔	17	19	32	3.61	1.74
羊草草甸草原	围栏外	1	7-25	双齿葱	11	11	1	1.76	0.4
羊草草甸草原	围栏外	1	7-25	草地麻花头	27	30	1	11.73	3.65
羊草草甸草原	围栏外	1	7-25	裂叶蒿	14	18	38	38.62	14.23
羊草草甸草原	围栏外	1	7-25	冷蒿	7	8	1	2.78	1.05
羊草草甸草原	围栏外	1	7-25	柴胡	31	32	2	1.51	0.62
羊草草甸草原	围栏外	1	7-25	囊花鸢尾	39	41	4	8.94	3.27
羊草草甸草原	围栏外	1	7-25	展枝唐松草	21	22	3	4.85	1.68
羊草草甸草原	围栏外	1	7-25	洽草	58	59	9	36.07	18.25
羊草草甸草原	围栏外	1	7-25	二裂委陵菜	7	8	3	1.72	0.67
羊草草甸草原	围栏外	1	7-25	伏毛山莓草	5	6	1	1.04	0.40
羊草草甸草原	围栏外	1	7-25	羽茅	32	37	19	11.00	5.16
羊草草甸草原	围栏外	1	7-25	小花花旗杆	19	20	12	2.20	0.42
羊草草甸草原	围栏外	1	7-25	变蒿	6	6	1	<0.3	
羊草草甸草原	围栏外	2	7-25	羊草	31	31	382	175.59	80.26
羊草草甸草原	围栏外	2	7-25	针茅	30	31	1	2.18	1.12

（续）

草地类型	利用方式	样方号	取样日期（月-日）	植物名称	自然高度/cm	绝对高度/cm	多度/［株（丛）/m²]	鲜生物量/（g/m²）	干生物量/（g/m²）
羊草草甸草原	围栏外	2	7-25	糙隐子草	12	15	7	30.00	12.21
羊草草甸草原	围栏外	2	7-25	寸草苔	14	15	98	16.96	7.09
羊草草甸草原	围栏外	2	7-25	裂叶蒿	10	11	2	0.97	0.35
羊草草甸草原	围栏外	2	7-25	囊花鸢尾	18	19	1	0.97	0.35
羊草草甸草原	围栏外	2	7-25	洽草	16	17	2	2.10	0.77
羊草草甸草原	围栏外	2	7-25	早熟禾	41	41	1	4.69	2.55
羊草草甸草原	围栏外	2	7-25	乳浆大戟	15	16	4	2.40	0.75
羊草草甸草原	围栏外	2	7-25	小花花旗杆	19	19	7	0.39	0.16
羊草草甸草原	围栏外	2	7-25	披针叶黄华	7	8	1	0.39	0.16
羊草草甸草原	围栏外	3	7-25	羊草	37	37	145	120.11	57.95
羊草草甸草原	围栏外	3	7-25	贝加尔针茅	41	43	6	32.85	17.12
羊草草甸草原	围栏外	3	7-25	糙隐子草	11	12	6	14.71	7.00
羊草草甸草原	围栏外	3	7-25	羊茅	21	22	3	9.36	4.71
羊草草甸草原	围栏外	3	7-25	细叶白头翁	16	18	11	16.89	6.41
羊草草甸草原	围栏外	3	7-25	寸草苔	12	14	46	2.91	1.25
羊草草甸草原	围栏外	3	7-25	沙参	50	51	8	6.59	2.09
羊草草甸草原	围栏外	3	7-25	蓬子菜	50	52	4	4.46	1.79
羊草草甸草原	围栏外	3	7-25	草地麻花头	30	35	3	19.63	6.79
羊草草甸草原	围栏外	3	7-25	裂叶蒿	25	27	16	12.12	3.85
羊草草甸草原	围栏外	3	7-25	冷蒿	14	16	2	2.33	0.74
羊草草甸草原	围栏外	3	7-25	囊花鸢尾	52	56	4	12.92	4.19
羊草草甸草原	围栏外	3	7-25	展枝唐松草	36	37	1	2.74	0.92
羊草草甸草原	围栏外	3	7-25	洽草	35	37	6	6.08	3.14
羊草草甸草原	围栏外	3	7-25	二裂委陵菜	25	26	2	1.50	0.59
羊草草甸草原	围栏外	3	7-25	日阴菅	28	30	12	62.17	31.07
羊草草甸草原	围栏外	3	7-25	早熟禾	49	50	7	43.38	23.37
羊草草甸草原	围栏外	3	7-25	披针叶黄华	15	16	1	1.27	0.34
羊草草甸草原	围栏外	3	7-25	羽茅	51	53	11	8.95	3.85
羊草草甸草原	围栏外	3	7-25	小花花旗杆	5	6	1	<0.3	
羊草草甸草原	围栏外	4	7-25	羊草	39	40	98	46.97	22.39
羊草草甸草原	围栏外	4	7-25	贝加尔针茅	35	41	38	92.61	48.52
羊草草甸草原	围栏外	4	7-25	糙隐子草	12	13	4	16.72	7.23
羊草草甸草原	围栏外	4	7-25	细叶葱	29	30	3	0.70	0.24
羊草草甸草原	围栏外	4	7-25	细叶白头翁	10	12	5	7.56	2.86
羊草草甸草原	围栏外	4	7-25	瓦松	2	2	3	4.87	0.31
羊草草甸草原	围栏外	4	7-25	寸草苔	14	15	101	17.21	8.72
羊草草甸草原	围栏外	4	7-25	双齿葱	13	14	3	2.21	0.75
羊草草甸草原	围栏外	4	7-25	蓬子菜	40	48	1	5.89	2.53

（续）

草地类型	利用方式	样方号	取样日期（月-日）	植物名称	自然高度/cm	绝对高度/cm	多度/〔株（丛）/m²〕	鲜生物量/（g/m²）	干生物量/（g/m²）
羊草草甸草原	围栏外	4	7－25	草地麻花头	27	27	4	17.16	4.76
羊草草甸草原	围栏外	4	7－25	轮叶委陵菜	10	12	4	1.66	0.78
羊草草甸草原	围栏外	4	7－25	裂叶蒿	10	11	7	12.76	4.17
羊草草甸草原	围栏外	4	7－25	大委陵菜	39	39	1	6.48	2.89
羊草草甸草原	围栏外	4	7－25	星毛萎陵菜	1	2	1	1.29	0.57
羊草草甸草原	围栏外	4	7－25	囊花鸢尾	26	28	1	2.50	0.83
羊草草甸草原	围栏外	4	7－25	展枝唐松草	16	17	3	3.47	1.35
羊草草甸草原	围栏外	4	7－25	洽草	52	54	5	12.23	6.94
羊草草甸草原	围栏外	4	7－25	二裂委陵菜	13	14	1	0.44	0.17
羊草草甸草原	围栏外	4	7－25	日阴菅	20	22	4	81.31	40.13
羊草草甸草原	围栏外	4	7－25	早熟禾	36	41	1	1.89	1.09
羊草草甸草原	围栏外	4	7－25	伏毛山莓草	8	9	1	1.17	0.52
羊草草甸草原	围栏外	4	7－25	灰绿藜	4	4	1	＜0.3	
羊草草甸草原	围栏外	4	7－25	羽茅	32	34	3	7.87	1.74
羊草草甸草原	围栏外	5	7－25	羊草	23	24	53	31.26	14.09
羊草草甸草原	围栏外	5	7－25	贝加尔针茅	38	46	16	24.43	12.37
羊草草甸草原	围栏外	5	7－25	糙隐子草	11	12	8	8.29	3.38
羊草草甸草原	围栏外	5	7－25	羊茅	34	35	5	10.12	4.63
羊草草甸草原	围栏外	5	7－25	细叶葱	20	22	6	1.77	0.46
羊草草甸草原	围栏外	5	7－25	细叶白头翁	17	18	41	75.18	27.96
羊草草甸草原	围栏外	5	7－25	寸草苔	18	20	107	12.38	5.58
羊草草甸草原	围栏外	5	7－25	双齿葱	11	12	3	10.73	2.12
羊草草甸草原	围栏外	5	7－25	蓬子菜	44	45	2	5.04	1.86
羊草草甸草原	围栏外	5	7－25	草地麻花头	32	33	12	43.49	15.31
羊草草甸草原	围栏外	5	7－25	裂叶蒿	14	16	23	30.57	9.45
羊草草甸草原	围栏外	5	7－25	冷蒿	15	17	2	8.13	2.83
羊草草甸草原	围栏外	5	7－25	星毛萎陵菜	2	4	1	2.86	0.93
羊草草甸草原	围栏外	5	7－25	囊花鸢尾	37	39	2	4.95	1.57
羊草草甸草原	围栏外	5	7－25	展枝唐松草	9	10	5	4.91	1.64
羊草草甸草原	围栏外	5	7－25	洽草	48	52	6	14.15	6.99
羊草草甸草原	围栏外	5	7－25	二裂委陵菜	21	22	1	1.16	0.53
羊草草甸草原	围栏外	5	7－25	狗舌草	2	3	1	＜0.3	
羊草草甸草原	围栏外	5	7－25	羽茅	13	13	7	2.08	0.55
羊草草甸草原	围栏外	5	7－25	早熟禾	38	39	2	3.88	1.77
羊草草甸草原	围栏外	5	7－25	冰草	59	61	4	24.55	13.15
羊草草甸草原	围栏外	5	7－25	米口袋	5	6	1	＜0.3	
羊草草甸草原	围栏外	5	7－25	麦瓶草	39	40	1	3.53	0.93
羊草草甸草原	围栏外	5	7－25	小花花旗杆	27	28	1	＜0.3	

（续）

草地类型	利用方式	样方号	取样日期（月-日）	植物名称	自然高度/cm	绝对高度/cm	多度/［株（丛）/m²］	鲜生物量/（g/m²）	干生物量/（g/m²）
羊草草甸草原	围栏外	5	7-25	狭叶野豌豆	7	9	1	<0.3	
羊草草甸草原	围栏外	6	7-25	羊草	37	38	110	71.75	35.93
羊草草甸草原	围栏外	6	7-25	贝加尔针茅	33	35	11	6.80	3.43
羊草草甸草原	围栏外	6	7-25	糙隐子草	10	11	1	1.31	0.34
羊草草甸草原	围栏外	6	7-25	羊茅	17	18	3	2.86	1.02
羊草草甸草原	围栏外	6	7-25	细叶葱	22	23	3	1.43	0.47
羊草草甸草原	围栏外	6	7-25	细叶白头翁	13	14	39	85.41	25.64
羊草草甸草原	围栏外	6	7-25	瓦松	2	2	4	1.90	0.37
羊草草甸草原	围栏外	6	7-25	寸草苔	15	16	35	6.12	3.02
羊草草甸草原	围栏外	6	7-25	双齿葱	12	13	9	9.25	3.28
羊草草甸草原	围栏外	6	7-25	变蒿	13	14	1	<0.3	
羊草草甸草原	围栏外	6	7-25	蓬子菜	38	39	2	6.91	2.73
羊草草甸草原	围栏外	6	7-25	草地麻花头	28	29	9	55.98	24.94
羊草草甸草原	围栏外	6	7-25	裂叶蒿	12	13	14	61.43	8.34
羊草草甸草原	围栏外	6	7-25	冷蒿	14	16	3	12.08	3.60
羊草草甸草原	围栏外	6	7-25	菊叶委陵菜	5	6	1	<0.3	
羊草草甸草原	围栏外	6	7-25	叉枝鸦葱	24	25	3	3.26	0.88
羊草草甸草原	围栏外	6	7-25	星毛委陵菜	4	5	1	7.38	3.05
羊草草甸草原	围栏外	6	7-25	囊花鸢尾	48	50	6	11.70	3.83
羊草草甸草原	围栏外	6	7-25	展枝唐松草	24	25	14	24.25	9.25
羊草草甸草原	围栏外	6	7-25	洽草	11	12	2	1.14	0.40
羊草草甸草原	围栏外	6	7-25	二裂委陵菜	15	16	3	2.07	0.56
羊草草甸草原	围栏外	6	7-25	日荫菅	23	24	25	85.85	44.04
羊草草甸草原	围栏外	6	7-25	多叶棘豆	11	16	2	2.71	0.95
羊草草甸草原	围栏外	6	7-25	早熟禾	43	44	3	5.45	2.43
羊草草甸草原	围栏外	6	7-25	冰草	61	62	1	7.23	4.03
羊草草甸草原	围栏外	6	7-25	漠蒿	18	19	1	1.20	0.35
羊草草甸草原	围栏外	6	7-25	达乌里芯芭	13	14	15	4.80	1.04
羊草草甸草原	围栏外	6	7-25	羽茅	26	27	35	28.42	10.25
羊草草甸草原	围栏外	6	7-25	山遏兰菜	16	17	3	0.51	0.21
羊草草甸草原	围栏外	6	7-25	小花花旗杆	14	15	10	0.72	0.12
羊草草甸草原	围栏外	7	7-25	羊草	38	38	148	79.66	36.36
羊草草甸草原	围栏外	7	7-25	贝加尔针茅	36	37	12	19.72	10.07
羊草草甸草原	围栏外	7	7-25	糙隐子草	10	11	4	3.33	1.41
羊草草甸草原	围栏外	7	7-25	羊茅	16	17	4	14.86	7.36
羊草草甸草原	围栏外	7	7-25	斜茎黄芪	7	8	1	0.55	0.23
羊草草甸草原	围栏外	7	7-25	细叶白头翁	13	15	35	60.91	24.24
羊草草甸草原	围栏外	7	7-25	寸草苔	13	14	64	10.89	5.52

（续）

草地类型	利用方式	样方号	取样日期（月-日）	植物名称	自然高度/cm	绝对高度/cm	多度/[株（丛）/m²]	鲜生物量/（g/m²）	干生物量/（g/m²）
羊草草甸草原	围栏外	7	7-25	双齿葱	12	12	7	8.45	2.45
羊草草甸草原	围栏外	7	7-25	蓬子菜	32	33	2	10.68	4.05
羊草草甸草原	围栏外	7	7-25	草地麻花头	18	19	7	18.7	5.75
羊草草甸草原	围栏外	7	7-25	轮叶委陵菜	9	11	5	2.13	0.90
羊草草甸草原	围栏外	7	7-25	裂叶蒿	13	15	34	38.75	11.84
羊草草甸草原	围栏外	7	7-25	冷蒿	9	10	1	3.94	1.54
羊草草甸草原	围栏外	7	7-25	柴胡	37	38	1	0.69	0.32
羊草草甸草原	围栏外	7	7-25	囊花鸢尾	37	38	2	22.50	7.09
羊草草甸草原	围栏外	7	7-25	展枝唐松草	27	28	5	9.20	3.30
羊草草甸草原	围栏外	7	7-25	洽草	48	48	7	29.42	15.63
羊草草甸草原	围栏外	7	7-25	二裂委陵菜	10	11	1	0.35	0.16
羊草草甸草原	围栏外	7	7-25	早熟禾	38	38	6	22.28	11.90
羊草草甸草原	围栏外	7	7-25	达乌里芯芭	13	14	12	4.81	1.88
羊草草甸草原	围栏外	7	7-25	山野豌豆	14	15	1	0.41	0.17
羊草草甸草原	围栏外	7	7-25	羽茅	22	24	28	9.50	3.73
羊草草甸草原	围栏外	7	7-25	长叶百蕊草	15	15	2	0.72	0.23
羊草草甸草原	围栏外	8	7-25	羊草	45	46	102	80.61	37.11
羊草草甸草原	围栏外	8	7-25	贝加尔针茅	58	62	6	40.12	21.17
羊草草甸草原	围栏外	8	7-25	糙隐子草	12	14	8	17.15	7.27
羊草草甸草原	围栏外	8	7-25	羊茅	47	51	3	13.91	7.25
羊草草甸草原	围栏外	8	7-25	细叶葱	10	11	1	<0.3	
羊草草甸草原	围栏外	8	7-25	细叶白头翁	25	27	5	5.84	2.30
羊草草甸草原	围栏外	8	7-25	寸草苔	9	11	56	9.03	4.10
羊草草甸草原	围栏外	8	7-25	草地麻花头	21	24	1	3.82	1.13
羊草草甸草原	围栏外	8	7-25	裂叶蒿	16	18	6	2.83	1.01
羊草草甸草原	围栏外	8	7-25	冷蒿	5	7	3	13.58	5.02
羊草草甸草原	围栏外	8	7-25	柴胡	46	47	1	2.38	1.02
羊草草甸草原	围栏外	8	7-25	囊花鸢尾	56	58	7	45.82	16.38
羊草草甸草原	围栏外	8	7-25	展枝唐松草	15	17	3	3.07	1.07
羊草草甸草原	围栏外	8	7-25	洽草	65	66	5	12.31	7.83
羊草草甸草原	围栏外	8	7-25	早熟禾	59	61	6	7.74	3.83
羊草草甸草原	围栏外	8	7-25	羽茅	39	45	36	51.88	23.40
羊草草甸草原	围栏外	8	7-25	米口袋	6	8	1	<0.3	
羊草草甸草原	围栏外	8	7-25	草木樨状黄芪	6	8	1	<0.3	
羊草草甸草原	围栏外	9	7-25	羊草	41	42	69	61.48	28.46
羊草草甸草原	围栏外	9	7-25	贝加尔针茅	41	46	4	14.63	7.63
羊草草甸草原	围栏外	9	7-25	糙隐子草	13	13	8	18.63	7.78
羊草草甸草原	围栏外	9	7-25	羊茅	63	64	3	13.94	7.69

126

（续）

草地类型	利用方式	样方号	取样日期 （月-日）	植物名称	自然高度/ cm	绝对高度/ cm	多度/［株 （丛）/m²］	鲜生物量/ （g/m²）	干生物量/ （g/m²）
羊草草甸草原	围栏外	9	7-25	斜茎黄芪	17	18	2	1.10	0.50
羊草草甸草原	围栏外	9	7-25	细叶葱	14	14	2	<0.3	
羊草草甸草原	围栏外	9	7-25	细叶白头翁	13	14	36	28.82	10.96
羊草草甸草原	围栏外	9	7-25	瓦松	1	2	1	<0.3	
羊草草甸草原	围栏外	9	7-25	寸草苔	17	19	107	8.56	4.08
羊草草甸草原	围栏外	9	7-25	双齿葱	11	12	4	7.07	2.01
羊草草甸草原	围栏外	9	7-25	蓬子菜	35	36	1	2.95	1.20
羊草草甸草原	围栏外	9	7-25	草地麻花头	13	14	2	2.41	0.60
羊草草甸草原	围栏外	9	7-25	裂叶蒿	14	15	29	14.38	4.34
羊草草甸草原	围栏外	9	7-25	冷蒿	12	14	2	3.95	1.45
羊草草甸草原	围栏外	9	7-25	囊花鸢尾			5	44.42	14.88
羊草草甸草原	围栏外	9	7-25	展枝唐松草	16	17	4	3.63	1.27
羊草草甸草原	围栏外	9	7-25	洽草	44	46	10	17.77	9.58
羊草草甸草原	围栏外	9	7-25	早熟禾	31	32	2	5.06	2.76
羊草草甸草原	围栏外	9	7-25	冰草	60	62	11	40.15	20.9
羊草草甸草原	围栏外	9	7-25	达乌里芯芭	5	5	1	<0.3	
羊草草甸草原	围栏外	9	7-25	草木樨状黄芪	31	32	1	0.61	0.23
羊草草甸草原	围栏外	9	7-25	羽茅	17	19	14	11.18	5.22
羊草草甸草原	围栏外	10	7-25	羊草	36	37	64	39.39	18.10
羊草草甸草原	围栏外	10	7-25	贝加尔针茅	25	26	15	16.31	8.38
羊草草甸草原	围栏外	10	7-25	糙隐子草	5	6	4	4.24	1.74
羊草草甸草原	围栏外	10	7-25	羊茅	14	15	8	10.29	4.89
羊草草甸草原	围栏外	10	7-25	细叶葱	32	33	45	13.98	4.46
羊草草甸草原	围栏外	10	7-25	细叶白头翁	15	16	17	53.35	20.5
羊草草甸草原	围栏外	10	7-25	寸草苔	7	8	56	10.42	5.52
羊草草甸草原	围栏外	10	7-25	双齿葱	12	13	3	2.56	0.75
羊草草甸草原	围栏外	10	7-25	草地麻花头	16	17	8	11.67	3.35
羊草草甸草原	围栏外	10	7-25	轮叶委陵菜	10	11	10	1.11	0.50
羊草草甸草原	围栏外	10	7-25	裂叶蒿	13	14	26	18.05	6.00
羊草草甸草原	围栏外	10	7-25	冷蒿	12	13	6	12.02	4.71
羊草草甸草原	围栏外	10	7-25	柴胡	30	31	3	4.06	1.27
羊草草甸草原	围栏外	10	7-25	星毛委陵菜	4	5	2	7.16	3.18
羊草草甸草原	围栏外	10	7-25	囊花鸢尾	62	63	5	21.76	7.40
羊草草甸草原	围栏外	10	7-25	山野豌豆	20	21	2	0.75	0.30
羊草草甸草原	围栏外	10	7-25	展枝唐松草	20	21	7	8.31	3.04
羊草草甸草原	围栏外	10	7-25	洽草	45	46	11	18.72	9.45
羊草草甸草原	围栏外	10	7-25	狗舌草	6	7	1	2.56	0.69
羊草草甸草原	围栏外	10	7-25	变蒿	28	29	1	0.61	0.21

（续）

草地类型	利用方式	样方号	取样日期（月-日）	植物名称	自然高度/cm	绝对高度/cm	多度/［株（丛）/m²］	鲜生物量/(g/m²)	干生物量/(g/m²)
羊草草甸草原	围栏外	10	7-25	早熟禾	40	41	1	7.53	3.92
羊草草甸草原	围栏外	10	7-25	冰草	17	18	2	1.33	0.69
羊草草甸草原	围栏外	10	7-25	光伏茅香	24	25	6	1.42	0.55
羊草草甸草原	围栏外	10	7-25	山遏兰菜	18	19	1	1.49	0.77
羊草草甸草原	围栏外	10	7-25	披针叶黄华	18	19	2	4.94	1.51
羊草草甸草原	围栏外	10	7-25	羽茅	24	25	15	21.39	9.69

注：表中<0.3 或<0.5 表示生物量极少，估计质量小于 0.3 g 或 0.5 g。

2011 年辅助观测场群落种类组成见表 3-11。

表 3-11　2011 年辅助观测场群落种类组成（样方面积：1 m×1 m）

草地类型	利用方式	样方号	取样日期（月-日）	植物名称	自然高度/cm	绝对高度/cm	多度/［株（丛）/m²］	鲜生物量/(g/m²)	干生物量/(g/m²)
羊草草甸草原	围栏内	1	8-11	羊草	52	53	110	50.04	26.75
羊草草甸草原	围栏内	1	8-11	贝加尔针茅	50	52	2	2.01	1.26
羊草草甸草原	围栏内	1	8-11	糙隐子草	12	13	6	4.85	2.30
羊草草甸草原	围栏内	1	8-11	细叶白头翁	16	18	5	4.64	1.76
羊草草甸草原	围栏内	1	8-11	瓦松	2	3	23	1.77	1.76
羊草草甸草原	围栏内	1	8-11	苔草	15	16	35	12.34	5.79
羊草草甸草原	围栏内	1	8-11	蓬子菜	48	49	2	11.21	4.71
羊草草甸草原	围栏内	1	8-11	麻花头	44	45	3	12.83	5.13
羊草草甸草原	围栏内	1	8-11	裂叶蒿	17	18	24	18.42	6.02
羊草草甸草原	围栏内	1	8-11	星毛委陵菜	2	3	1	8.81	4.47
羊草草甸草原	围栏内	1	8-11	阿尔泰狗娃花	43	44	71	202.19	69.32
羊草草甸草原	围栏内	1	8-11	展枝唐松草	28	29	7	10.96	6.96
羊草草甸草原	围栏内	1	8-11	狗舌草	1	3	1	0.30	0.10
羊草草甸草原	围栏内	1	8-11	野韭	37	38	22	18.09	2.57
羊草草甸草原	围栏内	1	8-11	羽茅	52	53	26	8.88	4.47
羊草草甸草原	围栏内	1	8-11	艾蒿	26	27	1	2.88	0.91
羊草草甸草原	围栏内	1	8-11	枯落物				105.70	93.36
羊草草甸草原	围栏内	2	8-11	羊草	37	38	85	32.78	17.52
羊草草甸草原	围栏内	2	8-11	贝加尔针茅	41	43	8	13.62	8.10
羊草草甸草原	围栏内	2	8-11	糙隐子草	3	4	3	1.87	1.06
羊草草甸草原	围栏内	2	8-11	羊茅	21	21	8	19.34	11.69
羊草草甸草原	围栏内	2	8-11	细叶白头翁	22	23	42	87.00	36.99
羊草草甸草原	围栏内	2	8-11	苔草	25	20	31	14.35	7.26
羊草草甸草原	围栏内	2	8-11	双齿葱	19	20	4	1.58	0.47
羊草草甸草原	围栏内	2	8-11	麻花头	3	5	2	2.98	0.91
羊草草甸草原	围栏内	2	8-11	裂叶蒿	17	18	37	27.87	10.22

（续）

草地类型	利用方式	样方号	取样日期（月-日）	植物名称	自然高度/cm	绝对高度/cm	多度/［株（丛）/m²］	鲜生物量/（g/m²）	干生物量/（g/m²）
羊草草甸草原	围栏内	2	8-11	冷蒿	25	27	2	12.75	6.28
羊草草甸草原	围栏内	2	8-11	囊花鸢尾	41	43	2	2.42	0.92
羊草草甸草原	围栏内	2	8-11	展枝唐松草	22	22	12	16.57	7.16
羊草草甸草原	围栏内	2	8-11	洽草	18	18	6	4.42	1.99
羊草草甸草原	围栏内	2	8-11	二裂委陵菜	22	24	1	1.75	0.61
羊草草甸草原	围栏内	2	8-11	披针叶黄华	14	15	3	6.37	2.38
羊草草甸草原	围栏内	2	8-11	光稃茅香	20	22	11	8.59	4.25
羊草草甸草原	围栏内	2	8-11	枯落物				54.54	47.77
羊草草甸草原	围栏内	3	8-11	羊草	46	47	11	7.54	3.88
羊草草甸草原	围栏内	3	8-11	贝加尔针茅	44	45	11	24.58	7.91
羊草草甸草原	围栏内	3	8-11	糙隐子草	11	12	1	0.20	0.10
羊草草甸草原	围栏内	3	8-11	羊茅	25	26	3	5.26	2.36
羊草草甸草原	围栏内	3	8-11	细叶白头翁	15	16	10	37.13	13.62
羊草草甸草原	围栏内	3	8-11	苔草	16	18	18	7.27	2.94
羊草草甸草原	围栏内	3	8-11	双齿葱	11	12	1	0.20	0.10
羊草草甸草原	围栏内	3	8-11	蓬子菜	57	58	54	55.20	20.39
羊草草甸草原	围栏内	3	8-11	麻花头	12	13	3	5.96	1.58
羊草草甸草原	围栏内	3	8-11	裂叶蒿	18	19	42	65.30	21.85
羊草草甸草原	围栏内	3	8-11	冷蒿	21	25	1	18.97	7.92
羊草草甸草原	围栏内	3	8-11	星毛委陵菜	1	1	1	0.20	0.10
羊草草甸草原	围栏内	3	8-11	展枝唐松草	41	42	33	99.29	40.40
羊草草甸草原	围栏内	3	8-11	洽草	14	15	1	0.20	0.10
羊草草甸草原	围栏内	3	8-11	二裂委陵菜	29	30	4	0.30	0.10
羊草草甸草原	围栏内	3	8-11	狗舌草	7	8	1	4.02	0.60
羊草草甸草原	围栏内	3	8-11	早熟禾	38	39	1	1.44	0.93
羊草草甸草原	围栏内	3	8-11	披针叶黄华	30	31	1	4.67	1.40
羊草草甸草原	围栏内	3	8-11	羽茅	49	51	27	13.82	5.98
羊草草甸草原	围栏内	3	8-11	狭叶野豌豆	32	34	2	3.64	1.19
羊草草甸草原	围栏内	3	8-11	枯落物				143.24	130.60
羊草草甸草原	围栏内	4	8-11	羊草	57	58	74	27.75	14.40
羊草草甸草原	围栏内	4	8-11	贝加尔针茅	53	55	4	11.10	6.11
羊草草甸草原	围栏内	4	8-11	糙隐子草	23	24	2	3.78	1.67
羊草草甸草原	围栏内	4	8-11	羊茅	23	24	1	1.97	0.78
羊草草甸草原	围栏内	4	8-11	细叶白头翁	23	24	15	111.21	41.61
羊草草甸草原	围栏内	4	8-11	瓦松	9	10	3	18.54	1.75
羊草草甸草原	围栏内	4	8-11	苔草	27	28	91	21.18	10.19
羊草草甸草原	围栏内	4	8-11	双齿葱	20	21	1	1.44	0.33
羊草草甸草原	围栏内	4	8-11	蓬子菜	57	58	16	76.04	33.65

（续）

草地类型	利用方式	样方号	取样日期（月-日）	植物名称	自然高度/cm	绝对高度/cm	多度/［株（丛）/m²］	鲜生物量/（g/m²）	干生物量/（g/m²）
羊草草甸草原	围栏内	4	8-11	麻花头	49	50	2	11.39	4.45
羊草草甸草原	围栏内	4	8-11	裂叶蒿	60	61	18	27.52	10.29
羊草草甸草原	围栏内	4	8-11	冷蒿	35	36	1	9.05	3.97
羊草草甸草原	围栏内	4	8-11	羽茅	56	58	8	21.65	12.67
羊草草甸草原	围栏内	4	8-11	囊花鸢尾	61	62	3	8.96	3.63
羊草草甸草原	围栏内	4	8-11	展枝唐松草	41	42	21	85.62	32.68
羊草草甸草原	围栏内	4	8-11	披针叶黄华	21	22	1	1.87	0.53
羊草草甸草原	围栏内	4	8-11	冰草	24	25	1	5.49	2.67
羊草草甸草原	围栏内	4	8-11	山野豌豆	34	36	3	13.50	4.26
羊草草甸草原	围栏内	4	8-11	枯落物				150.69	124.00
羊草草甸草原	围栏内	5	8-11	羊草	60	61	43	26.15	13.22
羊草草甸草原	围栏内	5	8-11	贝加尔针茅	51	57	21	24.85	13.44
羊草草甸草原	围栏内	5	8-11	细叶葱	6	7	1	0.30	0.10
羊草草甸草原	围栏内	5	8-11	细叶白头翁	24	25	40	81.64	29.84
羊草草甸草原	围栏内	5	8-11	瓦松	3	4	1	2.89	0.14
羊草草甸草原	围栏内	5	8-11	苔草	12	13	35	12.02	5.68
羊草草甸草原	围栏内	5	8-11	双齿葱	4	5	1	0.30	0.10
羊草草甸草原	围栏内	5	8-11	蓬子菜	53	54	1	2.14	0.83
羊草草甸草原	围栏内	5	8-11	麻花头	53	54	10	44.65	15.78
羊草草甸草原	围栏内	5	8-11	裂叶蒿	32	33	31	68.16	22.45
羊草草甸草原	围栏内	5	8-11	野韭	7	8	1	0.30	0.10
羊草草甸草原	围栏内	5	8-11	扁蓿豆	3	4	1	0.30	0.10
羊草草甸草原	围栏内	5	8-11	囊花鸢尾	51	53	1	3.09	1.02
羊草草甸草原	围栏内	5	8-11	展枝唐松草	42	43	13	21.03	7.85
羊草草甸草原	围栏内	5	8-11	二裂委陵菜	30	31	3	3.03	1.30
羊草草甸草原	围栏内	5	8-11	日阴菅	40	44	6	83.32	41.75
羊草草甸草原	围栏内	5	8-11	粗根鸢尾	26	34	1	0.98	0.30
羊草草甸草原	围栏内	5	8-11	羽茅	41	45	39	22.25	11.57
羊草草甸草原	围栏内	5	8-11	山野豌豆	26	36	5	11.48	4.12
羊草草甸草原	围栏内	5	8-11	枯落物				91.37	75.33
羊草草甸草原	围栏内	6	8-11	羊草	53	54	12	12.15	5.78
羊草草甸草原	围栏内	6	8-11	贝加尔针茅	47	51	8	32.75	16.56
羊草草甸草原	围栏内	6	8-11	羊茅	25	26	4	9.62	4.52
羊草草甸草原	围栏内	6	8-11	斜茎黄芪	34	35	2	4.28	1.52
羊草草甸草原	围栏内	6	8-11	细叶白头翁	27	28	17	48.08	17.73
羊草草甸草原	围栏内	6	8-11	苔草	23	24	121	69.63	32.51
羊草草甸草原	围栏内	6	8-11	双齿葱	25	26	2	2.30	0.61
羊草草甸草原	围栏内	6	8-11	蓬子菜	56	57	4	29.29	10.71

（续）

草地类型	利用方式	样方号	取样日期（月-日）	植物名称	自然高度/cm	绝对高度/cm	多度/［株（丛）/m²］	鲜生物量/（g/m²）	干生物量/（g/m²）
羊草草甸草原	围栏内	6	8-11	麻花头	60	61	3	15.73	5.43
羊草草甸草原	围栏内	6	8-11	裂叶蒿	26	27	37	45.43	13.73
羊草草甸草原	围栏内	6	8-11	冷蒿	32	33	1	2.93	1.14
羊草草甸草原	围栏内	6	8-11	羽茅	50	51	12	23.18	11.02
羊草草甸草原	围栏内	6	8-11	漠蒿	31	32	1	4.23	1.08
羊草草甸草原	围栏内	6	8-11	囊花鸢尾	51	52	2	6.01	1.89
羊草草甸草原	围栏内	6	8-11	展枝唐松草	37	38	15	33.49	12.55
羊草草甸草原	围栏内	6	8-11	洽草	21	22	4	5.23	2.26
羊草草甸草原	围栏内	6	8-11	二裂委陵菜	26	27	1	2.12	0.98
羊草草甸草原	围栏内	6	8-11	草木樨状黄芪	42	43	1	2.13	0.68
羊草草甸草原	围栏内	6	8-11	粗根鸢尾	30	31	1	0.70	0.27
羊草草甸草原	围栏内	6	8-11	枯落物				150.47	131.90
羊草草甸草原	围栏内	7	8-11	羊草	50	50	283	300.54	154.60
羊草草甸草原	围栏内	7	8-11	贝加尔针茅	41	42	6	16.05	9.85
羊草草甸草原	围栏内	7	8-11	细叶白头翁	22	23	18	26.40	8.67
羊草草甸草原	围栏内	7	8-11	苔草	24	25	43	14.02	6.93
羊草草甸草原	围栏内	7	8-11	蓬子菜	41	42	4	8.37	2.70
羊草草甸草原	围栏内	7	8-11	麻花头	53	54	1	7.44	2.74
羊草草甸草原	围栏内	7	8-11	裂叶蒿	46	47	28	32.51	10.37
羊草草甸草原	围栏内	7	8-11	囊花鸢尾	75	77	1	36.23	12.97
羊草草甸草原	围栏内	7	8-11	山野豌豆	30	32	4	7.39	2.44
羊草草甸草原	围栏内	7	8-11	粗根鸢尾	31	32	2	1.40	0.36
羊草草甸草原	围栏内	7	8-11	枯落物				70.68	59.44
羊草草甸草原	围栏内	8	8-11	羊草	54	55	28	23.98	11.23
羊草草甸草原	围栏内	8	8-11	贝加尔针茅	47	48	13	21.76	11.54
羊草草甸草原	围栏内	8	8-11	细叶白头翁	15	16	5	9.99	3.69
羊草草甸草原	围栏内	8	8-11	瓦松	1	1	7	9.14	1.16
羊草草甸草原	围栏内	8	8-11	苔草	20	21	38	12.76	5.95
羊草草甸草原	围栏内	8	8-11	双齿葱	13	14	2	1.61	0.48
羊草草甸草原	围栏内	8	8-11	沙参	43	44	2	6.62	1.96
羊草草甸草原	围栏内	8	8-11	蓬子菜	40	41	3	13.05	5.15
羊草草甸草原	围栏内	8	8-11	麻花头	40	40	10	47.30	17.40
羊草草甸草原	围栏内	8	8-11	裂叶蒿	19	20	19	22.82	6.51
羊草草甸草原	围栏内	8	8-11	冷蒿	25	26	3	7.08	2.58
羊草草甸草原	围栏内	8	8-11	星毛委陵菜	1	1	1	0.20	0.10
羊草草甸草原	围栏内	8	8-11	粗根鸢尾	17	18	4	1.31	0.34
羊草草甸草原	围栏内	8	8-11	展枝唐松草	21	22	4	8.51	3.04
羊草草甸草原	围栏内	8	8-11	洽草	18	19	2	2.96	1.36

（续）

草地类型	利用方式	样方号	取样日期（月-日）	植物名称	自然高度/cm	绝对高度/cm	多度/〔株（丛）/m²〕	鲜生物量/（g/m²）	干生物量/（g/m²）
羊草草甸草原	围栏内	8	8-11	二裂委陵菜	31	32	1	6.99	3.24
羊草草甸草原	围栏内	8	8-11	狗舌草	8	9	2	4.98	0.82
羊草草甸草原	围栏内	8	8-11	日阴菅	31	32	1	66.60	34.57
羊草草甸草原	围栏内	8	8-11	狭叶野豌豆	38	39	3	19.94	6.81
羊草草甸草原	围栏内	8	8-11	羽茅	81	84	25	40.88	19.31
羊草草甸草原	围栏内	8	8-11	火绒草	15	16	1	1.63	0.54
羊草草甸草原	围栏内	8	8-11	枯落物				142.52	119.00
羊草草甸草原	围栏内	9	8-11	羊草	50	51	14	6.82	3.48
羊草草甸草原	围栏内	9	8-11	贝加尔针茅	46	47	7	9.90	5.21
羊草草甸草原	围栏内	9	8-11	糙隐子草	3	4	1	0.30	0.10
羊草草甸草原	围栏内	9	8-11	羊茅	20	21	4	12.52	6.11
羊草草甸草原	围栏内	9	8-11	细叶葱	6	7	1	0.30	0.10
羊草草甸草原	围栏内	9	8-11	细叶白头翁	30	31	34	63.14	24.98
羊草草甸草原	围栏内	9	8-11	瓦松	12	12	3	6.21	0.69
羊草草甸草原	围栏内	9	8-11	苔草	13	14	25	7.26	3.34
羊草草甸草原	围栏内	9	8-11	双齿葱	3	4	1	0.30	0.10
羊草草甸草原	围栏内	9	8-11	蓬子菜	74	74	2	16.51	7.44
羊草草甸草原	围栏内	9	8-11	麻花头	70	70	7	22.22	8.48
羊草草甸草原	围栏内	9	8-11	裂叶蒿	30	31	42	79.23	27.24
羊草草甸草原	围栏内	9	8-11	冷蒿	4	14	2	6.62	2.72
羊草草甸草原	围栏内	9	8-11	列当	2	2	1	0.30	0.10
羊草草甸草原	围栏内	9	8-11	红柴胡	50	51	1	2.54	1.05
羊草草甸草原	围栏内	9	8-11	粗根鸢尾	5	6	1	0.30	0.10
羊草草甸草原	围栏内	9	8-11	展枝唐松草	26	27	4	6.52	2.48
羊草草甸草原	围栏内	9	8-11	二裂委陵菜	29	30	7	4.31	1.83
羊草草甸草原	围栏内	9	8-11	日阴菅	45	48	15	111.57	56.46
羊草草甸草原	围栏内	9	8-11	山野豌豆	50	52	3	14.90	5.55
羊草草甸草原	围栏内	9	8-11	野韭	4	5	1	0.30	0.10
羊草草甸草原	围栏内	9	8-11	长叶百蕊草	21	22	1	3.40	0.87
羊草草甸草原	围栏内	9	8-11	达乌里芯芭	3	4	1	0.30	0.10
羊草草甸草原	围栏内	9	8-11	棉团铁线莲	51	52	2	52.16	18.16
羊草草甸草原	围栏内	9	8-11	羽茅	53	55	20	18.30	9.15
羊草草甸草原	围栏内	9	8-11	枯落物				50.00	41.91
羊草草甸草原	围栏内	10	8-11	羊草	52	53	3	2.08	0.90
羊草草甸草原	围栏内	10	8-11	贝加尔针茅	60	63	5	16.85	9.97
羊草草甸草原	围栏内	10	8-11	细叶白头翁	27	28	12	33.38	12.38
羊草草甸草原	围栏内	10	8-11	双齿葱	22	23	1	0.76	0.24
羊草草甸草原	围栏内	10	8-11	沙参	55	56	2	12.21	3.42

（续）

草地类型	利用方式	样方号	取样日期（月-日）	植物名称	自然高度/cm	绝对高度/cm	多度/〔株（丛）/m²〕	鲜生物量/（g/m²）	干生物量/（g/m²）
羊草草甸草原	围栏内	10	8-11	蓬子菜	29	30	1	2.05	0.77
羊草草甸草原	围栏内	10	8-11	麻花头	60	61	8	43.96	17.15
羊草草甸草原	围栏内	10	8-11	漠蒿	50	51	9	74.97	23.66
羊草草甸草原	围栏内	10	8-11	囊花鸢尾	62	63	1	0.89	0.30
羊草草甸草原	围栏内	10	8-11	草木樨状黄芪	37	38	3	9.69	3.17
羊草草甸草原	围栏内	10	8-11	展枝唐松草	50	51	7	21.88	8.35
羊草草甸草原	围栏内	10	8-11	二裂委陵菜	34	35	5	7.24	2.90
羊草草甸草原	围栏内	10	8-11	日阴菅	32	34	13	98.89	50.14
羊草草甸草原	围栏内	10	8-11	粗根鸢尾	23	24	1	1.78	0.47
羊草草甸草原	围栏内	10	8-11	早熟禾	57	58	4	6.08	3.46
羊草草甸草原	围栏内	10	8-11	光稃茅香	53	54	41	42.02	20.56
羊草草甸草原	围栏内	10	8-11	枯落物				81.45	74.16
羊草草甸草原	围栏外	1	8-11	羊草	29	31	50	20.04	10.03
羊草草甸草原	围栏外	1	8-11	贝加尔针茅	35	36	12	13.81	7.10
羊草草甸草原	围栏外	1	8-11	糙隐子草	6	7	2	0.56	0.29
羊草草甸草原	围栏外	1	8-11	羊茅	20	21	23	60.52	27.86
羊草草甸草原	围栏外	1	8-11	斜茎黄芪	13	14	5	4.93	1.32
羊草草甸草原	围栏外	1	8-11	狭叶青蒿	30	31	1	1.48	0.54
羊草草甸草原	围栏外	1	8-11	细叶葱	32	34	6	2.00	0.54
羊草草甸草原	围栏外	1	8-11	细叶白头翁	13	14	42	95.43	35.23
羊草草甸草原	围栏外	1	8-11	苔草	12	13	89	24.10	11.39
羊草草甸草原	围栏外	1	8-11	双齿葱	8	9	14	5.20	1.55
羊草草甸草原	围栏外	1	8-11	蓬子菜	29	30	1	3.63	1.42
羊草草甸草原	围栏外	1	8-11	麻花头	44	45	19	79.61	26.68
羊草草甸草原	围栏外	1	8-11	轮叶委陵菜	11	12	2	1.38	0.52
羊草草甸草原	围栏外	1	8-11	裂叶蒿	12	14	87	83.29	25.86
羊草草甸草原	围栏外	1	8-11	冷蒿	12	22	5	6.51	2.21
羊草草甸草原	围栏外	1	8-11	防风	6	7	1	0.30	0.10
羊草草甸草原	围栏外	1	8-11	红柴胡	22	23	1	0.30	0.10
羊草草甸草原	围栏外	1	8-11	展枝唐松草	19	20	7	16.12	6.22
羊草草甸草原	围栏外	1	8-11	洽草	17	18	20	38.07	16.22
羊草草甸草原	围栏外	1	8-11	二裂委陵菜	15	16	1	0.89	0.35
羊草草甸草原	围栏外	1	8-11	多叶棘豆	16	17	2	3.60	1.31
羊草草甸草原	围栏外	1	8-11	早熟禾	37	38	7	10.25	5.41
羊草草甸草原	围栏外	1	8-11	羽茅	63	65	7	7.00	3.33
羊草草甸草原	围栏外	1	8-11	粗根鸢尾	8	9	1	0.30	0.10
羊草草甸草原	围栏外	1	8-11	披针叶黄华	18	19	1	2.02	0.65
羊草草甸草原	围栏外	1	8-11	枯落物				9.54	7.01

（续）

草地类型	利用方式	样方号	取样日期（月-日）	植物名称	自然高度/cm	绝对高度/cm	多度/〔株（丛）/m²〕	鲜生物量/（g/m²）	干生物量/（g/m²）
羊草草甸草原	围栏外	2	8-11	羊草	40	41	38	25.83	11.52
羊草草甸草原	围栏外	2	8-11	贝加尔针茅	35	36	19	31.49	15.99
羊草草甸草原	围栏外	2	8-11	糙隐子草	7	8	4	4.68	2.04
羊草草甸草原	围栏外	2	8-11	羊茅	14	15	4	1.26	0.55
羊草草甸草原	围栏外	2	8-11	斜茎黄芪	3	4	1	0.20	0.10
羊草草甸草原	围栏外	2	8-11	细叶葱	40	41	2	2.80	0.81
羊草草甸草原	围栏外	2	8-11	细叶白头翁	10	11	45	78.58	26.33
羊草草甸草原	围栏外	2	8-11	苔草	12	13	79	24.98	11.37
羊草草甸草原	围栏外	2	8-11	双齿葱	21	22	1	1.00	0.25
羊草草甸草原	围栏外	2	8-11	蓬子菜	15	16	3	10.41	3.87
羊草草甸草原	围栏外	2	8-11	麻花头	41	42	4	20.47	6.75
羊草草甸草原	围栏外	2	8-11	裂叶蒿	8	9	29	26.10	7.25
羊草草甸草原	围栏外	2	8-11	冷蒿	35	36	1	4.78	1.84
羊草草甸草原	围栏外	2	8-11	菊叶委陵菜	37	38	1	7.23	3.19
羊草草甸草原	围栏外	2	8-11	防风	15	16	1	0.97	0.23
羊草草甸草原	围栏外	2	8-11	囊花鸢尾	40	41	10	12.30	4.12
羊草草甸草原	围栏外	2	8-11	蒲公英	1	1	3	0.20	0.10
羊草草甸草原	围栏外	2	8-11	展枝唐松草	17	18	16	27.66	9.25
羊草草甸草原	围栏外	2	8-11	洽草	16	17	3	6.48	2.50
羊草草甸草原	围栏外	2	8-11	二裂委陵菜	12	13	8	7.09	4.29
羊草草甸草原	围栏外	2	8-11	狗舌草	1	1	1	0.20	0.10
羊草草甸草原	围栏外	2	8-11	早熟禾	24	25	2	3.92	2.00
羊草草甸草原	围栏外	2	8-11	披针叶黄华	23	24	1	4.02	1.30
羊草草甸草原	围栏外	2	8-11	羽茅	32	37	65	52.15	22.53
羊草草甸草原	围栏外	2	8-11	粗根鸢尾	3	4	1	0.20	0.10
羊草草甸草原	围栏外	3	8-11	羊草	37	38	37	19.56	8.76
羊草草甸草原	围栏外	3	8-11	糙隐子草	3	4	7	4.95	2.11
羊草草甸草原	围栏外	3	8-11	羊茅	24	25	12	30.95	13.94
羊草草甸草原	围栏外	3	8-11	斜茎黄芪	11	12	1	0.97	0.34
羊草草甸草原	围栏外	3	8-11	细叶葱	37	38	6	3.17	0.74
羊草草甸草原	围栏外	3	8-11	细叶白头翁	22	23	29	51.30	18.38
羊草草甸草原	围栏外	3	8-11	苔草	15	16	132	86.79	39.01
羊草草甸草原	围栏外	3	8-11	蓬子菜	32	33	1	3.24	1.32
羊草草甸草原	围栏外	3	8-11	麻花头	18	18	9	33.02	8.68
羊草草甸草原	围栏外	3	8-11	裂叶蒿	6	9	54	45.31	15.81
羊草草甸草原	围栏外	3	8-11	冷蒿	8	12	1	1.75	0.64
羊草草甸草原	围栏外	3	8-11	叉枝鸦葱	3	5	1	0.20	0.10
羊草草甸草原	围栏外	3	8-11	囊花鸢尾	57	58	2	1.90	0.57

（续）

草地类型	利用方式	样方号	取样日期（月-日）	植物名称	自然高度/cm	绝对高度/cm	多度/〔株（丛）/m²〕	鲜生物量/（g/m²）	干生物量/（g/m²）
羊草草甸草原	围栏外	3	8-11	展枝唐松草	16	16	6	12.06	3.86
羊草草甸草原	围栏外	3	8-11	洽草	15	16	20	23.24	11.56
羊草草甸草原	围栏外	3	8-11	二裂委陵菜	16	18	2	4.60	2.15
羊草草甸草原	围栏外	3	8-11	早熟禾	46	47	4	2.90	1.43
羊草草甸草原	围栏外	3	8-11	羽茅	72	73	20	14.15	8.94
羊草草甸草原	围栏外	3	8-11	变蒿	3	3	1	0.20	0.10
羊草草甸草原	围栏外	4	8-11	羊草	25	26	31	13.63	7.24
羊草草甸草原	围栏外	4	8-11	贝加尔针茅	33	35	5	19.81	11.47
羊草草甸草原	围栏外	4	8-11	糙隐子草	3	4	2	2.39	1.12
羊草草甸草原	围栏外	4	8-11	羊茅	18	19	3	5.15	2.20
羊草草甸草原	围栏外	4	8-11	斜茎黄芪	12	13	8	10.99	2.88
羊草草甸草原	围栏外	4	8-11	细叶葱	10	11	1	0.30	0.10
羊草草甸草原	围栏外	4	8-11	细叶白头翁	9	10	14	32.77	10.79
羊草草甸草原	围栏外	4	8-11	苔草	11	12	202	44.21	19.70
羊草草甸草原	围栏外	4	8-11	双齿葱	16	17	3	3.06	0.82
羊草草甸草原	围栏外	4	8-11	麻花头	10	11	8	20.28	4.09
羊草草甸草原	围栏外	4	8-11	裂叶蒿	11	12	173	133.41	34.33
羊草草甸草原	围栏外	4	8-11	羽茅	20	21	7	14.87	6.34
羊草草甸草原	围栏外	4	8-11	星毛委陵菜	1	2	1	12.32	5.73
羊草草甸草原	围栏外	4	8-11	展枝唐松草	14	15	2	2.10	0.80
羊草草甸草原	围栏外	4	8-11	洽草	15	17	9	24.59	10.22
羊草草甸草原	围栏外	4	8-11	披针叶黄华	10	11	5	10.12	2.95
羊草草甸草原	围栏外	4	8-11	枯落物				81.24	78.41
羊草草甸草原	围栏外	5	8-11	羊草	36	37	47	11.01	6.14
羊草草甸草原	围栏外	5	8-11	贝加尔针茅	34	36	6	48.88	25.87
羊草草甸草原	围栏外	5	8-11	羊茅	19	20	1	6.53	2.75
羊草草甸草原	围栏外	5	8-11	细叶葱	11	12	1	0.30	0.10
羊草草甸草原	围栏外	5	8-11	细叶白头翁	17	18	12	12.60	4.39
羊草草甸草原	围栏外	5	8-11	苔草	15	16	92	41.40	18.27
羊草草甸草原	围栏外	5	8-11	双齿葱	7	8	1	0.30	0.10
羊草草甸草原	围栏外	5	8-11	蓬子菜	14	15	2	5.85	1.98
羊草草甸草原	围栏外	5	8-11	麻花头	17	19	15	55.92	11.96
羊草草甸草原	围栏外	5	8-11	裂叶蒿	11	12	113	103.20	29.41
羊草草甸草原	围栏外	5	8-11	冷蒿	4	7	1	5.15	2.00
羊草草甸草原	围栏外	5	8-11	红柴胡	4	5	1	0.30	0.10
羊草草甸草原	围栏外	5	8-11	叉枝鸦葱	24	25	1	1.34	0.29
羊草草甸草原	围栏外	5	8-11	瓣蕊唐松草	7	8	7	5.64	1.72
羊草草甸草原	围栏外	5	8-11	粗根鸢尾	13	14	1	0.72	0.19

（续）

草地类型	利用方式	样方号	取样日期（月-日）	植物名称	自然高度/cm	绝对高度/cm	多度/〔株（丛）/m²〕	鲜生物量/（g/m²）	干生物量/（g/m²）
羊草草甸草原	围栏外	5	8-11	洽草	12	13	13	31.83	13.01
羊草草甸草原	围栏外	5	8-11	二裂委陵菜	7	8	1	0.46	0.25
羊草草甸草原	围栏外	5	8-11	披针叶黄华	9	10	3	4.67	1.16
羊草草甸草原	围栏外	5	8-11	早熟禾	29	30	5	7.71	4.04
羊草草甸草原	围栏外	5	8-11	棉团铁线莲	14	15	1	0.70	0.29
羊草草甸草原	围栏外	5	8-11	多裂叶荆芥	3	4	2	1.77	0.56
羊草草甸草原	围栏外	5	8-11	达乌里芯芭	12	13	1	0.93	0.47
羊草草甸草原	围栏外	6	8-11	羊草	19	19	24	10.38	4.39
羊草草甸草原	围栏外	6	8-11	贝加尔针茅	32	33	17	54.09	27.31
羊草草甸草原	围栏外	6	8-11	糙隐子草	6	7	5	1.24	0.54
羊草草甸草原	围栏外	6	8-11	羊茅	16	17	7	17.02	6.38
羊草草甸草原	围栏外	6	8-11	细叶葱	21	22	10	3.01	0.81
羊草草甸草原	围栏外	6	8-11	细叶白头翁	8	9	19	32.03	12.51
羊草草甸草原	围栏外	6	8-11	苔草	14	15	21	12.84	5.41
羊草草甸草原	围栏外	6	8-11	双齿葱	22	23	8	10.64	3.25
羊草草甸草原	围栏外	6	8-11	蓬子菜	11	12	1	0.20	0.10
羊草草甸草原	围栏外	6	8-11	麻花头	9	10	15	47.76	12.93
羊草草甸草原	围栏外	6	8-11	轮叶委陵菜	6	7	1	0.89	0.26
羊草草甸草原	围栏外	6	8-11	裂叶蒿	7	8	30	38.18	10.36
羊草草甸草原	围栏外	6	8-11	冷蒿	2	3	1	4.05	1.50
羊草草甸草原	围栏外	6	8-11	叉枝鸦葱	12	13	1	0.20	0.10
羊草草甸草原	围栏外	6	8-11	囊花鸢尾	15	16	1	0.20	0.10
羊草草甸草原	围栏外	6	8-11	展枝唐松草	9	10	5	3.88	1.34
羊草草甸草原	围栏外	6	8-11	洽草	18	19	11	38.94	15.97
羊草草甸草原	围栏外	6	8-11	二裂委陵菜	4	5	1	0.20	0.10
羊草草甸草原	围栏外	6	8-11	早熟禾	23	24	2	5.92	3.16
羊草草甸草原	围栏外	6	8-11	伏毛山莓草	2	3	1	2.47	1.25
羊草草甸草原	围栏外	6	8-11	羽茅	64	65	17	33.93	14.30
羊草草甸草原	围栏外	7	8-11	羊草	31	32	3	1.99	0.90
羊草草甸草原	围栏外	7	8-11	贝加尔针茅	35	36	3	4.62	2.49
羊草草甸草原	围栏外	7	8-11	羊茅	20	21	21	55.00	25.53
羊草草甸草原	围栏外	7	8-11	细叶白头翁	17	18	44	108.38	41.32
羊草草甸草原	围栏外	7	8-11	苔草	11	12	55	20.43	8.89
羊草草甸草原	围栏外	7	8-11	双齿葱	19	20	29	29.68	8.63
羊草草甸草原	围栏外	7	8-11	沙参	37	38	2	5.38	1.91
羊草草甸草原	围栏外	7	8-11	蓬子菜	39	40	2	12.56	5.02
羊草草甸草原	围栏外	7	8-11	麻花头	22	23	5	9.77	3.08
羊草草甸草原	围栏外	7	8-11	轮叶委陵菜	6	7	1	0.30	0.10

（续）

草地类型	利用方式	样方号	取样日期（月-日）	植物名称	自然高度/cm	绝对高度/cm	多度/〔株（丛）/m²〕	鲜生物量/（g/m²）	干生物量/（g/m²）
羊草草甸草原	围栏外	7	8-11	裂叶蒿	16	17	65	83.66	28.46
羊草草甸草原	围栏外	7	8-11	红柴胡	5	6	1	0.30	0.10
羊草草甸草原	围栏外	7	8-11	叉枝鸦葱	5	6	1	0.30	0.10
羊草草甸草原	围栏外	7	8-11	展枝唐松草	18	19	9	10.33	3.42
羊草草甸草原	围栏外	7	8-11	洽草	16	17	6	17.26	7.18
羊草草甸草原	围栏外	7	8-11	狗舌草	1	4	2	3.04	0.58
羊草草甸草原	围栏外	7	8-11	羽茅	25	26	47	3.18	0.10
羊草草甸草原	围栏外	7	8-11	早熟禾	41	42	6	7.18	4.16
羊草草甸草原	围栏外	7	8-11	乳浆大戟	20	21	1	1.16	0.37
羊草草甸草原	围栏外	7	8-11	达乌里芯芭	4	5	1	0.30	0.10
羊草草甸草原	围栏外	7	8-11	苦荬菜	11	12	6	2.81	0.89
羊草草甸草原	围栏外	7	8-11	小花花旗杆	21	22	4	1.79	0.66
羊草草甸草原	围栏外	8	8-11	羊草	31	32	98	53.10	22.83
羊草草甸草原	围栏外	8	8-11	贝加尔针茅	32	33	10	21.00	10.20
羊草草甸草原	围栏外	8	8-11	羊茅	17	18	20	35.04	16.72
羊草草甸草原	围栏外	8	8-11	斜茎黄芪	16	16	4	2.22	0.68
羊草草甸草原	围栏外	8	8-11	细叶白头翁	6	7	17	31.29	11.38
羊草草甸草原	围栏外	8	8-11	瓦松	2	2	1	0.97	0.11
羊草草甸草原	围栏外	8	8-11	苔草	6	7	42	14.34	6.80
羊草草甸草原	围栏外	8	8-11	沙参	3	3	1	0.20	0.10
羊草草甸草原	围栏外	8	8-11	麻花头	16	17	14	25.97	7.20
羊草草甸草原	围栏外	8	8-11	轮叶委陵菜	2	3	1	0.20	0.10
羊草草甸草原	围栏外	8	8-11	裂叶蒿	16	18	80	65.02	19.23
羊草草甸草原	围栏外	8	8-11	冷蒿	15	16	3	26.10	10.79
羊草草甸草原	围栏外	8	8-11	红柴胡	24	25	2	1.24	0.62
羊草草甸草原	围栏外	8	8-11	星毛委陵菜	1	1	1	0.20	0.10
羊草草甸草原	围栏外	8	8-11	囊花鸢尾	37	39	3	8.33	3.11
羊草草甸草原	围栏外	8	8-11	展枝唐松草	15	16	3	6.80	2.35
羊草草甸草原	围栏外	8	8-11	洽草	5	7	9	16.15	6.24
羊草草甸草原	围栏外	8	8-11	二裂委陵菜	15	17	2	1.58	0.61
羊草草甸草原	围栏外	8	8-11	达乌里芯芭	2	2	1	0.20	0.10
羊草草甸草原	围栏外	8	8-11	野韭	43	44	3	9.22	1.88
羊草草甸草原	围栏外	8	8-11	羽茅	71	72	16	38.97	16.78
羊草草甸草原	围栏外	9	8-11	羊草	24	24	37	17.69	7.62
羊草草甸草原	围栏外	9	8-11	贝加尔针茅	27	29	1	0.88	0.39

（续）

草地类型	利用方式	样方号	取样日期（月-日）	植物名称	自然高度/cm	绝对高度/cm	多度/〔株（丛）/m²〕	鲜生物量/(g/m²)	干生物量/(g/m²)
羊草草甸草原	围栏外	9	8-11	羊茅	11	13	8	30.29	13.41
羊草草甸草原	围栏外	9	8-11	斜茎黄芪	9	10	3	1.15	0.29
羊草草甸草原	围栏外	9	8-11	细叶白头翁	9	11	31	41.57	15.74
羊草草甸草原	围栏外	9	8-11	苔草	10	11	211	39.53	16.49
羊草草甸草原	围栏外	9	8-11	麻花头	19	20	16	78.25	21.01
羊草草甸草原	围栏外	9	8-11	轮叶委陵菜	4	5	5	5.49	2.23
羊草草甸草原	围栏外	9	8-11	裂叶蒿	11	12	54	42.66	11.63
羊草草甸草原	围栏外	9	8-11	冷蒿	7	8	1	12.78	5.38
羊草草甸草原	围栏外	9	8-11	羽茅	41	42	6	20.56	9.18
羊草草甸草原	围栏外	9	8-11	瓣蕊唐松草	10	11	5	2.98	0.98
羊草草甸草原	围栏外	9	8-11	洽草	21	22	12	20.88	8.37
羊草草甸草原	围栏外	9	8-11	二裂委陵菜	4	5	3	2.16	0.81
羊草草甸草原	围栏外	9	8-11	狗舌草	3	4	1	0.30	0.10
羊草草甸草原	围栏外	9	8-11	山野豌豆	24	28	1	2.93	0.88
羊草草甸草原	围栏外	9	8-11	草木樨状黄芪	13	14	2	1.68	0.44
羊草草甸草原	围栏外	10	8-11	羊草	39	40	60	28.56	10.82
羊草草甸草原	围栏外	10	8-11	贝加尔针茅	32	33	6	8.23	4.18
羊草草甸草原	围栏外	10	8-11	糙隐子草	8	9	4	4.41	1.88
羊草草甸草原	围栏外	10	8-11	羊茅	11	12	4	12.63	5.23
羊草草甸草原	围栏外	10	8-11	斜茎黄芪	5	6	1	0.20	0.10
羊草草甸草原	围栏外	10	8-11	狭叶青蒿	8	9	1	0.20	0.10
羊草草甸草原	围栏外	10	8-11	细叶白头翁	7	8	13	20.85	6.98
羊草草甸草原	围栏外	10	8-11	苔草	12	13	35	15.36	6.41
羊草草甸草原	围栏外	10	8-11	双齿葱	19	20	4	3.22	0.84
羊草草甸草原	围栏外	10	8-11	蓬子菜	15	16	8	13.44	4.47
羊草草甸草原	围栏外	10	8-11	麻花头	11	12	7	22.80	6.09
羊草草甸草原	围栏外	10	8-11	裂叶蒿	14	15	52	53.90	15.09
羊草草甸草原	围栏外	10	8-11	冷蒿	8	9	1	19.73	7.63
羊草草甸草原	围栏外	10	8-11	星毛委陵菜	1	1	2	19.54	10.19
羊草草甸草原	围栏外	10	8-11	囊花鸢尾	21	22	4	4.11	1.42
羊草草甸草原	围栏外	10	8-11	展枝唐松草	10	11	8	6.40	2.10
羊草草甸草原	围栏外	10	8-11	洽草	16	17	13	27.84	11.79
羊草草甸草原	围栏外	10	8-11	早熟禾	20	21	3	3.71	1.85
羊草草甸草原	围栏外	10	8-11	羽茅	60	61	24	35.60	14.80

2012年辅助观测场群落种类组成见表 3-12。

表 3-12　2012年辅助观测场群落种类组成（样方面积：1 m×1 m）

草地类型	利用方式	样方号	取样日期（月-日）	植物名称	自然高度/cm	绝对高度/cm	多度/〔株（丛）/m²〕	鲜生物量/(g/m²)	干生物量/(g/m²)
羊草草甸草原	围栏内	1	8-13	羊草	34	35	8	8.38	4.85
羊草草甸草原	围栏内	1	8-13	贝加尔针茅	27	30	3	3.62	2.12
羊草草甸草原	围栏内	1	8-13	糙隐子草	3	4	1	<0.3	0.10
羊草草甸草原	围栏内	1	8-13	羊茅	10	11	3	3.79	2.09
羊草草甸草原	围栏内	1	8-13	狭叶青蒿	40	41	11	15.69	6.93
羊草草甸草原	围栏内	1	8-13	细叶白头翁	11	13	5	11.33	5.04
羊草草甸草原	围栏内	1	8-13	苔草	5	6	59	13.97	7.95
羊草草甸草原	围栏内	1	8-13	双齿葱	11	12	8	15.48	5.08
羊草草甸草原	围栏内	1	8-13	沙参	15	16	3	1.97	0.63
羊草草甸草原	围栏内	1	8-13	麻花头	16	18	2	2.80	1.06
羊草草甸草原	围栏内	1	8-13	裂叶蒿	10	11	38	23.33	9.79
羊草草甸草原	围栏内	1	8-13	粗根鸢尾	4	5	1	<0.3	0.10
羊草草甸草原	围栏内	1	8-13	阿尔泰狗娃花	25	26	6	3.76	1.85
羊草草甸草原	围栏内	1	8-13	展枝唐松草	27	28	18	20.69	9.13
羊草草甸草原	围栏内	1	8-13	洽草	4	5	1	<0.3	0.1
羊草草甸草原	围栏内	1	8-13	二裂委陵菜	18	19	1	0.8	0.36
羊草草甸草原	围栏内	1	8-13	披针叶黄华	17	18	2	7.11	2.80
羊草草甸草原	围栏内	1	8-13	羽茅	16	17	2	1.37	0.69
羊草草甸草原	围栏内	1	8-13	伏毛山莓草	3	2	1	<0.3	0.10
羊草草甸草原	围栏内	1	8-13	草木樨状黄芪	24	26	4	10.10	4.54
羊草草甸草原	围栏内	1	8-13	枯落物				41.63	38.82
羊草草甸草原	围栏内	2	8-13	羊草	29	30	14	5.62	3.14
羊草草甸草原	围栏内	2	8-13	贝加尔针茅	27	28	9	10.45	5.00
羊草草甸草原	围栏内	2	8-13	糙隐子草	13	14	5	10.15	5.87
羊草草甸草原	围栏内	2	8-13	羽茅	3	4	1	<0.3	0.10
羊草草甸草原	围栏内	2	8-13	细叶白头翁	15	16	4	6.48	2.84
羊草草甸草原	围栏内	2	8-13	苔草	15	16	218	26.78	15.28
羊草草甸草原	围栏内	2	8-13	双齿葱	13	14	17	10.29	3.96
羊草草甸草原	围栏内	2	8-13	沙参	16	17	9	4.90	1.79
羊草草甸草原	围栏内	2	8-13	蓬子菜	3	4	1	<0.3	0.10
羊草草甸草原	围栏内	2	8-13	裂叶蒿	13	14	55	28.41	12.35
羊草草甸草原	围栏内	2	8-13	冷蒿	3	4	1	<0.3	0.10
羊草草甸草原	围栏内	2	8-13	米口袋	3	4	1	<0.3	0.10
羊草草甸草原	围栏内	2	8-13	红柴胡	5	5	7	0.86	0.36
羊草草甸草原	围栏内	2	8-13	叉枝鸦葱	4	5	1	<0.3	0.10
羊草草甸草原	围栏内	2	8-13	粗根鸢尾	3	3	1	<0.3	0.10

（续）

草地类型	利用方式	样方号	取样日期（月-日）	植物名称	自然高度/cm	绝对高度/cm	多度/〔株（丛）/m²〕	鲜生物量/（g/m²）	干生物量/（g/m²）
羊草草甸草原	围栏内	2	8-13	阿尔泰狗娃花	3	3	1	<0.3	0.10
羊草草甸草原	围栏内	2	8-13	日阴菅	19	20	1	25.67	14.96
羊草草甸草原	围栏内	2	8-13	洽草	4	5	3	1.51	0.92
羊草草甸草原	围栏内	2	8-13	展枝唐松草	19	20	1	25.67	14.96
羊草草甸草原	围栏内	2	8-13	早熟禾	25	26	4	2.53	1.66
羊草草甸草原	围栏内	2	8-13	小花花旗杆	3	4	1	<0.3	0.10
羊草草甸草原	围栏内	2	8-13	达乌里芯芭	3	4	11	1.97	0.78
羊草草甸草原	围栏内	2	8-13	披针叶黄华	3	4	1	<0.3	0.10
羊草草甸草原	围栏内	2	8-13	枯落物				42.25	39.40
羊草草甸草原	围栏内	3	8-13	羊草	40	41	10	5.56	3.14
羊草草甸草原	围栏内	3	8-13	贝加尔针茅	45	47	8	11.78	6.89
羊草草甸草原	围栏内	3	8-13	糙隐子草	6	7	2	1.54	0.86
羊草草甸草原	围栏内	3	8-13	羊茅	13	14	4	2.75	1.43
羊草草甸草原	围栏内	3	8-13	狭叶青蒿	25	26	5	5.71	2.54
羊草草甸草原	围栏内	3	8-13	细叶葱	26	27	3	0.48	0.16
羊草草甸草原	围栏内	3	8-13	细叶白头翁	10	11	11	6.81	3.12
羊草草甸草原	围栏内	3	8-13	苔草	12	13	137	14.70	7.29
羊草草甸草原	围栏内	3	8-13	双齿葱	12	13	13	6.93	2.63
羊草草甸草原	围栏内	3	8-13	沙参	52	56	8	11.56	4.16
羊草草甸草原	围栏内	3	8-13	蓬子菜	16	17	2	0.84	0.45
羊草草甸草原	围栏内	3	8-13	麻花头	23	24	3	4.88	1.65
羊草草甸草原	围栏内	3	8-13	裂叶蒿	13	14	20	15.29	6.10
羊草草甸草原	围栏内	3	8-13	冷蒿	4	5	1	<0.3	0.10
羊草草甸草原	围栏内	3	8-13	长叶百蕊草	4	4	1	<0.3	0.10
羊草草甸草原	围栏内	3	8-13	红柴胡	6	7	1	<0.3	0.10
羊草草甸草原	围栏内	3	8-13	粗根鸢尾	13	14	2	1.37	0.51
羊草草甸草原	围栏内	3	8-13	洽草	13	14	3	1.31	0.74
羊草草甸草原	围栏内	3	8-13	羽茅	26	27	7	1.74	0.86
羊草草甸草原	围栏内	3	8-13	早熟禾	35	36	2	0.93	0.31
羊草草甸草原	围栏内	3	8-13	麦瓶草	3	4	1	<0.3	0.10
羊草草甸草原	围栏内	3	8-13	枯落物				126.96	116.00
羊草草甸草原	围栏内	4	8-13	羊草	33	34	12	8.37	5.31
羊草草甸草原	围栏内	4	8-13	贝加尔针茅	35	38	6	14.31	8.71
羊草草甸草原	围栏内	4	8-13	糙隐子草	9	10	6	3.81	2.31
羊草草甸草原	围栏内	4	8-13	狭叶青蒿	39	40	24	37.89	18.14
羊草草甸草原	围栏内	4	8-13	细叶白头翁	10	12	23	30.45	13.23
羊草草甸草原	围栏内	4	8-13	苔草	6	7	101	13.32	7.87
羊草草甸草原	围栏内	4	8-13	双齿葱	13	14	7	6.53	2.76

（续）

草地类型	利用方式	样方号	取样日期（月-日）	植物名称	自然高度/cm	绝对高度/cm	多度/〔株（丛）/m²〕	鲜生物量/（g/m²）	干生物量/（g/m²）
羊草草甸草原	围栏内	4	8-13	沙参	33	34	1	0.66	0.31
羊草草甸草原	围栏内	4	8-13	麻花头	17	18	2	2.74	1.46
羊草草甸草原	围栏内	4	8-13	轮叶委陵菜	10	11	1	1.91	1.03
羊草草甸草原	围栏内	4	8-13	裂叶蒿	11	12	9	4.99	2.24
羊草草甸草原	围栏内	4	8-13	冷蒿	6	12	2	3.16	1.70
羊草草甸草原	围栏内	4	8-13	囊花鸢尾	40	41	1	1.32	0.62
羊草草甸草原	围栏内	4	8-13	展枝唐松草	20	21	11	24.44	11.11
羊草草甸草原	围栏内	4	8-13	洽草	10	11	4	4.01	2.57
羊草草甸草原	围栏内	4	8-13	披针叶黄华	27	28	1	0.78	0.36
羊草草甸草原	围栏内	4	8-13	达乌里芯芭	10	10	31	8.24	3.87
羊草草甸草原	围栏内	4	8-13	枯落物				31.13	28.00
羊草草甸草原	围栏内	5	8-13	羊草	19	20	7	3.95	2.13
羊草草甸草原	围栏内	5	8-13	贝加尔针茅	50	52	29	54.99	35.76
羊草草甸草原	围栏内	5	8-13	羽茅	37	38	43	19.97	10.69
羊草草甸草原	围栏内	5	8-13	羊茅	3	4	1	<0.3	0.10
羊草草甸草原	围栏内	5	8-13	细叶葱	18	19	4	1.24	0.36
羊草草甸草原	围栏内	5	8-13	细叶白头翁	15	16	30	34.04	14.62
羊草草甸草原	围栏内	5	8-13	苔草	15	16	97	10.83	5.78
羊草草甸草原	围栏内	5	8-13	双齿葱	12	13	10	6.21	2.12
羊草草甸草原	围栏内	5	8-13	蓬子菜	13	14	1	2.94	1.17
羊草草甸草原	围栏内	5	8-13	麻花头	21	22	9	11.54	3.81
羊草草甸草原	围栏内	5	8-13	裂叶蒿	13	14	50	38.73	16.27
羊草草甸草原	围栏内	5	8-13	冷蒿	17	18	2	2.48	1.19
羊草草甸草原	围栏内	5	8-13	线叶菊	15	16	1	2.32	0.99
羊草草甸草原	围栏内	5	8-13	粗根鸢尾	3	4	1	<0.3	0.10
羊草草甸草原	围栏内	5	8-13	囊花鸢尾	51	52	2	2.70	1.18
羊草草甸草原	围栏内	5	8-13	展枝唐松草	27	28	5	26.27	10.88
羊草草甸草原	围栏内	5	8-13	洽草	16	17	4	3.79	2.25
羊草草甸草原	围栏内	5	8-13	二裂委陵菜	32	32	4	4.48	2.09
羊草草甸草原	围栏内	5	8-13	披针叶黄华	15	16	1	0.72	0.26
羊草草甸草原	围栏内	5	8-13	日阴菅	23	24	2	60.03	34.91
羊草草甸草原	围栏内	5	8-13	达乌里芯芭	3	4	1	<0.3	0.10
羊草草甸草原	围栏内	5	8-13	枯落物				57.90	52.35
羊草草甸草原	围栏内	6	8-13	羊草	42	43	30	11.87	6.72
羊草草甸草原	围栏内	6	8-13	贝加尔针茅	64	65	26	41.59	24.55
羊草草甸草原	围栏内	6	8-13	糙隐子草	6	7	1	<0.3	0.10
羊草草甸草原	围栏内	6	8-13	羊茅	14	15	6	4.75	2.77
羊草草甸草原	围栏内	6	8-13	狭叶青蒿	36	37	3	2.68	1.17

（续）

草地类型	利用方式	样方号	取样日期（月-日）	植物名称	自然高度/cm	绝对高度/cm	多度/[株（丛）/m²]	鲜生物量/(g/m²)	干生物量/(g/m²)
羊草草甸草原	围栏内	6	8-13	细叶葱	37	36	3	0.84	0.19
羊草草甸草原	围栏内	6	8-13	细叶白头翁	11	12	29	27.73	12.56
羊草草甸草原	围栏内	6	8-13	苔草	13	14	43	5.09	2.75
羊草草甸草原	围栏内	6	8-13	双齿葱	12	12	17	10.62	3.34
羊草草甸草原	围栏内	6	8-13	沙参	41	42	2	3.52	1.06
羊草草甸草原	围栏内	6	8-13	蓬子菜	18	19	1	0.57	0.17
羊草草甸草原	围栏内	6	8-13	麻花头	45	47	5	11.90	4.91
羊草草甸草原	围栏内	6	8-13	裂叶蒿	9	10	40	19.96	8.15
羊草草甸草原	围栏内	6	8-13	冷蒿	6	7	2	1.05	0.48
羊草草甸草原	围栏内	6	8-13	菊叶委陵菜	12	13	1	1.72	0.73
羊草草甸草原	围栏内	6	8-13	红柴胡	6	7	1	<0.3	0.10
羊草草甸草原	围栏内	6	8-13	囊花鸢尾	34	35	2	0.99	0.34
羊草草甸草原	围栏内	6	8-13	展枝唐松草	30	31	5	11.97	5.03
羊草草甸草原	围栏内	6	8-13	洽草	10	11	1	<0.3	0.10
羊草草甸草原	围栏内	6	8-13	狗舌草	1	2	1	<0.3	0.10
羊草草甸草原	围栏内	6	8-13	日阴菅	20	23	3	42.40	26.46
羊草草甸草原	围栏内	6	8-13	羽茅	33	34	9	3.14	1.69
羊草草甸草原	围栏内	6	8-13	枯落物				267.42	254.00
羊草草甸草原	围栏内	7	8-13	羊草	41	42	31	31.92	17.80
羊草草甸草原	围栏内	7	8-13	贝加尔针茅	37	40	3	6.34	3.81
羊草草甸草原	围栏内	7	8-13	糙隐子草	10	11	4	8.15	4.51
羊草草甸草原	围栏内	7	8-13	羊茅	16	17	1	3.48	1.83
羊草草甸草原	围栏内	7	8-13	细叶白头翁	10	11	4	5.85	2.40
羊草草甸草原	围栏内	7	8-13	线叶菊	16	17	12	40.84	16.15
羊草草甸草原	围栏内	7	8-13	苔草	14	15	58	15.01	7.18
羊草草甸草原	围栏内	7	8-13	双齿葱	16	16	5	6.46	2.41
羊草草甸草原	围栏内	7	8-13	沙参	36	36	2	3.24	1.01
羊草草甸草原	围栏内	7	8-13	麻花头	16	18	2	2.43	0.77
羊草草甸草原	围栏内	7	8-13	裂叶蒿	11	12	6	3.08	1.20
羊草草甸草原	围栏内	7	8-13	羽茅	17	18	1	1.92	1.05
羊草草甸草原	围栏内	7	8-13	展枝唐松草	40	41	3	8.81	3.58
羊草草甸草原	围栏内	7	8-13	日阴菅	26	30	1	6.48	3.69
羊草草甸草原	围栏内	7	8-13	狭叶野豌豆	18	20	1	0.37	0.32
羊草草甸草原	围栏内	7	8-13	早熟禾	12	12	1	<0.3	0.10
羊草草甸草原	围栏内	7	8-13	披针叶黄华	2	2	1	<0.3	0.10
羊草草甸草原	围栏内	7	8-13	枯落物				45.51	43.60
羊草草甸草原	围栏内	8	8-13	羊草	27	28	14	7.91	4.45
羊草草甸草原	围栏内	8	8-13	贝加尔针茅	39	40	11	9.90	6.10

（续）

草地类型	利用方式	样方号	取样日期（月-日）	植物名称	自然高度/cm	绝对高度/cm	多度/〔株（丛）/m²〕	鲜生物量/（g/m²）	干生物量/（g/m²）
羊草草甸草原	围栏内	8	8-13	糙隐子草	4	5	1	<0.3	0.10
羊草草甸草原	围栏内	8	8-13	羊茅	3	4	1	<0.3	0.10
羊草草甸草原	围栏内	8	8-13	羽茅	32	33	7	3.31	1.76
羊草草甸草原	围栏内	8	8-13	狭叶青蒿	37	38	18	21.56	9.90
羊草草甸草原	围栏内	8	8-13	细叶白头翁	15	16	23	25.63	11.27
羊草草甸草原	围栏内	8	8-13	瓦松	1	1	1	<0.3	0.10
羊草草甸草原	围栏内	8	8-13	苔草	13	14	120	8.86	4.78
羊草草甸草原	围栏内	8	8-13	双齿葱	17	18	19	19.30	7.95
羊草草甸草原	围栏内	8	8-13	沙参	44	45	4	4.45	1.70
羊草草甸草原	围栏内	8	8-13	蓬子菜	3	4	1	<0.3	0.10
羊草草甸草原	围栏内	8	8-13	麻花头	17	18	1	2.04	0.70
羊草草甸草原	围栏内	8	8-13	轮叶委陵菜	9	10	1	<0.3	0.10
羊草草甸草原	围栏内	8	8-13	裂叶蒿	15	16	76	71.32	29.97
羊草草甸草原	围栏内	8	8-13	冷蒿	3	4	2	1.03	0.48
羊草草甸草原	围栏内	8	8-13	米口袋	3	3	1	<0.3	0.10
羊草草甸草原	围栏内	8	8-13	瓣蕊唐松草	3	4	1	<0.3	0.10
羊草草甸草原	围栏内	8	8-13	粗根鸢尾	3	4	1	<0.3	0.10
羊草草甸草原	围栏内	8	8-13	多叶棘豆	3	3	1	<0.3	0.10
羊草草甸草原	围栏内	8	8-13	展枝唐松草	29	30	5	6.64	2.91
羊草草甸草原	围栏内	8	8-13	洽草	16	17	4	3.24	1.89
羊草草甸草原	围栏内	8	8-13	狗舌草	3	4	1	<0.3	0.10
羊草草甸草原	围栏内	8	8-13	日阴菅	19	20	3	70.63	41.61
羊草草甸草原	围栏内	8	8-13	异燕麦	19	20	4	2.80	1.71
羊草草甸草原	围栏内	8	8-13	伏毛山莓草	3	3	1	<0.3	0.10
羊草草甸草原	围栏内	8	8-13	山野豌豆	21	22	5	5.76	2.61
羊草草甸草原	围栏内	8	8-13	枯落物				67.92	65.01
羊草草甸草原	围栏内	9	8-13	羊草	40	41	28	16.87	9.56
羊草草甸草原	围栏内	9	8-13	贝加尔针茅	38	40	3	4.97	3.33
羊草草甸草原	围栏内	9	8-13	糙隐子草	10	11	1	3.14	1.81
羊草草甸草原	围栏内	9	8-13	狭叶青蒿	57	60	61	50.25	22.19
羊草草甸草原	围栏内	9	8-13	细叶葱	10	11	1	<0.3	0.10
羊草草甸草原	围栏内	9	8-13	细叶白头翁	9	10	44	59.47	26.55
羊草草甸草原	围栏内	9	8-13	苔草	12	13	56	7.02	4.10
羊草草甸草原	围栏内	9	8-13	双齿葱	12	13	8	7.18	2.40
羊草草甸草原	围栏内	9	8-13	沙参	26	27	2	1.55	0.56
羊草草甸草原	围栏内	9	8-13	蓬子菜	25	26	2	1.20	0.54
羊草草甸草原	围栏内	9	8-13	麻花头	10	11	5	4.13	1.69
羊草草甸草原	围栏内	9	8-13	裂叶蒿	14	15	43	22.86	9.99

（续）

草地类型	利用方式	样方号	取样日期（月-日）	植物名称	自然高度/cm	绝对高度/cm	多度/〔株（丛）/m²〕	鲜生物量/(g/m²)	干生物量/(g/m²)
羊草草甸草原	围栏内	9	8-13	冷蒿	7	8	2	1.17	0.52
羊草草甸草原	围栏内	9	8-13	囊花鸢尾	30	33	1	0.61	0.27
羊草草甸草原	围栏内	9	8-13	展枝唐松草	25	26	6	6.53	3.12
羊草草甸草原	围栏内	9	8-13	二裂委陵菜	13	14	1	0.78	0.40
羊草草甸草原	围栏内	9	8-13	日阴菅	30	32	1	116.57	68.35
羊草草甸草原	围栏内	9	8-13	粗根鸢尾	13	14	3	1.35	0.44
羊草草甸草原	围栏内	9	8-13	羽茅	30	31	4	3.01	1.72
羊草草甸草原	围栏内	9	8-13	枯落物				169.35	114.00
羊草草甸草原	围栏内	10	8-13	羊草	47	48	9	6.74	3.76
羊草草甸草原	围栏内	10	8-13	贝加尔针茅	30	33	4	16.55	9.62
羊草草甸草原	围栏内	10	8-13	糙隐子草	11	12	1	1.80	1.05
羊草草甸草原	围栏内	10	8-13	羊茅	9	10	1	<0.3	0.10
羊草草甸草原	围栏内	10	8-13	狭叶青蒿	30	31	4	15.32	6.77
羊草草甸草原	围栏内	10	8-13	细叶白头翁	16	17	7	24.30	10.52
羊草草甸草原	围栏内	10	8-13	光稃茅香	18	19	11	3.55	1.88
羊草草甸草原	围栏内	10	8-13	苔草	11	12	30	6.16	3.62
羊草草甸草原	围栏内	10	8-13	双齿葱	16	16	12	17.08	5.72
羊草草甸草原	围栏内	10	8-13	沙参	25	26	1	2.42	0.72
羊草草甸草原	围栏内	10	8-13	蓬子菜	23	24	6	17.53	8.42
羊草草甸草原	围栏内	10	8-13	麻花头	36	39	2	5.84	2.76
羊草草甸草原	围栏内	10	8-13	裂叶蒿	19	20	53	43.70	18.12
羊草草甸草原	围栏内	10	8-13	冷蒿	10	11	1	1.60	0.79
羊草草甸草原	围栏内	10	8-13	囊花鸢尾	17	18	1	1.19	0.54
羊草草甸草原	围栏内	10	8-13	细叶婆婆纳	32	33	1	1.58	0.56
羊草草甸草原	围栏内	10	8-13	展枝唐松草	27	28	8	17.29	7.38
羊草草甸草原	围栏内	10	8-13	洽草	6	7	1	<0.3	0.10
羊草草甸草原	围栏内	10	8-13	二裂委陵菜	20	21	1	0.44	0.24
羊草草甸草原	围栏内	10	8-13	日阴菅	27	30	2	98.25	54.88
羊草草甸草原	围栏内	10	8-13	枯落物				72.79	68.80
羊草草甸草原	围栏外	1	8-13	羊草	13	14	11	6.86	3.33
羊草草甸草原	围栏外	1	8-13	贝加尔针茅	3	4	2	2.65	1.48
羊草草甸草原	围栏外	1	8-13	糙隐子草	4	5	14	9.06	5.19
羊草草甸草原	围栏外	1	8-13	羊茅	5	6	21	19.28	12.14
羊草草甸草原	围栏外	1	8-13	苔草	5	5	25	2.21	1.29
羊草草甸草原	围栏外	1	8-13	蓬子菜	3	4	2	0.83	0.20
羊草草甸草原	围栏外	1	8-13	轮叶委陵菜	3	3	1	<0.3	0.10
羊草草甸草原	围栏外	1	8-13	裂叶蒿	2	2	1	<0.3	0.10
羊草草甸草原	围栏外	1	8-13	菊叶委陵菜	1	1	1	<0.3	0.10

（续）

草地类型	利用方式	样方号	取样日期（月-日）	植物名称	自然高度/cm	绝对高度/cm	多度/〔株（丛）/m²〕	鲜生物量/（g/m²）	干生物量/（g/m²）
羊草草甸草原	围栏外	1	8-13	洽草	3	4	5	1.93	1.15
羊草草甸草原	围栏外	1	8-13	披针叶黄华	1	1	1	<0.3	0.10
羊草草甸草原	围栏外	1	8-13	枯落物				11.78	8.18
羊草草甸草原	围栏外	2	8-13	羊草	10	11	48	7.85	3.26
羊草草甸草原	围栏外	2	8-13	糙隐子草	4	5	3	4.87	2.25
羊草草甸草原	围栏外	2	8-13	羊茅	11	12	39	36.46	21.48
羊草草甸草原	围栏外	2	8-13	苔草	3	4	32	2.51	1.20
羊草草甸草原	围栏外	2	8-13	双齿葱	3	4	1	<0.3	0.10
羊草草甸草原	围栏外	2	8-13	蓬子菜	6	7	2	1.38	0.40
羊草草甸草原	围栏外	2	8-13	囊花鸢尾	7	7	2	0.42	0.15
羊草草甸草原	围栏外	2	8-13	蒲公英	1	2	1	<0.3	0.10
羊草草甸草原	围栏外	2	8-13	展枝唐松草	3	4	1	<0.3	0.10
羊草草甸草原	围栏外	2	8-13	洽草	5	6	5	3.27	1.60
羊草草甸草原	围栏外	2	8-13	枯落物				14.09	12.80
羊草草甸草原	围栏外	3	8-13	羊草	15	16	36	12.79	6.00
羊草草甸草原	围栏外	3	8-13	糙隐子草	3	4	19	10.78	5.97
羊草草甸草原	围栏外	3	8-13	羊茅	5	6	17	19.48	12.12
羊草草甸草原	围栏外	3	8-13	斜茎黄芪	3	4	3	0.96	0.43
羊草草甸草原	围栏外	3	8-13	细叶葱	5	5	1	<0.3	0.10
羊草草甸草原	围栏外	3	8-13	苔草	13	13	70	13.45	8.06
羊草草甸草原	围栏外	3	8-13	双齿葱	3	3	1	<0.3	0.10
羊草草甸草原	围栏外	3	8-13	麻花头	3	4	2	1.40	0.56
羊草草甸草原	围栏外	3	8-13	轮叶委陵菜	1	2	1	<0.3	0.10
羊草草甸草原	围栏外	3	8-13	裂叶蒿	3	3	18	6.68	2.70
羊草草甸草原	围栏外	3	8-13	囊花鸢尾	4	4	1	<0.3	0.10
羊草草甸草原	围栏外	3	8-13	蒲公英	1	1	1	<0.3	0.10
羊草草甸草原	围栏外	3	8-13	洽草	3	4	9	9.35	5.43
羊草草甸草原	围栏外	3	8-13	蓝盆花	3	3	1	<0.3	0.10
羊草草甸草原	围栏外	3	8-13	披针叶黄华	4	5	2	1.03	0.33
羊草草甸草原	围栏外	3	8-13	枯落物				9.18	6.97
羊草草甸草原	围栏外	4	8-13	羊草	12	13	38	3.53	1.65
羊草草甸草原	围栏外	4	8-13	贝加尔针茅	14	15	8	8.17	4.64
羊草草甸草原	围栏外	4	8-13	糙隐子草	5	6	6	3.18	1.89
羊草草甸草原	围栏外	4	8-13	羊茅	12	13	29	19.95	13.14
羊草草甸草原	围栏外	4	8-13	苔草	6	7	65	7.96	4.94
羊草草甸草原	围栏外	4	8-13	枯落物				23.01	21.83
羊草草甸草原	围栏外	5	8-13	羊草	9	10	18	1.81	0.85
羊草草甸草原	围栏外	5	8-13	羊茅	2	2	1	<0.3	0.10

（续）

草地类型	利用方式	样方号	取样日期（月-日）	植物名称	自然高度/cm	绝对高度/cm	多度/〔株（丛）/m²〕	鲜生物量/(g/m²)	干生物量/(g/m²)
羊草草甸草原	围栏外	5	8-13	苔草	3	4	57	3.15	1.82
羊草草甸草原	围栏外	5	8-13	枯落物				1.01	0.75

注：表中<0.3或<0.5表示生物量极少，估计质量小于0.3 g或0.5 g。

2013年辅助观测场群落种类组成见表3-13。

表 3-13　2013 年辅助观测场群落种类组成（样方面积：1 m×1 m）

草地类型	利用方式	样方号	取样日期（月-日）	植物名称	自然高度/cm	绝对高度/cm	多度/〔株（丛）/m²〕	鲜生物量/(g/m²)	干生物量/(g/m²)
羊草草甸草原	围栏内	1	8-13	羊草	47	48	31	48.93	24.86
羊草草甸草原	围栏内	1	8-13	贝加尔针茅	40	42	3	3.82	1.88
羊草草甸草原	围栏内	1	8-13	糙隐子草	12	13	6	6.94	3.01
羊草草甸草原	围栏内	1	8-13	羊茅	14	15	6	3.82	1.44
羊草草甸草原	围栏内	1	8-13	细叶葱	24	25	3	2.69	0.71
羊草草甸草原	围栏内	1	8-13	细叶白头翁	6	8	14	24.28	8.06
羊草草甸草原	围栏内	1	8-13	苔草	12	14	367	52.57	22.07
羊草草甸草原	围栏内	1	8-13	双齿葱	12	13	11	23.85	7.08
羊草草甸草原	围栏内	1	8-13	粗根鸢尾	15	16	2	2.45	0.64
羊草草甸草原	围栏外	1	8-13	蓬子菜	30	31	1	8.65	2.92
羊草草甸草原	围栏内	1	8-13	麻花头	5	6	1	0.10	0.10
羊草草甸草原	围栏内	1	8-13	轮叶委陵菜	5	7	3	2.15	0.79
羊草草甸草原	围栏内	1	8-13	叉枝鸦葱	5	7	1	0.10	0.10
羊草草甸草原	围栏内	1	8-13	囊花鸢尾	51	52	4	17.42	5.76
羊草草甸草原	围栏内	1	8-13	红柴胡	40	41	3	1.98	0.88
羊草草甸草原	围栏内	1	8-13	猪毛菜	2	2	1	0.10	0.10
羊草草甸草原	围栏内	1	8-13	展枝唐松草	30	31	6	13.88	5.23
羊草草甸草原	围栏内	1	8-13	溚草	18	20	1	3.40	1.29
羊草草甸草原	围栏内	1	8-13	二裂委陵菜	16	17	3	4.27	1.72
羊草草甸草原	围栏内	1	8-13	狗舌草	1	3	1	2.67	0.51
羊草草甸草原	围栏内	1	8-13	瓦松	1	1	3	3.51	0.41
羊草草甸草原	围栏内	1	8-13	苦荬菜	12	13	2	1.00	0.23
羊草草甸草原	围栏内	1	8-13	石竹	2	2	1	0.10	0.10
羊草草甸草原	围栏内	1	8-13	冷蒿	16	26	3	9.23	3.29
羊草草甸草原	围栏内	1	8-13	裂叶蒿	18	20	12	32.85	10.97
羊草草甸草原	围栏内	1	8-13	线叶菊	22	23	65	131.82	46.64
羊草草甸草原	围栏内	1	8-13	光稃茅香	32	33	93	58.78	25.01
羊草草甸草原	围栏内	1	8-13	卷茎蓼	24	25	1	1.28	0.42
羊草草甸草原	围栏内	1	8-13	草木樨状黄芪	32	33	2	9.17	2.78
羊草草甸草原	围栏内	1	8-13	枯落物				86.07	63.50

（续）

草地类型	利用方式	样方号	取样日期（月-日）	植物名称	自然高度/cm	绝对高度/cm	多度/〔株（丛）/m²〕	鲜生物量/（g/m²）	干生物量/（g/m²）
羊草草甸草原	围栏内	2	8-13	羊草	43	44	33	34.92	17.25
羊草草甸草原	围栏内	2	8-13	贝加尔针茅	36	42	11	9.65	4.64
羊草草甸草原	围栏内	2	8-13	糙隐子草	17	18	7	8.22	3.45
羊草草甸草原	围栏内	2	8-13	羊茅	23	24	15	33.99	13.65
羊草草甸草原	围栏内	2	8-13	细叶葱	30	32	3	2.06	0.60
羊草草甸草原	围栏内	2	8-13	细叶白头翁	16	17	53	138.90	52.08
羊草草甸草原	围栏内	2	8-13	苔草	15	16	83	14.70	6.20
羊草草甸草原	围栏内	2	8-13	双齿葱	26	27	6	11.42	3.00
羊草草甸草原	围栏内	2	8-13	蓬子菜	48	49	2	32.91	13.42
羊草草甸草原	围栏内	2	8-13	麻花头	24	25	3	7.97	2.04
羊草草甸草原	围栏内	2	8-13	轮叶委陵菜	3	4	1	0.10	0.10
羊草草甸草原	围栏内	2	8-13	叉枝鸦葱	31	32	1	2.58	0.61
羊草草甸草原	围栏内	2	8-13	囊花鸢尾	39	63	3	4.09	1.28
羊草草甸草原	围栏内	2	8-13	红柴胡	16	18	3	0.99	0.36
羊草草甸草原	围栏内	2	8-13	展枝唐松草	36	37	15	33.71	12.36
羊草草甸草原	围栏内	2	8-13	溚草	25	33	8	9.11	3.39
羊草草甸草原	围栏内	2	8-13	二裂委陵菜	13	14	2	1.41	0.55
羊草草甸草原	围栏内	2	8-13	蒲公英	1	3	1	0.10	0.10
羊草草甸草原	围栏内	2	8-13	狗舌草	8	12	3	4.06	0.56
羊草草甸草原	围栏内	2	8-13	长叶百蕊草	26	27	1	1.97	0.46
羊草草甸草原	围栏内	2	8-13	冷蒿	3	5	1	0.10	0.10
羊草草甸草原	围栏内	2	8-13	裂叶蒿	13	14	117	115.21	38.39
羊草草甸草原	围栏内	2	8-13	星毛委陵菜	3	4	1	2.05	0.78
羊草草甸草原	围栏内	2	8-13	线叶菊	24	25	6	47.37	17.80
羊草草甸草原	围栏内	2	8-13	光稃茅香	14	36	53	19.46	7.13
羊草草甸草原	围栏内	2	8-13	米口袋	14	15	1	0.90	0.18
羊草草甸草原	围栏内	2	8-13	苦荬菜	6	12	4	1.35	0.38
羊草草甸草原	围栏内	2	8-13	枯落物				146.37	108.94
羊草草甸草原	围栏内	3	8-13	羊草	41	43	29	32.38	16.45
羊草草甸草原	围栏内	3	8-13	贝加尔针茅	40	43	3	9.70	5.19
羊草草甸草原	围栏内	3	8-13	糙隐子草	14	18	11	13.73	6.20
羊草草甸草原	围栏内	3	8-13	羊茅	16	19	4	4.12	1.63
羊草草甸草原	围栏内	3	8-13	细叶葱	27	27	2	2.00	0.58
羊草草甸草原	围栏内	3	8-13	细叶白头翁	20	25	62	103.85	40.40
羊草草甸草原	围栏内	3	8-13	苔草	20	23	120	19.46	8.38
羊草草甸草原	围栏内	3	8-13	双齿葱	18	19	12	19.76	5.66
羊草草甸草原	围栏内	3	8-13	蓬子菜	33	36	32	68.19	29.51
羊草草甸草原	围栏内	3	8-13	轮叶委陵菜	4	5	1	0.10	0.10

（续）

草地类型	利用方式	样方号	取样日期（月-日）	植物名称	自然高度/cm	绝对高度/cm	多度/[株（丛）/m²]	鲜生物量/（g/m²）	干生物量/（g/m²）
羊草草甸草原	围栏内	3	8-13	囊花鸢尾	47	52	6	14.75	5.09
羊草草甸草原	围栏内	3	8-13	防风	22	26	1	3.78	1.18
羊草草甸草原	围栏内	3	8-13	展枝唐松草	35	37	4	10.54	3.95
羊草草甸草原	围栏内	3	8-13	潜草	16	18	3	3.00	1.05
羊草草甸草原	围栏内	3	8-13	二裂委陵菜	23	26	1	0.91	0.42
羊草草甸草原	围栏内	3	8-13	早熟禾	36	36	2	2.45	1.54
羊草草甸草原	围栏内	3	8-13	小花花旗杆	5	5	1	0.10	0.10
羊草草甸草原	围栏内	3	8-13	裂叶蒿	23	25	78	72.21	24.66
羊草草甸草原	围栏内	3	8-13	星毛委陵菜	2	3	1	2.47	1.17
羊草草甸草原	围栏内	3	8-13	线叶菊	27	32	10	65.96	24.74
羊草草甸草原	围栏内	3	8-13	草木樨状黄芪	25	28	5	7.17	2.10
羊草草甸草原	围栏内	3	8-13	羽茅	23	26	44	12.00	4.33
羊草草甸草原	围栏内	3	8-13	黄芩	22	23	1	1.17	0.29
羊草草甸草原	围栏内	3	8-13	枯落物				94.13	71.64
羊草草甸草原	围栏内	4	8-13	羊草	40	42	42	177.56	64.49
羊草草甸草原	围栏内	4	8-13	贝加尔针茅	35	38	5	6.44	3.22
羊草草甸草原	围栏内	4	8-13	糙隐子草	10	13	5	2.87	1.25
羊草草甸草原	围栏内	4	8-13	羊茅	17	20	11	13.60	6.18
羊草草甸草原	围栏内	4	8-13	细叶葱	38	39	6	6.32	1.81
羊草草甸草原	围栏内	4	8-13	细叶白头翁	24	28	18	36.23	15.80
羊草草甸草原	围栏内	4	8-13	苔草	15	17	60	12.63	5.12
羊草草甸草原	围栏内	4	8-13	双齿葱	18	19	10	31.78	9.57
羊草草甸草原	围栏内	4	8-13	沙参	28	29	2	2.68	0.79
羊草草甸草原	围栏内	4	8-13	粗根鸢尾	12	13	1	0.63	0.15
羊草草甸草原	围栏内	4	8-13	蓬子菜	28	29	3	6.05	2.79
羊草草甸草原	围栏内	4	8-13	麻花头	35	39	5	33.44	11.90
羊草草甸草原	围栏内	4	8-13	菊叶委陵菜	3	5	1	0.10	0.10
羊草草甸草原	围栏内	4	8-13	红柴胡	28	29	1	1.46	0.55
羊草草甸草原	围栏内	4	8-13	展枝唐松草	35	40	8	17.67	6.42
羊草草甸草原	围栏内	4	8-13	潜草	18	23	5	11.04	4.27
羊草草甸草原	围栏内	4	8-13	狗舌草	10	13	3	6.28	1.44
羊草草甸草原	围栏内	4	8-13	异燕麦	23	23	1	81.17	59.94
羊草草甸草原	围栏内	4	8-13	冷蒿	11	23	1	1.94	0.66
羊草草甸草原	围栏内	4	8-13	裂叶蒿	19	22	52	4.92	1.84
羊草草甸草原	围栏内	4	8-13	星毛委陵菜	3	4	2	51.45	18.33
羊草草甸草原	围栏内	4	8-13	线叶菊	25	30	9	13.64	7.02
羊草草甸草原	围栏内	4	8-13	羽茅	31	34	48	23.24	10.50
羊草草甸草原	围栏内	4	8-13	裂叶堇菜	8	11	1	4.89	2.01

（续）

草地类型	利用方式	样方号	取样日期（月-日）	植物名称	自然高度/cm	绝对高度/cm	多度/〔株（丛）/m²〕	鲜生物量/（g/m²）	干生物量/（g/m²）
羊草草甸草原	围栏内	4	8-13	草木樨状黄芪	38	39	3	1.84	0.36
羊草草甸草原	围栏内	4	8-13	枯落物				6.32	2.17
羊草草甸草原	围栏内	5	8-13	羊草	27	28	14	10.67	5.01
羊草草甸草原	围栏内	5	8-13	贝加尔针茅	31	61	4	39.03	19.79
羊草草甸草原	围栏内	5	8-13	糙隐子草	17	18	10	15.52	7.06
羊草草甸草原	围栏内	5	8-13	羊茅	29	30	6	27.11	12.41
羊草草甸草原	围栏内	5	8-13	细叶葱	17	48	5	2.52	0.66
羊草草甸草原	围栏内	5	8-13	细叶白头翁	14	15	8	46.84	18.76
羊草草甸草原	围栏内	5	8-13	苔草	16	19	223	55.68	22.85
羊草草甸草原	围栏内	5	8-13	双齿葱	32	33	11	27.19	8.06
羊草草甸草原	围栏内	5	8-13	瓦松	4	5	8	20.81	1.96
羊草草甸草原	围栏内	5	8-13	麻花头	27	28	2	6.46	1.43
羊草草甸草原	围栏内	5	8-13	轮叶委陵菜	21	22	4	4.27	1.61
羊草草甸草原	围栏内	5	8-13	菊叶委陵菜	3	4	1	0.10	0.10
羊草草甸草原	围栏内	5	8-13	粗根鸢尾	19	20	2	1.31	0.38
羊草草甸草原	围栏内	5	8-13	展枝唐松草	22	23	8	8.28	2.86
羊草草甸草原	围栏内	5	8-13	渍草	8	22	5	10.37	4.08
羊草草甸草原	围栏内	5	8-13	早熟禾	47	48	2	5.19	2.91
羊草草甸草原	围栏内	5	8-13	米口袋	4	5	1	0.10	0.10
羊草草甸草原	围栏内	5	8-13	羽茅	17	58	41	43.15	18.94
羊草草甸草原	围栏内	5	8-13	达乌里芯芭	5	6	2	0.10	0.10
羊草草甸草原	围栏内	5	8-13	冷蒿	4	21	1	2.23	0.86
羊草草甸草原	围栏内	5	8-13	裂叶蒿	17	18	126	208.86	94.70
羊草草甸草原	围栏内	5	8-13	披针叶黄华	15	16	13	43.45	13.71
羊草草甸草原	围栏内	5	8-13	草木樨状黄芪	21	22	4	15.98	5.05
羊草草甸草原	围栏内	5	8-13	列当	12	12	1	3.16	0.72
羊草草甸草原	围栏内	5	8-13	石竹	35	36	1	3.15	1.15
羊草草甸草原	围栏内	5	8-13	枯落物				96.33	64.05
羊草草甸草原	围栏内	6	8-13	羊草	45	46	10	16.22	7.57
羊草草甸草原	围栏内	6	8-13	贝加尔针茅	44	46	6	20.98	11.16
羊草草甸草原	围栏内	6	8-13	糙隐子草	12	13	9	37.84	17.35
羊草草甸草原	围栏内	6	8-13	羊茅	18	19	8	39.24	18.23
羊草草甸草原	围栏内	6	8-13	细叶葱	28	29	1	0.94	0.30
羊草草甸草原	围栏内	6	8-13	细叶白头翁	16	17	12	29.59	10.10
羊草草甸草原	围栏内	6	8-13	苔草	10	12	116	20.23	8.23
羊草草甸草原	围栏内	6	8-13	双齿葱	16	17	35	36.97	11.48
羊草草甸草原	围栏内	6	8-13	沙参	1	1	1	0.10	0.10
羊草草甸草原	围栏内	6	8-13	瓦松	20	20	6	33.02	2.69

（续）

草地类型	利用方式	样方号	取样日期（月-日）	植物名称	自然高度/cm	绝对高度/cm	多度/〔株（丛）/m²〕	鲜生物量/（g/m²）	干生物量/（g/m²）
羊草草甸草原	围栏内	6	8-13	蓬子菜	26	28	2	2.67	0.79
羊草草甸草原	围栏内	6	8-13	轮叶委陵菜	6	7	2	5.58	2.16
羊草草甸草原	围栏内	6	8-13	漠蒿	16	17	1	3.12	0.66
羊草草甸草原	围栏内	6	8-13	囊花鸢尾	62	65	3	39.11	12.56
羊草草甸草原	围栏内	6	8-13	展枝唐松草	30	31	3	7.08	2.50
羊草草甸草原	围栏内	6	8-13	潜草	18	26	4	12.41	5.80
羊草草甸草原	围栏内	6	8-13	早熟禾	45	46	1	6.93	4.07
羊草草甸草原	围栏内	6	8-13	狗舌草	1	3	1	2.48	0.45
羊草草甸草原	围栏内	6	8-13	苦荬菜	13	14	8	5.61	1.35
羊草草甸草原	围栏内	6	8-13	异燕麦	18	20	2	2.01	0.72
羊草草甸草原	围栏内	6	8-13	冷蒿	10	36	1	5.92	2.31
羊草草甸草原	围栏内	6	8-13	裂叶蒿	22	23	46	125.89	43.54
羊草草甸草原	围栏内	6	8-13	星毛委陵菜	2	3	1	0.10	0.10
羊草草甸草原	围栏内	6	8-13	羽茅	77	78	1	8.31	3.99
羊草草甸草原	围栏内	6	8-13	草木樨状黄芪	45	46	1	15.22	5.89
羊草草甸草原	围栏内	6	8-13	光稃茅香	28	30	105	40.82	16.73
羊草草甸草原	围栏内	6	8-13	裂叶堇菜	7	8	2	4.01	0.70
羊草草甸草原	围栏内	6	8-13	枯落物				83.21	60.75
羊草草甸草原	围栏内	7	8-13	羊草	40	42	28	27.23	13.48
羊草草甸草原	围栏内	7	8-13	贝加尔针茅	40	44	6	13.47	7.22
羊草草甸草原	围栏内	7	8-13	糙隐子草	13	16	4	6.94	3.11
羊草草甸草原	围栏内	7	8-13	羊茅	20	22	8	12.11	6.33
羊草草甸草原	围栏内	7	8-13	细叶葱	14	17	6	1.44	0.34
羊草草甸草原	围栏内	7	8-13	细叶白头翁	25	28	45	85.44	31.07
羊草草甸草原	围栏内	7	8-13	苔草	14	15	124	24.60	11.09
羊草草甸草原	围栏内	7	8-13	双齿葱	18	18	11	22.50	6.19
羊草草甸草原	围栏内	7	8-13	瓦松	5	6	11	22.74	2.16
羊草草甸草原	围栏内	7	8-13	麻花头	25	27	1	3.08	0.83
羊草草甸草原	围栏内	7	8-13	菊叶委陵菜	28	32	6	23.13	8.86
羊草草甸草原	围栏内	7	8-13	囊花鸢尾	60	64	1	9.26	3.23
羊草草甸草原	围栏内	7	8-13	潜草	20	23	4	3.51	1.39
羊草草甸草原	围栏内	7	8-13	二裂委陵菜	25	28	1	1.39	0.59
羊草草甸草原	围栏内	7	8-13	早熟禾	38	38	4	5.65	3.21
羊草草甸草原	围栏内	7	8-13	粗根鸢尾	10	13	3	2.02	0.55
羊草草甸草原	围栏内	7	8-13	冷蒿	5	8	1	0.10	0.10
羊草草甸草原	围栏内	7	8-13	裂叶蒿	22	25	140	151.78	52.35
羊草草甸草原	围栏内	7	8-13	星毛委陵菜	3	4	1	10.15	4.26
羊草草甸草原	围栏内	7	8-13	山葱	30	33	13	120.09	17.92

（续）

草地类型	利用方式	样方号	取样日期（月-日）	植物名称	自然高度/cm	绝对高度/cm	多度/〔株（丛）/m²〕	鲜生物量/（g/m²）	干生物量/（g/m²）
羊草草甸草原	围栏内	7	8-13	光稃茅香	34	37	36	17.35	7.72
羊草草甸草原	围栏内	7	8-13	草木樨状黄芪	30	32	3	10.55	2.90
羊草草甸草原	围栏内	7	8-13	列当	7	7	1	2.30	0.53
羊草草甸草原	围栏内	7	8-13	枯落物				71.53	47.92
羊草草甸草原	围栏内	8	8-13	羊草	42	43	43	36.26	17.09
羊草草甸草原	围栏内	8	8-13	贝加尔针茅	31	67	3	10.84	5.45
羊草草甸草原	围栏内	8	8-13	糙隐子草	18	19	2	4.67	2.18
羊草草甸草原	围栏内	8	8-13	羊茅	8	13	6	19.70	9.38
羊草草甸草原	围栏内	8	8-13	细叶白头翁	14	15	11	24.68	8.75
羊草草甸草原	围栏内	8	8-13	草木樨状黄芪	24	27	1	1.52	0.50
羊草草甸草原	围栏内	8	8-13	苔草	15	16	52	15.47	6.12
羊草草甸草原	围栏内	8	8-13	双齿葱	26	27	10	21.68	5.60
羊草草甸草原	围栏内	8	8-13	瓦松	15	16	3	29.79	2.59
羊草草甸草原	围栏内	8	8-13	麻花头	26	27	5	10.93	2.43
羊草草甸草原	围栏内	8	8-13	囊花鸢尾	21	62	1	7.73	2.54
羊草草甸草原	围栏内	8	8-13	红柴胡	20	22	5	5.28	1.95
羊草草甸草原	围栏内	8	8-13	展枝唐松草	23	24	2	14.48	5.49
羊草草甸草原	围栏内	8	8-13	溚草	13	23	7	9.56	3.95
羊草草甸草原	围栏内	8	8-13	二裂委陵菜	9	10	1	0.10	0.10
羊草草甸草原	围栏内	8	8-13	阿尔泰狗娃花	21	22	10	4.86	1.58
羊草草甸草原	围栏内	8	8-13	早熟禾	45	46	1	3.16	1.68
羊草草甸草原	围栏内	8	8-13	狗舌草	2	6	4	18.68	3.05
羊草草甸草原	围栏内	8	8-13	长叶百蕊草	28	29	1	3.78	0.96
羊草草甸草原	围栏内	8	8-13	裂叶堇菜	8	9	1	2.98	0.58
羊草草甸草原	围栏内	8	8-13	苦荬菜	6	10	1	0.87	0.19
羊草草甸草原	围栏内	8	8-13	粗根鸢尾	16	17	3	1.18	0.31
羊草草甸草原	围栏内	8	8-13	多叶棘豆	8	10	1	3.33	0.97
羊草草甸草原	围栏内	8	8-13	棉团铁线莲	42	43	2	9.94	3.46
羊草草甸草原	围栏内	8	8-13	冷蒿	3	15	2	4.80	1.81
羊草草甸草原	围栏内	8	8-13	裂叶蒿	18	19	165	261.48	77.82
羊草草甸草原	围栏内	8	8-13	星毛委陵菜	2	3	1	4.80	2.69
羊草草甸草原	围栏内	8	8-13	披针叶黄华	23	24	8	62.00	17.16
羊草草甸草原	围栏内	8	8-13	米口袋	13	14	2	2.66	0.53
羊草草甸草原	围栏内	8	8-13	羽茅	16	51	37	16.07	6.72
羊草草甸草原	围栏内	8	8-13	光稃茅香	9	11	2	0.10	0.10
羊草草甸草原	围栏内	8	8-13	枯落物				75.34	52.67
羊草草甸草原	围栏内	9	8-13	羊草	46	47	43	33.80	15.97
羊草草甸草原	围栏内	9	8-13	贝加尔针茅	29	31	24	18.94	9.36

（续）

草地类型	利用方式	样方号	取样日期（月-日）	植物名称	自然高度/cm	绝对高度/cm	多度/〔株（丛）/m²〕	鲜生物量/（g/m²）	干生物量/（g/m²）
羊草草甸草原	围栏内	9	8-13	糙隐子草	11	12	3	4.39	2.00
羊草草甸草原	围栏内	9	8-13	羊茅	16	17	6	20.46	8.39
羊草草甸草原	围栏内	9	8-13	细叶白头翁	12	13	63	97.61	41.25
羊草草甸草原	围栏内	9	8-13	苔草	12	14	410	53.28	22.99
羊草草甸草原	围栏内	9	8-13	双齿葱	16	17	33	25.44	7.68
羊草草甸草原	围栏内	9	8-13	山遏蓝菜	1	2	28	10.19	2.55
羊草草甸草原	围栏内	9	8-13	轮叶委陵菜	3	4	1	0.10	0.10
羊草草甸草原	围栏内	9	8-13	粗根鸢尾	10	11	1	0.10	0.10
羊草草甸草原	围栏内	9	8-13	红柴胡	12	14	3	1.35	0.50
羊草草甸草原	围栏内	9	8-13	展枝唐松草	30	31	12	35.76	13.44
羊草草甸草原	围栏内	9	8-13	溚草	6	8	5	13.64	5.90
羊草草甸草原	围栏内	9	8-13	二裂委陵菜	14	15	4	1.29	0.46
羊草草甸草原	围栏内	9	8-13	蒲公英	1	2	1	0.10	0.10
羊草草甸草原	围栏内	9	8-13	阿尔泰狗娃花	14	15	2	1.14	0.33
羊草草甸草原	围栏内	9	8-13	米口袋	2	4	1	0.10	0.10
羊草草甸草原	围栏内	9	8-13	早熟禾	36	36	2	3.92	2.31
羊草草甸草原	围栏内	9	8-13	多叶棘豆	6	7	4	1.60	0.45
羊草草甸草原	围栏内	9	8-13	冷蒿	3	15	2	7.01	2.40
羊草草甸草原	围栏内	9	8-13	裂叶蒿	10	11	43	73.38	22.78
羊草草甸草原	围栏内	9	8-13	披针叶黄华	16	17	15	54.65	16.80
羊草草甸草原	围栏内	9	8-13	光稃茅香	10	11	1	0.10	0.10
羊草草甸草原	围栏内	9	8-13	小花花旗杆	18	19	2	0.66	0.25
羊草草甸草原	围栏内	9	8-13	羽茅	68	70	8	13.85	6.42
羊草草甸草原	围栏内	10	8-13	羊草	41	41	6	11.54	5.05
羊草草甸草原	围栏内	10	8-13	贝加尔针茅	36	38	3	1.69	0.79
羊草草甸草原	围栏内	10	8-13	糙隐子草	17	20	3	6.13	2.62
羊草草甸草原	围栏内	10	8-13	细叶白头翁	22	23	68	99.51	39.68
羊草草甸草原	围栏内	10	8-13	斜茎黄芪	4	5	1	0.10	0.10
羊草草甸草原	围栏内	10	8-13	苔草	15	17	60	8.10	3.47
羊草草甸草原	围栏内	10	8-13	双齿葱	17	20	16	32.42	8.27
羊草草甸草原	围栏内	10	8-13	小花花旗杆	46	48	2	2.35	0.92
羊草草甸草原	围栏内	10	8-13	蓬子菜	38	42	1	34.80	12.42
羊草草甸草原	围栏内	10	8-13	麻花头	25	30	6	15.06	4.19
羊草草甸草原	围栏内	10	8-13	囊花鸢尾	45	48	3	11.22	3.55
羊草草甸草原	围栏内	10	8-13	展枝唐松草	32	36	5	19.59	6.96
羊草草甸草原	围栏内	10	8-13	溚草	14	17	2	1.35	0.53
羊草草甸草原	围栏内	10	8-13	日阴菅	26	34	2	141.96	63.93
羊草草甸草原	围栏内	10	8-13	狭叶野豌豆	25	27	5	3.83	1.19

（续）

草地类型	利用方式	样方号	取样日期（月-日）	植物名称	自然高度/cm	绝对高度/cm	多度/〔株（丛）/m²〕	鲜生物量/（g/m²）	干生物量/（g/m²）
羊草草甸草原	围栏内	10	8-13	异燕麦	25	28	5	32.48	12.97
羊草草甸草原	围栏内	10	8-13	冷蒿	8	17	1	1.04	0.40
羊草草甸草原	围栏内	10	8-13	裂叶蒿	17	23	9	24.11	7.87
羊草草甸草原	围栏内	10	8-13	羊草	42	45	40	42.34	17.19
羊草草甸草原	围栏内	10	8-13	狭叶青蒿	35	35	1	1.98	0.75
羊草草甸草原	围栏内	10	8-13	长叶百蕊草	32	33	2	3.47	0.97
羊草草甸草原	围栏内	10	8-13	野韭	11	11	1	0.10	0.10
羊草草甸草原	围栏内	10	8-13	枯落物				88.45	62.85
羊草草甸草原	围栏外	1	8-13	羊草	10	17	7	3.30	1.54
羊草草甸草原	围栏外	1	8-13	贝加尔针茅	30	41	2	7.02	3.83
羊草草甸草原	围栏外	1	8-13	糙隐子草	4	5	2	3.56	1.67
羊草草甸草原	围栏外	1	8-13	羊茅	3	7	18	44.69	22.25
羊草草甸草原	围栏外	1	8-13	细叶白头翁	5	8	5	2.06	0.72
羊草草甸草原	围栏外	1	8-13	苔草	6	13	61	14.44	6.05
羊草草甸草原	围栏外	1	8-13	双齿葱	3	4	1	0.10	0.10
羊草草甸草原	围栏外	1	8-13	羽茅	16	18	16	7.09	2.92
羊草草甸草原	围栏外	1	8-13	轮叶委陵菜	3	4	1	0.10	0.10
羊草草甸草原	围栏外	1	8-13	囊花鸢尾	4	4	1	0.10	0.10
羊草草甸草原	围栏外	1	8-13	展枝唐松草	12	13	3	4.49	1.76
羊草草甸草原	围栏外	1	8-13	渚草	3	5	1	0.10	0.10
羊草草甸草原	围栏外	1	8-13	二裂委陵菜	9	10	2	2.02	0.85
羊草草甸草原	围栏外	1	8-13	伏毛山莓草	3	4	1	0.10	0.10
羊草草甸草原	围栏外	1	8-13	裂叶蒿	3	5	12	7.09	2.29
羊草草甸草原	围栏外	1	8-13	披针叶黄华	23	24	10	27.08	10.61
羊草草甸草原	围栏外	1	8-13	草木樨状黄芪	12	13	3	5.20	1.90
羊草草甸草原	围栏外	1	8-13	山苦荬	4	9	1	1.34	0.35
羊草草甸草原	围栏外	1	8-13	线叶菊	13	14	1	1.28	0.30
羊草草甸草原	围栏外	2	8-13	羊草	20	21	51	13.70	6.78
羊草草甸草原	围栏外	2	8-13	贝加尔针茅	24	26	2	1.81	1.00
羊草草甸草原	围栏外	2	8-13	糙隐子草	3	4	3	1.41	0.65
羊草草甸草原	围栏外	2	8-13	羊茅	12	13	20	42.22	19.85
羊草草甸草原	围栏外	2	8-13	细叶白头翁	6	7	4	7.96	3.08
羊草草甸草原	围栏外	2	8-13	苔草	5	6	46	12.21	5.68
羊草草甸草原	围栏外	2	8-13	双齿葱	3	4	6	4.19	1.06
羊草草甸草原	围栏外	2	8-13	麻花头	4	6	4	3.54	0.73
羊草草甸草原	围栏外	2	8-13	囊花鸢尾	12	12	2	5.89	2.31
羊草草甸草原	围栏外	2	8-13	展枝唐松草	6	6	7	3.58	1.44
羊草草甸草原	围栏外	2	8-13	渚草	4	6	4	7.59	3.42

（续）

草地类型	利用方式	样方号	取样日期（月-日）	植物名称	自然高度/cm	绝对高度/cm	多度/[株（丛）/m²]	鲜生物量/(g/m²)	干生物量/(g/m²)
羊草草甸草原	围栏外	2	8-13	二裂委陵菜	3	4	1	0.10	0.10
羊草草甸草原	围栏外	2	8-13	蒲公英	1	3	1	0.65	0.11
羊草草甸草原	围栏外	2	8-13	早熟禾	36	36	2	5.99	3.43
羊草草甸草原	围栏外	2	8-13	狗舌草	1	3	1	0.98	0.20
羊草草甸草原	围栏外	2	8-13	粗根鸢尾	2	2	1	0.10	0.10
羊草草甸草原	围栏外	2	8-13	苦荬菜	2	3	1	0.10	0.10
羊草草甸草原	围栏外	2	8-13	多叶棘豆	6	7	1	9.21	4.19
羊草草甸草原	围栏外	2	8-13	裂叶蒿	2	6	15	7.89	2.67
羊草草甸草原	围栏外	2	8-13	米口袋	1	3	1	0.10	0.10
羊草草甸草原	围栏外	2	8-13	光稃茅香	17	18	7	1.36	0.60
羊草草甸草原	围栏外	3	8-13	羊草	23	25	61	19.14	7.45
羊草草甸草原	围栏外	3	8-13	羊茅	15	18	21	26.95	12.56
羊草草甸草原	围栏外	3	8-13	细叶白头翁	13	15	5	6.03	2.26
羊草草甸草原	围栏外	3	8-13	苔草	4	6	80	13.91	5.80
羊草草甸草原	围栏外	3	8-13	双齿葱	4	4	1	0.10	0.10
羊草草甸草原	围栏外	3	8-13	轮叶委陵菜	2	4	2	0.10	0.10
羊草草甸草原	围栏外	3	8-13	菊叶委陵菜	5	6	2	4.30	1.47
羊草草甸草原	围栏外	3	8-13	囊花鸢尾	6	6	1	0.60	0.21
羊草草甸草原	围栏外	3	8-13	潜草	14	17	11	9.54	3.95
羊草草甸草原	围栏外	3	8-13	早熟禾（新生）	3	3	1	0.10	0.10
羊草草甸草原	围栏外	3	8-13	狗舌草	2	3	3	0.10	0.10
羊草草甸草原	围栏外	3	8-13	冷蒿	2	4	1	0.10	0.10
羊草草甸草原	围栏外	3	8-13	裂叶蒿	7	9	28	14.22	4.94
羊草草甸草原	围栏外	3	8-13	星毛委陵菜	2	2	1	0.10	0.10
羊草草甸草原	围栏外	3	8-13	粗根鸢尾	4	5	1	0.10	0.10
羊草草甸草原	围栏外	3	8-13	苦荬菜	3	5	2	2.00	0.48
羊草草甸草原	围栏外	3	8-13	尖头叶藜	3	3	1	0.10	0.10
羊草草甸草原	围栏外	4	8-13	羊草	14	15	3	1.65	0.79
羊草草甸草原	围栏外	4	8-13	羊茅	3	10	14	19.29	8.81
羊草草甸草原	围栏外	4	8-13	细叶白头翁	5	6	5	2.64	0.98
羊草草甸草原	围栏外	4	8-13	苔草	9	10	81	20.77	9.35
羊草草甸草原	围栏外	4	8-13	双齿葱	3	4	1	0.10	0.10
羊草草甸草原	围栏外	4	8-13	麻花头	11	12	5	8.58	2.01
羊草草甸草原	围栏外	4	8-13	叉枝鸦葱	4	5	1	0.10	0.10
羊草草甸草原	围栏外	4	8-13	囊花鸢尾	3	3	1	0.10	0.10
羊草草甸草原	围栏外	4	8-13	展枝唐松草	3	4	1	0.10	0.10
羊草草甸草原	围栏外	4	8-13	潜草	4	11	20	26.59	11.05
羊草草甸草原	围栏外	4	8-13	二裂委陵菜	3	4	1	0.10	0.10

（续）

草地类型	利用方式	样方号	取样日期（月-日）	植物名称	自然高度/cm	绝对高度/cm	多度/[株（丛）/m²]	鲜生物量/(g/m²)	干生物量/(g/m²)
羊草草甸草原	围栏外	4	8-13	早熟禾	15	15	1	1.33	0.59
羊草草甸草原	围栏外	4	8-13	裂叶蒿	3	4	4	1.03	0.24
羊草草甸草原	围栏外	4	8-13	披针叶黄华	13	14	1	2.41	0.79
羊草草甸草原	围栏外	4	8-13	羽茅	10	22	18	6.00	2.24
羊草草甸草原	围栏外	4	8-13	粗根鸢尾	3	3	1	0.10	0.10
羊草草甸草原	围栏外	5	8-13	羊草	10	11	26	4.11	1.52
羊草草甸草原	围栏外	5	8-13	糙隐子草	4	5	6	3.06	1.28
羊草草甸草原	围栏外	5	8-13	羊茅	3	4	16	16.63	7.38
羊草草甸草原	围栏外	5	8-13	细叶葱	12	13	10	1.79	0.47
羊草草甸草原	围栏外	5	8-13	斜茎黄芪	3	4	3	1.48	0.48
羊草草甸草原	围栏外	5	8-13	苔草	6	7	114	30.40	12.00
羊草草甸草原	围栏外	5	8-13	双齿葱	3	4	13	7.04	2.26
羊草草甸草原	围栏外	5	8-13	麻花头	6	7	2	4.64	1.07
羊草草甸草原	围栏外	5	8-13	展枝唐松草	5	5	3	2.14	0.65
羊草草甸草原	围栏外	5	8-13	洽草	6	7	14	12.28	5.13
羊草草甸草原	围栏外	5	8-13	裂叶蒿	4	5	27	17.72	5.41
羊草草甸草原	围栏外	5	8-13	披针叶黄华	3	20	2	2.82	1.11
羊草草甸草原	围栏外	5	8-13	轴藜	1	2	1	0.10	0.10
羊草草甸草原	围栏外	6	8-13	贝加尔针茅	11	29	3	2.43	1.34
羊草草甸草原	围栏外	6	8-13	糙隐子草	5	6	2	1.47	0.69
羊草草甸草原	围栏外	6	8-13	羊茅	6	19	14	11.63	5.01
羊草草甸草原	围栏外	6	8-13	细叶白头翁	3	5	4	3.05	1.24
羊草草甸草原	围栏外	6	8-13	斜茎黄芪	3	8	2	1.39	0.42
羊草草甸草原	围栏外	6	8-13	苔草	7	9	56	10.67	4.51
羊草草甸草原	围栏外	6	8-13	双齿葱	3	4	1	0.10	0.10
羊草草甸草原	围栏外	6	8-13	麻花头	10	21	2	23.93	7.26
羊草草甸草原	围栏外	6	8-13	菊叶委陵菜	2	6	2	1.90	0.81
羊草草甸草原	围栏外	6	8-13	展枝唐松草	6	8	3	0.70	0.35
羊草草甸草原	围栏外	6	8-13	洽草	4	14	2	2.37	0.80
羊草草甸草原	围栏外	6	8-13	异燕麦	3	5	1	0.10	0.10
羊草草甸草原	围栏外	6	8-13	裂叶蒿	3	4	13	5.93	1.76
羊草草甸草原	围栏外	6	8-13	羽茅	4	18	20	13.75	6.29
羊草草甸草原	围栏外	6	8-13	野韭	6	8	1	0.10	0.10
羊草草甸草原	围栏外	7	8-13	羊草	15	15	7	4.75	2.01
羊草草甸草原	围栏外	7	8-13	贝加尔针茅	14	15	3	2.37	1.11
羊草草甸草原	围栏外	7	8-13	糙隐子草	6	8	3	4.08	1.75
羊草草甸草原	围栏外	7	8-13	羊茅	11	13	16	23.17	9.94
羊草草甸草原	围栏外	7	8-13	细叶白头翁	6	8	3	1.88	0.64

（续）

草地类型	利用方式	样方号	取样日期（月-日）	植物名称	自然高度/cm	绝对高度/cm	多度/[株（丛）/m²]	鲜生物量/（g/m²）	干生物量/（g/m²）
羊草草甸草原	围栏外	7	8-13	斜茎黄芪	3	4	1	0.10	0.10
羊草草甸草原	围栏外	7	8-13	苔草	6	7	190	24.12	9.61
羊草草甸草原	围栏外	7	8-13	双齿葱	4	4	5	2.08	0.60
羊草草甸草原	围栏外	7	8-13	麻花头	8	11	3	9.89	2.22
羊草草甸草原	围栏外	7	8-13	菊叶委陵菜	5	8	1	1.55	0.47
羊草草甸草原	围栏外	7	8-13	囊花鸢尾	9	9	2	1.92	0.90
羊草草甸草原	围栏外	7	8-13	展枝唐松草	6	9	4	1.52	0.58
羊草草甸草原	围栏外	7	8-13	潜草	7	9	8	7.09	2.78
羊草草甸草原	围栏外	7	8-13	二裂委陵菜	6	8	3	1.00	0.40
羊草草甸草原	围栏外	7	8-13	狗舌草	1	3	1	0.10	0.10
羊草草甸草原	围栏外	7	8-13	伏毛山莓草	3	4	1	0.10	0.10
羊草草甸草原	围栏外	7	8-13	裂叶蒿	5	6	38	19.38	6.26
羊草草甸草原	围栏外	7	8-13	羽茅	23	25	34	5.30	1.99
羊草草甸草原	围栏外	8	8-13	羊草	6	6	16	4.26	1.90
羊草草甸草原	围栏外	8	8-13	贝加尔针茅	12	16	10	14.19	7.12
羊草草甸草原	围栏外	8	8-13	羊茅	10	11	6	12.59	6.32
羊草草甸草原	围栏外	8	8-13	细叶白头翁	3	6	5	5.12	2.25
羊草草甸草原	围栏外	8	8-13	苔草	5	4	156	28.93	12.90
羊草草甸草原	围栏外	8	8-13	双齿葱	3	3	2	2.79	0.94
羊草草甸草原	围栏外	8	8-13	羽茅	14	16	28	7.37	3.23
羊草草甸草原	围栏外	8	8-13	麻花头	4	5	1	1.82	0.36
羊草草甸草原	围栏外	8	8-13	囊花鸢尾	4	4	1	0.10	0.10
羊草草甸草原	围栏外	8	8-13	展枝唐松草	8	8	2	0.85	0.25
羊草草甸草原	围栏外	8	8-13	二裂委陵菜	6	7	3	2.32	0.87
羊草草甸草原	围栏外	8	8-13	苦荬菜	4	5	1	0.10	0.10
羊草草甸草原	围栏外	8	8-13	冷蒿	2	2	1	0.10	0.10
羊草草甸草原	围栏外	8	8-13	裂叶蒿	2	4	8	2.02	0.68
羊草草甸草原	围栏外	8	8-13	草木樨状黄芪	6	7	2	1.61	0.56
羊草草甸草原	围栏外	9	8-13	羊草	13	15	12	3.09	1.60
羊草草甸草原	围栏外	9	8-13	羽茅	6	14	12	4.82	2.21
羊草草甸草原	围栏外	9	8-13	糙隐子草	3	4	1	0.10	0.10
羊草草甸草原	围栏外	9	8-13	羊茅	4	11	16	12.61	6.07
羊草草甸草原	围栏外	9	8-13	细叶白头翁	2	4	1	0.10	0.10
羊草草甸草原	围栏外	9	8-13	苔草	7	11	46	7.20	2.96
羊草草甸草原	围栏外	9	8-13	麻花头	3	5	12	14.31	2.91
羊草草甸草原	围栏外	9	8-13	囊花鸢尾	2	5	1	0.10	0.10
羊草草甸草原	围栏外	9	8-13	红柴胡	3	4	1	0.10	0.10
羊草草甸草原	围栏外	9	8-13	展枝唐松草	3	4	1	0.10	0.10

（续）

草地类型	利用方式	样方号	取样日期（月-日）	植物名称	自然高度/cm	绝对高度/cm	多度/〔株（丛）/m²〕	鲜生物量/（g/m²）	干生物量/（g/m²）
羊草草甸草原	围栏外	9	8-13	溚草	3	9	8	4.60	1.88
羊草草甸草原	围栏外	9	8-13	二裂委陵菜	2	3	1	0.10	0.10
羊草草甸草原	围栏外	9	8-13	蒲公英	1	3	3	1.78	0.85
羊草草甸草原	围栏外	9	8-13	独行菜	3	3	1	0.10	0.10
羊草草甸草原	围栏外	9	8-13	异燕麦	2	4	1	0.10	0.10
羊草草甸草原	围栏外	9	8-13	贝加尔针茅	9	27	3	3.17	1.62
羊草草甸草原	围栏外	10	8-13	羊草	13	18	18	4.62	2.01
羊草草甸草原	围栏外	10	8-13	糙隐子草	7	10	3	1.96	0.76
羊草草甸草原	围栏外	10	8-13	羊茅	7	11	14	13.97	5.97
羊草草甸草原	围栏外	10	8-13	斜茎黄芪	3	4	1	0.10	0.10
羊草草甸草原	围栏外	10	8-13	苔草	6	8	210	33.46	12.85
羊草草甸草原	围栏外	10	8-13	麻花头	8	10	4	2.66	0.53
羊草草甸草原	围栏外	10	8-13	轮叶委陵菜	4	5	1	0.60	0.19
羊草草甸草原	围栏外	10	8-13	溚草	8	11	16	6.73	2.61
羊草草甸草原	围栏外	10	8-13	二裂委陵菜	7	10	1	0.71	0.29
羊草草甸草原	围栏外	10	8-13	早熟禾	3	3	1	1.42	0.61
羊草草甸草原	围栏外	10	8-13	异燕麦	4	4	1	0.10	0.10
羊草草甸草原	围栏外	10	8-13	裂叶蒿	12	14	16	11.89	3.39

2014 年辅助观测场群落种类组成见表 3-14。

表 3-14　2014 年辅助观测场群落种类组成（样方面积：1 m×1 m）

草地类型	利用方式	样方号	取样日期（月-日）	植物名称	自然高度/cm	绝对高度/cm	多度/〔株（丛）/m²〕	鲜生物量/（g/m²）	干生物量/（g/m²）
羊草草甸草原	围栏内	1	8-17	羊草	48	47	104	121.73	64.25
羊草草甸草原	围栏内	1	8-17	麻花头	4	2	1	0.30	0.10
羊草草甸草原	围栏内	1	8-17	羽茅	42	32	24	110.92	54.92
羊草草甸草原	围栏内	1	8-17	蓬子菜	5	4	1	0.30	0.10
羊草草甸草原	围栏内	1	8-17	细叶白头翁	11	8	18	22.10	7.49
羊草草甸草原	围栏内	1	8-17	苔草	9	8	42	6.83	3.30
羊草草甸草原	围栏内	1	8-17	菊叶委陵菜	18	14	3	2.40	0.88
羊草草甸草原	围栏内	1	8-17	囊花鸢尾	52	22	2	4.79	1.49
羊草草甸草原	围栏内	1	8-17	展枝唐松草	38	37	50	92.10	32.20
羊草草甸草原	围栏内	1	8-17	阿尔泰狗娃花	22	21	3	2.06	0.63
羊草草甸草原	围栏内	1	8-17	裂叶蒿	23	22	27	31.85	10.92
羊草草甸草原	围栏内	1	8-17	蒲公英	3	2	1	0.30	0.10
羊草草甸草原	围栏内	1	8-17	枯落物				79.27	65.66

（续）

草地类型	利用方式	样方号	取样日期（月-日）	植物名称	自然高度/cm	绝对高度/cm	多度/［株（丛）/m²］	鲜生物量/（g/m²）	干生物量/（g/m²）
羊草草甸草原	围栏内	2	8-17	羊草	62	60	146	156.52	82.77
羊草草甸草原	围栏内	2	8-17	贝加尔针茅	74	72	6	43.44	24.11
羊草草甸草原	围栏内	2	8-17	糙隐子草	22	20	4	2.75	1.44
羊草草甸草原	围栏内	2	8-17	羽茅	16	14	16	44.20	16.14
羊草草甸草原	围栏内	2	8-17	蓬子菜	38	36	1	6.26	2.29
羊草草甸草原	围栏内	2	8-17	黄花葱	56	55	2	7.79	1.22
羊草草甸草原	围栏内	2	8-17	苔草	24	22	32	9.26	3.82
羊草草甸草原	围栏内	2	8-17	麻花头	4	2	1	0.30	0.10
羊草草甸草原	围栏内	2	8-17	囊花鸢尾	58	57	3	22.06	7.21
羊草草甸草原	围栏内	2	8-17	展枝唐松草	34	32	1	5.07	1.89
羊草草甸草原	围栏内	2	8-17	沙参	68	66	2	10.96	3.23
羊草草甸草原	围栏内	2	8-17	二裂委陵菜	3	2	1	0.30	0.10
羊草草甸草原	围栏内	2	8-17	日阴菅	34	30	1	141.12	67.06
羊草草甸草原	围栏内	2	8-17	狗舌草	2	1	1	4.62	0.64
羊草草甸草原	围栏内	2	8-17	蒲公英	2	1	2	0.30	0.10
羊草草甸草原	围栏内	2	8-17	棉团铁线莲	64	62	1	68.34	22.87
羊草草甸草原	围栏内	2	8-17	裂叶蒿	42	40	13	13.81	4.28
羊草草甸草原	围栏内	2	8-17	星毛委陵菜	1	0.5	1	0.30	0.10
羊草草甸草原	围栏内	2	8-17	披针叶黄华	38	36	3	5.23	1.34
羊草草甸草原	围栏内	2	8-17	狭叶青蒿	32	28	3	5.00	1.49
羊草草甸草原	围栏内	2	8-17	枯落物				84.89	62.45
羊草草甸草原	围栏内	3	8-17	羊草	48	47	242	188.63	97.00
羊草草甸草原	围栏内	3	8-17	贝加尔针茅	50	40	4	13.31	6.55
羊草草甸草原	围栏内	3	8-17	双齿葱	13	13	4	4.71	1.50
羊草草甸草原	围栏内	3	8-17	细叶白头翁	20	16	8	22.56	8.17
羊草草甸草原	围栏内	3	8-17	苔草	15	13	340	46.96	22.30
羊草草甸草原	围栏内	3	8-17	麻花头	22	17	2	2.66	0.64
羊草草甸草原	围栏内	3	8-17	囊花鸢尾	48	46	5	31.47	10.78
羊草草甸草原	围栏内	3	8-17	展枝唐松草	35	30	9	30.94	11.57
羊草草甸草原	围栏内	3	8-17	沙参	31	31	4	9.04	2.63
羊草草甸草原	围栏内	3	8-17	早熟禾	36	35	1	2.24	1.30
羊草草甸草原	围栏内	3	8-17	裂叶蒿	29	26	38	69.25	21.04
羊草草甸草原	围栏内	3	8-17	石竹	32	32	4	2.75	0.96
羊草草甸草原	围栏内	3	8-17	披针叶黄华	15	15	1	0.70	0.21
羊草草甸草原	围栏内	3	8-17	枯落物				95.14	73.23
羊草草甸草原	围栏内	4	8-17	羊草	76	46	387	705.17	320.52
羊草草甸草原	围栏内	4	8-17	二裂委陵菜	42	22	2	5.05	1.83
羊草草甸草原	围栏内	4	8-17	阿尔泰狗娃花	44	44	9	36.21	9.92

（续）

草地类型	利用方式	样方号	取样日期（月-日）	植物名称	自然高度/cm	绝对高度/cm	多度/［株（丛）/m²］	鲜生物量/（g/m²）	干生物量/（g/m²）
羊草草甸草原	围栏内	4	8-17	裂叶蒿	28	24	2	2.51	0.60
羊草草甸草原	围栏内	4	8-17	裂叶堇菜	17	16	2	3.17	0.46
羊草草甸草原	围栏内	4	8-17	光稃茅香	100	96	3	12.69	6.39
羊草草甸草原	围栏内	4	8-17	苔草	14	12	40	4.54	2.24
羊草草甸草原	围栏内	4	8-17	麻花头	31	30	2	3.89	0.74
羊草草甸草原	围栏内	4	8-17	囊花鸢尾	61	61	2	28.98	8.35
羊草草甸草原	围栏内	4	8-17	展枝唐松草	58	50	26	160.35	48.00
羊草草甸草原	围栏内	4	8-17	枯落物				230.31	180.92
羊草草甸草原	围栏内	5	8-17	羊草	62	60	64	60.92	31.52
羊草草甸草原	围栏内	5	8-17	贝加尔针茅	70	68	3	10.23	5.15
羊草草甸草原	围栏内	5	8-17	羽茅	57	55	44	26.84	12.81
羊草草甸草原	围栏内	5	8-17	细叶白头翁	15	14	16	22.21	8.07
羊草草甸草原	围栏内	5	8-17	苔草	16	14	124	33.40	16.09
羊草草甸草原	围栏内	5	8-17	麻花头	52	51	3	13.90	4.83
羊草草甸草原	围栏内	5	8-17	囊花鸢尾	55	54	8	54.56	17.74
羊草草甸草原	围栏内	5	8-17	展枝唐松草	44	42	52	141.25	54.93
羊草草甸草原	围栏内	5	8-17	蓬子菜	8	4	1	0.30	0.10
羊草草甸草原	围栏内	5	8-17	二裂委陵菜	32	30	5	5.84	2.43
羊草草甸草原	围栏内	5	8-17	日阴菅	24	20	1	25.36	12.38
羊草草甸草原	围栏内	5	8-17	狗舌草	6	4	1	1.43	0.33
羊草草甸草原	围栏内	5	8-17	苦荬菜	3	2	1	0.30	0.10
羊草草甸草原	围栏内	5	8-17	达乌里芯芭	4	2	2	0.30	0.10
羊草草甸草原	围栏内	5	8-17	冷蒿	10	6	1	2.17	0.71
羊草草甸草原	围栏内	5	8-17	裂叶蒿	24	22	18	40.85	14.08
羊草草甸草原	围栏内	5	8-17	星毛委陵菜	2	1	1	0.30	0.10
羊草草甸草原	围栏内	5	8-17	披针叶黄华	24	22	6	13.61	4.08
羊草草甸草原	围栏内	5	8-17	草木樨状黄芪	26	24	2	3.11	0.89
羊草草甸草原	围栏内	5	8-17	枯落物				78.07	60.81
羊草草甸草原	围栏内	6	8-17	羊草	56	55	94	88.33	35.46
羊草草甸草原	围栏内	6	8-17	贝加尔针茅	30	27	21	6.36	2.98
羊草草甸草原	围栏内	6	8-17	糙隐子草	7	5	2	1.56	0.64
羊草草甸草原	围栏内	6	8-17	菊叶委陵菜	32	27	8	11.55	4.29
羊草草甸草原	围栏内	6	8-17	细叶白头翁	21	17	8	15.41	5.72
羊草草甸草原	围栏内	6	8-17	苔草	15	13	280	25.63	11.79
羊草草甸草原	围栏内	6	8-17	囊花鸢尾	66	60	10	98.71	33.19
羊草草甸草原	围栏内	6	8-17	展枝唐松草	42	39	19	74.68	28.62
羊草草甸草原	围栏内	6	8-17	狗舌草	12	10	1	2.34	0.42
羊草草甸草原	围栏内	6	8-17	裂叶蒿	28	24	45	88.44	28.99

（续）

草地类型	利用方式	样方号	取样日期（月-日）	植物名称	自然高度/cm	绝对高度/cm	多度/［株（丛）/m²]	鲜生物量/（g/m²）	干生物量/（g/m²）
羊草草甸草原	围栏内	6	8-17	草木樨状黄芪	50	43	3	39.52	14.68
羊草草甸草原	围栏内	6	8-17	披针叶黄华	32	32	8	33.44	11.78
羊草草甸草原	围栏内	6	8-17	扁蕾	35	35	1	4.68	1.27
羊草草甸草原	围栏内	6	8-17	狭叶青蒿	33	33	12	9.56	3.92
羊草草甸草原	围栏内	6	8-17	枯落物				80.01	67.24
羊草草甸草原	围栏内	7	8-17	羊草	47	46	26	20.14	10.32
羊草草甸草原	围栏内	7	8-17	蓬子菜	5	4	1	0.30	0.10
羊草草甸草原	围栏内	7	8-17	菊叶委陵菜	24	20	2	4.29	1.30
羊草草甸草原	围栏内	7	8-17	羽茅	58	42	49	85.32	39.82
羊草草甸草原	围栏内	7	8-17	细叶白头翁	12	11	2	2.14	0.80
羊草草甸草原	围栏内	7	8-17	苔草	10	8	8	0.30	0.10
羊草草甸草原	围栏内	7	8-17	麻花头	32	28	3	5.74	1.24
羊草草甸草原	围栏内	7	8-17	囊花鸢尾	78	77	3	66.09	21.50
羊草草甸草原	围栏内	7	8-17	展枝唐松草	43	42	1	6.27	2.24
羊草草甸草原	围栏内	7	8-17	日阴菅	46	40	2	210.74	98.01
羊草草甸草原	围栏内	7	8-17	狗舌草	12	8	2	7.27	1.19
羊草草甸草原	围栏内	7	8-17	裂叶蒿	23	22	26	43.88	13.77
羊草草甸草原	围栏内	7	8-17	披针叶黄华	18	17	5	11.06	3.12
羊草草甸草原	围栏内	7	8-17	裂叶堇菜	4	3	1	0.30	0.10
羊草草甸草原	围栏内	7	8-17	枯落物				120.81	99.98
羊草草甸草原	围栏内	8	8-17	羊草	41	40	58	84.79	41.46
羊草草甸草原	围栏内	8	8-17	贝加尔针茅	38	36	1	3.53	1.78
羊草草甸草原	围栏内	8	8-17	糙隐子草	16	13	2	9.14	3.29
羊草草甸草原	围栏内	8	8-17	二裂委陵菜	24	19	2	5.38	2.04
羊草草甸草原	围栏内	8	8-17	细叶白头翁	20	15	1	5.37	2.06
羊草草甸草原	围栏内	8	8-17	麻花头	24	20	2	6.39	2.17
羊草草甸草原	围栏内	8	8-17	囊花鸢尾	45	40	1	7.96	2.72
羊草草甸草原	围栏内	8	8-17	展枝唐松草	65	57	27	137.41	52.92
羊草草甸草原	围栏内	8	8-17	裂叶蒿	35	30	60	134.10	45.87
羊草草甸草原	围栏内	8	8-17	草木樨状黄芪	57	50	3	17.76	6.22
羊草草甸草原	围栏内	8	8-17	羽茅	42	37	4	13.64	4.98
羊草草甸草原	围栏内	8	8-17	枯落物				75.89	60.07
羊草草甸草原	围栏内	9	8-17	羊草	62	60	221	206.12	104.14
羊草草甸草原	围栏内	9	8-17	二裂委陵菜	34	32	4	6.91	2.89
羊草草甸草原	围栏内	9	8-17	蓬子菜	32	30	1	3.25	1.21
羊草草甸草原	围栏内	9	8-17	苔草	21	20	104	30.28	16.74
羊草草甸草原	围栏内	9	8-17	麻花头	25	24	7	29.06	6.47
羊草草甸草原	围栏内	9	8-17	囊花鸢尾	52	50	14	102.38	40.24

（续）

草地类型	利用方式	样方号	取样日期（月-日）	植物名称	自然高度/cm	绝对高度/cm	多度/〔株（丛）/m²〕	鲜生物量/（g/m²）	干生物量/（g/m²）
羊草草甸草原	围栏内	9	8-17	展枝唐松草	44	42	2	7.80	2.45
羊草草甸草原	围栏内	9	8-17	变蒿	40	38	2	16.25	4.01
羊草草甸草原	围栏内	9	8-17	草木樨状黄芪	34	32	8	31.55	10.33
羊草草甸草原	围栏内	9	8-17	披针叶黄华	26	24	2	3.17	0.91
羊草草甸草原	围栏内	9	8-17	漠蒿	42	40	4	22.51	6.67
羊草草甸草原	围栏内	9	8-17	狭叶青蒿	46	44	3	11.18	4.41
羊草草甸草原	围栏内	9	8-17	枯落物				79.91	61.04
羊草草甸草原	围栏内	10	8-17	羊草	29	28	5	7.47	3.48
羊草草甸草原	围栏内	10	8-17	贝加尔针茅	31	29	5	13.44	9.55
羊草草甸草原	围栏内	10	8-17	糙隐子草	9	8	5	3.06	1.47
羊草草甸草原	围栏内	10	8-17	羊茅	8	7	18	28.85	13.31
羊草草甸草原	围栏内	10	8-17	蓬子菜	10	7	4	9.80	3.91
羊草草甸草原	围栏内	10	8-17	细叶白头翁	14	13	57	81.86	30.40
羊草草甸草原	围栏内	10	8-17	苔草	12	11	37	6.19	2.24
羊草草甸草原	围栏内	10	8-17	麻花头	3	2	1	0.30	0.10
羊草草甸草原	围栏内	10	8-17	囊花鸢尾	38	35	1	7.64	2.26
羊草草甸草原	围栏内	10	8-17	展枝唐松草	18	17	7	20.37	7.21
羊草草甸草原	围栏内	10	8-17	潴草	13	12	9	16.30	7.50
羊草草甸草原	围栏内	10	8-17	二裂委陵菜	12	11	5	2.23	1.00
羊草草甸草原	围栏内	10	8-17	红柴胡	4	3	1	0.30	0.10
羊草草甸草原	围栏内	10	8-17	防风	17	16	1	7.86	2.06
羊草草甸草原	围栏内	10	8-17	沙参	16	15	1	0.30	0.10
羊草草甸草原	围栏内	10	8-17	阿尔泰狗娃花	3	2	1	0.30	0.10
羊草草甸草原	围栏内	10	8-17	早熟禾	8	7	1	0.30	0.10
羊草草甸草原	围栏内	10	8-17	狗舌草	3	1	3	6.69	0.81
羊草草甸草原	围栏内	10	8-17	光稃茅香	27	26	45	20.83	9.14
羊草草甸草原	围栏内	10	8-17	异燕麦	19	18	2	5.35	2.03
羊草草甸草原	围栏内	10	8-17	冷蒿	3	2	1	0.30	0.10
羊草草甸草原	围栏内	10	8-17	裂叶蒿	9	8	23	25.99	8.27
羊草草甸草原	围栏内	10	8-17	草木樨状黄芪	20	18	2	11.60	3.79
羊草草甸草原	围栏内	10	8-17	山葱	39	38	54	221.14	42.60
羊草草甸草原	围栏内	10	8-17	扁蕾	31	30	2	19.67	5.13
羊草草甸草原	围栏内	10	8-17	漠蒿	26	25	1	4.73	1.16
羊草草甸草原	围栏外	1	8-17	贝加尔针茅	20	20	1	2.01	0.88
羊草草甸草原	围栏外	1	8-17	糙隐子草	14	12	2	3.56	1.60
羊草草甸草原	围栏外	1	8-17	羊茅	14	13	1	0.46	0.15
羊草草甸草原	围栏外	1	8-17	双齿葱	13	13	4	3.85	1.18
羊草草甸草原	围栏外	1	8-17	细叶白头翁	15	12	2	3.99	1.63

（续）

草地类型	利用方式	样方号	取样日期（月-日）	植物名称	自然高度/cm	绝对高度/cm	多度/〔株（丛）/m²〕	鲜生物量/（g/m²）	干生物量/（g/m²）
羊草草甸草原	围栏外	1	8-17	苔草	10	7	3 000	113.44	58.11
羊草草甸草原	围栏外	1	8-17	麻花头	14	10	3	3.10	0.66
羊草草甸草原	围栏外	1	8-17	囊花鸢尾	15	12	2	3.59	1.75
羊草草甸草原	围栏外	1	8-17	瓣蕊唐松草	5	4	1	0.30	0.10
羊草草甸草原	围栏外	1	8-17	蓬子菜	16	13	2	121.00	0.38
羊草草甸草原	围栏外	1	8-17	溚草	13	11	1	0.75	0.29
羊草草甸草原	围栏外	1	8-17	二裂委陵菜	13	9	7	5.51	1.99
羊草草甸草原	围栏外	1	8-17	裂叶蒿	15	12	3	5.38	1.35
羊草草甸草原	围栏外	1	8-17	羽茅	20	17	5	7.04	2.63
羊草草甸草原	围栏外	1	8-17	扁蕾	10	7	2	0.59	0.23
羊草草甸草原	围栏外	2	8-17	羊草	20	17	21	10.28	3.91
羊草草甸草原	围栏外	2	8-17	贝加尔针茅	25	24	8	15.88	7.51
羊草草甸草原	围栏外	2	8-17	糙隐子草	13	11	7	14.22	6.82
羊草草甸草原	围栏外	2	8-17	羊茅	16	13	1	7.02	2.72
羊草草甸草原	围栏外	2	8-17	细叶葱	11	11	1	0.30	0.10
羊草草甸草原	围栏外	2	8-17	细叶白头翁	17	14	8	15.81	5.67
羊草草甸草原	围栏外	2	8-17	苔草	14	12	2 800	102.59	53.81
羊草草甸草原	围栏外	2	8-17	麻花头	13	10	1	0.60	0.15
羊草草甸草原	围栏外	2	8-17	囊花鸢尾	14	14	1	0.30	0.10
羊草草甸草原	围栏外	2	8-17	展枝唐松草	16	14	4	2.32	0.82
羊草草甸草原	围栏外	2	8-17	斜茎黄芪	9	7	1	0.76	0.16
羊草草甸草原	围栏外	2	8-17	轮叶委陵菜	10	7	1	0.66	0.28
羊草草甸草原	围栏外	2	8-17	溚草	13	11	4	3.41	1.54
羊草草甸草原	围栏外	2	8-17	防风	7	5	1	0.30	0.10
羊草草甸草原	围栏外	2	8-17	蒲公英	11	9	1	4.34	1.33
羊草草甸草原	围栏外	2	8-17	裂叶蒿	13	10	3	3.26	0.90
羊草草甸草原	围栏外	2	8-17	羽茅	15	13	11	4.15	1.56
羊草草甸草原	围栏外	2	8-17	艾蒿	13	10	1	2.11	0.53
羊草草甸草原	围栏外	2	8-17	变蒿	10	7	1	0.07	0.20
羊草草甸草原	围栏外	2	8-17	平车前	11	7	1	7.65	2.27
羊草草甸草原	围栏外	3	8-17	羊草	31	30	36	14.60	5.70
羊草草甸草原	围栏外	3	8-17	贝加尔针茅	28	27	3	12.39	6.33
羊草草甸草原	围栏外	3	8-17	糙隐子草	10	9	6	11.47	5.55
羊草草甸草原	围栏外	3	8-17	羽茅	35	34	9	9.58	4.00
羊草草甸草原	围栏外	3	8-17	细叶葱	13	12	9	6.20	1.50
羊草草甸草原	围栏外	3	8-17	细叶白头翁	3	2	1	0.30	0.10
羊草草甸草原	围栏外	3	8-17	苔草	13	12	4 727	194.01	101.25
羊草草甸草原	围栏外	3	8-17	麻花头	8	7	2	13.62	3.85

162

（续）

草地类型	利用方式	样方号	取样日期（月-日）	植物名称	自然高度/cm	绝对高度/cm	多度/〔株（丛）/m²〕	鲜生物量/（g/m²）	干生物量/（g/m²）
羊草草甸草原	围栏外	3	8-17	囊花鸢尾	4	3	1	0.30	0.10
羊草草甸草原	围栏外	3	8-17	展枝唐松草	4	3	1	0.30	0.10
羊草草甸草原	围栏外	3	8-17	斜茎黄芪	12	11	3	1.41	0.53
羊草草甸草原	围栏外	3	8-17	双齿葱	9	8	3	4.32	1.40
羊草草甸草原	围栏外	3	8-17	菊叶委陵菜	13	12	2	9.55	2.78
羊草草甸草原	围栏外	3	8-17	防风	8	7	1	4.95	1.28
羊草草甸草原	围栏外	3	8-17	蒲公英	2	1	1	0.30	0.10
羊草草甸草原	围栏外	3	8-17	裂叶蒿	12	11	15	12.73	3.75
羊草草甸草原	围栏外	3	8-17	变蒿	3	2	1	0.30	0.10
羊草草甸草原	围栏外	3	8-17	湿草	2	12	4	2.66	1.23
羊草草甸草原	围栏外	3	8-17	二裂委陵菜	16	15	3	4.45	1.62
羊草草甸草原	围栏外	4	8-17	羊茅	16	13	3	4.22	6.71
羊草草甸草原	围栏外	4	8-17	贝加尔针茅	16	16	2	1.79	0.81
羊草草甸草原	围栏外	4	8-17	细叶葱	23	21	6	2.74	0.63
羊草草甸草原	围栏外	4	8-17	双齿葱	13	13	2	2.06	0.52
羊草草甸草原	围栏外	4	8-17	瓣蕊唐松草	10	7	4	1.79	0.53
羊草草甸草原	围栏外	4	8-17	苔草	13	11	2 500	50.64	24.59
羊草草甸草原	围栏外	4	8-17	麻花头	10	7	1	0.91	0.21
羊草草甸草原	围栏外	4	8-17	囊花鸢尾	13	10	5	1.46	0.50
羊草草甸草原	围栏外	4	8-17	湿草	15	12	5	7.75	3.18
羊草草甸草原	围栏外	4	8-17	独行菜	7	7	3	0.37	0.19
羊草草甸草原	围栏外	4	8-17	羽茅	24	20	9	15.35	7.20
羊草草甸草原	围栏外	5	8-17	羊草	22	21	17	12.97	5.44
羊草草甸草原	围栏外	5	8-17	贝加尔针茅	13	12	4	18.53	8.78
羊草草甸草原	围栏外	5	8-17	细叶葱	22	21	4	2.62	0.64
羊草草甸草原	围栏外	5	8-17	羽茅	59	58	10	9.98	4.55
羊草草甸草原	围栏外	5	8-17	斜茎黄芪	3	2	1	0.30	0.10
羊草草甸草原	围栏外	5	8-17	细叶白头翁	8	7	4	4.97	1.89
羊草草甸草原	围栏外	5	8-17	苔草	13	12	2 811	165.10	71.24
羊草草甸草原	围栏外	5	8-17	麻花头	4	3	1	0.30	0.10
羊草草甸草原	围栏外	5	8-17	囊花鸢尾	13	12	3	2.48	1.00
羊草草甸草原	围栏外	5	8-17	展枝唐松草	16	15	2	10.34	3.71
羊草草甸草原	围栏外	5	8-17	双齿葱	9	8	7	10.54	3.55
羊草草甸草原	围栏外	5	8-17	蓬子菜	10	7	2	4.42	1.41
羊草草甸草原	围栏外	5	8-17	红柴胡	4	3	1	0.30	0.10
羊草草甸草原	围栏外	5	8-17	防风	8	7	1	4.13	1.07
羊草草甸草原	围栏外	5	8-17	湿草	21	20	10	30.00	12.75
羊草草甸草原	围栏外	5	8-17	二裂委陵菜	3	2	1	0.30	0.10

（续）

草地类型	利用方式	样方号	取样日期（月-日）	植物名称	自然高度/cm	绝对高度/cm	多度/[株（丛）/m²]	鲜生物量/（g/m²）	干生物量/（g/m²）
羊草草甸草原	围栏外	5	8-17	早熟禾	8	7	1	0.30	0.10
羊草草甸草原	围栏外	5	8-17	狗舌草	4	3	1	1.32	0.38
羊草草甸草原	围栏外	5	8-17	冰草	35	34	1	10.48	4.23
羊草草甸草原	围栏外	5	8-17	裂叶蒿	9	8	4	4.38	1.29
羊草草甸草原	围栏外	5	8-17	披针叶黄华	4	3	4	1.59	0.36
羊草草甸草原	围栏外	5	8-17	苦荬菜	3	2	1	0.30	0.10
羊草草甸草原	围栏外	6	8-17	羊草	15	15	4	0.92	0.40
羊草草甸草原	围栏外	6	8-17	贝加尔针茅	23	21	17	21.45	10.16
羊草草甸草原	围栏外	6	8-17	糙隐子草	14	12	10	10.46	4.61
羊草草甸草原	围栏外	6	8-17	羊茅	14	13	1	0.84	0.35
羊草草甸草原	围栏外	6	8-17	细叶葱	15	14	2	1.80	0.38
羊草草甸草原	围栏外	6	8-17	细叶白头翁	9	7	1	0.81	0.23
羊草草甸草原	围栏外	6	8-17	苔草	13	11	2 200	58.91	27.62
羊草草甸草原	围栏外	6	8-17	斜茎黄芪	8	5	3	0.40	0.10
羊草草甸草原	围栏外	6	8-17	双齿葱	10	10	6	4.52	1.23
羊草草甸草原	围栏外	6	8-17	菊叶委陵菜	15	14	1	0.73	0.28
羊草草甸草原	围栏外	6	8-17	瓣蕊唐松草	8	5	1	2.17	0.66
羊草草甸草原	围栏外	6	8-17	潜草	13	11	5	4.11	1.69
羊草草甸草原	围栏外	6	8-17	二裂委陵菜	13	10	9	8.41	3.16
羊草草甸草原	围栏外	6	8-17	裂叶蒿	13	11	4	5.35	1.50
羊草草甸草原	围栏外	6	8-17	羽茅	20	17	12	4.17	1.80
羊草草甸草原	围栏外	7	8-17	羊草	15	14	15	5.68	2.60
羊草草甸草原	围栏外	7	8-17	贝加尔针茅	18	17	6	14.77	7.59
羊草草甸草原	围栏外	7	8-17	糙隐子草	14	13	5	4.54	2.18
羊草草甸草原	围栏外	7	8-17	羽茅	13	12	9	9.55	4.67
羊草草甸草原	围栏外	7	8-17	斜茎黄芪	16	15	8	24.88	7.08
羊草草甸草原	围栏外	7	8-17	双齿葱	4	3	2	1.19	0.39
羊草草甸草原	围栏外	7	8-17	苔草	11	10	827	53.48	26.19
羊草草甸草原	围栏外	7	8-17	麻花头	7	6	4	5.04	0.83
羊草草甸草原	围栏外	7	8-17	轮叶委陵菜	3	2	1	0.30	0.10
羊草草甸草原	围栏外	7	8-17	菊叶委陵菜	9	8	4	5.15	1.78
羊草草甸草原	围栏外	7	8-17	潜草	12	11	11	10.58	4.86
羊草草甸草原	围栏外	7	8-17	羊茅	9	8	14	15.78	8.00
羊草草甸草原	围栏外	7	8-17	多叶棘豆	4	3	1	2.02	0.77
羊草草甸草原	围栏外	7	8-17	蒲公英	9	1	1	13.66	3.02
羊草草甸草原	围栏外	7	8-17	棉团铁线莲	13	12	1	1.18	0.42
羊草草甸草原	围栏外	7	8-17	裂叶蒿	7	6	10	9.51	2.90
羊草草甸草原	围栏外	7	8-17	平车前	7	1	1	7.54	1.95

（续）

草地类型	利用方式	样方号	取样日期（月-日）	植物名称	自然高度/cm	绝对高度/cm	多度/〔株（丛）/m²〕	鲜生物量/（g/m²）	干生物量/（g/m²）
羊草草甸草原	围栏外	8	8-17	羊草	14	14	17	7.07	2.82
羊草草甸草原	围栏外	8	8-17	贝加尔针茅	25	23	6	18.22	9.82
羊草草甸草原	围栏外	8	8-17	糙隐子草	15	13	3	3.17	1.49
羊草草甸草原	围栏外	8	8-17	羊茅	15	13	2	3.76	1.61
羊草草甸草原	围栏外	8	8-17	斜茎黄芪	20	15	1	1.46	0.45
羊草草甸草原	围栏外	8	8-17	双齿葱	13	13	2	3.06	1.00
羊草草甸草原	围栏外	8	8-17	苔草	15	13	3 200	68.72	32.52
羊草草甸草原	围栏外	8	8-17	麻花头	12	10	4	3.68	0.89
羊草草甸草原	围栏外	8	8-17	囊花鸢尾	23	21	2	4.91	1.69
羊草草甸草原	围栏外	8	8-17	瓣蕊唐松草	11	7	1	1.42	0.47
羊草草甸草原	围栏外	8	8-17	潴草	13	11	3	2.84	1.17
羊草草甸草原	围栏外	8	8-17	二裂委陵菜	16	14	10	12.87	4.76
羊草草甸草原	围栏外	8	8-17	狭叶野豌豆	16	13	1	0.60	0.18
羊草草甸草原	围栏外	8	8-17	独行菜	14	14	2	2.80	1.00
羊草草甸草原	围栏外	8	8-17	冷蒿	15	7	1	1.47	0.50
羊草草甸草原	围栏外	8	8-17	裂叶蒿	14	12	4	7.01	2.25
羊草草甸草原	围栏外	8	8-17	野韭	11	11	6	4.18	0.65
羊草草甸草原	围栏外	8	8-17	羽茅	18	15	9	10.89	4.77
羊草草甸草原	围栏外	9	8-17	羊草	9	8	4	1.26	0.45
羊草草甸草原	围栏外	9	8-17	羊茅	9	8	3	3.16	1.40
羊草草甸草原	围栏外	9	8-17	斜茎黄芪	9	8	2	1.43	0.40
羊草草甸草原	围栏外	9	8-17	羽茅	13	12	6	7.78	3.83
羊草草甸草原	围栏外	9	8-17	双齿葱	8	7	1	1.21	0.31
羊草草甸草原	围栏外	9	8-17	细叶白头翁	4	3	1	0.30	0.10
羊草草甸草原	围栏外	9	8-17	苔草	8	7	1 239	72.50	39.98
羊草草甸草原	围栏外	9	8-17	麻花头	9	8	5	6.30	1.20
羊草草甸草原	围栏外	9	8-17	囊花鸢尾	3	2	1	0.30	0.10
羊草草甸草原	围栏外	9	8-17	菊叶委陵菜	7	6	5	1.22	0.32
羊草草甸草原	围栏外	9	8-17	叉枝鸦葱	4	3	1	0.30	0.10
羊草草甸草原	围栏外	9	8-17	潴草	12	11	7	9.34	4.00
羊草草甸草原	围栏外	9	8-17	二裂委陵菜	11	10	2	1.91	0.64
羊草草甸草原	围栏外	9	8-17	灰绿藜	9	8	5	1.69	0.46
羊草草甸草原	围栏外	9	8-17	蒲公英	2	1	1	0.30	0.10
羊草草甸草原	围栏外	9	8-17	披针叶黄华	8	7	1	0.84	0.28
羊草草甸草原	围栏外	9	8-17	平车前	4	1	1	2.49	0.50
羊草草甸草原	围栏外	10	8-17	羊草	14	14	9	7.52	2.95
羊草草甸草原	围栏外	10	8-17	贝加尔针茅	21	19	3	6.08	2.72
羊草草甸草原	围栏外	10	8-17	糙隐子草	15	17	2	1.20	0.61

（续）

草地类型	利用方式	样方号	取样日期（月-日）	植物名称	自然高度/cm	绝对高度/cm	多度/[株（丛）/m²]	鲜生物量/（g/m²）	干生物量/（g/m²）
羊草草甸草原	围栏外	10	8-17	羊茅	17	14	4	17.24	8.13
羊草草甸草原	围栏外	10	8-17	双齿葱	14	14	6	10.59	3.82
羊草草甸草原	围栏外	10	8-17	叉枝鸦葱	6	4	1	0.30	0.10
羊草草甸草原	围栏外	10	8-17	苔草	14	13	3 300	90.19	48.93
羊草草甸草原	围栏外	10	8-17	蓬子菜	18	15	1	3.17	0.77
羊草草甸草原	围栏外	10	8-17	囊花鸢尾	15	15	1	1.55	0.53
羊草草甸草原	围栏外	10	8-17	展枝唐松草	7	5	1	0.30	0.10
羊草草甸草原	围栏外	10	8-17	溚草	14	12	2	6.09	2.54
羊草草甸草原	围栏外	10	8-17	二裂委陵菜	16	14	6	8.84	3.30
羊草草甸草原	围栏外	10	8-17	独行菜	12	12	1	0.63	0.26
羊草草甸草原	围栏外	10	8-17	羽茅	10	7	7	147.00	0.46
羊草草甸草原	围栏外	10	8-17	裂叶蒿	16	13	9	10.82	3.07
羊草草甸草原	围栏外	10	8-17	棉团铁线莲	20	15	1	3.00	0.82
羊草草甸草原	围栏外	10	8-17	灰绿藜	14	14	1	1.29	0.46
羊草草甸草原	围栏外	10	8-17	粗根鸢尾	7	6	1	0.30	0.10
羊草草甸草原	围栏外	10	8-17	碱地肤	16	16	1	0.86	0.26

2015 年辅助观测场群落种类组成见表 3-15。

表 3-15　2015 年辅助观测场群落种类组成（样方面积：1 m×1 m）

草地类型	利用方式	样方号	取样日期（月-日）	植物名称	自然高度/cm	绝对高度/cm	多度/[株（丛）/m²]	鲜生物量/（g/m²）	干生物量/（g/m²）
羊草草甸草原	围栏内	1	8-12	羊草	30	29	7	7.05	3.96
羊草草甸草原	围栏内	1	8-12	贝加尔针茅	28	27	11	8.74	4.64
羊草草甸草原	围栏内	1	8-12	糙隐子草	3	3	1	0.30	0.10
羊草草甸草原	围栏内	1	8-12	羊茅	14	13	2	1.47	0.66
羊草草甸草原	围栏内	1	8-12	细叶葱	17	16	4	1.81	0.46
羊草草甸草原	围栏内	1	8-12	细叶白头翁	15	14	19	25.78	10.06
羊草草甸草原	围栏内	1	8-12	苔草	12	11	175	18.61	8.51
羊草草甸草原	围栏内	1	8-12	双齿葱	13	12	4	5.16	1.29
羊草草甸草原	围栏内	1	8-12	麻花头	22	21	10	21.17	5.99
羊草草甸草原	围栏内	1	8-12	囊花鸢尾	24	23	2	3.60	1.13
羊草草甸草原	围栏内	1	8-12	红柴胡	23	23	1	2.00	0.86
羊草草甸草原	围栏内	1	8-12	防风	16	15	1	1.20	0.24
羊草草甸草原	围栏内	1	8-12	展枝唐松草	36	35	53	81.90	35.16
羊草草甸草原	围栏内	1	8-12	溚草	15	14	4	4.13	1.95
羊草草甸草原	围栏内	1	8-12	二裂委陵菜	11	10	2	0.30	0.10

（续）

草地类型	利用方式	样方号	取样日期（月-日）	植物名称	自然高度/cm	绝对高度/cm	多度/［株（丛）/m²］	鲜生物量/（g/m²）	干生物量/（g/m²）
羊草草甸草原	围栏内	1	8-12	蒲公英	2	0.5	1	0.30	0.10
羊草草甸草原	围栏内	1	8-12	日阴菅	28	27	2	91.38	49.40
羊草草甸草原	围栏内	1	8-12	早熟禾	20	19	3	2.18	1.36
羊草草甸草原	围栏内	1	8-12	狗舌草	6	6	1	3.05	0.60
羊草草甸草原	围栏内	1	8-12	乳浆大戟	3	3	1	0.30	0.10
羊草草甸草原	围栏内	1	8-12	羽茅	53	52	46	33.67	16.86
羊草草甸草原	围栏内	1	8-12	苦荬菜	11	10	1	0.57	0.16
羊草草甸草原	围栏内	1	8-12	狭叶青蒿	19	18	5	0.78	0.36
羊草草甸草原	围栏内	1	8-12	冷蒿	4	3	1	0.92	0.34
羊草草甸草原	围栏内	1	8-12	裂叶蒿	21	20	141	112.52	45.08
羊草草甸草原	围栏内	1	8-12	列当	11	10	5	14.71	3.78
羊草草甸草原	围栏内	1	8-12	米口袋	3	3	1	0.30	0.10
羊草草甸草原	围栏内	1	8-12	粗根鸢尾	15	14	2	2.07	0.60
羊草草甸草原	围栏内	1	8-12	枯落物				122.25	104.25
羊草草甸草原	围栏内	2	8-12	羊草	42	42	67	37.28	23.51
羊草草甸草原	围栏内	2	8-12	贝加尔针茅	51	40	2	3.47	1.95
羊草草甸草原	围栏内	2	8-12	羊茅	16	14	2	2.29	1.00
羊草草甸草原	围栏内	2	8-12	细叶葱	17	17	2	0.47	0.20
羊草草甸草原	围栏内	2	8-12	细叶白头翁	28	24	32	80.35	31.95
羊草草甸草原	围栏内	2	8-12	苔草	16	14	210	19.57	11.07
羊草草甸草原	围栏内	2	8-12	双齿葱	13	13	1	1.35	0.36
羊草草甸草原	围栏内	2	8-12	麻花头	32	31	4	12.03	4.48
羊草草甸草原	围栏内	2	8-12	叉枝鸦葱	18	15	1	0.37	0.12
羊草草甸草原	围栏内	2	8-12	囊花鸢尾	65	61	6	75.17	26.69
羊草草甸草原	围栏内	2	8-12	红柴胡	34	32	1	0.93	0.37
羊草草甸草原	围栏内	2	8-12	列当	10	10	8	16.00	6.25
羊草草甸草原	围栏内	2	8-12	展枝唐松草	37	34	51	67.72	27.51
羊草草甸草原	围栏内	2	8-12	洽草	20	13	1	2.05	0.95
羊草草甸草原	围栏内	2	8-12	二裂委陵菜	27	24	2	2.78	1.15
羊草草甸草原	围栏内	2	8-12	日阴菅	28	24	1	6.75	3.17
羊草草甸草原	围栏内	2	8-12	阿尔泰狗娃花	23	23	4	1.21	0.51
羊草草甸草原	围栏内	2	8-12	狗舌草	17	14	1	2.54	0.69
羊草草甸草原	围栏内	2	8-12	漠蒿	16	14	1	1.08	0.39
羊草草甸草原	围栏内	2	8-12	冷蒿	6	6	1	0.30	0.10
羊草草甸草原	围栏内	2	8-12	裂叶蒿	26	22	42	55.79	27.60
羊草草甸草原	围栏内	2	8-12	山野豌豆	44	35	17	52.08	19.30
羊草草甸草原	围栏内	2	8-12	披针叶黄华	26	26	1	3.44	1.25
羊草草甸草原	围栏内	2	8-12	草木樨状黄芪	48	40	6	7.08	3.68

（续）

草地类型	利用方式	样方号	取样日期（月-日）	植物名称	自然高度/cm	绝对高度/cm	多度/［株（丛）/m²］	鲜生物量/（g/m²）	干生物量/（g/m²）
羊草草甸草原	围栏内	2	8-12	羽茅	38	35	57	49.58	25.90
羊草草甸草原	围栏内	2	8-12	枯落物				116.94	116.21
羊草草甸草原	围栏内	3	8-12	羊草	40	40	28	23.19	11.40
羊草草甸草原	围栏内	3	8-12	糙隐子草	13	12	1	0.30	0.10
羊草草甸草原	围栏内	3	8-12	羽茅	40	39	55	0.30	0.10
羊草草甸草原	围栏内	3	8-12	细叶白头翁	10	9	10	39.17	14.32
羊草草甸草原	围栏内	3	8-12	苔草	12	11	291	16.88	7.90
羊草草甸草原	围栏内	3	8-12	沙参	46	45	7	18.79	5.51
羊草草甸草原	围栏内	3	8-12	蓬子菜	9	8	1	0.30	0.10
羊草草甸草原	围栏内	3	8-12	麻花头	58	57	3	38.07	14.71
羊草草甸草原	围栏内	3	8-12	菊叶委陵菜	34	33	1	5.18	1.90
羊草草甸草原	围栏内	3	8-12	囊花鸢尾	63	62	3	27.95	9.57
羊草草甸草原	围栏内	3	8-12	红柴胡	45	44	1	3.39	1.55
羊草草甸草原	围栏内	3	8-12	展枝唐松草	22	21	22	36.43	14.07
羊草草甸草原	围栏内	3	8-12	二裂委陵菜	25	24	1	1.57	0.65
羊草草甸草原	围栏内	3	8-12	阿尔泰狗娃花	34	33	10	9.17	3.27
羊草草甸草原	围栏内	3	8-12	山野豌豆	39	38	20	140.12	52.78
羊草草甸草原	围栏内	3	8-12	列当	8	8	2	4.30	0.92
羊草草甸草原	围栏内	3	8-12	铁杆蒿	53	52	1	3.99	1.75
羊草草甸草原	围栏内	3	8-12	裂叶蒿	19	18	30	49.48	17.47
羊草草甸草原	围栏内	3	8-12	草木樨状黄芪	43	42	45	229.08	87.14
羊草草甸草原	围栏内	3	8-12	羽茅	40	39		49.76	23.40
羊草草甸草原	围栏内	3	8-12	披针叶黄华	17	16	1	4.62	1.55
羊草草甸草原	围栏内	3	8-12	狭叶青蒿	25	24	1	3.45	1.32
羊草草甸草原	围栏内	3	8-12	枯落物				160.98	141.75
羊草草甸草原	围栏内	4	8-12	羊草	32	32	62	33.26	18.09
羊草草甸草原	围栏内	4	8-12	贝加尔针茅	28	25	2	2.46	1.41
羊草草甸草原	围栏内	4	8-12	糙隐子草	17	15	2	2.10	1.04
羊草草甸草原	围栏内	4	8-12	细叶白头翁	16	14	16	37.46	14.58
羊草草甸草原	围栏内	4	8-12	苔草	16	14	312	53.62	26.35
羊草草甸草原	围栏内	4	8-12	双齿葱	26	24	5	8.60	2.67
羊草草甸草原	围栏内	4	8-12	蓬子菜	29	27	3	1.46	0.50
羊草草甸草原	围栏内	4	8-12	麻花头	24	23	6	17.24	4.48
羊草草甸草原	围栏内	4	8-12	菊叶委陵菜	13	12	1	0.51	0.12
羊草草甸草原	围栏内	4	8-12	囊花鸢尾	46	35	3	13.40	4.50
羊草草甸草原	围栏内	4	8-12	展枝唐松草	35	34	49	184.30	62.31
羊草草甸草原	围栏内	4	8-12	二裂委陵菜	25	23	2	2.06	0.88
羊草草甸草原	围栏内	4	8-12	阿尔泰狗娃花	26	25	1	0.96	0.37

（续）

草地类型	利用方式	样方号	取样日期（月-日）	植物名称	自然高度/cm	绝对高度/cm	多度/［株（丛）/m²］	鲜生物量/（g/m²）	干生物量/（g/m²）
羊草草甸草原	围栏内	4	8-12	狗舌草	6	2	2	1.81	0.37
羊草草甸草原	围栏内	4	8-12	冷蒿	7	5	1	0.72	0.39
羊草草甸草原	围栏内	4	8-12	裂叶蒿	25	23	12	13.70	4.99
羊草草甸草原	围栏内	4	8-12	星毛委陵菜	1	0.5	1	0.30	0.10
羊草草甸草原	围栏内	4	8-12	羽茅	25	23	35	13.31	6.22
羊草草甸草原	围栏内	4	8-12	披针叶黄华	26	25	6	12.24	4.37
羊草草甸草原	围栏内	4	8-12	草木樨状黄芪	27	23	2	1.93	0.74
羊草草甸草原	围栏内	4	8-12	枯落物				100.87	90.28
羊草草甸草原	围栏内	5	8-12	羊草	42	41	27	27.53	14.86
羊草草甸草原	围栏内	5	8-12	贝加尔针茅	37	37	7	6.73	3.70
羊草草甸草原	围栏内	5	8-12	糙隐子草	8	7	3	0.91	0.41
羊草草甸草原	围栏内	5	8-12	羊茅	13	12	4	2.84	1.31
羊草草甸草原	围栏内	5	8-12	细叶葱	22	21	8	5.37	1.40
羊草草甸草原	围栏内	5	8-12	细叶白头翁	12	11	7	6.37	2.38
羊草草甸草原	围栏内	5	8-12	斜茎黄芪	4	4	1	0.30	0.10
羊草草甸草原	围栏内	5	8-12	苔草	13	12	410	55.97	26.68
羊草草甸草原	围栏内	5	8-12	双齿葱	14	13	3	6.36	1.70
羊草草甸草原	围栏内	5	8-12	蓬子菜	15	14	1	1.08	0.42
羊草草甸草原	围栏内	5	8-12	麻花头	15	14	2	4.46	1.68
羊草草甸草原	围栏内	5	8-12	轮叶委陵菜	5	5	1	0.30	0.10
羊草草甸草原	围栏内	5	8-12	囊花鸢尾	61	60	6	108.62	38.80
羊草草甸草原	围栏内	5	8-12	红柴胡	24	23	1	0.64	0.33
羊草草甸草原	围栏内	5	8-12	展枝唐松草	43	42	48	128.90	55.48
羊草草甸草原	围栏内	5	8-12	溚草	20	19	3	2.67	1.11
羊草草甸草原	围栏内	5	8-12	二裂委陵菜	15	14	3	2.49	1.07
羊草草甸草原	围栏内	5	8-12	早熟禾	26	25	3	2.20	1.20
羊草草甸草原	围栏内	5	8-12	狗舌草	6	6	1	0.70	0.28
羊草草甸草原	围栏内	5	8-12	冷蒿	2	1	1	0.30	0.10
羊草草甸草原	围栏内	5	8-12	裂叶蒿	24	23	152	139.51	52.07
羊草草甸草原	围栏内	5	8-12	星毛委陵菜	1	0.5	1	1.36	0.66
羊草草甸草原	围栏内	5	8-12	披针叶黄华	21	20	4	9.50	3.29
羊草草甸草原	围栏内	5	8-12	草木樨状黄芪	21	20	1	4.77	1.81
羊草草甸草原	围栏内	5	8-12	羽茅	22	21	3	1.53	0.86
羊草草甸草原	围栏内	5	8-12	枯落物				95.96	84.42
羊草草甸草原	围栏内	6	8-12	羊草	43	43	84	71.16	40.76
羊草草甸草原	围栏内	6	8-12	贝加尔针茅	46	40	4	8.44	4.95
羊草草甸草原	围栏内	6	8-12	糙隐子草	6	5	1	0.30	0.10
羊草草甸草原	围栏内	6	8-12	羊茅	21	20	1	1.33	0.65

（续）

草地类型	利用方式	样方号	取样日期（月-日）	植物名称	自然高度/cm	绝对高度/cm	多度/〔株（丛）/m²〕	鲜生物量/（g/m²）	干生物量/（g/m²）
羊草草甸草原	围栏内	6	8-12	细叶白头翁	20	15	26	34.70	13.69
羊草草甸草原	围栏内	6	8-12	苔草	16	14	240	37.10	20.13
羊草草甸草原	围栏内	6	8-12	双齿葱	14	14	2	3.05	0.87
羊草草甸草原	围栏内	6	8-12	列当	3	3	1	0.30	0.10
羊草草甸草原	围栏内	6	8-12	蓬子菜	10	9	2	0.64	0.32
羊草草甸草原	围栏内	6	8-12	麻花头	23	19	4	9.50	3.31
羊草草甸草原	围栏内	6	8-12	囊花鸢尾	70	62	5	47.33	19.44
羊草草甸草原	围栏内	6	8-12	展枝唐松草	43	39	32	116.95	51.80
羊草草甸草原	围栏内	6	8-12	溚草	24	20	2	1.97	0.88
羊草草甸草原	围栏内	6	8-12	二裂委陵菜	16	14	2	1.12	0.56
羊草草甸草原	围栏内	6	8-12	日阴菅	26	21	1	3.50	1.90
羊草草甸草原	围栏内	6	8-12	狗舌草	12	10	4	5.85	1.08
羊草草甸草原	围栏内	6	8-12	山野豌豆	17	15	1	0.47	0.16
羊草草甸草原	围栏内	6	8-12	冷蒿	20	15	2	3.53	1.57
羊草草甸草原	围栏内	6	8-12	裂叶蒿	18	14	27	30.76	13.06
羊草草甸草原	围栏内	6	8-12	星毛委陵菜	2	2	1	0.30	0.10
羊草草甸草原	围栏内	6	8-12	黄芩	23	23	1	0.78	0.29
羊草草甸草原	围栏内	6	8-12	羽茅	51	40	74	93.00	51.45
羊草草甸草原	围栏内	6	8-12	苦荬菜	4	3	1	0.30	0.10
羊草草甸草原	围栏内	6	8-12	麦瓶草	9	6	1	1.11	0.26
羊草草甸草原	围栏内	6	8-12	枯落物				146.50	135.04
羊草草甸草原	围栏内	7	8-12	羊草	55	54	33	32.44	15.62
羊草草甸草原	围栏内	7	8-12	羽茅	40	39	70	63.61	31.25
羊草草甸草原	围栏内	7	8-12	贝加尔针茅	19	19	5	8.92	4.39
羊草草甸草原	围栏内	7	8-12	细叶白头翁	11	10	20	51.42	19.03
羊草草甸草原	围栏内	7	8-12	苔草	13	12	943	50.40	24.42
羊草草甸草原	围栏内	7	8-12	双齿葱	12	12	2	3.86	0.88
羊草草甸草原	围栏内	7	8-12	麻花头	13	12	6	15.33	4.23
羊草草甸草原	围栏内	7	8-12	轮叶委陵菜	9	8	7	2.73	1.12
羊草草甸草原	围栏内	7	8-12	囊花鸢尾	62	61	8	141.29	48.60
羊草草甸草原	围栏内	7	8-12	红柴胡	45	44	6	9.95	4.26
羊草草甸草原	围栏内	7	8-12	展枝唐松草	39	38	10	38.44	14.10
羊草草甸草原	围栏内	7	8-12	山野豌豆	42	41	16	60.77	22.23
羊草草甸草原	围栏内	7	8-12	裂叶蒿	13	12	20	28.71	10.04
羊草草甸草原	围栏内	7	8-12	细叶婆婆纳	36	35	2	6.88	1.94
羊草草甸草原	围栏内	7	8-12	披针叶黄华	27	26	15	47.91	14.41
羊草草甸草原	围栏内	7	8-12	草木樨状黄芪	43	42	2	13.86	5.33
羊草草甸草原	围栏内	7	8-12	列当	9	9	1	3.48	0.85

（续）

草地类型	利用方式	样方号	取样日期（月-日）	植物名称	自然高度/cm	绝对高度/cm	多度/〔株（丛）/m²〕	鲜生物量/(g/m²)	干生物量/(g/m²)
羊草草甸草原	围栏内	7	8-12	枯落物				99.52	91.45
羊草草甸草原	围栏内	8	8-12	羊草	40	40	46	32.38	16.57
羊草草甸草原	围栏内	8	8-12	贝加尔针茅	26	23	2	1.34	0.70
羊草草甸草原	围栏内	8	8-12	细叶白头翁	19	17	9	14.47	5.29
羊草草甸草原	围栏内	8	8-12	苔草	20	18	292	42.53	21.97
羊草草甸草原	围栏内	8	8-12	蓬子菜	25	23	1	0.37	0.16
羊草草甸草原	围栏内	8	8-12	囊花鸢尾	62	50	5	74.05	27.90
羊草草甸草原	围栏内	8	8-12	红柴胡	46	44	2	2.74	1.26
羊草草甸草原	围栏内	8	8-12	展枝唐松草	28	27	50	128.24	53.16
羊草草甸草原	围栏内	8	8-12	二裂委陵菜	35	33	2	4.98	2.21
羊草草甸草原	围栏内	8	8-12	阿尔泰狗娃花	27	26	10	3.47	1.17
羊草草甸草原	围栏内	8	8-12	山野豌豆	35	33	10	31.17	12.46
羊草草甸草原	围栏内	8	8-12	冷蒿	6	4	1	0.49	0.22
羊草草甸草原	围栏内	8	8-12	裂叶蒿	25	24	4	3.41	1.21
羊草草甸草原	围栏内	8	8-12	羽茅	25	23	85	54.75	27.35
羊草草甸草原	围栏内	8	8-12	披针叶黄华	27	25	2	2.18	0.60
羊草草甸草原	围栏内	8	8-12	枯落物				129.97	117.40
羊草草甸草原	围栏内	9	8-12	羊草	44	44	57	44.68	22.03
羊草草甸草原	围栏内	9	8-12	贝加尔针茅	50	42	3	10.17	5.76
羊草草甸草原	围栏内	9	8-12	糙隐子草	16	14	2	1.46	0.76
羊草草甸草原	围栏内	9	8-12	苔草	17	15	240	29.01	13.81
羊草草甸草原	围栏内	9	8-12	蓬子菜	36	31	7	19.99	7.41
羊草草甸草原	围栏内	9	8-12	囊花鸢尾	71	63	2	23.01	7.77
羊草草甸草原	围栏内	9	8-12	防风	5	4	1	0.30	0.10
羊草草甸草原	围栏内	9	8-12	展枝唐松草	43	41	92	229.00	99.99
羊草草甸草原	围栏内	9	8-12	潜草	19	15	5	8.08	3.52
羊草草甸草原	围栏内	9	8-12	二裂委陵菜	22	19	3	5.46	2.16
羊草草甸草原	围栏内	9	8-12	阿尔泰狗娃花	23	23	22	8.45	3.01
羊草草甸草原	围栏内	9	8-12	狗舌草	14	12	1	2.43	0.45
羊草草甸草原	围栏内	9	8-12	冷蒿	23	15	3	3.78	1.52
羊草草甸草原	围栏内	9	8-12	裂叶蒿	21	17	8	11.26	3.78
羊草草甸草原	围栏内	9	8-12	披针叶黄华	35	35	3	15.26	4.98
羊草草甸草原	围栏内	9	8-12	狭叶青蒿	42	42	5	6.66	2.23
羊草草甸草原	围栏内	9	8-12	羽茅	38	35	20	8.21	3.95
羊草草甸草原	围栏内	9	8-12	枯落物				95.27	89.07
羊草草甸草原	围栏内	10	8-12	羊草	41	41	33	53.90	20.61
羊草草甸草原	围栏内	10	8-12	贝加尔针茅	42	41	2	5.65	3.01
羊草草甸草原	围栏内	10	8-12	细叶白头翁	7	6	1	0.30	0.10

（续）

草地类型	利用方式	样方号	取样日期（月-日）	植物名称	自然高度/cm	绝对高度/cm	多度/〔株（丛）/m²〕	鲜生物量/（g/m²）	干生物量/（g/m²）
羊草草甸草原	围栏内	10	8-12	苔草	18	17	91	5.88	2.48
羊草草甸草原	围栏内	10	8-12	蓬子菜	25	24	3	3.85	1.36
羊草草甸草原	围栏内	10	8-12	囊花鸢尾	53	52	1	2.90	1.06
羊草草甸草原	围栏内	10	8-12	红柴胡	42	41	1	1.16	0.48
羊草草甸草原	围栏内	10	8-12	展枝唐松草	31	36	7	18.05	6.85
羊草草甸草原	围栏内	10	8-12	裂叶蒿	16	15	50	100.90	32.37
羊草草甸草原	围栏内	10	8-12	羽茅	68	67	896	459.99	196.34
羊草草甸草原	围栏内	10	8-12	铁杆蒿	35	34	1	4.02	1.48
羊草草甸草原	围栏内	10	8-12	枯落物				134.81	120.09
羊草草甸草原	围栏外	1	8-12	羊草	17	17	35	10.23	4.72
羊草草甸草原	围栏外	1	8-12	贝加尔针茅	23	22	20	28.80	16.15
羊草草甸草原	围栏外	1	8-12	糙隐子草	6	5	5	4.49	2.18
羊草草甸草原	围栏外	1	8-12	羊茅	5	4	24	21.96	11.12
羊草草甸草原	围栏外	1	8-12	细叶白头翁	8	7	6	5.61	2.47
羊草草甸草原	围栏外	1	8-12	斜茎黄芪	4	3	3	5.74	1.84
羊草草甸草原	围栏外	1	8-12	苔草	6	5	420	33.92	17.60
羊草草甸草原	围栏外	1	8-12	双齿葱	5	4	5	3.79	1.12
羊草草甸草原	围栏外	1	8-12	沙参	4	3	3	1.10	0.28
羊草草甸草原	围栏外	1	8-12	蓬子菜	4	3	1	0.30	0.10
羊草草甸草原	围栏外	1	8-12	麻花头	5	4	9	10.54	2.78
羊草草甸草原	围栏外	1	8-12	囊花鸢尾	8	7	3	2.02	0.94
羊草草甸草原	围栏外	1	8-12	溚草	6	5	7	7.44	3.61
羊草草甸草原	围栏外	1	8-12	粗根鸢尾	4	3	1	0.30	0.10
羊草草甸草原	围栏外	1	8-12	裂叶蒿	6	5	12	3.06	0.91
羊草草甸草原	围栏外	1	8-12	米口袋	2	2	1	0.30	0.10
羊草草甸草原	围栏外	1	8-12	披针叶黄华	3	3	1	0.30	0.10
羊草草甸草原	围栏外	1	8-12	草木樨状黄芪	4	4	1	0.30	0.10
羊草草甸草原	围栏外	1	8-12	羽茅	12	11	1	0.66	0.31
羊草草甸草原	围栏外	2	8-12	羊草	15	14	21	8.42	3.43
羊草草甸草原	围栏外	2	8-12	贝加尔针茅	19	18	1	0.91	0.48
羊草草甸草原	围栏外	2	8-12	糙隐子草	6	5	7	5.96	2.64
羊草草甸草原	围栏外	2	8-12	羊茅	10	9	28	23.43	10.95
羊草草甸草原	围栏外	2	8-12	细叶葱	12	11	7	1.28	0.30
羊草草甸草原	围栏外	2	8-12	细叶白头翁	7	6	4	6.16	2.38
羊草草甸草原	围栏外	2	8-12	斜茎黄芪	5	4	3	5.63	2.02
羊草草甸草原	围栏外	2	8-12	苔草	8	7	420	66.30	31.20
羊草草甸草原	围栏外	2	8-12	双齿葱	6	5	7	11.01	3.16
羊草草甸草原	围栏外	2	8-12	蓬子菜	13	12	2	5.12	1.40

（续）

草地类型	利用方式	样方号	取样日期（月-日）	植物名称	自然高度/cm	绝对高度/cm	多度/〔株（丛）/m²〕	鲜生物量/（g/m²）	干生物量/（g/m²）
羊草草甸草原	围栏外	2	8-12	麻花头	14	13	3	8.29	2.00
羊草草甸草原	围栏外	2	8-12	囊花鸢尾	18	17	7	9.48	3.88
羊草草甸草原	围栏外	2	8-12	展枝唐松草	6	5	4	3.46	1.25
羊草草甸草原	围栏外	2	8-12	溚草	8	7	9	10.75	5.02
羊草草甸草原	围栏外	2	8-12	蒲公英	1	0.5	1	0.30	0.10
羊草草甸草原	围栏外	2	8-12	石竹	4	4	1	0.99	0.33
羊草草甸草原	围栏外	2	8-12	狗舌草	2	2	1	0.30	0.10
羊草草甸草原	围栏外	2	8-12	冷蒿	4	3	2	2.60	1.04
羊草草甸草原	围栏外	2	8-12	裂叶蒿	6	5	27	18.03	4.98
羊草草甸草原	围栏外	2	8-12	披针叶黄华	7	7	1	1.00	0.37
羊草草甸草原	围栏外	2	8-12	米口袋	3	2	1	0.30	0.10
羊草草甸草原	围栏外	2	8-12	苦荬菜	3	3	1	0.30	0.10
羊草草甸草原	围栏外	2	8-12	羽茅	14	13	19	11.94	5.61
羊草草甸草原	围栏外	2	8-12	草木樨状黄芪	9	8	1	0.46	0.14
羊草草甸草原	围栏外	3	8-12	羊草	23	22	152	39.87	15.32
羊草草甸草原	围栏外	3	8-12	糙隐子草	11	10	5	7.16	3.32
羊草草甸草原	围栏外	3	8-12	羊茅	20	19	3	9.72	4.42
羊草草甸草原	围栏外	3	8-12	细叶葱	11	10	3	0.52	0.12
羊草草甸草原	围栏外	3	8-12	细叶白头翁	7	5	3	1.00	0.27
羊草草甸草原	围栏外	3	8-12	苔草	13	10	310	38.50	34.05
羊草草甸草原	围栏外	3	8-12	双齿葱	6	6	1	3.58	0.80
羊草草甸草原	围栏外	3	8-12	沙参	4	4	1	0.30	0.10
羊草草甸草原	围栏外	3	8-12	蓬子菜	3	3	1	0.30	0.10
羊草草甸草原	围栏外	3	8-12	菊叶委陵菜	14	12	2	1.57	0.52
羊草草甸草原	围栏外	3	8-12	囊花鸢尾	6	6	1	0.30	0.10
羊草草甸草原	围栏外	3	8-12	展枝唐松草	3	3	1	0.30	0.10
羊草草甸草原	围栏外	3	8-12	溚草	10	9	1	0.71	0.31
羊草草甸草原	围栏外	3	8-12	蒲公英	2	0.5	8	1.36	0.17
羊草草甸草原	围栏外	3	8-12	裂叶蒿	8	5	29	11.64	2.42
羊草草甸草原	围栏外	3	8-12	羽茅	19	15	17	10.91	4.30
羊草草甸草原	围栏外	3	8-12	变蒿	3	3	1	0.30	0.10
羊草草甸草原	围栏外	4	8-13	羊草	15	15	17	6.98	3.42
羊草草甸草原	围栏外	4	8-13	贝加尔针茅	19	15	1	1.57	0.83
羊草草甸草原	围栏外	4	8-13	糙隐子草	6	4	3	1.64	0.82
羊草草甸草原	围栏外	4	8-13	羊茅	12	10	13	33.04	17.02
羊草草甸草原	围栏外	4	8-13	细叶白头翁	13	12	14	9.62	3.86
羊草草甸草原	围栏外	4	8-13	斜茎黄芪	12	10	1	1.15	0.39
羊草草甸草原	围栏外	4	8-13	苔草	13	12	269	21.89	10.81

（续）

草地类型	利用方式	样方号	取样日期（月-日）	植物名称	自然高度/cm	绝对高度/cm	多度/〔株（丛）/m²〕	鲜生物量/（g/m²）	干生物量/（g/m²）
羊草草甸草原	围栏外	4	8-13	双齿葱	5	4	6	2.65	0.85
羊草草甸草原	围栏外	4	8-13	麻花头	6	4	4	5.16	1.79
羊草草甸草原	围栏外	4	8-13	囊花鸢尾	22	20	2	1.69	0.67
羊草草甸草原	围栏外	4	8-13	展枝唐松草	4	3	6	2.29	0.76
羊草草甸草原	围栏外	4	8-13	渚草	5	3	2	0.82	0.38
羊草草甸草原	围栏外	4	8-13	二裂委陵菜	9	8	5	5.89	2.15
羊草草甸草原	围栏外	4	8-13	日阴菅	7	6	1	0.30	0.10
羊草草甸草原	围栏外	4	8-13	裂叶蒿	6	4	21	14.89	3.72
羊草草甸草原	围栏外	4	8-13	羽茅	16	13	13	22.68	10.68
羊草草甸草原	围栏外	4	8-13	平车前	1	0.5	11	5.05	2.00
羊草草甸草原	围栏外	5	8-13	羊草	12	12	47	15.10	5.99
羊草草甸草原	围栏外	5	8-13	贝加尔针茅	27	26	1	0.30	0.10
羊草草甸草原	围栏外	5	8-13	糙隐子草	6	5	10	4.75	2.06
羊草草甸草原	围栏外	5	8-13	羊茅	16	15	25	43.39	20.49
羊草草甸草原	围栏外	5	8-13	细叶葱	13	12	6	0.95	0.25
羊草草甸草原	围栏外	5	8-13	细叶白头翁	11	10	3	2.97	1.08
羊草草甸草原	围栏外	5	8-13	斜茎黄芪	14	13	3	2.35	0.68
羊草草甸草原	围栏外	5	8-13	苔草	6	5	699	32.69	15.90
羊草草甸草原	围栏外	5	8-13	双齿葱	5	5	3	2.06	0.60
羊草草甸草原	围栏外	5	8-13	沙参	7	6	1	0.93	0.24
羊草草甸草原	围栏外	5	8-13	麻花头	9	8	5	10.51	2.30
羊草草甸草原	围栏外	5	8-13	囊花鸢尾	6	6	1	0.79	0.28
羊草草甸草原	围栏外	5	8-13	展枝唐松草	8	7	9	6.16	2.18
羊草草甸草原	围栏外	5	8-13	渚草	7	6	12	7.65	3.15
羊草草甸草原	围栏外	5	8-13	二裂委陵菜	6	5	1	0.93	0.27
羊草草甸草原	围栏外	5	8-13	蒲公英	6	1	26	12.62	2.45
羊草草甸草原	围栏外	5	8-13	日阴菅	18	17	2	17.41	8.27
羊草草甸草原	围栏外	5	8-13	狗舌草	4	3	1	0.72	0.14
羊草草甸草原	围栏外	5	8-13	裂叶蒿	9	8	6	6.99	1.56
羊草草甸草原	围栏外	5	8-13	羽茅	16	15	40	19.70	8.36
羊草草甸草原	围栏外	5	8-13	平车前	1	0.5	1	0.30	0.10
羊草草甸草原	围栏外	6	8-13	羊草	16	15	33	8.26	3.57
羊草草甸草原	围栏外	6	8-13	贝加尔针茅	21	20	4	3.70	1.89
羊草草甸草原	围栏外	6	8-13	糙隐子草	4	3	2	3.00	1.44
羊草草甸草原	围栏外	6	8-13	羊茅	8	7	7	8.58	3.94
羊草草甸草原	围栏外	6	8-13	细叶白头翁	10	9	5	12.46	4.86
羊草草甸草原	围栏外	6	8-13	斜茎黄芪	7	6	4	10.12	3.16
羊草草甸草原	围栏外	6	8-13	苔草	7	6	610	78.52	38.40

（续）

草地类型	利用方式	样方号	取样日期（月-日）	植物名称	自然高度/cm	绝对高度/cm	多度/〔株（丛）/m²〕	鲜生物量/（g/m²）	干生物量/（g/m²）
羊草草甸草原	围栏外	6	8-13	双齿葱	4	3	3	1.76	0.52
羊草草甸草原	围栏外	6	8-13	蓬子菜	9	8	4	3.74	1.02
羊草草甸草原	围栏外	6	8-13	轮叶委陵菜	3	3	1	0.30	0.10
羊草草甸草原	围栏外	6	8-13	菊叶委陵菜	5	4	3	1.76	0.52
羊草草甸草原	围栏外	6	8-13	囊花鸢尾	4	4	1	0.30	0.10
羊草草甸草原	围栏外	6	8-13	展枝唐松草	8	7	4	1.54	0.50
羊草草甸草原	围栏外	6	8-13	浴草	9	8	7	6.53	2.82
羊草草甸草原	围栏外	6	8-13	蒲公英	1	0.5	1	0.30	0.10
羊草草甸草原	围栏外	6	8-13	早熟禾	2	2	1	0.30	0.10
羊草草甸草原	围栏外	6	8-13	狗舌草	4	3	4	3.37	0.57
羊草草甸草原	围栏外	6	8-13	山野豌豆	7	7	1	1.91	0.58
羊草草甸草原	围栏外	6	8-13	达乌里芯芭	3	3	1	0.30	0.10
羊草草甸草原	围栏外	6	8-13	冷蒿	3	2	2	9.69	3.83
羊草草甸草原	围栏外	6	8-13	裂叶蒿	6	5	18	8.92	2.32
羊草草甸草原	围栏外	6	8-13	苦荬菜	7	6	12	6.02	2.25
羊草草甸草原	围栏外	6	8-13	羽茅	15	14	62	28.87	12.39
羊草草甸草原	围栏外	6	8-13	野韭	13	12	16	3.76	0.81
羊草草甸草原	围栏外	6	8-13	山遏蓝	1	1	1	0.30	0.10
羊草草甸草原	围栏外	7	8-13	羊草	25	23	92	40.09	16.62
羊草草甸草原	围栏外	7	8-13	贝加尔针茅	39	36	13	39.71	22.79
羊草草甸草原	围栏外	7	8-13	糙隐子草	15	12	18	8.44	3.55
羊草草甸草原	围栏外	7	8-13	羊茅	16	13	6	6.62	2.76
羊草草甸草原	围栏外	7	8-13	细叶白头翁	15	13	8	5.88	2.17
羊草草甸草原	围栏外	7	8-13	斜茎黄芪	15	12	5	6.01	2.11
羊草草甸草原	围栏外	7	8-13	苔草	13	11	380	77.79	38.55
羊草草甸草原	围栏外	7	8-13	双齿葱	12	12	2	0.98	0.27
羊草草甸草原	围栏外	7	8-13	蓬子菜	19	15	3	6.96	1.87
羊草草甸草原	围栏外	7	8-13	麻花头	14	12	11	21.01	4.86
羊草草甸草原	围栏外	7	8-13	轮叶委陵菜	8	7	1	0.43	0.15
羊草草甸草原	围栏外	7	8-13	囊花鸢尾	13	13	6	8.71	3.52
羊草草甸草原	围栏外	7	8-13	展枝唐松草	13	11	3	5.35	1.48
羊草草甸草原	围栏外	7	8-13	浴草	15	13	16	15.00	6.54
羊草草甸草原	围栏外	7	8-13	二裂委陵菜	10	7	2	1.33	0.48
羊草草甸草原	围栏外	7	8-13	裂叶蒿	13	11	16	17.97	1.39
羊草草甸草原	围栏外	7	8-13	变蒿	5	5	2	0.92	0.22
羊草草甸草原	围栏外	7	8-13	羽茅	17	14	34	8.71	3.42
羊草草甸草原	围栏外	8	8-13	羊草	12	16	28	8.15	3.41
羊草草甸草原	围栏外	8	8-13	贝加尔针茅	25	24	1	0.30	0.10

（续）

草地类型	利用方式	样方号	取样日期（月-日）	植物名称	自然高度/cm	绝对高度/cm	多度/［株（丛）/m²］	鲜生物量/（g/m²）	干生物量/（g/m²）
羊草草甸草原	围栏外	8	8-13	糙隐子草	8	7	5	9.60	3.83
羊草草甸草原	围栏外	8	8-13	羊茅	22	21	8	20.10	9.77
羊草草甸草原	围栏外	8	8-13	细叶白头翁	12	11	14	12.85	5.23
羊草草甸草原	围栏外	8	8-13	斜茎黄芪	8	7	1	0.82	0.24
羊草草甸草原	围栏外	8	8-13	苔草	9	8	1 199	108.44	50.13
羊草草甸草原	围栏外	8	8-13	双齿葱	6	6	10	8.61	2.14
羊草草甸草原	围栏外	8	8-13	沙参	5	4	4	0.95	0.30
羊草草甸草原	围栏外	8	8-13	麻花头	9	8	3	5.52	0.94
羊草草甸草原	围栏外	8	8-13	轮叶委陵菜	5	4	1	0.30	0.10
羊草草甸草原	围栏外	8	8-13	囊花鸢尾	6	6	1	0.30	0.10
羊草草甸草原	围栏外	8	8-13	展枝唐松草	8	7	7	3.07	0.73
羊草草甸草原	围栏外	8	8-13	溚草	9	8	3	1.80	0.75
羊草草甸草原	围栏外	8	8-13	狭叶野豌豆	7	6	1	0.30	0.10
羊草草甸草原	围栏外	8	8-13	裂叶蒿	8	7	9	6.75	1.51
羊草草甸草原	围栏外	8	8-13	狭叶青蒿	36	35	2	6.88	2.68
羊草草甸草原	围栏外	8	8-13	羽茅	14	13	6	4.41	1.84
羊草草甸草原	围栏外	8	8-13	粗根鸢尾	9	8	1	0.62	0.24
羊草草甸草原	围栏外	8	8-13	苦荬菜	7	6	1	0.30	0.10
羊草草甸草原	围栏外	9	8-13	羊草	20	20	43	14.88	5.88
羊草草甸草原	围栏外	9	8-13	糙隐子草	4	3	4	3.16	1.36
羊草草甸草原	围栏外	9	8-13	羊茅	12	10	5	11.98	5.52
羊草草甸草原	围栏外	9	8-13	细叶白头翁	3	2	1	0.30	0.10
羊草草甸草原	围栏外	9	8-13	斜茎黄芪	5	4	5	2.16	0.52
羊草草甸草原	围栏外	9	8-13	苔草	9	8	74	8.07	3.55
羊草草甸草原	围栏外	9	8-13	双齿葱	6	4	8	4.17	1.17
羊草草甸草原	围栏外	9	8-13	麻花头	5	3	3	3.19	0.71
羊草草甸草原	围栏外	9	8-13	囊花鸢尾	19	12	1	0.96	0.46
羊草草甸草原	围栏外	9	8-13	展枝唐松草	7	4	4	1.77	0.00
羊草草甸草原	围栏外	9	8-13	溚草	4	3	1	0.30	0.50
羊草草甸草原	围栏外	9	8-13	二裂委陵菜	8	5	2	3.58	1.21
羊草草甸草原	围栏外	9	8-13	蒲公英	4	0.5	6	3.01	1.05
羊草草甸草原	围栏外	9	8-13	日阴菅	13	12	12	13.03	5.86
羊草草甸草原	围栏外	9	8-13	独行菜	11	10	6	2.20	0.76
羊草草甸草原	围栏外	9	8-13	裂叶蒿	12	11	2	7.42	2.44
羊草草甸草原	围栏外	9	8-13	平车前	3	0.5	14	34.24	7.88
羊草草甸草原	围栏外	9	8-13	羽茅	10	8	2	7.18	2.88
羊草草甸草原	围栏外	10	8-13	羊草	19	19	140	65.65	26.75
羊草草甸草原	围栏外	10	8-13	贝加尔针茅	26	24	8	14.79	8.03

（续）

草地类型	利用方式	样方号	取样日期（月-日）	植物名称	自然高度/cm	绝对高度/cm	多度/〔株（丛）/m²〕	鲜生物量/（g/m²）	干生物量/（g/m²）
羊草草甸草原	围栏外	10	8-13	糙隐子草	13	11	1	2.16	0.92
羊草草甸草原	围栏外	10	8-13	细叶白头翁	14	12	8	6.12	2.07
羊草草甸草原	围栏外	10	8-13	斜茎黄芪	15	13	10	14.89	4.70
羊草草甸草原	围栏外	10	8-13	苔草	11	9	290	39.79	19.11
羊草草甸草原	围栏外	10	8-13	双齿葱	5	5	4	3.38	1.12
羊草草甸草原	围栏外	10	8-13	蓬子菜	16	14	1	2.72	0.75
羊草草甸草原	围栏外	10	8-13	麻花头	5	4	1	0.77	0.13
羊草草甸草原	围栏外	10	8-13	轮叶委陵菜	12	9	1	1.47	0.46
羊草草甸草原	围栏外	10	8-13	菊叶委陵菜	15	12	8	3.36	0.93
羊草草甸草原	围栏外	10	8-13	叉枝鸦葱	3	3	1	0.30	0.10
羊草草甸草原	围栏外	10	8-13	瓣蕊唐松草	6	4	2	0.30	0.10
羊草草甸草原	围栏外	10	8-13	囊花鸢尾	6	6	1	0.62	0.27
羊草草甸草原	围栏外	10	8-13	防风	15	12	2	1.52	0.36
羊草草甸草原	围栏外	10	8-13	展枝唐松草	13	11	2	2.65	0.62
羊草草甸草原	围栏外	10	8-13	溚草	13	11	9	6.56	2.78
羊草草甸草原	围栏外	10	8-13	二裂委陵菜	8	6	1	0.30	0.10
羊草草甸草原	围栏外	10	8-13	蒲公英	3	0.5	12	1.14	0.26
羊草草甸草原	围栏外	10	8-13	早熟禾	12	12	1	0.30	0.10
羊草草甸草原	围栏外	10	8-13	独行菜	3	3	2	0.30	0.10
羊草草甸草原	围栏外	10	8-13	裂叶蒿	13	11	34	16.73	4.92
羊草草甸草原	围栏外	10	8-13	苦荬菜	4	3	2	1.84	0.38
羊草草甸草原	围栏外	10	8-13	草木樨状黄芪	11	9	1	0.62	0.18
羊草草甸草原	围栏外	10	8-13	羽茅	25	22	1	5.14	2.32
羊草草甸草原	围栏外	10	8-13	变蒿	7	7	3	2.07	0.69

3.1.3　群落特征

3.1.3.1　概述

本数据集记录了内蒙古呼伦贝尔台站贝加尔针茅草甸草原综合观测场（HLGZH01）、羊草草甸草原辅助观测场（HLGFZ01），在不同利用方式下 2009—2015 年生长季的群落特征，测定指标包括植物种类、总盖度、密度、地上绿色部分总鲜重、地上绿色部分总干重及凋落物干重的数据。

3.1.3.2　数据采集和处理方法

数据采集方法为按照不同利用方式，在不同利用方式下随机选取 10 个样方面积为 1 m×1 m 的重复，统计、调查每个样方内的所有植物种类，植物种类采用目测法测定；样方总盖度采用针刺法测定；样方密度通过计数法，准确计算每个样方内的植物种/丛数；地上绿色部分总鲜重，基于群落种类组成的调查结果，采用收割法，分种齐地剪割，用 1% 电子天平称重后，再计算整个样方种地上绿色部分总鲜重；地上绿色部分总干重，同样基于群落种类组成的调查结果，分种样本用 65 ℃烘干至恒重，并用 1% 电子天平称重后，再计算整个样方种地上绿色部分总干重。凋落物采用收集法，用 65 ℃烘干至恒重，1% 电子天平称重。观测频率为生长季 6—9 月每月一次。

3.1.3.3　数据质量控制和评估

调查前期根据统一的调查规范方案，对所有参与调查的人员进行集中技术培训，尽可能保证调查人员的固定性，减少人为误差。调查过程中，采用统一型号的电子天平测量；调查人和记录人完成小样方调查时，当即对原始记录表进行核查，发现有误的数据及时纠正。调查完成后，调查人和记录人完成对样方数据的进一步核查，并补充相关信息，纸质版数据录入完成时，调查人和记录人对数据进行自查，检查原始记录表和电子版数据表的一致性，以确保数据输入的准确性。野外纸质原始数据集妥善保存并备份，以备将来核查。

对原始数据采用阈值检查、一致性检查等方法进行质控。阈值检查是根据多年数据比对，对监测数据超出历史数据阈值范围进行校验，删除异常值或标注说明；一致性检查主要对比数量级是否与其他测量值不同。

3.1.3.4　数据使用方法和建议

本数据集原始数据可通过内蒙古呼伦贝尔草原生态系统国家野外科学观测研究站网络（http：//hlg. cern. ac. cn/meta/metaData）获取数据服务，登录首页后点"资源服务"下的"数据服务"，进入相应页面。

3.1.3.5　数据

（1）综合观测场群落特征

2009—2015 年贝加尔针茅草原综合观测场的群落特征呈现波动性动态变化（图 3-1），围栏内外的群落物种的变化范围分别在 12～23 种和 13～24 种，年度间变异系数分别为 27% 和 22%，且围栏内外物种数的变化区别较小；围栏内外的群落总盖度的变化范围分别在 69%～95% 和 40%～60%，

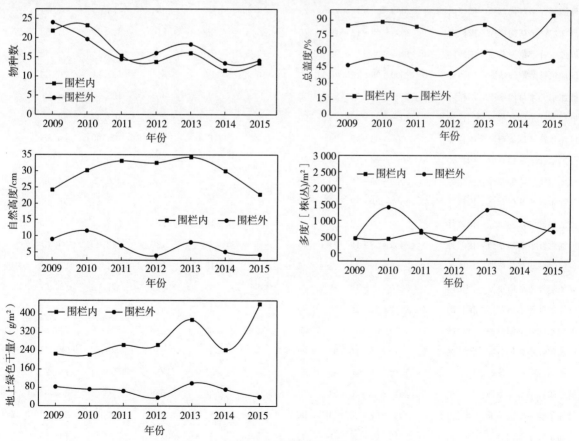

图 3-1　综合观测场群落特征的年际动态

年度间变异系数分别为 10％和 13％，且围栏内群落总盖度每年均高于围栏外；围栏内外的平均自然高度分别为 29.56 cm 和 6.97 cm，年度间变异系数分别为 15％ 和 40％，且围栏内比围栏外高 3 倍；围栏内外的平均多度分别为 499 株/m² 和 853 株/m²，年度间变异系数分别为 39％和 47％，7 年间围栏内的变化不明显，围栏外的波动性变化较大，变化范围在（436～1 409）株/m² 之间；在群落调查的 7 年间，围栏内外的群落地上绿色干生物量的变化范围分别在（222.91～444.24）g/m² 和（36.53～99.30）g/m² 之间，年度间变异系数分别为 29％和 34％，围栏内高于围栏外，平均高达 3 倍，且到第 7 年（即 2015 年）围栏内外间的差异达到最大。

2009—2015 年综合观测场群落特征见表 3-16。

表 3-16　2009—2015 年综合观测场群落特征

草地类型	利用方式	样方号	取样日期（年-月-日）	植物种数	总盖度	自然高度/cm	绝对高度/cm	多度/［株（丛）］/m²	地上绿色鲜量/（g/m²）	地上绿色干量/（g/m²）	凋落物干重/（g/m²）
贝加尔针茅草甸草原	围栏内	1	2009-08-12	22	90	29	35	351	501.06	263.07	20.37
贝加尔针茅草甸草原	围栏内	2	2009-08-12	21	90	33	36	360	529.01	304.87	48.88
贝加尔针茅草甸草原	围栏内	3	2009-08-12	16	80	22	26	746	607.30	362.10	32.36
贝加尔针茅草甸草原	围栏内	4	2009-08-12	20	95	22	25	577	353.34	183.74	61.5
贝加尔针茅草甸草原	围栏内	5	2009-08-12	24	80	20	22	572	317.11	163.81	51.47
贝加尔针茅草甸草原	围栏内	6	2009-08-12	29	90	23	25	342	361.25	166.18	49.91
贝加尔针茅草甸草原	围栏内	7	2009-08-12	15	80	19	20	353	336.75	202.38	15.05
贝加尔针茅草甸草原	围栏内	8	2009-08-12	24	75	29	33	354	473.53	222.74	20.07
贝加尔针茅草甸草原	围栏内	9	2009-08-12	19	75	26	28	310	388.99	219.88	27.99
贝加尔针茅草甸草原	围栏内	10	2009-08-12	28	95	19	21	496	347.15	178.68	74.47
贝加尔针茅草甸草原	围栏外	1	2009-08-12	26	50	10	12	301	222.71	107.53	
贝加尔针茅草甸草原	围栏外	2	2009-08-12	20	50	7	9	401	125.58	58.39	
贝加尔针茅草甸草原	围栏外	3	2009-08-12	23	60	8	9	203	102.82	56.92	
贝加尔针茅草甸草原	围栏外	4	2009-08-12	29	35	5	6	399	106.98	55.58	
贝加尔针茅草甸草原	围栏外	5	2009-08-12	25	50	9	11	328	160.34	81.65	
贝加尔针茅草甸草原	围栏外	6	2009-08-12	16	50	6	7	636	92.83	54.92	
贝加尔针茅草甸草原	围栏外	7	2009-08-12	33	45	6	7	515	141.64	76.28	
贝加尔针茅草甸草原	围栏外	8	2009-08-12	24	45	17	18	544	242.92	134.19	
贝加尔针茅草甸草原	围栏外	9	2009-08-12	21	45	8	9	787	142.20	81.40	
贝加尔针茅草甸草原	围栏外	10	2009-08-12	23	45	14	15	340	271.92	130.62	
贝加尔针茅草甸草原	围栏内	1	2010-08-10	19	90	31	33	343	377.58	180.67	38.19
贝加尔针茅草甸草原	围栏内	2	2010-08-10	22	90	37	38	456	639.22	274.23	53.54
贝加尔针茅草甸草原	围栏内	3	2010-08-10	31	90	28	32	313	504.69	234.81	39.60
贝加尔针茅草甸草原	围栏内	4	2010-08-10	31	90	33	34	340	541.2	228.14	52.22
贝加尔针茅草甸草原	围栏内	5	2010-08-10	26	90	29	31	282	503.34	219.22	
贝加尔针茅草甸草原	围栏内	6	2010-08-10	24	90	21	26	528	530.44	209.45	20.60
贝加尔针茅草甸草原	围栏内	7	2010-08-10	21	90	27	29	523	499.55	202.31	37.42
贝加尔针茅草甸草原	围栏内	8	2010-08-10	18	90	42	43	215	430.27	181.64	18.73
贝加尔针茅草甸草原	围栏内	9	2010-08-10	18	80	28	31	850	635.18	291.52	41.10

（续）

草地类型	利用方式	样方号	取样日期（年-月-日）	植物种数	总盖度	自然高度/cm	绝对高度/cm	多度/[株(丛)/m²]	地上绿色鲜量/(g/m²)	地上绿色干量/(g/m²)	凋落物干重/(g/m²)
贝加尔针茅草甸草原	围栏内	10	2010 - 08 - 10	22	85	26	29	467	499.00	207.13	34.71
贝加尔针茅草甸草原	围栏外	1	2010 - 08 - 10	8	60	11	13	2 992	152.18	60.89	
贝加尔针茅草甸草原	围栏外	2	2010 - 08 - 10	12	60	6	7	620	66.11	27.06	
贝加尔针茅草甸草原	围栏外	3	2010 - 08 - 10	18	60	11	12	2 831	237.19	80.68	
贝加尔针茅草甸草原	围栏外	4	2010 - 08 - 10	36	35	11	14	222	230.06	78.73	
贝加尔针茅草甸草原	围栏外	5	2010 - 08 - 10	22	55	13	15	228	95.95	32.71	
贝加尔针茅草甸草原	围栏外	6	2010 - 08 - 10	22	50	10	12	1 469	178.98	63.13	
贝加尔针茅草甸草原	围栏外	7	2010 - 08 - 10	19	50	8	10	3 048	205.75	83.15	
贝加尔针茅草甸草原	围栏外	8	2010 - 08 - 10	23	60	23	25	229	279.70	96.48	
贝加尔针茅草甸草原	围栏外	9	2010 - 08 - 10	18	60	9	10	2094	207.62	83.01	
贝加尔针茅草甸草原	围栏外	10	2010 - 08 - 10	18	45	14	18	355	342.42	120.35	
贝加尔针茅草甸草原	围栏内	1	2011 - 08 - 12	8	80	41	42	942	681.05	356.17	187.92
贝加尔针茅草甸草原	围栏内	2	2011 - 08 - 12	20	95	29	31	560	630.68	261.7	132.57
贝加尔针茅草甸草原	围栏内	3	2011 - 08 - 12	18	80	35	36	301	462.25	225.49	161.30
贝加尔针茅草甸草原	围栏内	4	2011 - 08 - 12	15	80	28	29	420	505.07	252.41	68.10
贝加尔针茅草甸草原	围栏内	5	2011 - 08 - 12	12	80	35	36	884	446.26	225.05	169.10
贝加尔针茅草甸草原	围栏内	6	2011 - 08 - 12	22	85	37	38	233	521.16	200.82	161.35
贝加尔针茅草甸草原	围栏内	7	2011 - 08 - 12	23	95	26	28	564	553.86	234.71	130.07
贝加尔针茅草甸草原	围栏内	8	2011 - 08 - 12	4	85	35	36	799	755.00	336.04	140.96
贝加尔针茅草甸草原	围栏内	9	2011 - 08 - 12	9	85	41	42	1 224	876.28	381.05	179.81
贝加尔针茅草甸草原	围栏内	10	2011 - 08 - 12	22	75	25	26	347	396.5	183.81	193.76
贝加尔针茅草甸草原	围栏外	1	2011 - 08 - 12	10	40	3	4	826	196.41	75.11	
贝加尔针茅草甸草原	围栏外	2	2011 - 08 - 12	17	45	13	14	1 326	232.77	89.59	
贝加尔针茅草甸草原	围栏外	3	2011 - 08 - 12	11	40	5	6	423	151.47	48.82	
贝加尔针茅草甸草原	围栏外	4	2011 - 08 - 12	21	50	7	8	251	166.13	60.65	
贝加尔针茅草甸草原	围栏外	5	2011 - 08 - 12	12	40	5	6	308	107.24	33.02	
贝加尔针茅草甸草原	围栏外	6	2011 - 08 - 12	11	40	8	9	311	134.16	46.15	
贝加尔针茅草甸草原	围栏外	7	2011 - 08 - 12	19	40	8	10	1 157	200.17	73.12	
贝加尔针茅草甸草原	围栏外	8	2011 - 08 - 12	15	50	5	6	403	167.68	53.45	
贝加尔针茅草甸草原	围栏外	9	2011 - 08 - 12	9	50	9	10	458	273.18	89.93	
贝加尔针茅草甸草原	围栏外	10	2011 - 08 - 12	19	40	7	8	1 336	216.72	79.62	
贝加尔针茅草甸草原	围栏内	1	2012 - 08 - 13	16	75	36	37	289	459.63	236.93	269.35
贝加尔针茅草甸草原	围栏内	2	2012 - 08 - 13	16	85	32	33	431	475.72	242.51	360.17
贝加尔针茅草甸草原	围栏内	3	2012 - 08 - 13	11	70	30	32	431	511.73	245.97	49.80
贝加尔针茅草甸草原	围栏内	4	2012 - 08 - 13	13	80	32	33	561	581.19	304.72	354.97
贝加尔针茅草甸草原	围栏内	5	2012 - 08 - 13	15	85	35	36	528	584.91	316.39	251.97
贝加尔针茅草甸草原	围栏内	6	2012 - 08 - 13	19	70	28	29	224	403.25	184.01	170.94

（续）

草地类型	利用方式	样方号	取样日期 (年-月-日)	植物种数	总盖度	自然高度/ cm	绝对高度/ cm	多度/〔株 (丛) /m²〕	地上绿色 鲜量/ (g/m²)	地上绿色 干量/ (g/m²)	凋落物 干重/ (g/m²)
贝加尔针茅草甸草原	围栏内	7	2012 - 08 - 13	12	80	21	22	686	583.03	326.10	369.18
贝加尔针茅草甸草原	围栏内	8	2012 - 08 - 13	6	85	46	47	823	592.86	347.07	239.18
贝加尔针茅草甸草原	围栏内	9	2012 - 08 - 13	12	60	34	39	232	391.81	207.45	149.09
贝加尔针茅草甸草原	围栏内	10	2012 - 08 - 13	17	85	32	33	351	480.58	253.57	490.04
贝加尔针茅草甸草原	围栏外	1	2012 - 08 - 13	10	40	4	6	840	65.68	36.15	
贝加尔针茅草甸草原	围栏外	2	2012 - 08 - 13	10	50	3	4	426	75.28	32.36	7.91
贝加尔针茅草甸草原	围栏外	3	2012 - 08 - 13	13	40	5	6	881	78.76	40.10	5.00
贝加尔针茅草甸草原	围栏外	4	2012 - 08 - 13	9	50	4	5	285	59.61	28.83	7.01
贝加尔针茅草甸草原	围栏外	5	2012 - 08 - 13	23	35	5	5	426	82.31	43.07	
贝加尔针茅草甸草原	围栏外	6	2012 - 08 - 13	15	40	3	4	293	59.45	27.86	6.17
贝加尔针茅草甸草原	围栏外	7	2012 - 08 - 13	19	35	4	5	238	58.17	28.94	
贝加尔针茅草甸草原	围栏外	8	2012 - 08 - 13	23	35	3	4	444	81.75	43.22	
贝加尔针茅草甸草原	围栏外	9	2012 - 08 - 13	16	45	4	5	94	49.40	35.83	8.91
贝加尔针茅草甸草原	围栏外	10	2012 - 08 - 13	22	30	3	4	430	97.03	48.93	
贝加尔针茅草甸草原	围栏内	1	2013 - 08 - 11	16	95	33	35	297	802.94	365.32	269.16
贝加尔针茅草甸草原	围栏内	2	2013 - 08 - 11	19	85	35	38	554	625.88	276.89	423.13
贝加尔针茅草甸草原	围栏内	3	2013 - 08 - 11	10	80	33	56	237	810.79	317.82	466.24
贝加尔针茅草甸草原	围栏内	4	2013 - 08 - 11	14	85	48	54	265	814.45	355.90	390.39
贝加尔针茅草甸草原	围栏内	5	2013 - 08 - 11	15	95	38	39	254	680.45	292.09	327.14
贝加尔针茅草甸草原	围栏内	6	2013 - 08 - 11	15	85	27	31	543	855.92	449.85	
贝加尔针茅草甸草原	围栏内	7	2013 - 08 - 11	13	95	47	52	327	984.18	341.14	349.96
贝加尔针茅草甸草原	围栏内	8	2013 - 08 - 11	21	80	18	20	557	768.43	363.61	452.97
贝加尔针茅草甸草原	围栏内	9	2013 - 08 - 11	20	80	28	31	570	697.87	332.06	323.22
贝加尔针茅草甸草原	围栏内	10	2013 - 08 - 11	17	80	35	38	563	1 128.40	668.04	
贝加尔针茅草甸草原	围栏外	1	2013 - 08 - 11	21	70	8	9	729	343.32	113.08	
贝加尔针茅草甸草原	围栏外	2	2013 - 08 - 11	21	50	6	8	1 786	203.59	77.36	
贝加尔针茅草甸草原	围栏外	3	2013 - 08 - 11	19	55	7	10	386	263.20	106.20	
贝加尔针茅草甸草原	围栏外	4	2013 - 08 - 11	18	65	13	15	3 306	384.91	143.38	
贝加尔针茅草甸草原	围栏外	5	2013 - 08 - 11	26	70	5	7	591	169.66	60.30	
贝加尔针茅草甸草原	围栏外	6	2013 - 08 - 11	18	60	7	9	514	255.36	81.54	
贝加尔针茅草甸草原	围栏外	7	2013 - 08 - 11	13	55	12	13	850	345.47	126.42	
贝加尔针茅草甸草原	围栏外	8	2013 - 08 - 11	15	55	4	6	1 399	159.55	55.30	
贝加尔针茅草甸草原	围栏外	9	2013 - 08 - 11	17	65	11	14	3 087	472.74	160.18	
贝加尔针茅草甸草原	围栏外	10	2013 - 08 - 11	15	55	7	8	651	189.71	69.25	
贝加尔针茅草甸草原	围栏内	1	2014 - 08 - 21	6	90	29	41	265	453.67	167.50	794.23
贝加尔针茅草甸草原	围栏内	2	2014 - 08 - 21	5	45	24	23	159	375.07	175.11	131.52
贝加尔针茅草甸草原	围栏内	3	2014 - 08 - 21	8	40	42	44	227	466.56	218.04	256.92

（续）

草地类型	利用方式	样方号	取样日期（年-月-日）	植物种数	总盖度	自然高度/cm	绝对高度/cm	多度/[株（丛）/m²]	地上绿色鲜量/(g/m²)	地上绿色干量/(g/m²)	凋落物干重/(g/m²)
贝加尔针茅草甸草原	围栏内	4	2 014 - 08 - 21	4	70	47	48	294	1 857.10	479.84	864.93
贝加尔针茅草甸草原	围栏内	5	2 014 - 08 - 21	10	80	27	29	416	624.14	274.35	423.15
贝加尔针茅草甸草原	围栏内	6	2 014 - 08 - 21	18	60	24	26	297	385.81	175.98	297.38
贝加尔针茅草甸草原	围栏内	7	2 014 - 08 - 21	17	80	21	22	272	523.16	289.93	504.21
贝加尔针茅草甸草原	围栏内	8	2 014 - 08 - 21	17	75	30	34	163	427.39	186.54	416.79
贝加尔针茅草甸草原	围栏内	9	2 014 - 08 - 21	10	70	40	43	128	1 634.60	196.93	198.88
贝加尔针茅草甸草原	围栏内	10	2 014 - 08 - 21	20	80	16	16	256	518.68	282.63	245.11
贝加尔针茅草甸草原	围栏外	1	2 014 - 08 - 21	14	55	4	7	2 076	258.53	99.92	
贝加尔针茅草甸草原	围栏外	2	2 014 - 08 - 21	12	55	3	5	230	71.58	29.94	
贝加尔针茅草甸草原	围栏外	3	2 014 - 08 - 21	13	35	5	6	187	90.17	39.79	
贝加尔针茅草甸草原	围栏外	4	2 014 - 08 - 21	10	50	5	7	426	185.19	66.94	
贝加尔针茅草甸草原	围栏外	5	2 014 - 08 - 21	20	60	7	10	2 113	261.34	112.85	
贝加尔针茅草甸草原	围栏外	6	2 014 - 08 - 21	9	35	4	5	388	139.60	49.48	
贝加尔针茅草甸草原	围栏外	7	2 014 - 08 - 21	13	60	8	11	3 344	312.10	118.05	
贝加尔针茅草甸草原	围栏外	8	2 014 - 08 - 21	14	55	5	7	356	126.14	50.47	
贝加尔针茅草甸草原	围栏外	9	2 014 - 08 - 21	9	40	4	8	99	142.88	54.03	
贝加尔针茅草甸草原	围栏外	10	2 014 - 08 - 21	20	55	6	9	893	273.88	100.58	
贝加尔针茅草甸草原	围栏内	1	2 015 - 08 - 12	10	95	39	40	662	1 324.00	430.91	
贝加尔针茅草甸草原	围栏内	2	2 015 - 08 - 12	11	95	17	18	1 242	1 263.40	581.97	
贝加尔针茅草甸草原	围栏内	3	2 015 - 08 - 12	9	95	27	31	744	947.28	70.16	
贝加尔针茅草甸草原	围栏内	4	2 015 - 08 - 12	21	95	25	27	563	865.69	346.27	
贝加尔针茅草甸草原	围栏内	5	2 015 - 08 - 12	8	95	18	19	1 226	1 210.60	568.24	
贝加尔针茅草甸草原	围栏内	6	2 015 - 08 - 12	13	95	19	21	791	1 010.80	455.73	
贝加尔针茅草甸草原	围栏内	7	2 015 - 08 - 12	13	95	17	18	1 208	1 614.10	747.13	
贝加尔针茅草甸草原	围栏内	8	2 015 - 08 - 12	18	95	28	33	320	747.87	294.85	
贝加尔针茅草甸草原	围栏内	9	2 015 - 08 - 12	17	95	23	24	659	1 113.80	341.91	
贝加尔针茅草甸草原	围栏内	10	2 015 - 08 - 12	14	95	16	17	1 253	1 436.30	605.25	
贝加尔针茅草甸草原	围栏外	1	2 015 - 08 - 12	11	60	2	3	1 208	174.44	66.55	
贝加尔针茅草甸草原	围栏外	2	2 015 - 08 - 12	11	45	7	9	298	56.27	21.37	
贝加尔针茅草甸草原	围栏外	3	2 015 - 08 - 12	10	60	5	6	813	94.57	40.47	
贝加尔针茅草甸草原	围栏外	4	2 015 - 08 - 12	18	50	6	7	333	84.57	33.00	
贝加尔针茅草甸草原	围栏外	5	2 015 - 08 - 12	16	45	2	3	794	129.79	51.10	
贝加尔针茅草甸草原	围栏外	6	2 015 - 08 - 12	16	60	4	6	1 098	101.13	36.30	
贝加尔针茅草甸草原	围栏外	7	2 015 - 08 - 12	14	45	4	5	362	51.93	19.10	
贝加尔针茅草甸草原	围栏外	8	2 015 - 08 - 12	20	50	3	4	570	136.14	51.34	
贝加尔针茅草甸草原	围栏外	9	2 015 - 08 - 12	14	60	4	6	651	117.84	49.52	
贝加尔针茅草甸草原	围栏外	10	2 015 - 08 - 12	11	45	4	6	449	70.56	26.52	

（2）辅助观测场群落特征

2009—2015 年羊草草甸草原综合观测场的群落特征呈现波动性动态变化（图 3 - 2）。7 年间围栏内外的群落物种的变化范围分别在 14~26 种和 9~22 种之间，年度间变异系数分别为 20％和 26％，且围栏内外变化区别较小；围栏内外的群落总盖度的变化范围分别在 57％~85％和 25％~72％，年度间变异系数分别为 12％和 29％，且围栏内外变化趋势类似，但每年围栏内均高于围栏外；围栏内外的平均自然高度分别为 25.26 cm 和 12.03 cm，年度间变异系数分别为 21％和 54％，且围栏外比围栏内低 52.38％；围栏内外的平均多度分别为 382 株/m² 和 670 株/m²，除 2014 年外，其他时间围栏内外群落多度的变化不明显；在群落调查的 7 年间，围栏内外的群落地上绿色干生物量的变化范围分别在 109.77~212.37 g/m² 和 25.41~149.35 g/m²，年度间变异系数分别为 20％和 56％，围栏内地上绿色干生物量每年均高于围栏外，围栏外的地上绿色干生物量比围栏内低 53.70％，且自 2012 年以后，围栏内比围栏外的差距大并稳定。

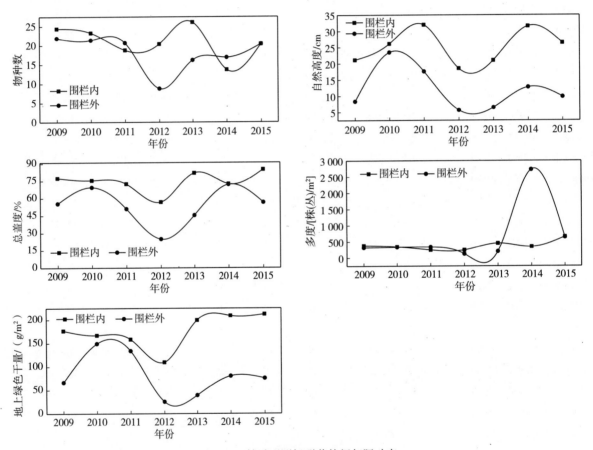

图 3 - 2　辅助观测场群落特征年际动态

2009—2015 年辅助观测场群落特征见表 3 - 17。

表 3 - 17　2009—2015 年辅助观测场群落特征

草地类型	利用方式	样方号	取样日期（年-月-日）	植物种数	总盖度	自然高度/cm	绝对高度/cm	多度/[株（丛）/m²]	地上绿色鲜量/（g/m²）	地上绿色干量/（g/m²）	凋落物干重/（g/m²）
羊草草甸草原	围栏内	1	2009 - 08 - 10	28	90	21	21	280	375.81	152.57	
羊草草甸草原	围栏内	2	2009 - 08 - 10	27	70	17	19	300	425.90	172.52	27.61

（续）

草地类型	利用方式	样方号	取样日期（年-月-日）	植物种数	总盖度	自然高度/cm	绝对高度/cm	多度/〔株（丛）/m²〕	地上绿色鲜量/（g/m²）	地上绿色干量/（g/m²）	凋落物干重/（g/m²）
羊草草甸草原	围栏内	3	2009 - 08 - 10	31	70	17	19	500	444.19	196.00	78.27
羊草草甸草原	围栏内	4	2009 - 08 - 10	26	75	24	27	360	351.46	153.06	
羊草草甸草原	围栏内	5	2009 - 08 - 10	21	75	24	26	281	435.68	186.04	7.68
羊草草甸草原	围栏内	6	2009 - 08 - 10	22	85	21	24	474	467.77	205.63	44.22
羊草草甸草原	围栏内	7	2009 - 08 - 10	23	75	22	24	498	437.33	178.74	29.09
羊草草甸草原	围栏内	8	2009 - 08 - 10	23	75	25	27	332	372.65	171.38	28.68
羊草草甸草原	围栏内	9	2009 - 08 - 10	19	75	19	20	256	378.91	157.26	21.18
羊草草甸草原	围栏内	10	2009 - 08 - 10	24	85	21	23	540	440.17	194.52	45.40
羊草草甸草原	围栏外	1	2009 - 08 - 10	24	40	6	7	370	129.66	48.77	
羊草草甸草原	围栏外	2	2009 - 08 - 10	18	55	9	9	404	119.63	57.78	
羊草草甸草原	围栏外	3	2009 - 08 - 10	24	45	8	9	219	133.48	65.40	
羊草草甸草原	围栏外	4	2009 - 08 - 10	19	60	8	10	184	131.46	61.77	
羊草草甸草原	围栏外	5	2009 - 08 - 10	21	50	8	9	405	130.03	59.82	
羊草草甸草原	围栏外	6	2009 - 08 - 10	26	65	10	11	432	215.48	109.21	
羊草草甸草原	围栏外	7	2009 - 08 - 10	21	50	9	11	267	144.40	60.61	
羊草草甸草原	围栏外	8	2009 - 08 - 10	21	65	6	7	234	111.33	56.24	
羊草草甸草原	围栏外	9	2009 - 08 - 10	27	70	13	14	389	230.47	92.41	
羊草草甸草原	围栏外	10	2009 - 08 - 10	18	55	8	12	283	118.42	56.42	
羊草草甸草原	围栏内	1	2010 - 7 - 25	23	85	27	29	312	432.10	158.40	
羊草草甸草原	围栏内	2	2010 - 7 - 25	26	70	24	27	278	477.30	187.18	47.48
羊草草甸草原	围栏内	3	2010 - 7 - 25	22	80	23	25	325	423.52	175.10	31.43
羊草草甸草原	围栏内	4	2010 - 7 - 25	23	70	26	29	303	435.29	171.83	21.77
羊草草甸草原	围栏内	5	2010 - 7 - 25	22	75	34	35	324	316.32	141.17	3.92
羊草草甸草原	围栏内	6	2010 - 7 - 25	22	90	26	27	531	444.11	179.49	51.36
羊草草甸草原	围栏内	7	2010 - 7 - 25	22	70	23	24	318	313.48	125.41	36.45
羊草草甸草原	围栏内	8	2010 - 7 - 25	28	70	24	25	270	478.72	210.22	31.36
羊草草甸草原	围栏内	9	2010 - 7 - 25	22	80	33	35	316	370.97	147.77	25.31
羊草草甸草原	围栏内	10	2010 - 7 - 25	23	65	21	22	497	366.01	174.56	53.08
羊草草甸草原	围栏外	1	2010 - 7 - 25	19	60	23	25	288	388.79	179.31	
羊草草甸草原	围栏外	2	2010 - 7 - 25	11	50	19	20	506	236.64	105.77	
羊草草甸草原	围栏外	3	2010 - 7 - 25	20	90	30	32	295	380.97	177.17	
羊草草甸草原	围栏外	4	2010 - 7 - 25	23	65	21	23	293	344.97	159.49	
羊草草甸草原	围栏外	5	2010 - 7 - 25	25	65	23	25	311	323.46	128.10	
羊草草甸草原	围栏外	6	2010 - 7 - 25	30	75	21	22	369	509.92	194.50	
羊草草甸草原	围栏外	7	2010 - 7 - 25	23	80	21	22	389	372.45	156.13	
羊草草甸草原	围栏外	8	2010 - 7 - 25	18	85	30	32	251	310.09	139.89	
羊草草甸草原	围栏外	9	2010 - 7 - 25	19	65	24	26	318	300.74	131.54	

（续）

草地类型	利用方式	样方号	取样日期（年-月-日）	植物种数	总盖度	自然高度/cm	绝对高度/cm	多度/〔株（丛）/m²〕	地上绿色鲜量/（g/m²）	地上绿色干量/（g/m²）	凋落物干重/（g/m²）
羊草草甸草原	围栏外	10	2010－7－25	26	60	21	22	321	295.42	121.57	
羊草草甸草原	围栏内	1	2011－08－11	16	80	28	29	339	370.22	144.28	93.36
羊草草甸草原	围栏内	2	2011－08－11	16	50	22	23	257	254.26	117.81	47.77
羊草草甸草原	围栏内	3	2011－08－11	20	70	26	27	226	355.19	133.45	130.63
羊草草甸草原	围栏内	4	2011－08－11	16	75	37	39	265	458.06	185.64	123.98
羊草草甸草原	围栏内	5	2011－08－11	19	85	30	32	254	408.88	169.69	75.33
羊草草甸草原	围栏内	6	2011－08－11	19	70	37	38	248	349.28	140.97	131.87
羊草草甸草原	围栏内	7	2011－08－11	20	65	41	42	390	450.35	211.62	59.44
羊草草甸草原	围栏内	8	2011－08－11	21	70	28	28	174	330.11	137.78	119.02
羊草草甸草原	围栏内	9	2011－08－11	25	85	28	29	200	446.23	185.94	41.91
羊草草甸草原	围栏内	10	2011－08－11	16	75	44	45	116	374.73	157.84	74.16
羊草草甸草原	围栏外	1	2011－08－11	25	55	21	23	406	481.34	186.33	7.01
羊草草甸草原	围栏外	2	2011－08－11	25	50	20	21	342	355.00	138.38	
羊草草甸草原	围栏外	3	2011－08－11	19	40	23	24	345	340.26	138.44	
羊草草甸草原	围栏外	4	2011－08－11	16	55	14	15	474	350.00	120.78	
羊草草甸草原	围栏外	5	2011－08－11	22	55	15	16	327	347.21	125.05	
羊草草甸草原	围栏外	6	2011－08－11	21	50	15	16	198	318.07	122.07	
羊草草甸草原	围栏外	7	2011－08－11	22	55	19	20	314	379.42	143.99	
羊草草甸草原	围栏外	8	2011－08－11	21	50	18	19	331	358.14	137.93	
羊草草甸草原	围栏外	9	2011－08－11	17	50	15	16	397	321.78	114.95	
羊草草甸草原	围栏外	10	2011－08－11	19	50	17	18	250	300.73	111.97	
羊草草甸草原	围栏内	1	2012－08－13	20	50	16	17	177	144.19	65.31	38.82
羊草草甸草原	围栏内	2	2012－08－13	20	45	11	11	367	161.29	84.77	39.42
羊草草甸草原	围栏内	3	2012－08－13	21	45	19	20	244	94.18	43.24	115.97
羊草草甸草原	围栏内	4	2012－08－13	17	55	19	21	242	276.97	160.16	27.98
羊草草甸草原	围栏内	5	2012－08－13	21	60	20	21	304	287.23	146.76	52.35
羊草草甸草原	围栏内	6	2012－08－13	22	65	23	24	231	202.39	103.47	253.74
羊草草甸草原	围栏内	7	2012－08－13	17	50	20	21	136	144.38	67.91	43.63
羊草草甸草原	围栏内	8	2012－08－13	27	60	15	16	327	264.38	130.89	65.01
羊草草甸草原	围栏内	9	2012－08－13	19	70	22	23	272	308.66	157.64	113.97
羊草草甸草原	围栏内	10	2012－08－13	20	68.75	22	23	156	281.34	137.55	113.97
羊草草甸草原	围栏外	1	2012－08－13	11	20	4	4	84	42.82	25.18	8.18
羊草草甸草原	围栏外	2	2012－08－13	10	35	5	6	134	56.76	30.64	12.76
羊草草甸草原	围栏外	3	2012－08－13	15	20	5	5	182	75.92	42.20	6.97
羊草草甸草原	围栏外	4	2012－08－13	5	35	10	11	146	42.79	26.26	21.83
羊草草甸草原	围栏外	5	2012－08－13	3	15	5	5	76	4.96	2.77	0.75
羊草草甸草原	围栏内	1	2013－08－13	29	85	19	20	650	471.81	179.00	63.50

（续）

草地类型	利用方式	样方号	取样日期（年-月-日）	植物种数	总盖度	自然高度/cm	绝对高度/cm	多度/[株（丛）/m²]	地上绿色鲜量/(g/m²)	地上绿色干量/(g/m²)	凋落物干重/(g/m²)
羊草草甸草原	围栏内	2	2013-08-13	27	85	20	24	437	539.30	200.86	108.94
羊草草甸草原	围栏内	3	2013-08-13	23	75	23	26	433	469.80	184.72	71.64
羊草草甸草原	围栏内	4	2013-08-13	25	70	22	25	303	549.87	236.51	2.17
羊草草甸草原	围栏内	5	2013-08-13	25	85	19	25	503	601.53	245.26	64.05
羊草草甸草原	围栏内	6	2013-08-13	27	85	24	26	388	522.40	191.53	60.75
羊草草甸草原	围栏内	7	2013-08-13	27	75	23	25	458	576.83	185.43	47.92
羊草草甸草原	围栏内	8	2013-08-13	31	85	18	24	393	613.38	193.73	52.67
羊草草甸草原	围栏内	9	2013-08-13	25	90	16	18	717	472.86	182.73	
羊草草甸草原	围栏内	10	2013-08-13	22	85	26	29	242	495.17	193.92	62.85
羊草草甸草原	围栏外	1	2013-08-13	19	45	9	11	148	131.16	57.54	
羊草草甸草原	围栏外	2	2013-08-13	21	45	8	9	180	130.58	57.60	
羊草草甸草原	围栏外	3	2013-08-13	17	50	7	8	222	97.49	39.92	
羊草草甸草原	围栏外	4	2013-08-13	16	45	7	9	158	90.89	37.45	
羊草草甸草原	围栏外	5	2013-08-13	13	45	5	7	237	104.21	38.86	
羊草草甸草原	围栏外	6	2013-08-13	15	40	5	11	126	79.52	30.78	
羊草草甸草原	围栏外	7	2013-08-13	18	50	8	9	323	110.40	41.56	
羊草草甸草原	围栏外	8	2013-08-13	15	45	6	7	242	84.17	37.68	
羊草草甸草原	围栏外	9	2013-08-13	16	40	4	8	120	52.38	20.90	
羊草草甸草原	围栏外	10	2013-08-13	12	50	7	9	286	78.22	29.41	
羊草草甸草原	围栏内	1	2014-08-17	12	60	23	18	276	395.68	176.38	65.66
羊草草甸草原	围栏内	2	2014-08-17	20	60	34	32	240	547.63	242.20	62.45
羊草草甸草原	围栏内	3	2014-08-17	13	80	30	28	662	425.22	184.65	73.23
羊草草甸草原	围栏内	4	2014-08-17	10	80	47	40	475	962.56	399.05	180.92
羊草草甸草原	围栏内	5	2014-08-17	19	65	28	26	353	456.88	186.44	60.81
羊草草甸草原	围栏内	6	2014-08-17	14	85	33	30	512	500.21	183.75	67.24
羊草草甸草原	围栏内	7	2014-08-17	14	85	29	26	131	463.84	193.61	99.98
羊草草甸草原	围栏内	8	2014-08-17	11	75	37	32	161	425.47	165.51	60.07
羊草草甸草原	围栏内	9	2014-08-17	12	55	38	36	372	470.46	200.47	61.04
羊草草甸草原	围栏内	10	2014-08-17	12	80	16	15	292	522.87	157.92	
羊草草甸草原	围栏外	1	2014-08-17	15	65	14	11	3036	274.57	72.93	
羊草草甸草原	围栏外	2	2014-08-17	20	65	14	11	2877	196.03	90.48	
羊草草甸草原	围栏外	3	2014-08-17	19	95	12	11	4828	303.44	141.27	
羊草草甸草原	围栏外	4	2014-08-17	11	60	15	12	2540	89.08	45.07	
羊草草甸草原	围栏外	5	2014-08-17	22	85	13	12	2891	295.65	122.89	
羊草草甸草原	围栏外	6	2014-08-17	15	65	14	12	2276	125.05	54.17	
羊草草甸草原	围栏外	7	2014-08-17	17	75	10	8	920	184.85	75.33	
羊草草甸草原	围栏外	8	2014-08-17	18	70	16	13	3274	158.13	68.04	

（续）

草地类型	利用方式	样方号	取样日期（年-月-日）	植物种数	总盖度	自然高度/cm	绝对高度/cm	多度/［株（丛）/m²］	地上绿色鲜量/（g/m²）	地上绿色干量/（g/m²）	凋落物干重/（g/m²）
羊草草甸草原	围栏外	9	2014 - 08 - 17	17	70	8	6	1285	112.33	54.17	
羊草草甸草原	围栏外	10	2014 - 08 - 17	15	70	14	13	3357	316.97	79.93	
羊草草甸草原	围栏内	1	2015 - 08 - 12	28	90	17	16	506	445.97	193.95	104.25
羊草草甸草原	围栏内	2	2015 - 08 - 12	25	85	28	25	521	501.68	220.15	116.21
羊草草甸草原	围栏内	3	2015 - 08 - 12	22	95	32	31	534	705.49	271.48	141.75
羊草草甸草原	围栏内	4	2015 - 08 - 12	20	70	23	20	523	401.44	154.48	90.28
羊草草甸草原	围栏内	5	2015 - 08 - 12	25	90	19	19	701	521.41	211.80	90.28
羊草草甸草原	围栏内	6	2015 - 08 - 12	24	75	22	19	519	473.49	227.53	135.04
羊草草甸草原	围栏内	7	2015 - 08 - 12	17	95	29	28	1166	580.00	222.70	91.45
羊草草甸草原	围栏内	8	2015 - 08 - 12	15	70	30	27	521	396.57	172.23	117.40
羊草草甸草原	围栏内	9	2015 - 08 - 12	17	85	31	27	474	427.21	183.23	89.07
羊草草甸草原	围栏内	10	2015 - 08 - 12	11	95	34	34	1086	656.60	266.14	120.09
羊草草甸草原	围栏外	1	2015 - 08 - 12	18	55	7	6	558	140.86	66.53	
羊草草甸草原	围栏外	2	2015 - 08 - 12	24	55	8	8	578	202.42	82.98	
羊草草甸草原	围栏外	3	2015 - 08 - 12	17	45	10	9	539	128.04	66.52	
羊草草甸草原	围栏外	4	2015 - 08 - 12	17	60	10	8	389	137.31	60.25	
羊草草甸草原	围栏外	5	2015 - 08 - 12	21	60	10	9	902	189.27	76.45	
羊草草甸草原	围栏外	6	2015 - 08 - 12	25	55	7	6	807	204.31	85.99	
羊草草甸草原	围栏外	7	2015 - 08 - 12	18	65	15	13	618	271.91	112.75	
羊草草甸草原	围栏外	8	2015 - 08 - 12	20	60	11	11	1305	200.07	84.24	
羊草草甸草原	围栏外	9	2015 - 08 - 12	18	60	9	7	193	121.60	41.85	
羊草草甸草原	围栏外	10	2015 - 08 - 12	26	50	11	10	546	195.49	78.25	

3.1.4　群落地下生物量

3.1.4.1　概述

本数据集记录了内蒙古呼伦贝尔台站贝加尔针茅草甸草原综合观测场（HLGZH01）、羊草草甸草原辅助观测场（HLGFZ01），在不同利用方式下，2009—2015 年生长季的群落地下生物量，测定指标包括 0～10 cm 根干重、10～20 cm 根干重、20～30 cm 根干重、30～40 cm 根干重、40～50 cm 根干重及 50～60 cm 根干重。

3.1.4.2　数据采集和处理方法

数据采集方法为按照不同利用方式，在不同利用方式下随机选取 3 个样点，采用经典壕沟法，进行 30 cm×30 cm×10 cm 土块切割，每 10 cm 为一层进行取样，取到 60 cm 深度，将样品分装到孔径为 0.25 mm 的尼龙网袋内，带回实验室进行筛根、洗根、称重。其中，采用湿选法把根从样品中分离出来，把样品放入细孔铁筛内，用小水流轻轻淘洗，把根洗出来拣净后，烘干、称重。取样频率为每年生长季（8 月）一次。

3.1.4.3 数据质量控制和评估

调查前期根据统一的调查规范方案，对所有参与调查的人员集中技术培训，尽可能地保证调查人员的固定性，减少人为误差。调查过程中，采用统一型号的工具进行操作，由于地下生物量测定的精确度与取样数量密切相关，在每种土地利用类型中，应保证随机选取 3~6 个取样点，确保结果有意义。调查完成后，调查人和记录人完成对实验数据的进一步核查，并补充相关信息，纸质版数据录入完成后，调查人和记录人对数据进行自查，检查原始记录表和电子版数据表的一致性，以确保数据输入的准确性。野外纸质原始数据集应妥善保存并备份，以备将来核查。

对原始数据采用阈值检查、一致性检查等方法进行质控。阈值检查是根据多年数据比对，对监测数据超出历史数据阈值范围的进行校验，删除异常值或标注说明；一致性检查主要对比数量级是否与其他测量值不同。

3.1.4.4 数据使用方法和建议

本数据集原始数据可通过内蒙古呼伦贝尔草原生态系统国家野外科学观测研究站网络（http：// hlg. cern. ac. cn/meta/metaData）获取数据服务，登录首页后点"资源服务"下的"数据服务"，进入相应页面。

3.1.4.5 数据

（1）综合观测场群落地下生物量

2009—2015 年贝加尔针茅草甸草原围栏内 0~60 cm 土层根系的现存量为 1 043.78 g/m²，其中 52.97% 的根系现存量分布于 0~10 cm 土层，随着土层的加深，根系现存量呈现快速的下降趋势，10~20 cm、20~30 cm、30~40 cm、40~50 cm、50~60 cm 的根系现存量分别约占 13.88%、25.40%、3.44%、3.00% 和 1.31%。而围栏外 0~60 cm 土层根系的现存量为 873.56 g/m²，其中 42.26% 的根系现存量分布于 0~10 cm 土层，随着土层的加深，根系现存量呈现快速的下降趋势，10~20 cm、20~30 cm、30~40 cm、40~50 cm、50~60 cm 的根系现存量分别约占 9.08%、39.32%、3.98%、3.67% 和 1.69%。贝加尔针茅草甸草原围栏外总地下生物量的年际动态呈现出先逐年快速下降，随后缓慢上升的趋势，在 2013—2014 年间达到最低点；围栏内地下生物量年际间呈波动性变化。2010 年后，围栏内地下总生物量均高于围栏外地下总生物量，说明放牧降低了贝加尔针茅草甸草原地下生物量。但从长远的发展看，草地的根系现存量仍处于基本的平衡状态（图 3-3）。

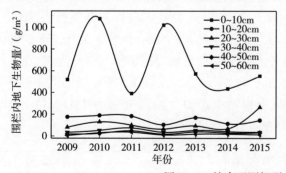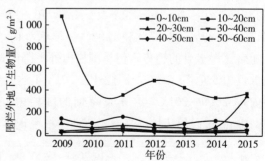

图 3-3　综合观测场群落地下生物量年际动态

综合观测场群落地下生物量见表 3-18。

表 3-18　综合观测场群落地下生物量（样方面积：0.3 m×0.3 m）

草地类型	利用方式	日期（年-月）	0~10 cm 根干重/(g/样方)	10~20 cm 根干重/(g/样方)	20~30 cm 根干重/(g/样方)	30~40 cm 根干重/(g/样方)	40~50 cm 根干重/(g/样方)	50~60 cm 根干重/(g/样方)
贝加尔针茅草甸草原	围栏内	2009-08	46.65	15.83	7.31	3.09	1.74	0.42

（续）

草地类型	利用方式	日期（年-月）	0～10 cm 根干重/(g/样方)	10～20 cm 根干重/(g/样方)	20～30 cm 根干重/(g/样方)	30～40 cm 根干重/(g/样方)	40～50 cm 根干重/(g/样方)	50～60 cm 根干重/(g/样方)
贝加尔针茅草甸草原	围栏外	2009 - 08	97.03	12.50	8.40	2.11	1.40	0.77
贝加尔针茅草甸草原	围栏内	2010 - 08	97.06	17.04	11.71	4.69	2.24	2.70
贝加尔针茅草甸草原	围栏外	2010 - 08	37.83	8.76	4.97	3.38	1.44	2.05
贝加尔针茅草甸草原	围栏内	2011 - 08	35.17	16.51	9.01	6.68	4.35	3.24
贝加尔针茅草甸草原	围栏外	2011 - 08	32.00	14.03	6.76	4.17	3.14	2.41
贝加尔针茅草甸草原	围栏内	2012 - 08	91.83	9.37	5.81	3.21	1.69	1.00
贝加尔针茅草甸草原	围栏外	2012 - 08	43.94	7.41	5.27	2.77	1.94	1.40
贝加尔针茅草甸草原	围栏内	2013 - 08	51.62	15.26	8.43	4.78	3.60	1.73
贝加尔针茅草甸草原	围栏外	2013 - 08	38.15	8.35	4.75	2.51	1.94	0.85
贝加尔针茅草甸草原	围栏内	2014 - 08	39.12	10.24	6.14	3.79	2.63	1.73
贝加尔针茅草甸草原	围栏外	2014 - 08	29.81	10.76	5.51	2.77	1.78	1.02
贝加尔针茅草甸草原	围栏内	2015 - 08	49.76	13.04	23.86	3.23	2.82	1.23
贝加尔针茅草甸草原	围栏外	2015 - 08	33.23	7.14	30.91	3.13	2.88	1.33

（2）辅助观测场群落地下生物量

2009—2015 年羊草草甸草原围栏内 0～60 cm 土层根系的现存量为 1 240.44 g/m²，其中 67.47%的根系现存量分布于 0～10 cm 土层，随着土层的加深，根系现存量呈现快速的下降趋势，10～20 cm、20～30 cm、30～40 cm、40～50 cm、50～60 cm 的根系现存量分别约占 17.52%、8.58%、3.07%、2.37%和 0.99%。而围栏外 0～60 cm 土层根系的现存量为 56.14 g/m²，其中 40.21%的根系现存量分布于 0～10 cm 土层，随着土层的加深，根系现存量呈现快速的下降趋势，10～20 cm、20～30 cm 、30～40 cm 、40～50 cm、50～60 cm 的根系现存量分别约占 10.37%、37.31%、6.26%、3.87%和 1.98%。羊草草甸草原总地下生物量的年际动态呈现出先逐年快速下降，随后缓慢上升的趋势，但是围栏内外下降的速率与达到最低量的时间不同（围栏内在 2012 年达到最低点为 617.78 g/m²，围栏外在 2013 年达到最低点为 397.22 g/m²，显然围栏外的下降速率高于围栏内）。2009—2015 年，羊草草甸的围栏内外地下根系生产力平均值分别为 1 470.13 g/m² 和 1 608.78 g/m²。但从长远来看，草地的根系现存量基本处于平衡状态（图 3-4）。

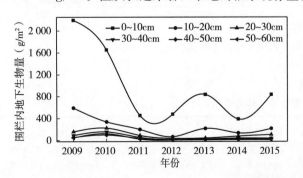
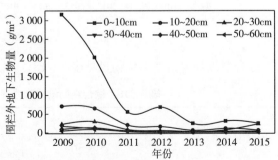

图 3-4　辅助观测场群落地下生物量年际动态

辅助观测场群落地下生物量见表 3 - 19。

表 3 - 19 辅助观测场群落地下生物量

样方面积：0.3 m×0.3 m

草地类型	利用方式	日期（年-月）	0～10 cm 根干重/（g/样方）	10～20 cm 根干重/（g/样方）	20～30 cm 根干重/（g/样方）	30～40 cm 根干重/（g/样方）	40～50 cm 根干重/（g/样方）	50～60 cm 根干重/（g/样方）
羊草草甸草原	围栏内	2009 - 08	197.43	53.23	14.27	8.25	5.06	4.39
羊草草甸草原	围栏外	2009 - 08	284.59	63.81	20.58	15.72	8.55	4.25
羊草草甸草原	围栏内	2010 - 08	148.94	30.49	20.34	14.05	9.02	11.10
羊草草甸草原	围栏外	2010 - 08	181.65	58.59	26.93	10.42	12.01	8.17
羊草草甸草原	围栏内	2011 - 08	40.98	18.02	8.20	4.92	3.39	2.19
羊草草甸草原	围栏外	2011 - 08	50.32	18.68	7.99	5.03	3.48	2.74
羊草草甸草原	围栏内	2012 - 08	43.02	6.05	3.43	1.54	0.94	0.62
羊草草甸草原	围栏外	2012 - 08	61.53	14.84	5.23	2.55	1.87	1.02
羊草草甸草原	围栏内	2013 - 08	75.333	19.56	3.877	2.16	1.647	0.905
羊草草甸草原	围栏外	2013 - 08	22.573	5.823	2.853	1.953	1.543	1.005
羊草草甸草原	围栏内	2014 - 08	35.06	12.13	7.01	3.72	2.10	1.17
羊草草甸草原	围栏外	2014 - 08	27.92	10.23	6.66	3.17	1.97	1.14
羊草草甸草原	围栏内	2015 - 08	75.33	19.56	9.57	3.43	2.65	1.10
羊草草甸草原	围栏外	2015 - 08	22.57	5.82	20.95	3.51	2.18	1.11

3.2 气象监测数据

3.2.1 概述

本数据集记录了内蒙古呼伦贝尔台站地区 2009—2015 年的逐月气象监测数据，测定内容包括温度、湿度、气压、降水、风速和辐射等方面。

3.2.2 数据采集和处理方法

数据采集由仪器设备直接获取，具体的观测要素则是根据原始数据，用 EXCEL 等数据分析工具，进一步计算得到。气象观测要素（温度）的监测指标包括日平均值月平均、日最大值月平均、日最小值月平均、月极大值、极大值日期、月极小值、极小值日期；气象观测要素（湿度）的监测指标包括日平均值月平均、日最小值月平均；气象观测要素（气压）的监测指标包括日平均值月平均、日最大值月平均、日最小值月平均、月极大值、极大值日期、月极小值、极小值日期；气象观测要素（降水）的监测指标包括合计、最高、日最大值出现时间；气象观测要素（风速）的监测指标包括月平均风速、最大风速、最大风速出现时间；气象观测要素（辐射）的监测指标包括总辐射总量平均值、光合有效辐射总量平均值。

气象观测方面的观测频率为自动气象站每月月底定期下载，人工气象由气象观测员每天按早（8时）、中（14时）、晚（20时）3 次进行观测。

3.2.3 数据质量控制和评估

调查前期根据统一的调查规范方案，对所有参与调查的人员集中技术培训，尽可能地保证调查人员的固定性，减少人为误差。调查过程中，定期进行自动气象站观测设备的日常维护，确保自动站系统正常工作。调查完成后，应保证人工气象观测数据及时完成电子化，调查人和记录人完成对人工调查数据的进一步核查，并补充相关信息，纸质版数据录入完成后，调查人和记录人对数据进行自查，检查原始记录表和电子版数据表的一致性，以确保数据输入的准确性。以此为基准，与自动气象站数据进行对比。检查数据的完整性，按照对比观测资料质量评估方法规定的参考标准值，保证缺测率小于 2%；从不同角度检验针对不同监测要素的数据质量，分别确定粗差率、对比差值、标准差、不确定度、风向相符率和百分误差等。野外纸质原始数据集妥善保存并备份，以备将来核查。

对原始数据采用阈值检查、一致性检查等方法进行质控。阈值检查是根据多年数据比对，对监测数据超出历史数据阈值范围的进行校验，删除异常值或标注说明；一致性检查主要对比数量级是否与其他测量值不同。

3.2.4　数据使用方法和建议

本数据集原始数据可通过内蒙古呼伦贝尔草原生态系统国家野外科学观测研究站网络（http：//hlg. cern. ac. cn/meta/metaData）获取数据服务，登录首页后点"资源服务"下的"数据服务"，进入相应页面。

3.2.5　数据

3.2.5.1　温度

气温的季节动态呈现出明显的单峰变化趋势，1 个生长季内，日平均气温与日最低气温值出现在每年的 1 月，分别为 −29.89 ℃ 和 −12.07 ℃。气温最高点出现在夏季 7 月，日平均气温与日最高气温分别为 19.59 ℃ 和 32.39 ℃。日平均气温的年际变化不大，以 2012 年为转折点，前期呈现逐渐降低的变化过程，此后气温呈现上升的趋势（图 3 − 5）。

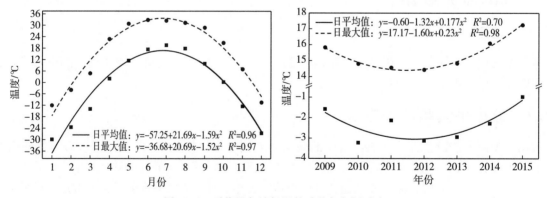

图 3 − 5　呼伦贝尔站气温的季节与年际动态

呼伦贝尔站 2009—2015 年的温度数据见表 3 − 20。

表 3 − 20　自动观测气象要素——温度

日期 （年-月）	日平均值 月平均/℃	日最大值 月平均/℃	日最小值 月平均/℃	月极大值/℃	极大值日期	月极小值/℃	极小值日期
2009 − 01	−26.2	−9.2	−41.2				
2009 − 02	−15.6	0.2	−29.1				
2009 − 03	−12.5	0.8	−27.4				
2009 − 04	4.6	24.6	−13.9	24.6	29	−13.9	1

（续）

日期 （年-月）	日平均值 月平均/℃	日最大值 月平均/℃	日最小值 月平均/℃	月极大值/℃	极大值日期	月极小值/℃	极小值日期
2009 - 05	12.4	33.2	−9.4	33.2	27	−9.4	9
2009 - 06	14.9	26.7	−2.1	26.7	13	−2.1	1
2009 - 07	18.3	32.9	7.1	32.9	31	7.1	3
2009 - 08	17.5	35.3	0.0	35.3	8	0.0	28
2009 - 09	9.5	25.5	−5.0	25.5	3	−5.0	16
2009 - 10	0.1	16.1	−17.4	16.1	9	−17.4	31
2009 - 11	−15.8	12.1	−39.1	12.1	5	−39.1	27
2009 - 12	−26.2	−8.3	−45.3	−8.3	24	−45.3	31
2010 - 01	−28.6	−7.8	−46.8	−7.8	29	−46.8	1
2010 - 02	−26.2	−7.6	−42.4	−7.6	23	−42.4	4
2010 - 03	−17.1	2.8	−39.0	2.8	29	−39.0	7
2010 - 04	−2.7	15.3	−20.7	15.3	24	−20.7	4
2010 - 05	12.4	31.0	−4.3	31.0	23	−4.3	4
2010 - 06	20.3	38.7	−1.2	38.7	26	−1.2	21
2010 - 07	20.0	33.5	7.0	33.5	2	7.0	8
2010 - 08	16.4	28.8	2.0	28.8	17	2.0	30
2010 - 09	10.4	29.7	−11.7	29.7	10	−11.7	23
2010 - 10	0.0	24.1	−21.8	24.1	5	−21.8	18
2010 - 11	−17.3	0.5	−41.4	0.5	17	−41.4	29
2010 - 12	−26.2	−11.4	−45.4	−11.4	4	−45.4	12
2011 - 01	−33.3	−15.7	−56.3	−15.7	31	−56.3	15
2011 - 02	−22.2	0.1	−43.0	0.1	22	−43.0	10
2011 - 03	−14.2	9.2	−37.7	9.2	30	−37.7	2
2011 - 04	2.9	19.0	−13.9	19.0	30	−13.9	2
2011 - 05	9.9	25.9	−6.2	25.9	25	−6.2	20
2011 - 06	18.6	35.2	−1.6	35.2	28	−1.6	1
2011 - 07	20.1	32.0	9.3	32.0	4	9.3	3
2011 - 08	18.9	31.3	2.8	31.3	8	2.8	19
2011 - 09	8.3	28.6	−8.2	28.6	12	−8.2	15
2011 - 10	1.6	20.0	−16.4	20.0	19	−16.4	26
2011 - 11	−2.5	7.1	−17.0	7.1	1	−17.0	3
2011 - 12	−33.7	−18.0	−47.7	−18.0	21	−47.7	24
2012 - 01	−34.7	−19.3	−53.8	−19.3	2	−53.8	23
2012 - 02	−27.1	−8.7	−46.8	−8.7	28	−46.8	1
2012 - 03	−14.6	7.9	−36.8	7.9	28	−36.8	9
2012 - 04	2.5	26.0	−19.5	26.0	23	−19.5	1
2012 - 05	11.7	31.3	−5.2	31.3	21	−5.2	5
2012 - 06	17.4	31.6	1.9	31.6	22	1.9	1

（续）

日期 （年-月）	日平均值 月平均/℃	日最大值 月平均/℃	日最小值 月平均/℃	月极大值/℃	极大值日期	月极小值/℃	极小值日期
2012 - 07	21.3	31.1	11.3	31.1	7	11.3	3
2012 - 08	20.2	32.0	10.0				
2012 - 09	11.0	29.4	−5.1	29.4	8	−5.1	29
2012 - 10	−0.4	20.2	−18.6	20.2	8	−18.6	30
2012 - 11	−14.9	3.8	−40.8	3.8	7	−40.8	30
2012 - 12	−29.8	−12.1	−45.5	−12.1	9	−45.5	22
2013 - 01	−31.3	−10.0	−54.1	−10.0	28	−54.1	11
2013 - 02	−27.8	−8.2	−43.7	−8.2	26	−43.7	10
2013 - 03	−16.6	−1.2	−36.3	−1.2	17	−36.3	20
2013 - 04	−1.8	19.9	−22.5	19.9	27	−22.5	4
2013 - 05	13.2	31.3	−0.7	31.3	6	−0.7	11
2013 - 06	16.1	30.8	2.7	30.8	24	2.7	2
2013 - 07	18.9	30.0	8.4	30.0	14	8.4	10
2013 - 08	16.5	29.5	1.9	29.5	2	1.9	31
2013 - 09	9.3	27.3	−9.3	27.3	8	−9.3	29
2013 - 10	0.4	23.8	−13.5	23.8	6	−13.5	16
2013 - 11	−10.7	8.6	−28.6	8.6	4	−28.6	25
2013 - 12	−21.5	−3.9	−35.5	−3.9	3	−35.5	26
2014 - 01	−29.9	−12.4	−45.9	−12.4	6	−45.9	13
2014 - 02	−26.0	−0.9	−41.2	−0.9	25	−41.2	9
2014 - 03	−11.7	13.6	−39.7	13.6	29	−39.7	6
2014 - 04	6.1	28.1	−16.5	28.1	29	−16.5	3
2014 - 05	10.6	35.4	−10.8	35.4	31	−10.8	2
2014 - 06	17.9	33.6	4.8	33.6	1	4.8	3
2014 - 07	17.8	31.2	8.3	31.2	1	8.3	6
2014 - 08	16.8	30.0	4.6	30.0	30	4.6	29
2014 - 09	10.4	29.2	−10.3	29.2	6	−10.3	29
2014 - 10	−0.6	16.5	−20.1	16.5	18	−20.1	27
2014 - 11	−13.2	2.5	−29.6	2.5	4	−29.6	24
2014 - 12	−25.6	−13.7	−41.6	−13.7	10	−41.6	17
2015 - 01	−25.2	−10.1	−39.4	−10.1	5	−39.4	27
2015 - 02	−19.5	−3.0	−34.2	−3.0	20	−34.2	8
2015 - 03	−11.0	0.4	−27.2				
2015 - 04	2.6	26.2	−21.2	26.2	29	−21.2	6
2015 - 05	10.0	27.3	−6.6	27.3	23	−6.6	16
2015 - 06	16.4	32.8	−2.7	32.8	15	−2.7	5
2015 - 07	20.7	36.0	1.6	36.0	13	1.6	3
2015 - 08	18.5	32.2	6.3	32.2	13	6.3	29

（续）

日期 （年-月）	日平均值 月平均/℃	日最大值 月平均/℃	日最小值 月平均/℃	月极大值/℃	极大值日期	月极小值/℃	极小值日期
2015 - 09	10.3	31.4	−6.3	31.4	15	−6.3	28
2015 - 10	1.0	24.9	−16.4	24.9	6	−16.4	25
2015 - 11	−13.0	14.6	−33.2	14.6	3	−33.2	23
2015 - 12	−22.6	−5.8	−41.0	−5.8	8	−41.0	28

3.2.5.2　湿度

根据图 3-6 所示，湿度的季节与年际动态呈现出波动变化，日平均湿度季节波动范围较日最小值低，且日最小湿度的变异系数均在 50 左右。日平均湿度的年际波动范围小，变异系数在 0~10 。

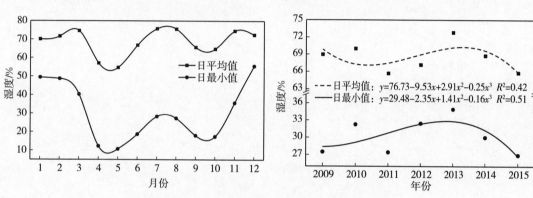

$$日平均值：y=76.73-9.53x+2.91x^2-0.25x^3 \quad R^2=0.42$$
$$日最小值：y=29.48-2.35x+1.41x^2-0.16x^3 \quad R^2=0.51$$

图 3-6　呼伦贝尔站湿度的季节与年际动态

呼伦贝尔站 2009 - 2015 年的湿度数据见表 3-21。

表 3-21　自动观测气象要素——湿度

日期（年-月）	日平均值月平均/%	日最小值月平均/%
2009 - 01	74.3	27
2009 - 02	68.5	32
2009 - 03	78.6	56
2009 - 04	56.6	12
2009 - 05	36.8	9
2009 - 06	69.5	25
2009 - 07	77.3	29
2009 - 08	74.3	19
2009 - 09	73.5	25
2009 - 10	71.1	21
2009 - 11	73.2	20
2009 - 12	73.8	55
2010 - 01	69.8	48
2010 - 02	72.5	53
2010 - 03	75.5	50
2010 - 04	66.8	16

（续）

日期（年-月）	日平均值月平均/%	日最小值月平均/%
2010 - 05	58.8	12
2010 - 06	61.4	13
2010 - 07	71.7	18
2010 - 08	76.6	29
2010 - 09	67.3	21
2010 - 10	64.7	15
2010 - 11	80.3	55
2010 - 12	74.3	57
2011 - 01	68.7	53
2011 - 02	75.0	49
2011 - 03	78.4	39
2011 - 04	54.4	8
2011 - 05	55.6	12
2011 - 06	54.9	14
2011 - 07	79.5	23
2011 - 08	71.6	27
2011 - 09	56.1	11
2011 - 10	57.3	12
2011 - 11	69.3	27
2011 - 12	67.5	54
2012 - 01	67.1	53
2012 - 02	72.3	51
2012 - 03	75.6	35
2012 - 04	51.3	12
2012 - 05	46.1	10
2012 - 06	69.5	20
2012 - 07	75.8	40
2012 - 08	68.3	38
2012 - 09	62.6	19
2012 - 10	69.5	22
2012 - 11	77.7	34
2012 - 12	70.3	55
2013 - 01	69.3	55
2013 - 02	70.3	56
2013 - 03	74.5	35
2013 - 04	70.6	20
2013 - 05	58.7	12
2013 - 06	75.2	28

（续）

日期（年-月）	日平均值月平均/%	日最小值月平均/%
2013 - 07	80.0	35
2013 - 08	81.4	31
2013 - 09	67.5	19
2013 - 10	70.4	22
2013 - 11	79.1	43
2013 - 12	76.9	63
2014 - 01	69.9	55
2014 - 02	70.0	52
2014 - 03	72.0	22
2014 - 04	48.6	8
2014 - 05	57.0	9
2014 - 06	73.3	18
2014 - 07	80.2	37
2014 - 08	76.1	23
2014 - 09	67.3	20
2014 - 10	62.5	18
2014 - 11	76.9	48
2014 - 12	71.5	50
2015 - 01	71.8	55
2015 - 02	73.2	48
2015 - 03	67.8	45
2015 - 04	51.3	10
2015 - 05	52.1	11
2015 - 06	63.9	13
2015 - 07	66.0	16
2015 - 08	81.0	24
2015 - 09	65.6	11
2015 - 10	57.9	12
2015 - 11	65.8	23
2015 - 12	73.3	55

3.2.5.3　气压

根据图 3-7 可知，2009—2015 年，呼伦贝尔站的平均气压呈现单峰变化，在 1—7 月气压呈现逐渐降低的趋势，7 月达到最低，气压为 931.87 hPa，变异系数为 0.22，7 月之后逐渐升高。这可能和气温变化以及牧草生长造成的大气密度和成分变化有关。2009—2015 年，气压呈现波动性变化，变异系数均较低，变化范围为 0～1，这可能与气候的波动变化有关。

196

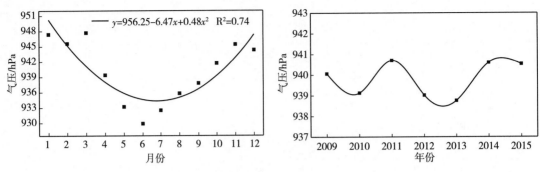

图 3-7　呼伦贝尔站气压的季节与年际动态

呼伦贝尔站 2009—2015 年的气压数据见表 3-22。

表 3-22　自动观测气象要素——气压

日期 （年-月）	日平均值 月平均/hPa	日最大值 月平均/hPa	日最小值 月平均/hPa	月极大值/hPa	极大值日期	月极小值/hPa	极小值日期
2009 - 01	947.4	956.8	931.3				
2009 - 02	945.6	955.1	929.7				
2009 - 03	947.7	955.7	931.8				
2009 - 04	939.4	950.3	925.8	950.3	25	925.8	14
2009 - 05	933.2	943.7	916.4	943.7	25	916.4	17
2009 - 06	929.9	940.9	909.5	940.9	14	909.5	20
2009 - 07	932.5	939.1	923.4	939.1	24	923.4	6
2009 - 08	935.8	944.3	927.6	944.3	29	927.6	1
2009 - 09	937.8	951.1	924.5	951.1	25	924.5	21
2009 - 10	941.7	957.1	924.9	957.1	30	924.9	18
2009 - 11	945.4	960.7	916.4	960.7	1	916.4	6
2009 - 12	944.3	955.9	931.7	955.9	18	931.7	24
2010 - 01	945.4	960.6	924.5	960.6	7	924.5	29
2010 - 02	943.8	958.6	922.5	958.6	11	922.5	23
2010 - 03	941.8	963.8	922.9	963.8	8	922.9	31
2010 - 04	939.3	951.0	919.3	951.0	22	919.3	8
2010 - 05	935.5	948.5	916.1	948.5	26	916.1	19
2010 - 06	935.2	943.8	926.1	943.8	2	926.1	30
2010 - 07	933.8	941.8	923.3	941.8	13	923.3	16
2010 - 08	936.0	949.6	925.9	949.6	26	925.9	3
2010 - 09	940.9	948.9	930.7	948.9	28	930.7	26
2010 - 10	942.8	956.4	928.0	956.4	18	928.0	5
2010 - 11	937.1	945.1	927.3	945.1	16	927.3	20
2010 - 12	938.0	948.8	922.9	948.8	13	922.9	4
2011 - 01	949.6	960.2	923.3	960.2	15	0.0	15
2011 - 02	944.1	960.7	924.2	960.7	27	924.2	23
2011 - 03	942.4	952.0	925.6	952.0	25	925.6	18

（续）

日期 （年-月）	日平均值 月平均/hPa	日最大值 月平均/hPa	日最小值 月平均/hPa	月极大值/hPa	极大值日期	月极小值/hPa	极小值日期
2011 - 04	937.5	956.1	922.6	956.1	1	922.6	14
2011 - 05	933.2	942.4	915.9	942.4	15	915.9	8
2011 - 06	932.2	942.5	923.1	942.5	25	923.1	28
2011 - 07	932.1	938.9	917.1	938.9	15	917.1	6
2011 - 08	936.7	945.0	929.8	945.0	26	929.8	8
2011 - 09	940.9	949.8	926.6	949.8	18	926.6	13
2011 - 10	942.3	952.5	925.5	952.5	2	925.5	15
2011 - 11	946.6	952.6	934.7	952.6	2	934.7	1
2011 - 12	950.8	961.4	939.1	961.4	29	939.1	21
2012 - 01	949.1	962.0	939.2	962.0	6	939.2	25
2012 - 02	943.0	954.4	934.1	954.4	1	934.1	5
2012 - 03	942.2	952.7	927.3	952.7	2	927.3	21
2012 - 04	931.5	945.0	914.5	945.0	1	914.5	8
2012 - 05	934.7	947.1	922.1	947.1	31	922.1	18
2012 - 06	932.1	945.0	920.1	945.0	1	920.1	10
2012 - 07	930.6	937.4	924.3	937.4	12	924.3	1
2012 - 08	934.4	938.4	922.4				
2012 - 09	942.2	949.9	933.2				
2012 - 10	940.8	952.5	930.4	952.5	29	930.4	24
2012 - 11	941.8	954.2	926.8	954.2	4	926.8	27
2012 - 12	945.8	956.5	930.4	956.5	11	930.4	2
2013 - 01	947.1	957.5	934.6	957.5	21	934.6	31
2013 - 02	944.8	957.4	929.2	957.4	8	929.2	27
2013 - 03	938.5	954.5	923.1	954.5	1	923.1	26
2013 - 04	936.9	948.6	923.6	948.6	19	923.6	12
2013 - 05	930.7	947.0	915.3	947.0	15	915.3	31
2013 - 06	933.9	943.8	925.6	943.8	4	925.6	27
2013 - 07	929.9	938.8	917.5	938.8	13	917.5	16
2013 - 08	932.7	943.0	922.7	943.0	20	922.7	4
2013 - 09	938.5	952.3	919.2	952.3	18	919.2	19
2013 - 10	945.3	953.1	930.1	953.1	16	930.1	8
2013 - 11	941.5	952.3	929.3	952.3	18	929.3	29
2013 - 12	945.3	959.5	918.9	959.5	17	918.9	31
2014 - 01	945.2	956.9	926.0	956.9	12	926.0	1
2014 - 02	948.8	959.7	923.9	959.7	17	923.9	2

（续）

日期 （年-月）	日平均值 月平均/hPa	日最大值 月平均/hPa	日最小值 月平均/hPa	月极大值/hPa	极大值日期	月极小值/hPa	极小值日期
2014 - 03	943.9	951.8	930.5	951.8	9	930.5	27
2014 - 04	941.1	954.1	927.5	954.1	3	927.5	30
2014 - 05	933.6	945.2	920.0	945.2	9	920.0	25
2014 - 06	936.3	944.3	927.7	944.3	3	927.7	25
2014 - 07	929.3	934.3	916.6	934.3	7	916.6	8
2014 - 08	937.6	945.4	931.6	945.4	29	931.6	10
2014 - 09	940.8	953.7	927.0	945.4	29	931.6	7
2014 - 10	943.4	957.2	923.5	957.2	27	923.5	19
2014 - 11	942.2	954.8	915.5	954.8	6	915.5	26
2014 - 12	945.0	954.3	935.1	954.3	9	935.1	3
2015 - 01	947.4	957.8	929.3	957.8	11	929.3	5
2015 - 02	944.6	956.1	929.7	956.1	2	929.7	21
2015 - 03	941.5	957.2	919.5				
2015 - 04	937.2	958.8	910.0	958.8	12	910.0	15
2015 - 05	931.6	944.7	916.9	944.7	9	916.9	12
2015 - 06	933.2	945.4	921.8	945.4	19	921.8	5
2015 - 07	934.9	941.9	925.7	941.9	9	925.7	1
2015 - 08	937.0	947.3	916.0	947.3	24	916.0	3
2015 - 09	941.2	953.5	930.5	953.5	29	930.5	20
2015 - 10	940.2	956.6	921.8	956.6	24	921.8	26
2015 - 11	950.1	965.3	926.8	965.3	23	926.8	3
2015 - 12	947.4	956.3	933.9	956.3	26	933.9	1

3.2.5.4　降水

　　呼伦贝尔站2009—2015年的降水数据见图3-8，表3-23。7年来，呼伦贝尔站降水量季节变化呈现出1—5月波动变化，5—6月急剧升高，6—8月的降水量均较高，8—12月逐渐降低，降水量最高点出现在植物生长盛期8月，为69.93 mm。2009—2015年降水量呈现出的变化趋势，其中2011—2012年的年降水量较低，这可能会影响群落植被的生长。

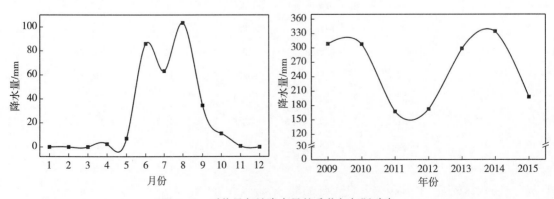

图3-8　呼伦贝尔站降水量的季节与年际动态

表 3-23　自动观测气象要素——降水

日期（年-月）	合计/mm	最高/mm	日最大值出现时间
2009 – 01	0.0	0.0	
2009 – 02	0.0	0.0	
2009 – 03	0.0	0.0	
2009 – 04	2.4	0.8	2
2009 – 05	7.0	1.8	30
2009 – 06	85.8	8.4	19
2009 – 07	63.2	11.6	21
2009 – 08	103.4	5.8	20
2009 – 09	34.6	4.4	4
2009 – 10	11.2	1.8	18
2009 – 11	0.8	0.4	7
2009 – 12	0.0	0.0	
2010 – 01	0.0	0.0	
2010 – 02	0.0	0.0	
2010 – 03	0.0	0.0	
2010 – 04	12.4	2.4	19
2010 – 05	63.6	7.6	31
2010 – 06	27.8	6.0	11
2010 – 07	66.6	14.6	17
2010 – 08	124.8	12.8	14
2010 – 09	8.8	1.2	26
2010 – 10	3.6	0.8	15
2010 – 11	0.0	0.0	
2010 – 12	0.0	0.0	
2011 – 01	−26.2	0.2	23
2011 – 02	4.0	1.8	22
2011 – 03	0.0	0.0	
2011 – 04	1.8	0.6	6
2011 – 05	27.4	5.6	11
2011 – 06	22.0	5.6	8
2011 – 07	128.3	14.6	12
2011 – 08	7.0	3.6	17
2011 – 09	1.6	0.4	29
2011 – 10	0.4	0.2	15
2011 – 11	0.8	0.2	4
2011 – 12	0.0	0.0	
2012 – 01	0.0	0.0	
2012 – 02	0.0	0.0	

（续）

日期（年-月）	合计/mm	最高/mm	日最大值出现时间
2012 – 03	2.0	0.6	29
2012 – 04	0.2	0.2	8
2012 – 05	28.4	2.6	30
2012 – 06	78.2	7.2	2
2012 – 07	20.4	9.4	8
2012 – 08			
2012 – 09	25.2	3.8	25
2012 – 10	14.6	3.6	12
2012 – 11	3.4	0.8	11
2012 – 12	0.0	0.0	
2013 – 01	0.0	0.0	
2013 – 02	0.0	0.0	
2013 – 03	2.2	1.6	27
2013 – 04	32.2	2.8	28
2013 – 05	65.0	5.2	28
2013 – 06	69.8	7.4	1
2013 – 07	61.4	1.8	30
2013 – 08	45.2	1.0	1
2013 – 09	10.8	0.4	29
2013 – 10	8.4	0.2	10
2013 – 11	3.4	0.8	13
2013 – 12	0.0	0.0	
2014 – 01	0.0	0.0	
2014 – 02	0.4	0.2	26
2014 – 03	1.4	0.4	15
2014 – 04	3.6	1.6	25
2014 – 05	21.0	3.0	25
2014 – 06	130.2	10.8	25
2014 – 07	65.2	6.6	7
2014 – 08	63.4	24.6	23
2014 – 09	32.6	5.2	13
2014 – 10	11.0	2.2	11
2014 – 11	5.8	1.2	1
2014 – 12	0.0	0.0	
2015 – 01	0.0	0.0	
2015 – 02	0.0	0.0	
2015 – 03	0.0	0.0	
2015 – 04	2.8	1.4	15

（续）

日期（年-月）	合计/mm	最高/mm	日最大值出现时间
2015 - 05	27.6	5.4	3
2015 - 06	39.2	4.0	17
2015 - 07	28.8	3.8	17
2015 - 08	75.8	7.8	6
2015 - 09	16.0	2.0	22
2015 - 10	7.6	2.0	26
2015 - 11	0.0	0.0	
2015 - 12	0.0	0.0	

3.2.5.5　风速

　　根据图 3 - 9 可知，2009—2015 年呼伦贝尔站的平均风速为 2.68 m/s。季节风速呈现波动性变化，4—5 月的风速最大，达到 3.64 m/s。风速的年际变化 2009—2019 年比较平稳，年际间变化不显著，且变异系数均在 15 以内。

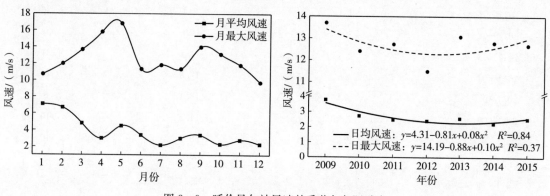

图 3 - 9　呼伦贝尔站风速的季节与年际动态

　　呼伦贝尔站 2009—2015 年的风速变化见表 3 - 24。

表 3 - 24　自动观测气象要素——风速

日期（年-月）	月平均风速/（m/s）	最大风速/（m/s）	最大风出现日期
2009 - 01	7.1	14.5	10
2009 - 02	6.7	14.6	12
2009 - 03	4.8	13.9	9
2009 - 04	3.0	17.2	14
2009 - 05	4.5	18.9	28
2009 - 06	3.4	12.3	19
2009 - 07	2.2	10.9	7
2009 - 08	3.0	128.0	14
2009 - 09	3.4	14.2	19
2009 - 10	2.3	9.7	23
2009 - 11	2.8	14.0	5

（续）

日期（年-月）	月平均风速/（m/s）	最大风速/（m/s）	最大风出现日期
2009 - 12	2.3	11.4	10
2010 - 01	2.3	13.2	23
2010 - 02	2.9	13.0	7
2010 - 03	3.7	14.7	4
2010 - 04	3.4	14.9	25
2010 - 05	3.3	14.7	23
2010 - 06	2.4	9.7	11
2010 - 07	2.1	12.0	31
2010 - 08	2.4	12.6	13
2010 - 09	2.8	12.9	25
2010 - 10	2.5	12.3	7
2010 - 11	2.4	8.0	21
2010 - 12	2.6	10.9	1
2011 - 01	1.1	8.4	30
2011 - 02	2.6	12.6	23
2011 - 03	2.3	14.4	31
2011 - 04	3.6	17.8	14
2011 - 05	3.4	18.4	8
2011 - 06	2.3	11.2	10
2011 - 07	2.5	68.0	10
2011 - 08	1.9	9.3	1
2011 - 09	3.1	15.4	27
2011 - 10	2.6	14.8	16
2011 - 11	3.1	9.4	1
2011 - 12	1.2	8.3	17
2012 - 01	0.9	7.6	11
2012 - 02	2.1	9.9	2
2012 - 03	2.3	11.7	21
2012 - 04	4.2	16.8	8
2012 - 05	4.0	18.4	22
2012 - 06	2.8	11.5	12
2012 - 07	1.8	9.5	11
2012 - 08	1.9	8.8	
2012 - 09	2.3	11.5	26
2012 - 10	2.8	11.7	12
2012 - 11	2.0	11.9	2
2012 - 12	1.8	8.6	1
2013 - 01	1.6	13.1	31

（续）

日期（年-月）	月平均风速/（m/s）	最大风速/（m/s）	最大风出现日期
2013 - 02	2.2	11.6	27
2013 - 03	3.1	16.4	6
2013 - 04	3.9	15.8	13
2013 - 05	3.7	14.8	17
2013 - 06	2.6	11.2	6
2013 - 07	2.0	14.3	22
2013 - 08	2.2	11.6	21
2013 - 09	3.5	15.9	19
2013 - 10	2.7	14.7	6
2013 - 11	2.1	9.9	9
2013 - 12	1.4	8.0	29
2014 - 01	1.4	7.1	7
2014 - 02	1.8	12.1	2
2014 - 03	1.7	10.5	31
2014 - 04	3.1	12.5	14
2014 - 05	3.0	16.7	28
2014 - 06	2.6	10.9	2
2014 - 07	2.6	11.4	4
2014 - 08	1.5	13.4	23
2014 - 09	2.6	16.7	14
2014 - 10	2.6	15.1	26
2014 - 11	2.5	17.0	26
2014 - 12	1.5	10.1	2
2015 — 01	1.5	11.1	5
2015 — 02	1.9	10.1	22
2015 — 03	2.5	14.1	21
2015 — 04	4.3	15.6	13
2015 — 05	3.4	15.8	15
2015 — 06	2.8	12.6	27
2015 — 07	1.9	12.9	17
2015 — 08	1.9	11.4	2
2015 — 09	3.0	11.3	9
2015 — 10	3.5	13.7	11
2015 — 11	2.1	12.6	4
2015 — 12	1.6	10.9	8

* 注：风向的确定是北风为 0°，东风为 90°，南风为 180°，西风为 270°，从北开始顺时针转来标示风向，转一圈为 360°。

3.2.5.6　辐射

梳理了呼伦贝尔站 2009—2015 年的辐射数据（图 3 - 10、表 3 - 25）。7 年来，呼伦贝尔站总辐射量为 482.31 MJ/m²。从季节动态上看，各类型辐射在 1—6 月逐渐升高，6 月达到年内最大值，随后逐渐下降，12 月降至年内最低点。其中，光合有效辐射和辐射总量最大分别为 1 308.04 mol/m² 和 769.20 MJ/m²。辐射的年季动态呈现波动变化，比较平稳，其中在 2012 年辐射量最低，光合有效辐射和辐射总量分别为 645.56 mol/m² 和 419.59 MJ/m²。

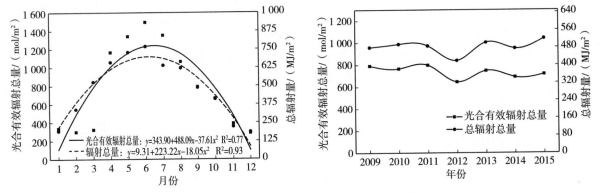

图 3-10　呼伦贝尔站太阳辐射的季节与年际动态

表 3-25　太阳辐射自动观测记录表

日期（年-月）	总辐射总量平均值/（MJ/m²）	光合有效辐射总量平均值/（mol/m²）
2009 - 01	243.6	335.6
2009 - 02	197.6	297.5
2009 - 03	179.3	321.7
2009 - 04	697.3	1 165.7
2009 - 05	799.3	1 342.2
2009 - 06	727.1	1 495.1
2009 - 07	778.8	1 353.2
2009 - 08	643.5	1 063.8
2009 - 09	503.8	790.1
2009 - 10	446.5	663.1
2009 - 11	295.9	386.4
2009 - 12	239.4	283.3
2010 - 01	226.5	306.7
2010 - 02	373.9	542.0
2010 - 03	594.0	945.0
2010 - 04	657.4	1 059.8
2010 - 05	686.4	1 155.0
2010 - 06	813.3	1 402.3
2010 - 07	963.7	1 271.4
2010 - 08	650.9	1 082.4
2010 - 09	364.9	589.4
2010 - 10	338.8	510.2

（续）

日期（年-月）	总辐射总量平均值/ （MJ/m²）	光合有效辐射总量 平均值/（mol/m²）
2010 – 11	133.0	166.3
2010 – 12	120.4	149.4
2011 – 01	127.7	116.2
2011 – 02	396.6	575.4
2011 – 03	579.1	961.5
2011 – 04	668.8	1 082.5
2011 – 05	742.5	1 236.5
2011 – 06	829.5	1 426.3
2011 – 07	651.4	1 275.0
2011 – 08	749.4	1 257.4
2011 – 09	530.9	838.7
2011 – 10	443.1	639.9
2011 – 11	38.6	50.2
2011 – 12	75.8	110.9
2012 – 01	125.0	93.6
2012 – 02	296.1	428.1
2012 – 03	541.4	891.9
2012 – 04	640.8	1 030.9
2012 – 05	768.7	1 253.9
2012 – 06	756.0	1 266.3
2012 – 07	279.9	469.1
2012 – 08	345.2	557.8
2012 – 09	450.7	694.1
2012 – 10	391.1	550.8
2012 – 11	221.3	290.9
2012 – 12	218.9	219.3
2013 – 01	249.8	310.0
2013 – 02	382.5	544.0
2013 – 03	602.5	964.8
2013 – 04	653.5	1 042.0
2013 – 05	667.0	1 053.7
2013 – 06	698.4	1 104.6
2013 – 07	746.4	1 138.2
2013 – 08	609.2	917.9
2013 – 09	550.7	823.3
2013 – 10	398.6	533.5
2013 – 11	250.7	300.9
2013 – 12	209.3	229.7

（续）

日期（年-月）	总辐射总量平均值/ （MJ/m²）	光合有效辐射总量 平均值/（mol/m²）
2014 - 01	97.1	67.2
2014 - 02	367.5	521.0
2014 - 03	595.8	888.5
2014 - 04	703.0	1 084.1
2014 - 05	744.4	1 195.1
2014 - 06	761.0	1 214.7
2014 - 07	229.7	343.7
2014 - 08	705.4	1 019.3
2014 - 09	521.3	737.3
2014 - 10	444.5	585.5
2014 - 11	323.0	399.7
2014 - 12	207.8	217.7
2015 - 01	280.5	328.3
2015 - 02	369.0	497.4
2015 - 03	598.5	675.4
2015 - 04	605.5	894.0
2015 - 05	694.4	1 067.3
2015 - 06	799.1	1 247.0
2015 - 07	830.9	1 270.2
2015 - 08	648.9	876.6
2015 - 09	500.3	653.8
2015 - 10	415.5	523.5
2015 - 11	287.0	327.7
2015 - 12	222.1	229.0

图书在版编目（CIP）数据

中国生态系统定位观测与研究数据集.草地与荒漠生态系统卷.内蒙古呼伦贝尔站：2009～2015 / 陈宜瑜总主编；闫瑞瑞等主编.—北京：中国农业出版社，2021.11
ISBN 978-7-109-28577-4

Ⅰ.①中… Ⅱ.①陈… ②闫… Ⅲ.①生态系—统计数据—中国②草地—生态系—统计数据—呼伦贝尔市—2009-2015③荒漠—生态系—统计数据—呼伦贝尔市—2009-2015 Ⅳ.①Q147②S812③P942.263.73

中国版本图书馆 CIP 数据核字（2021）第 148501 号

ZHONGGUO SHENGTAI XITONG DINGWEI GUANCE YU YANJIU SHUJUJI

中国农业出版社出版

地址：北京市朝阳区麦子店街 18 号楼
邮编：100125
责任编辑：刁乾超　文字编辑：陈　亭
版式设计：李　文　责任校对：吴丽婷
印刷：中农印务有限公司
版次：2021 年 11 月第 1 版
印次：2021 年 11 月北京第 1 次印刷
发行：新华书店北京发行所
开本：889mm×1194mm　1/16
印张：13.75
字数：380 千字
定价：78.00 元